COMMENT L'ESPRIT PRODUIT DU SENS

JEAN-FRANÇOIS LE NY

COMMENT L'ESPRIT
PRODUIT DU SENS

Notions et résultats
des sciences cognitives

Remerciements

Le réglage des idées présentées dans ce livre doit beaucoup aux échanges que nous avons eus avec un certain nombre de collègues : nous leur exprimons toute notre reconnaissance. Dans le premier cercle se trouvent les psychologues avec lesquelles ou lesquels nous avons travaillé de près : Françoise Cordier, Christelle Declercq, Marie-Dominique Gineste, Jean-Pierre Rossi, les jeunes docteurs ou doctorants du LIMSI à Orsay, et notamment Nicolas Campion ; au-delà, Jean-François Richard et Guy Tiberghien, les chercheurs du groupe informel « Texte », et beaucoup d'autres. Nos échanges avec les chercheurs des autres sciences cognitives ont été plus épisodiques, mais non moins fructueux intellectuellement : en intelligence artificielle Daniel Kayser et Gérard Sabah, en linguistique Jean-Pierre Desclés, Jacques François, et Catherine Fuchs, en neurobiologie Vincent Bloch et plusieurs autres collègues, en philosophie Pascal Engel, Pierre Jacob et François Récanati. Nous devons y ajouter un certain nombre d'enseignants et de chercheurs des disciplines scientifiques « dures » au Centre scientifique d'Orsay, avec lesquels nous avons eu la chance de nouer des contacts très stimulants au Centre d'Alembert [1], qui se consacre à l'étude des idées scientifiques contemporaines et de leur développement : parmi eux tous, nous avons une dette particulière envers Roland Omnès.

Les chercheurs hors de France, surtout américains, auxquels nous sommes conceptuellement redevable sont trop nombreux pour que nous puissions les citer tous : nous mentionnerons seulement, parmi les psychologues les plus anciens, Walter Kintsch,

Donald Norman, David Rumelhart et, parmi les plus récents, Ken McRae, de l'Université de Western Ontario (Canada).

De plus loin, nous avons été grandement stimulé par l'œuvre de Noam Chomsky, en dépit de désaccords non superficiels ; pour le linguiste et l'homme nous avons une très haute estime. Mais c'est à William O. Quine que vont notre admiration et notre dette conceptuelle les plus profondes. Et à Freud ? Eh bien oui, à Freud.

Introduction

L'objectif de cet ouvrage est de présenter les bases d'une étude naturaliste et scientifique du sens. Elle sera placée dans le cadre général des sciences cognitives, et plus spécifiquement dans celui de la psychologie cognitive. L'étude du sens sera ainsi étroitement couplée à celle de la compréhension du langage, et des processus psychologiques qui la rendent possible. On fera de ces questions une présentation essentiellement notionnelle, mais ancrée dans les résultats et les méthodes de l'expérimentation : c'est celle-ci, en effet, qui fait la spécificité de la psychologie cognitive au sein des sciences cognitives, particulièrement par rapport à la linguistique et à la philosophie de l'esprit. L'approche psychologique est conceptuellement liée avec l'étude neurobiologique du fonctionnement du cerveau, mais elle n'en dépend pas. Une compatibilité doit d'autre part être recherchée sur ce terrain entre la psychologie cognitive et la psychologie clinique. À la conception aujourd'hui dominante de la conscience et de l'inconscient, d'inspiration psychanalytique, on opposera une conception mieux fondée scientifiquement, qui met l'accent sur le contraste entre implicite et explicite.

L'idée qu'il est possible de mener sur le sens une étude naturaliste et de caractère scientifique est assez neuve et elle a, jusqu'à présent, assez peu cheminé dans les esprits de nos contemporains. Par le mot « naturaliste » s'exprime ici une conviction : que le sens est, au moins sous un certain rapport, une réalité *naturelle* au même titre que les choses, les événements, les êtres vivants et les hommes. Par le mot « scientifique », se trouve signifié en outre qu'on espère en construire une connaissance qui soit, pour l'essentiel, du même type que celles qui nous sont maintenant devenues familières dans les sciences, c'est-à-dire générales et vérifiées ; un point de vue qu'il faut soigneusement distinguer d'une vision « scientiste », et sur lequel nous nous expliquerons largement. Une étude de cette sorte portant sur le sens est naturellement inséparable de celles qui concernent aujourd'hui la pensée ou, comme on dit plus précisément, la « cognition ». Il est possible que, comme le disent ou le suggèrent diverses voix, cette idée neuve et celles qui l'entourent ne soient qu'idées vaines, semblables à beaucoup d'autres qui naissent et meurent en peu de temps dans la société des hommes. Mais il se pourrait aussi qu'elle ait un réel destin : elle peut alors transformer profondément la vie humaine, davantage peut-être, à sa façon, que les bouleversements scientifiques qui sont promis à nos descendants dans des sphères aussi essentielles que la physique ou la biologie.

Le sens est traditionnellement considéré, au même titre que la pensée, mais aussi, dans un registre un peu différent, que les sentiments ou les émotions auxquels il emprunte souvent ses vives couleurs, comme une réalité de l'intérieur, intime : donc une réalité à peine réelle, ou à l'inverse beaucoup plus qu'une réalité. Contre ces visions hypertrophiées, ce dont il s'agit ici c'est, si l'on peut dire, d'une laïcisation. Nous allons considérer le sens, sous son rapport général, comme une activité mentale des plus banales, qui s'exerce certes à l'intérieur d'esprits humains, mais d'esprits qui sont situés dans des cerveaux, dont le fonctionnement s'exerce dans un univers lui-même banal, avec ce qui le cause ou ce qu'il produit. Dans le cas du sens, la cause et le produit sont une sorte de bruit organisé, qu'on appelle le discours, oral, dans la parole, ou écrit, dans les signes qui lui sont équivalents sur du papier ou sur un écran. L'étude naturaliste du sens, dont nous allons rapporter quelques résultats, consiste dès lors essentiellement à le mettre en rapport avec ses manifestations objectives : à sa sortie avec le discours qui l'exprime, qui est destiné à le porter à autrui, mais surtout à son entrée avec ce qui le produit, l'énoncé qui se présente, par l'oreille ou par l'œil, à l'entrée d'un esprit, et qui a vocation à être compris. Notre examen du sens aura ainsi pour thème central les recherches consacrées à l'activité mentale de compréhension.

Voir les choses ainsi ne revient pas à nier ce qu'il peut y avoir d'unique dans le sens, de profond, de beau, d'exaltant parfois, pour celui qui le ressent : mais au contraire à séparer ces aspects individuels de la trame commune qui les porte, et à leur permettre éventuellement, lorsque l'occasion s'en présente, d'en devenir plus condensés et plus intenses. Entre les exemples triviaux que nous utiliserons, « il y a un chien dans la cour », et le poème que vous trouvez sublime, ou peut-être la phrase « je vous aime », il y a continuité. Notre projet ne sera donc ici que de parler des premiers, mais de montrer aussi par là qu'on ne peut traiter raisonnablement du sens et de la compréhension qu'en pénétrant plus avant dans le fonctionnement de l'esprit humain : c'est le domaine qu'explore la psychologie cognitive, celui des structures, contenus et processus, dont nous pensons aujourd'hui qu'ils constituent l'esprit.

Nous aborderons ces problèmes, nous l'avons dit, dans un cadre général qui est celui des « sciences de la cognition ». On désigne celles-ci aussi parfois par diverses expressions synonymes, dont la plus fréquente est celle de « sciences cognitives », au risque d'une petite ambiguïté. « Cognitif » n'a pas la même signification pour tous : les chercheurs qui n'appartiennent pas au domaine des sciences cognitives, ceux qui travaillent en mathématiques, physique, chimie, sciences de la terre, biologie, etc., semblent prendre aujourd'hui l'habitude d'appliquer l'adjectif « cognitif » aux recherches dont l'objectif n'est pas « appliqué » ou « applicable » : donc pour désigner ce qu'on appelait naguère recherche « pure » ou « fondamentale » ou, chose qui peut paraître obsolète, recherche « désintéressée ». « Cognitif » désigne alors *la façon dont* ces sciences étudient leur objet, et certaines propriétés des connaissances qu'elles élaborent à son propos. De façon bien différente, dans l'expression "sciences cognitives", telle que nous l'avons mentionnée plus haut, l'adjectif exprime *l'objet* de la recherche, la cognition, alors que le nom « sciences » exprime la façon dont cette recherche ambitionne de procéder : scientifiquement. Pour ces raisons, qui relèvent elles-mêmes de la sémantique, certains préfèrent la première appellation, « de la cognition », à la seconde. Mais il n'importe et, de toute façon, d'autres désignations existent : par timidité ou modestie devant le mot « sciences », certains se contentent de « recherche cognitive » : c'est le nom qu'avaient choisi après débat, vers 1984, les créateurs de l'Association pour la recherche cognitive (ARC, devenue ARCO), une entreprise multidisciplinaire qui se cristallisa alors au sein de l'orientation en question. D'autres dénominations encore ont été créées depuis, comme le récent « cognitique », toutes aussi floues que les précédentes pour baptiser ce dont on ne sait pas exactement ce que c'est. Mais après tout, il n'y a pas si longtemps encore, on n'avait que des idées tout aussi peu précises sur ce que signifient au juste l'« univers », la « matière », la « vie ».

Quoi qu'il en soit, l'idée centrale d'où nous partons est claire : il existe un quelque chose, qui n'est certes pas une chose, mais qui existe comme une réalité naturelle, qu'on a décidé d'appeler la « cognition », et qui mérite de bénéficier aujourd'hui d'une tentative de connaissance de caractère scientifique. C'est le projet commun de « naturalisation de l'esprit [1] » : il faut entendre par là, bien entendu, la naturalisation *de l'idée* que nous nous faisons de l'esprit, l'introduction, dans le contenu de ce concept, de références à la nature. Un assez bon consensus règne à partir de là sur les « parties » ou « régions » qui forment le territoire central de ce domaine : perception et reconnaissance, représentations, catégorisation, apprentissage et mémoire, formation de concepts, résolution de problèmes, raisonnement, langage et sémantique, activités intentionnelles, etc. Le développement d'une technologie de la cognition sur ordinateur, l'intelligence artificielle, qui a ses instruments spécifiques tout en partageant un certain nombre de ses connaissances avec celles qui concernent l'intelligence naturelle [2], a permis d'augmenter la surface du domaine. Tout serait au mieux si le même consensus se retrouvait à propos des méthodes : en fait il est, là, assez faible ou inexistant, et les couvertures se tirent ardemment. On pourrait aisément arguer que les diverses sciences de la cognition qui coexistent aujourd'hui, intelligence artificielle, linguistique, logique, neurobiologie intégrative et cognitive, philosophie de l'esprit ou du langage, psychologie cognitive, etc., étudient un *seul et même* objet, même si celui-ci n'est actuellement qu'un objet *visé*, et qu'elles ne sont donc sous ce rapport qu'une seule et même science, travaillant avec des méthodes différentes. Mais cela conduit à des conceptualisations qui sont elles-mêmes si différentes que l'objet de la recherche nous en apparaît multiple, et que les diverses approches restent souvent circonscrites, voire enfermées, dans les disciplines séparées que l'histoire nous a léguées. S'ajoute à cela que la spécialisation est une exigence évidente de la recherche, et que le désir de se différencier collectivement est une motivation puissante des individus.

Nous avons un moment plaidé pour l'idée d'une « science cognitive », au singulier [3] : c'était, du moins pour le temps présent, une utopie. Pourtant celle-ci anime plusieurs sortes de tentatives d'interdisciplinarité, souvent partielles, mais dont on peut espérer

qu'elles ne sont qu'un début : en relèvent plusieurs formations universitaires de sciences cognitives, qui se sont solidement ins-
tallées sur tout le territoire, en 2004, dans le nouveau schéma
LMD, et des publications diverses qui appartiennent au même
esprit [4]. Tenant compte de ce contexte, nous inscrirons le contenu
du présent ouvrage, à l'intérieur certes du vaste cadre des sciences
de la cognition, mais dans un sous-cadre de moindre ampleur,
celui de la psychologie cognitive, que nous nous efforcerons
d'insérer à sa juste place dans le précédent.

S'il est une méthode qui caractérise bien la psychologie cognitive, parmi ses cousines de la cognition, c'est l'expérimentation.
Nous en rapporterons de temps en temps des exemples particuliers, beaucoup moins, en réalité, qu'il n'en existe dans les revues.
Mais nous voudrions surtout marquer d'emblée trois caractéristiques de ces emprunts. La première est que l'expérimentation n'a
d'intérêt que pour autant qu'elle permet d'élaborer des concepts,
que l'on cherche à rendre adéquats, et des énoncés (plus précisément des propositions) construits au moyen d'eux. Par « adéquat » il faut entendre, même si cette définition reste pour l'instant ouverte (nous y reviendrons plus précisément au chapitre 7) :
« qui correspond, aussi exactement qu'il est possible à un moment
donné, à la réalité visée par le concept ». Nous ferons donc du
domaine couvert par cet ouvrage une présentation *notionnelle*.
Nous la débarrasserons autant que faire se peut de la « technicité »
qui lui est normalement attachée, c'est-à-dire des détails que le
lecteur risquerait de trouver superflus. Nous présenterons dans
une typographie distincte ces développements plus particuliers,
notamment expérimentaux, en essayant toujours d'en extraire les
enseignements généraux. Nous ne pouvons laisser espérer, toutefois, que ces précautions de style et de présentation destinées à
simplifier la lecture la rendent simple. Les notions introduites par
les sciences de la cognition sont parfois d'autant plus difficiles à
maîtriser qu'elles exigent qu'on prenne de la distance à l'égard des
concepts ordinaires, ceux qui flottent librement dans l'air culturel
comme des ballons parfois un peu fous. La distinction entre
« concepts ordinaires » et « concepts élaborés » (ceux, pour être
bref, auxquels des hommes ont réfléchi) sera un de nos leitmotive.

Une seconde caractéristique, d'ailleurs corrélative de la précédente, qui justifie notre approche fondée sur l'expérimentation,
sera le souci de la *représentativité* des données. Pour former des
concepts adéquats qui soient suffisamment généraux (« universels » au sens de la logique), il faut généraliser, et le faire à

partir de données représentatives. Cette question, observons-le, est l'origine du clivage (plus, de la faille) qui, au sein de la maison baptisée « psychologie », sépare la psychologie d'inspiration expérimentale et cognitive de la psychologie d'inspiration « clinique ». Ce dernier mot étant d'ailleurs, dans ce contexte, excessivement impropre : disons « la psychologie anti-expérimentale ». Nous défendons sur ce sujet une position plutôt radicale [5] : il n'existe pas d'« unité de la psychologie », et cela tient à la différence des méthodes. Parce qu'elle a formé ses concepts à partir de données peu nombreuses et non représentatives – par exemple à partir des personnes qui demandent à être psychanalysées – la psychologie dite clinique a élaboré des théories qui se révèlent souvent inadéquates. Rien d'étonnant alors à ce que la parenté épistémique soit devenue plus grande entre la psychologie cognitive et ses cousines à la mode de Bretagne, celles de la famille des sciences cognitives, qu'entre la psychologie cognitive et ses cousines d'apparence plus directe, mais qui ne le sont que par alliance et par nom, celles de la famille clinique, qu'on dit être celle des « psys » : nous analyserons dans notre 1er chapitre les causes profondes de cette divergence.

Et pourtant. On aurait grand tort de considérer que l'option scientifique prise par la psychologie cognitive et expérimentale l'éloigne de la psychologie clinique, du moins lorsqu'on donne à ce dernier terme sa signification pleine et originelle : celle qui fait de « psychologie clinique » un synonyme de « psychologie de l'individu singulier et unique ». Les billevesées sur ces psychologues expérimentaux (nous !), qui utilisent à tel point les nombres, et aujourd'hui les symboles logiques, qu'ils finissent par prendre les hommes pour des numéros, des lettres ou des choses, alors que les cliniciens, eux, aiment les gens, sont totalement dénuées de fondement. C'est l'inverse qui est vrai : pour comprendre et analyser ce qui est singulier, il faut avoir une représentation correcte de l'universel. Nous discuterons également un peu plus en détail de ces questions dans notre 1er chapitre.

Il existe un troisième thème sur lequel la psychologie cognitive d'orientation expérimentale permet de jeter un peu de lumière : celui de la *conscience*. Nous entendrons le mot « conscience » comme désignant une *propriété* des représentations ou des processus, propriété majeure sans aucun doute, mais qui n'est pas une *entité* psychologique, « la » conscience. L'apport de la psychologie cognitive passe par l'éclaircissement de ce qui est, et de ce qui n'est pas, le contraire de « conscient » : sur la distinction nécessaire entre les notions de « non conscient », d'« inconscient », de « plus ou moins conscient », d'« implicite ». Ce dernier terme est largement utilisé en psychologie cognitive, à juste titre. On n'aura pas de peine à discerner dans le présent livre qu'il est constamment motivé, en arrière-fond, par le souci de passer et de faire passer de l'implicite à l'explicite.

Arrêtons-nous un instant sur cette façon de dire. Le passage de l'implicite à l'explicite peut et doit se faire sur plusieurs plans distincts. Le premier est celui des connaissances générales : la préoccupation de savoir, pour chacune ou chacun de nous, ce que nous « avons au juste dans la tête », qui est une préoccupation sage, implique de savoir de façon générale comment nous « fonctionnons » : c'est, dirons-nous, *exactement* de la même façon que les autres, du moins jusqu'à un certain point. Et de savoir comment sont organisées, également en général, les représentations que nous portons en nous. En bref comment tout « ça » fonctionne et est structuré, en un sens de « ça » qui n'est pas celui de Freud ou de Lacan, mais qui n'est, après tout, pas si éloigné de celui qui était visé par eux. Nous autres, gens de la cognition, nous essayons, avant toute chose, de découvrir et de dévoiler le fonctionnement et la structure *naturels* de *tous* les esprits. C'est bien pourquoi nous le faisons sur des bases expérimentales, qui sont tout autres que celles sur lesquelles Freud et les psychanalystes ont travaillé : nous aboutissons alors à des résultats conceptuels très différents des leurs. C'est dans cette optique que ce livre présentera l'effort de dévoilement scientifique collectif qui a été consacré à tout cela (ou à tout ça). Le résultat en est, sur de nombreux points, assez éloigné des théories dérivées de la psychanalyse ; il se confronte donc à elles dans la vive compétition d'idées aujourd'hui en cours entre psychanalyse et psychologie cognitive.

Dans notre présentation nous utiliserons assez fréquemment, on le verra, l'expression « l'esprit/cerveau » : nous nous en expliquerons aussi dans notre 1er chapitre. La motivation principale de l'emploi de ce nom double est que « fonctionner », ou « être actif » (deux termes qui auront un rôle central dans notre exposé) peuvent, à un niveau épistémique bien choisi, avoir une signification identique, qu'ils concernent l'esprit ou le cerveau. De façon semblable, « être dans », appliqué à une représentation (une autre notion centrale de ce livre), peut aussi recevoir une signification identique lorsqu'on dit que la représentation « est dans l'esprit » ou qu'elle « est dans le cerveau ». Mais on devra ajouter que la question du sens est précisément une de celles qui empêchent de réduire la psychologie à la neurobiologie, c'est-à-dire de donner une interprétation simplifiée de l'identité esprit = cerveau. La cognition de haut niveau, dont fait partie le sens, est à une bonne distance du fonctionnement plus simple qui régit le couple perception/action (jadis conçu dans le cadre « stimulus-réponse »). La neurobiologie, même disposant des techniques les plus récentes, par exemple l'imagerie cérébrale, est fondée sur des observables directs ou indirects, et le sens n'est pas un observable : il ne faut pas espérer (ou craindre) « voir le sens dans la tête des gens ». Pour le saisir de l'extérieur, on doit passer par d'autres voies, que nous décrirons.

Mais ce passage de l'implicite à l'explicite, que peut apporter l'étude scientifique de la cognition, doit se faire aussi au niveau individuel : qu'est-ce que j'ai, au fond de moi, qui m'est individuel, qui m'est souvent caché, et qui, même, semble se cacher de moi ? L'idée que nous défendons est la suivante : c'est seulement dans le cadre d'une connaissance scientifiquement fondée, portant sur les structures et le fonctionnement psychologiques et notamment cognitifs, la connaissance générale dont nous venons de parler, que l'on peut revenir de façon efficiente à la psychologie clinique, c'est-à-dire personnelle, celle de soi-même ou celle des autres. Les thérapies comportementales et cognitives tentent d'établir ce lien. Il n'existe, en effet, pas d'activité clinique, c'est-à-dire de jugement sur un individu singulier, qui ne procède d'idées générales. Mais celles-ci peuvent être plus ou moins valides, n'être que de simples opinions, voire le prolongement de lubies personnelles. Il est certes légitime de vouloir appuyer *aussi* ses idées générales en psychologie sur une expérience pratique de cas, qui est source de richesse, mais si elle ne fait pas référence aux connaissances d'origine expérimentale cette pratique demeure limitée, déséquilibrée, et myope : en outre le mode de raisonnement expérimental, avec la place qu'il accorde à une pensée statistique de caractère conceptuel, et à la logique échantillon/ensemble, est aussi un support indispensable à cet égard.

La psychologie clinique est devenue aujourd'hui une vaste pratique professionnelle et sociale. Si on la regarde avec un peu d'ironie, on voit qu'elle a en elle quelque chose qui l'apparente à la prose : elle peut très bien être pratiquée avec succès, ou avec un insuccès qui plaît, par des profanes. La discussion des années 2003-2004 sur la question : « Faut-il ou non réglementer légalement les psychothérapies ? », qui s'est close par un vote à l'été 2004, mais qui avait donné lieu à un soulèvement vigoureux des élites des beaux quartiers, et à un anxieux « Surtout pas ! », a montré à quel point on peut, en la matière, juger socialement légitime que certains s'improvisent soignants de l'âme. Lacan a théorisé cela. Nous avons, en consonance avec ce point de sa doctrine, longtemps enseigné que les concierges, les confesseurs, pourvu qu'ils ne fussent pas jésuites, et les voisines de palier, étaient des précurseurs talentueux d'une partie du corps aujourd'hui rapidement croissant des psychologues cliniciens et des psychothérapeutes. Ils n'avaient qu'un défaut, grave, qui les rend aujourd'hui peu crédibles : ils étaient gratuits.

On peut avoir sur cette question une opinion à la fois libérale et hautement sceptique. Il est exact que, jusqu'à un certain point, il n'est pas vraiment nécessaire de savoir beaucoup de psychologie estampillée pour avoir une aura psychothérapique, ni pour exercer la psychothérapie. Dans ces cas, d'ailleurs, plus la théorie psychologique sous-jacente est simple, comme c'était naguère le cas, et mieux cela vaut, du moins pour le patient : ce que recherche celui-ci, c'est d'être écouté, ou de penser l'être, et c'est justement ce qui est le plus efficace. C'est pourquoi une des qualités essentielles du psychothérapeute est d'être gentil. Quant à son discours, et à la simplicité de celui-ci, on est aujourd'hui le plus souvent loin du compte.

Mais au-delà de cette demande de confort, il existe un point où les problèmes deviennent réellement complexes, où l'anarchie des idées et des pratiques n'est plus de mise, et où il est indispensable que les cliniciens aient des connaissances, plutôt que des croyances véhiculées par les écoles, les groupes et parfois les sectes. L'enseignement universitaire est, en principe, destiné à cela. Il existe en intelligence artificielle une expression heureuse, celle de « systèmes basés sur la connaissance » (dits aussi « systèmes experts ») : il est éminemment souhaitable que, à l'intérieur de la nébuleuse des « psys », puisse se délimiter clairement un domaine de « psychologie basée sur la connaissance ».

La psychologie cognitive constitue l'un de ces domaines de connaissance et elle a aussi ses applications. Celles-ci concernent, bien sûr, tous les troubles qui relèvent directement de processus cognitifs : désordres de caractère neuropsychologique, où le psychologue est l'auxiliaire naturel du neurologue (tous les a-, aphasies, agnosies, alexies, apraxies, troubles moteurs, etc.), dysfonctionnements intellectuels liés au développement, dyslexies et dysorthographies, et aussi un certain nombre d'inefficacités scolaires dont on peut voir, si on les analyse de près, qu'elles relèvent de l'utilisation inappropriée par les enfants de leurs processus mentaux, par exemple dans la résolution de problèmes scolaires ou la conceptualisation des situations présentées en classe, etc. Mais la psychologie cognitive a aussi vocation à apporter des idées et des explications sur l'autre versant de la psychologie clinique et de la psychopathologie, celui où l'on s'intéresse essentiellement aux troubles fondés sur les émotions ou les sentiments, aux séquelles des traumatismes et des deuils, aux conflits et aux crises émotionnels, aux dépressions et aux souffrances psychologiques. Si les thérapies comportementales et cognitives ont maintenant pris leur place en clinique psychiatrique, avec un souci de validation qui montre objectivement leur efficacité, on peut les prolonger par une description des représentations qui permette d'éclairer les grands syndromes de la psychopathologie[6], et qui puisse utiliser alors tout ce qui relève de la sémantique psychologique. Nous ne développerons pas dans ce texte cette question des interactions entre la psychologie cognitive et la psychologie clinique ou la psychopathologie, et nous nous contenterons dans la suite d'en parler à diverses occasions de façon épisodique. Mais cette perpective pourrait être développée, beaucoup plus qu'elle ne l'est aujourd'hui, en s'appuyant sur une psychologie cognitive du sens en particulier à propos des troubles qui s'expriment dans la parole et le discours.

Notre texte est réparti en 8 chapitres. Dans le premier, nous replacerons de façon théorique la psychologie cognitive au sein des sciences cognitives, en faisant le point sur quelques questions très générales : la nature de la cognition, la démarche scientifique en psychologie cognitive et la sorte d'inférence qui la soustend, enfin la conscience comme propriété. Dans le chapitre suivant nous situerons à son tour la compréhension du langage parmi les activités cognitives, en insistant particulièrement sur le caractère construit du sens. Nous scruterons à cet effet la nature de la mémoire de travail, cette fonction de l'esprit par laquelle le sens prend corps. Nous en présenterons une conception, qui n'est pas dominante en France, qui précise ses différences mais aussi ses relations avec la mémoire à long terme, et qui est neurobiologiquement bien étayée. Nous consacrerons notre chapitre 3 à la présentation et à l'analyse de la partie de la mémoire à long terme qui constitue le lexique mental, lieu virtuel où sont (métaphoriquement) stockées les représentations de la forme des mots et leurs significations. Le chapitre suivant fera apparaître la nature et la structure de la mémoire sémantique, cette plus petite partie de la mémoire (et du lexique mental) qui contient les significations de mots ou, de façon équivalente, les concepts. Il situera ceux-ci par rapport aux recherches psychologiques sur les catégories mentales et la catégorisation. Le chapitre 5 prolongera cette analyse en présentant une description de la mémoire sémantique basée sur les relations entre concepts, relations qui constituent alors une structure en réseau sémantique, ou réseau conceptuel. On y fera entrer deux notions essentielles en matière de fonctionnement mental : l'activation des représentations, et la propagation de cette activation le long des liaisons du réseau sémantique. Ce cadre théorique permet de réinterpréter de façon moderne les notions traditionnelles et fondamentales d'association des idées ou d'associations verbales. Il fournit en outre les notions essentielles sur lesquelles peuvent être développés des systèmes et modèles connexionnistes, incluant un fonctionnement sémantique. Dans notre chapitre 6, nous traiterons de recherches encore plus récentes, pour la plupart d'entre elles en cours : celles qu'on regroupe souvent sous l'expression de « sémantique des verbes ». Elles portent en réalité sur les contenus des représentations d'événements ou d'actions, par contraste avec les représentations d'objets, d'individus ou d'entités (souvent portées par des noms) étudiées précédemment. Un problème central en est celui de la relation entre la signification centrale des verbes (celle qu'on trouve dans les dictionnaires) et la représentation des entités qui « participent » à l'événement ou à l'action (ce à quoi, dans une phrase, on fait référence par le sujet grammatical, le complément d'objet et les autres compléments) : on introduit ainsi en fait une réinterprétation sémantique de la syntaxe. On peut également partir de là pour élaborer une théorie sémantique renouvelée de la métaphore. Le chapitre 7 réexaminera dans la même optique une question controversée, celle des « traits sémantiques » : l'approche cognitive en apporte une vision plus claire, celle selon laquelle les traits sémantiques sont des fragments de représentation. Enfin dans le chapitre 8 nous reviendrons, désormais mieux armés, sur le fonctionnement de la compréhension, sur les processus divers qui y concourent, et sur les interactions qui s'exercent entre eux. Nous conclurons en montrant à quel point l'étude cognitive de la construction du sens nous conduit au cœur même des activités mentales les plus essentielles, celles qui, finalement, créent la spécificité de l'esprit humain.

Des résumés par chapitres permettront de mieux s'orienter

dans l'ouvrage total. Afin de séparer les développements notionnels et l'exposé des données expérimentales et factuelles qui viendont parfois les illustrer, mais dans le détail desquelles on n'est pas obligé d'entrer, nous présenterons celles-ci en retrait et dans un corps différent. Nous citerons en notes un certain nombre de travaux de référence, destinés à fournir un ancrage et un prolongement possible à ce que nous disons. Cette bibliographie est sélective et hiérarchisée : nous avons donné priorité aux publications en français et, pour celles en anglais, aux livres. Toutefois nous ferons occasionnellement référence à des articles de recherche pour illustrer des points précis, et présenter des exemples expérimentaux.

La psychologie cognitive dans le contexte des sciences cognitives

Ce premier chapitre est de caractère général et assez abstrait. Les lecteurs qui n'ont qu'un goût modéré pour l'abstraction peuvent le sauter sans dommage. Une partie de la psychologie, celle qu'on appelle la « psychologie cognitive », est aujourd'hui incluse dans le champ plus vaste des sciences cognitives. La psychologie cognitive est la forme que prend aujourd'hui la psychologie « scientifique », appelée plutôt ici « psychologie à visée scientifique ». Sa démarche principale, fondée sur l'expérimentation, est la recherche raisonnée de régularités universelles ou générales, forme affaiblie des lois scientifiques : elles sont supposées être valides pour tous les individus et toutes les situations (d'un certain type), et être susceptibles d'une application clinique ultérieure à un individu dans une situation. Leur mise à l'épreuve relève d'une méthodologie maintenant bien établie. Les deux idées de fonctionnement et de structure naturelle de l'esprit sont centrales en psychologie cognitive : les régularités cognitives s'énoncent pour l'essentiel en termes de processus mentaux et de représentations. La « conscience » est, dans cette optique, une propriété des représentations : son statut théorique diffère ainsi notablement de celui qui lui est attribué par des conceptions actuellement très répandues. La relation générale entre les notions de la psychologie cognitive et celles qui servent à décrire le fonctionnement du cerveau justifie l'expression d'« esprit/cerveau ».

Lorsque aux alentours de 1960 la notion de cognition est apparue dans la théorie et la recherche, au croisement de plusieurs courants scientifiques et philosophiques, elle a suscité un large intérêt et de grands espoirs. Les idées correspondantes se sont diffusées dans une pluralité de disciplines, jusque-là éloignées les unes des autres : l'informatique et son rejeton l'intelligence artificielle, alors à peine naissante, la linguistique, la neurobiologie et la neuropsychologie, la logique et la philosophie, dans leurs versions dérivées de la philosophie analytique, la psychologie expérimentale, etc. Il est rétrospectivement bien visible que la notion même de cognition n'était pas identique pour tous les chercheurs qui s'intéressaient à ce nouveau courant. Un certain nombre de ces différences conceptuelles ont d'ailleurs subsisté jusqu'à aujourd'hui. Mais elles ne se trouvaient plus tellement désormais entre les disciplines qu'à l'intérieur de celles-ci. Elles n'ont pas fait obstacle à l'émergence d'une assez large transdisciplinarité, si l'on entend par là, au-delà des échanges pragmatiques rendus nécessaires par l'affaiblissement des frontières, l'utilisation de notions théoriques et d'un cadre de pensée communs. Les notions principales gardaient leur contenu général quand on traversait les frontières des disciplines, et se laissaient traduire de façon rationnelle. « Traitement de l'information », « représentation », « réseau sémantique », « analyse des concepts », « règle », « activation », sont des exemples de telles notions transdisciplinaires : nous en parlerons davantage dans ce qui suit.

L'interdisciplinarité a été depuis lors un mot d'ordre qui a contribué à rapprocher ces disciplines, ou certaines d'entre elles, le plus souvent sur le mode de la bi- ou de la tridisciplinarité. Ce mouvement a été plus d'une fois volontariste ou opportuniste et, en France, plusieurs grands programmes nationaux de recherche lui ont apporté un soutien actif : colloques et publications en ont largement rendu compte. L'existence d'un faisceau de sciences cognitives est ainsi maintenant assurée : ce sont celles que nous avons citées plus haut, ou plutôt ce qu'elles sont devenues. Néanmoins on doit bien convenir, après plusieurs décennies d'interactions de recherche renforcées, que l'utopie de la grande unification conceptuelle des disciplines cognitives n'a pas abouti, que ne s'est pas produite la convergence continue qui aurait fait émerger une vision et un système d'interconnaissances capables de transcender les spécialisations. Au contraire, l'évolution de la dernière décennie nous semble s'être faite en direction d'un ré-ancrage dans les disciplines particulières. L'avenir dira s'il s'agit seulement d'un moment ou d'un cycle : l'aiguisement des spécialisations est une exigence du développement scientifique, et celle-ci est antagoniste de l'interdisciplinarité. Peut-être s'agit-il aussi, de façon plus simple et plus décevante, d'un repli de chacun sur son pré cognitif, ou d'une conséquence de la limitation naturelle des esprits humains, qui ne peuvent, en vérité, qu'embrasser assez peu.

Le présent ouvrage prend acte de cette réalité. Nous y envisagerons donc les problèmes de la sémantique, vus pour l'essentiel à propos des mots et des concepts, et de leur mise en œuvre dans la compréhension du langage, dans une optique plus restreinte que nous ne l'aurions rêvé : l'optique de la psychologie cognitive. Nous chercherons malgré tout à en présenter les notions centrales en essayant d'en enrichir le contenu par des emprunts à des recherches extérieures à la psychologie, et en lançant des passerelles, chaque fois que nous le pourrons, en direction des disciplines cognitives voisines.

La cognition

On peut caractériser la cognition comme l'ensemble des dispositifs dont la fonction est de produire et d'utiliser de la connaissance. Et qui y réussissent parfois. L'idée de « fonction » est ici essentielle : ces dispositifs sont « faits pour » atteindre un certain objectif, et leur mise en œuvre produit des résultats, *de la* connaissance, ou quelque chose qui y ressemble, sous forme de fragments. On le voit mieux aujourd'hui, depuis que les dispositifs qui sont au service de la connaissance se sont révélés être de deux sortes, les uns naturels, les autres artificiels. La découverte/ création de l'intelligence artificielle est certainement, d'un point de vue historique, un des éléments qui ont engendré la notion même de cognition : elle a aidé les chercheurs à comprendre que, si des machines peuvent connaître, et exploiter des connaissances *comme* des esprits humains, alors il se pourrait bien que les esprits humains connaissent et exploitent leurs connaissances *comme* le font les machines organisées pour cela. Mais ce « comme » est redoutable : il est incontestable si on monte tout en haut de la théorie, et si on lui donne la signification : « de façon naturelle et causale dans les deux cas » et, par exemple, « parfois par algorithmes ». Mais il est fallacieux si on descend un peu trop bas dans la théorie, si on entre un peu trop dans la spécificité des fonctionnements, et si on pense de façon trop généralisée que les esprits « sont comme » ou « fonctionnent comme » des ordinateurs. On pourrait demander alors : à quel niveau l'analogie est-elle vraie, et à quel niveau cesse-t-elle de l'être ? Il n'y a pas de réponse générale et définitive à cette question : il faut aller y voir empiriquement dans le détail [1].

La croyance aux analogies a reflué depuis deux décennies. Il existe à notre avis, plusieurs raisons à cela, en particulier pour le domaine qui nous occupe. Nous ne reviendrons pas sur l'idée, débattue ardemment il y a trente ans, notamment autour des écrits de Dreyfus, qu'il ne peut pas y avoir, pour des raisons de principe, de véritable *sens* à l'intérieur d'un ordinateur. Mais la seconde raison est que, depuis lors, la « métaphore de l'ordinateur », disons les analogies poussées trop avant sur ce point, se sont trouvées limitées et concurrencées par ce qu'on pourrait appeler, avec ironie, la « métaphore du cerveau ». Celle-ci inclut, à juste titre, une considération plus active de la neurobiologie, mais aussi parfois, et de façon moins pertinente, quelques illusions à ce propos. Personne ne doute aujourd'hui que la cognition soit, dans l'espèce humaine, un produit (en un sens convenable de ce mot) de l'activité du cerveau. La neurobiologie nous montre chaque jour davantage, à la suite de progrès qui ont été très importants durant les dernières années, que le cerveau ne fonctionne pas, vraiment pas du tout, comme un ordinateur. Mais cela n'implique pas que la clé de la cognition puisse être cherchée, comme semblent le croire certains de mes collègues psychologues, et d'autres, dans la pure et simple étude du cerveau et de son fonctionnement. La raison fondamentale en est, tout compte fait, similaire à celle que Dreyfus opposait aux ordinateurs : c'est que le sens, dans les esprits, est de l'ordre des représentations, et que les méthodes de la neurobiologie ne permettent pas de savoir, à propos de n'importe quel contenu de représentations, *de* quoi il est représentatif. C'est dans les esprits que se forment les représentations, et dire tout uniment que les cerveaux « contiennent des représentations » est de l'ordre de la métaphore. En revanche, considérer que « l'esprit fonctionne *comme* un cerveau » est une phrase amusante, et qui mérite d'être approfondie. Nous reviendrons sur cette question un peu plus en détail lorsque nous parlerons d'« activation de représentations » et de « propagation de cette activation ».

Il existe une autre différence importante entre les esprits humains et les systèmes artificiels qui cherchent à les simuler, y compris ceux qui sont qualifiés (à bon droit) d'« intelligents ». Elle ne concerne pas la matérialité de leurs fonctionnements respectifs mais leurs contenus : ceux qui sont dans les esprits sont

« naturels », c'est-à-dire qu'ils se sont construits tout seuls, causalement, mais aussi que, propriété fondamentale, ils sont généralement fort imparfaits. Alors que ceux qui sont dans les ordinateurs, pour y avoir été introduits par les spécialistes de la « représentation des connaissances » classique en qualité de logiciels ou de données visent à être supérieurs à ceux de la pensée commune. Il peut sembler paradoxal que *l'imperfection*, en tant que propriété de la cognition, c'est-à-dire en définitive l'erreur, soit invoquée comme une de ses caractéristiques essentielles, et même comme une de ses supériorités.

Et pourtant un des développements les plus instructifs de l'intelligence artificielle de la dernière période est la tentative d'y introduire de l'imperfection. Il faut certes voir à cela une raison pratique : les systèmes artificiels sont destinés à interagir avec des interlocuteurs humains ordinaires, et ils doivent donc, en quelque sorte, « se mettre à leur portée ». Tel est bien l'effort du secteur de recherche dit des « interactions homme-machine ». On y a depuis longtemps découvert qu'il est beaucoup plus difficile de construire un système qui dialogue (par le langage ou par l'action) avec un interlocuteur ordinaire qu'un système propre et bien ordonné qui a des échanges avec un interlocuteur sophistiqué. Si l'on y regarde de plus près, on voit que la différence tient à des problèmes de *flexibilité*, nécessaire au système et, très généralement, à l'obligation qui lui est imposée de tenir compte du contexte. Nous n'aborderons ce problème difficile de façon un peu spécifique que vers la fin de ce livre, lorsque nous parlerons du sens et de la compréhension des métaphores, et de la nécessité que celles-ci imposent, de comprendre des phrases qui sont littéralement fausses : si vous dites « ce général est un boucher », ce n'est pas vrai, même si c'est finalement vrai.

Nous développerons auparavant une autre sorte d'analyse de cette différence entre le cognitif imparfait et le cognitif voulant-être-presque-parfait : elle se fera par l'intermédiaire d'une opposition entre « concepts naturels » et « concepts élaborés ». Les concepts naturels sont imparfaits en vertu même de leur nature, les concepts élaborés sont construits avec le souci de les rendre, sinon parfaits, du moins meilleurs que les précédents. Souvent, cette tentative échoue : un concept élaboré, sur lequel des hommes ont réfléchi, peut avoir été examiné et passé au crible avec un souci de rationalisation. Mais cela est souvent insuffisant pour en faire un concept rationalisé, et *a fortiori* un concept rationnel.

L'opposition entre concepts naturels et concepts élaborés est beaucoup plus profonde qu'il n'y paraît. On pourrait même dire que l'idée qu'on s'en fait trace une véritable ligne de démarcation à l'intérieur des sciences cognitives. D'un côté se sont développées les conceptions dites « computationnelles » – on pourrait tout aussi bien les appeler, en français, « calculatoires ». Elles sont fondamentalement « fondées sur la logique », ou au moins adossées à elle. Elles reposent sur la notion de concept rationnel, ceux dont les concepts mathématiques sont le prototype. Elles sont du même coup largement sensibles à la « métaphore de l'ordinateur », et apparentées à l'intelligence artificielle symbolique. Elles reposent sur l'idée principale que le fonctionnement de la cognition est fondamentalement un calcul sur des symboles, qui ne sont pas nécessairement numériques, mais qui s'apparentent, ou même sont réductibles, aux symboles de la logique. Turing[2] et sa découverte de la notion de calculabilité en est le père théorique, et Putnam[3] en a été le premier concepteur. Mais c'est Fodor, avec ses nombreux et très stimulants écrits[4], qui est le représentant emblématique de ce courant, en compagnie de Pylyshyn[5]. La « théorie computationnelle de l'esprit » et la « théorie représentationnelle de l'esprit » de Fodor ont eu une telle influence dans les sciences cognitives qu'on les a souvent considérées comme constituant l'expression même du « cognitivisme classique ».

Il existe aujourd'hui un autre courant, qui n'a pas cessé de prendre de l'importance, et qui relève d'une approche fondamentalement différente : c'est le courant *connexionniste*. Le représentant emblématique en a été Rumelhart[6]. Il est d'inspiration empiriste alors que le premier relevait de l'inspiration dite « rationaliste » (dans l'acception philosophique étroite de ce mot). Il laisse davantage de place à la recherche expérimentale, est plus fortement relié à la neurobiologie et, lorsqu'il comporte de la modélisation, de la formalisation ou du calcul, il les fonde sur des principes autres, pour l'essentiel l'idée élargie et modernisée de connexions multiples dans le cerveau, fonctionnant en même temps de façon parallèle et répartie[7], et foncièrement dynamique.

On n'aura pas de peine à voir auquel des deux courants va notre préférence : au second. Mais nous emprunterons aussi beaucoup au premier.

Quelques généralités épistémologiques sur la psychologie cognitive

Nous utilisons sans hésitation, on l'a vu, le mot « esprit » pour désigner la réalité dont nous voulons parler. C'est un mot qui a été proscrit pendant des décennies par les psychologues à visée scientifique, parce qu'il avait alors un contenu douteux et vague, pour l'essentiel la référence à un mode d'existence qui était supposé échapper à la matérialité de l'univers. Bien que cette conception subsiste dans la pensée commune, on peut la regarder comme suffisamment dissipée aujourd'hui dans la pensée rationnelle : il y est généralement admis que l'esprit, en tant que réalité naturelle, est, comme on l'a dit de la cognition, un « produit » de l'activité du cerveau. Cela ne suffit pas pour établir quels sont exactement les rapports de l'un et de l'autre, et il existe plusieurs conceptions théoriques à cet égard. Nous utiliserons assez souvent par la suite l'expression couplée d'« esprit/cerveau », pour indiquer aux moments opportuns que ce qui est dit de l'un vaut aussi pour l'autre. La position qui justifie cette utilisation sera celle de *l'identité des phénomènes et des états* (des occurrences, dans une autre terminologie) : les phénomènes psychologiques auxquels nous allons nous intéresser, par exemple ceux qui constituent la compréhension du langage, sont en eux-mêmes *aussi et au même moment* des phénomènes cérébraux, et « surviennent sur[8] » ceux-ci, selon l'expression philosophique maintenant consacrée. Il serait inexact de dire que les seconds sont la « cause » des premiers ou les premiers un « effet » des seconds (un « produit » de ceux-ci en ce sens particulier) : ce sont en réalité des événements complexes, sur lesquels peuvent être pris des points de vue partiels, également justifiés, différents et complémentaires.

On pourrait dire en bref qu'une étude de l'« esprit/cerveau » porte sur ce qui est *dans* le cerveau, ou peut-être mieux sur ce qui *est* le cerveau, mais en considérant ce qui, en lui, est non accessible à la perception. La psychologie cognitive a relevé le défi de dire : ces réalités, bien que non perceptibles, sont connaissables, et elles le sont scientifiquement. Le chemin qui permet de parvenir à cette connaissance n'est ni celui de l'observation extérieure matérielle (celle des méthodes neurobiologiques), ni celui de l'observation et de l'analyse internes (celle de l'introspection ou de la phénoménologie). C'est celui qui remonte des comportements à leurs causes mentales.

C'est un chemin parmi plusieurs, et nous défendons l'idée qu'il existe plusieurs voies d'accès à la connaissance des phénomènes cognitifs. Parmi elles se trouvent celle de la psychologie cognitive (qui inclut, on l'a dit, un certain type d'expérimentation, fondé sur des observations de comportement), et celle de la neurobiologie (qui repose sur un autre type d'observation et d'expérimentation), mais aussi celle de la linguistique, avec ses méthodes propres, celle de la logique (qui y introduit la préoccupation de vérité), celle de la philosophie de l'esprit, fondée sur l'analyse conceptuelle, celle de l'intelligence artificielle, basée sur la simulation. et d'autres encore. Une théorie en traits sémantiques, et en catégories de traits sémantiques, comme celle que nous exposerons à la fin de cet ouvrage pourrait permettre de rendre compte de ces points de vue : chacune des sciences cognitives ne prend en compte qu'une fraction des traits (ou des propriétés) qui caractérisent l'esprit.

Ce qui vient d'être dit des phénomènes, ou des événements cognitifs, peut l'être aussi des états cognitifs : parmi ceux-ci se trouvent, notamment, les représentations à long terme, et tout spécialement les concepts mentaux, dont on verra que nous les considérons comme des états de la mémoire. Ils sont en même temps, indissociablement (par leur nature, mais dissociablement, pour ce qui touche leur connaissance), des états cérébraux.

La psychologie cognitive est indéniablement devenue aujourd'hui la partie la plus représentative de la psychologie à visée scientifique. Cette dernière expression, que nous utilisons depuis de longues années, nous semble préférable à celle de « psychologie scientifique », souvent utilisée dans ce domaine. Celle-ci pouvait sembler un peu présomptueuse, par l'indistinction qu'elle tendait à renforcer entre « ce qui est su de façon scientifique », et que l'on semble souvent donner comme *certain*, et « ce qui est en cours de recherche sur des critères scientifiques », dont une partie est encore douteuse. Aujourd'hui le conflit entre les deux significations est moins aigu : il n'est plus très différent (bien que tout le monde ne le sache pas) de ce qu'il est dans les autres domaines scientifiques. Un premier ensemble de propositions, qui constitue le « stock des connaissances établies » en psychologie, est déjà raisonnablement large. Le second, celui des adjonctions que la recherche y fait chaque année et presque chaque mois, le « flux des connaissances qui sont en train d'être établies », est sans cesse croissant.

Comment peut-on savoir qu'il s'agit réellement de connaissances, en un temps où beaucoup d'opinions hautement douteuses se donnent pour telles ? La théorie cognitive apporte d'elle-même une première partie de la réponse à cette question : elle caractérise (bien longtemps après Platon) une connaissance comme une croyance vraie justifiée. Nous reviendrons à plusieurs reprises sur l'idée, largement acceptée chez les philosophes de l'esprit, que la science est un système de représentations, mais il faut ajouter « mentales », de « croyances vraies », qui se trouvent dans l'esprit des individus. La vérité (ou la validité) de ces représentations dépend pour les sciences empiriques – et la psychologie cognitive est l'une d'entre elles – de la correspondance, ou de l'adéquation, entre elles et les réalités externes qu'elles sont censées représenter : l'« esprit » est une telle réalité. La justification de la vérité est alors apportée, pour cela aussi, dans le cadre des critères que se donne la démarche scientifique.

On peut dire aujourd'hui qu'il existe un certain nombre de « connaissances établies » en psychologie, et plus spécialement en psychologie cognitive, exactement comme dans les autres sciences. Il s'agit de cet ensemble de propositions qui sont tenues pour vraies, de façon partagée, par les personnes bien informées qui fondent leur jugement sur les critères usuels de la scientificité. Le passage des années, et l'accumulation des vérifications, les ont rendues *robustes* : ce mot signifie que le temps ne les a pas remises en cause et que, le cas échéant, il leur a apporté continûment de nouvelles confirmations. La robustesse ainsi définie est un bon critère de vérité.

Ce noyau dur des connaissances établies est entouré par une vaste couronne de propositions et de concepts qui forment la recherche en cours, qui demeurent conjecturaux, plus ou moins, et qui sont donc affectés de degrés variables de plausibilité. Cette couronne est naturellement parcourue de controverses, et elle est en permanent remaniement : c'est ce qui constitue la recherche, active et cognitivement conflictuelle. On ne doit pas en séparer radicalement ce que nous avons appelé « connaissances établies » : cette expression ne signifie pas qu'il s'agit de « connaissances intouchables, et éternelles », et on pourrait aussi bien lui substituer celle de « croyances à très haute plausibilité ». Leur remise en cause est toujours possible, soit qu'elle porte sur des fragments spécifiques de connaissance, que viennent infirmer de nouveaux faits – mais « établi » implique que ce cas ne s'est pas produit – soit, de façon plus fréquente et plus intéressante, parce que de nouveaux faits, ou une analyse plus approfondie, rendent nécessaire leur *reconceptualisation*, une modification des concepts et des relations entre concepts qui les constituent. De cela nous rencontrerons plusieurs exemples.

Cette structure de la connaissance, et les modifications qu'y apporte la démarche scientifique, ont un caractère entièrement général : la psychologie à visée scientifique n'est pas, et ne souhaite pas être, à cet égard, différente des autres domaines de la connaissance. En revanche elle peut différer profondément d'autres domaines de croyance qui se dénomment aussi « psychologie », ou qui empruntent le radical « psy », comme la psychanalyse, la psychothérapie, etc. Le fond de la différence réside dans la réponse que l'on peut fournir à la question : « Pour quelles raisons croyez-vous ce que vous croyez ? » Deux types de réponse sont écartés par la psychologie à visée scientifique : ce sont celles qui s'expriment, explicitement ou implicitement, à l'intérieur des schémas : 1. « parce que je... », 2. « parce que j'ai rencontré quelqu'un qui... ». Le refus de ces deux justifications de type anecdotique, mais que l'on entend en fait souvent sous diverses formes, est justement ce que recouvrent en psychologie à visée scientifique les deux notions d'« objectivité » et de « généralisabilité ». Nous pouvons nous y arrêter un instant.

La démarche scientifique en psychologie :
cherche lois universelles, désespérément

La démarche scientifique en psychologie cherche à allier, dans un équilibre qui constamment se défait et se reconstitue, une composante empirique et une composante conceptuelle et rationnelle : à cet égard, sa visée est celle de la majorité des sciences fondamentales. Cette alliance entre un effort de généralisation appliqué à des données empiriques et la recherche de rationalité n'est d'ailleurs pas propre à la science puisqu'on la retrouve dans d'autres domaines de la pensée, par exemple celui de la pensée juridique, mais elle est exemplaire dans les sciences empiriques généralisatrices[9]. On peut, comme on le sait, la résumer en deux exigences : 1. le contenu des concepts et des propositions (ou des énoncés) qui forment la connaissance doit être relié de façon adéquate aux observations portant sur le domaine concerné de l'univers réel ; cela implique, pour ces observations, l'utilisation de ce qu'on appelle souvent un « langage de description », et que nous appellerons ici plutôt de « concepts descriptifs », qui soient proches de la perception, bien contrôlés et circonscrits ; c'est là le versant empirique de la recherche ; 2. les concepts et propositions plus généraux et plus abstraits, ceux qui, convenablement reliés entre eux, permettent de construire des théories ou des modèles, doivent être rationnellement élaborés ; on doit y pourchasser toute contradiction et assurer leur cohérence logique, ainsi que leur bonne appartenance aux notions qui leur sont super-ordonnées ; c'est le versant théorique et logique de la recherche. Ces exigences ne peuvent être mises en œuvre que de façon collective et historique. Elles sont en constants déséquilibrage et rééquilibration, les faits nouvellement observés remettant sans cesse en cause les conclusions théoriques, et les nouvelles théorisations reclassant les interprétations des faits.

Cette démarche est aussi celle de la psychologie à visée scientifique, moyennant quelques particularités. Son versant empirique est entièrement dépendant d'une obligation qui remonte au grand bouleversement théorique, au changement de paradigme, qui a commencé à la fin du XIX\ :sup:`e` siècle et au début du XX\ :sup:`e` : l'abandon de la subjectivité comme critère de vérité psychologique, et le recours exclusif (nous disons bien : exclusif) aux données du comportement comme seules susceptibles en fait de fournir à la démarche scientifique l'un de ses deux moments fondateurs, celui de l'observation et de la description *partagées*. Car seuls les comportements, et les conditions externes dans lesquels ils se produisent, sont observables au sens habituel d'« observables par tout individu (qui s'en est donné les moyens ») et, de façon corrélative, de « reproductibles ». Il ne s'agit nullement là, soulignons-le, d'une obligation béhavioriste, bien qu'elle ait été tout spécialement élaborée par les diverses écoles béhavioristes. Ou alors il s'agit d'un pur « béhaviorisme méthodologique », que la psychologie cognitive a inséré dans une démarche tout autre. Le second grand bouleversement théorique, en effet, celui qui est survenu un demi-siècle plus tard, et a donné naissance à la psychologie cognitive, n'a nullement levé cette obligation de disposer d'observables de plein droit : seuls les comportements peuvent être pensés, rapportés et transmis, c'est-à-dire conceptualisés collectivement, dans des descriptions sur lesquelles un accord puisse se faire. L'expérimentation est une méthode de choix pour l'observation des comportements et des situations dans lesquelles ils surviennent. Son avantage supplémentaire est de bien permettre la généralisation, fruit de l'induction statistique.

Cela n'empêche pas que la recherche d'aujourd'hui puisse tirer aussi un grand profit de l'observation de cas singuliers : par exemple celui d'un déficit neuropsychologique remarquable, celui d'un comportement individuel bien analysé – l'œuvre de Piaget est remarquable à cet égard –, celui d'une phrase inattendue et « drôle » d'un enfant, plus largement celui de bien des conduites cliniques. Toutefois ce qu'on peut en tirer légitimement, ce sont plus souvent des hypothèses que des conclusions. Les seules de ces dernières qui soient logiquement acceptables sont négatives. À une affirmation préalable du type : « il n'existe aucun X qui P », une observation isolée peut apporter un démenti : « c'est faux, en voici un ». Dans les autres cas, il faut généralement expérimenter, ou mener une observation extensive, pour mettre à l'épreuve les hypothèses tirées d'observations isolées.

Ce que la méthode expérimentale appliquée à la psychologie a bien systématisé, c'est la démarche de généralisation inductive, celle qui conduit à des énoncés commençant par « tous », le quantificateur *universel*, en termes de logique. Les connaissances qui sont visées dans une recherche de psychologie cognitive s'inscrivent dans un tel schéma. Il comporte en fait, idéalement, deux « tous ». C'est cela que recherche le chercheur en psychologie de la cognition, parfois désespérément.

Ce qu'il essaie d'obtenir, ce sont des conclusions du type abstrait suivant :

— « pour *tous* les individus h (appartenant à une certaine classe H d'individus) et dans *toutes* les situations s (appartenant à une certaine classe S de situations), p est vrai » ;

— où p est un énoncé qui exprime, soit une simple régularité descriptive des comportements qui ont lieu dans certaines situations, soit une régularité de plus haut niveau théorique, en matière de fonctionnement ou de représentation internes. Ce que nous appelons ici des « régularités » ressemble à des « lois », au sens scientifique du terme. Certains auteurs emploient à leur propos le terme équivalent de « règle » (traduction directe de « rule ») ; nous préférons dire « régularité », pour éviter les connotations prescriptives.

Il faut regarder de près ce qui singularise les régularités psychologiques par rapport aux lois scientifiques classiques. Ce qui intéresse les chercheurs en psychologie à visée scientifique, lorsqu'ils expérimentent, ce sont des *régularités doublement universelles*, au sens logique de ce dernier terme (valides pour tous les individus et toutes les situations d'une certaine sorte) : ce sont les régularités décrites plus haut, suivant lesquelles, dans les conditions s, tous les individus h se comportent, pensent ou ressentent d'une certaine façon p.

Le premier « tous » peut englober tous les êtres humains, et on est alors en psychologie générale, ou un sous-ensemble de ceux-ci : par exemple, tous les enfants de 3 ans, et on est alors en psychologie du développement, ou tous les schizophrènes (tous les individus qui ont été indépendamment classifiés comme tels à partir de critères bien définis), et on est en psychologie pathologique, ou tous les individus qui ont été rangés dans une catégorie psychologique ou sociale déterminée, également à partir de critères définis, et on est en psychologie différentielle, ou sociale. Mais la démarche est la même pour toutes ces sous-spécialités.

Les énoncés de ce type ne sont visés, comme on l'a dit, qu'« idéalement ». Il peut se faire que la réalité ne se conforme pas à ce schéma valide pour « tous », que le chercheur doive se contenter de régularités qui valent seulement pour « *la plupart* des individus h (appartenant une certaine classe H) » ou pour « *la plupart* des situations s ». Il précisera alors, autant qu'il le pourra, les fréquences ou pourcentages qui correspondent à ces « la plupart », le cas échéant avec leurs marges de confiance.

Cette particularité, qui oppose souvent au niveau empirique des « la plupart » aux « tous » recherchés, est une propriété qui affecte de façon générale l'univers de la psychologie, et des sciences humaines, et qui semble leur donner de l'imprécision. Nous ne pouvons discuter ici cette question au fond, et nous nous contenterons de deux affirmations résumées. La première est que les régularités empiriques par « tous » et celles par « la plupart » ne peuvent naturellement pas être interprétées de la même façon : les premières le sont généralement en termes de processus ou de mécanismes psychologiques universels, considérés comme fondamentaux, alors que les secondes doivent le plus souvent être attribuées à une causalité complexe. La seconde observation est que la démarche de l'expérimentateur le porte bien souvent à ne pas se satisfaire de régularités qu'il juge statistiquement insuffisantes : il se demande alors si elles ne seraient pas dues à une interaction entre deux facteurs. Il cherche alors à dissocier ceux-ci, et à isoler celui qui le rapprochera d'une meilleure régularité.

Quoi qu'il en soit, on doit voir que cette fréquente irrégularité des données n'est pas imputable au chercheur : elle est inscrite dans le tissu même des phénomènes. C'est ce tissu qui empêche souvent la psychologie d'aboutir à des régularités totalement universelles, à des invariants, semblables à ceux des sciences « exactes ». On peut illustrer cela par un exemple simple, celui des limites de la capacité à traiter de l'information [10] (ou, si on veut, de la capacité de la mémoire de travail). On peut dire : « la capacité de la mémoire de travail est limitée », mais on ne peut ajouter : « elle est exactement de n éléments ». Dans la légende, pour le « champ d'appréhension » (ancêtre de ce qui précède) n valait 7. G. Miller, dont l'article de 1956 est une sorte de monument historique, disait : « sept plus ou moins deux ». On dirait plutôt aujourd'hui, après des estimations expérimentales répétées : « Elle est comprise entre un nombre m et un nombre o d'unités (par exemple 4 et 9), ces nombres pouvant varier grandement selon la façon dont on détermine les unités comptées comme éléments (cette notion est de G. Miller), selon les situations, et selon les individus. » Il demeure néanmoins que, pour tous les individus et dans toutes les situations, la capacité de la mémoire de travail est limitée : c'est, si l'on peut dire, un « *invariant variable* ». C'est cela qui justifie que l'on doive parler en psychologie de « régularités » empiriques, débouchant sur des régularités théoriques, plutôt que de « *lois* », comme les premiers psychologues croyaient que le modèle des sciences physiques nous obligeait à le faire. Sous ce rapport, la psychologie n'est pas, en effet, une science « exacte », au sens où elle se prétendrait capable de fixer des constantes exactes et d'édicter des lois parfaitement universelles et échappant aux interactions [11] : la variabilité y est présente à chaque pas. Nous allons y revenir dans un instant.

De leur côté les situations s – ou les « stimulus », qui ne sont rien d'autre que de petits fragments de situations, parfois désignés aussi comme des « items » – ne sont générales que sous réserve d'inventaire. C'est surtout sur ce point que se manifeste la seconde observation faite plus haut. Une grande partie du développement de la psychologie expérimentale se fait sous la considération que « oui, mais vous n'avez pas tenu compte que... », adressée à des résultats antérieurs. Ces rectifications, qui se font par dissociation de facteurs, sont habituelles dans tous les domaines de recherche autres que la psychologie : mais la variabilité des situations en psychologie semble inépuisable, y compris lorsqu'elles ont été longuement étudiées de façon expérimentale.

On touche du doigt la double généralisation par « tous », dont nous avons présenté ci-dessus le schéma, dès qu'on regarde un des instruments méthodologiques et conceptuels les plus puissants en psychologie expérimentale, l'analyse de la variance. Quatre-vingt-dix pour cent des résultats expérimentaux en psychologie cognitive sont aujourd'hui soumis à une double analyse statistique de ce type : l'une dite « sur les participants » (ou « les sujets »), l'autre « sur les items ». L'objectif de la première est de déterminer si, en dépit des variations très grandes qui existent entre les individus en général, et des variations non moins grandes qu'on observe chez les participants à cette expérience-ci, on est autorisé à affirmer qu'ils se comportent « de la même façon » à l'égard des hypothèses qu'on a soumises à l'expérience. C'est à partir des conclusions de cette première analyse de la variance (et des précautions prises dans le choix de l'échantillon des participants) que l'on peut, avec un certain risque, défini en termes de probabilité, généraliser une affirmation en disant que « tous les individus h (ceux de la classe considérée, H) se comporteraient de la même façon s'ils étaient placés dans les mêmes conditions ».

Cette dernière expression est complétée par l'examen qu'effectue la seconde analyse de la variance. Presque toutes les expériences comportent la répétition de situations, ou de micro-conditions : par exemple, dans une expérience sur la perception, on répétera des stimulus visuels d'une même sorte, dans une expérience sur le lexique mental, on présentera un ensemble de mots d'une même catégorie, définie par telles ou telles propriétés, dans une expérience sur la compréhension on construira des phrases obéissant à des règles bien définies, etc. Il faut cette fois examiner si les participants se comportent dans l'expérience, non seulement « de la même façon » entre eux, mais aussi « de la même façon » pour toutes les conditions et micro-conditions, pour tous les stimulus et items expérimentaux, en dépit de leur variabilité. Il est utile également de se demander si cette conclusion est généralisable aux stimulus, items ou conditions « de terrain », extérieurs au laboratoire, dès lors qu'ils sont de même sorte. La question est toujours, au fond, de se demander quelle est la signification des mots « le même » ou « la même » que nous avons utilisés : il n'existe pas de règle formelle qui puisse, dans un cas comme dans l'autre, garantir cette signification. Si l'on désire des identités vraies, il faut les chercher en logique, non en psychologie : mais ce seront alors des identités hyper-abstraites, que se donne la pensée idéalisée. À chaque fois qu'il tente de conclure, le chercheur en psychologie (lucide) sait qu'il prend un pari : il le fait toutefois dans un cadre probabiliste qui est bien défini, et qui est quantifiable par le modèle et les règles de l'analyse statistique. À partir de là c'est seulement par l'accumulation des expériences et leur convergence au fil du temps long que l'on peut assurer progressivement une plausibilité élevée aux conclusions empiriques et théoriques.

On voit que les éléments ainsi décrits, qu'il s'agisse de tous les individus H ou de toutes les situations S, trouvent d'abord naturellement leur place dans un schéma qui relie nécessairement des observables, des situations et des comportements. Cette place était démesurée lorsque le schéma était béhavioriste, de type Stimulus-Réponse : il était alors destiné à être interprété, ouvertement ou implicitement, à partir d'une relation causale unique, et au seul niveau empirique : « S cause R », c'est-à-dire « les stimulus de la classe S (ou les situations de type S) *produisent* (causent) chez tous les individus l'apparition des comportements de type R ». La révolution cognitive a remplacé le béhaviorisme, essentiellement parce qu'elle a bouleversé ce schéma, en l'enrichissant théoriquement : on pense aujourd'hui que « les stimulus de la classe S (ou les situations de type S) *contribuent causalement*, d'une façon qui est seulement partielle, à la production des comportements R ». On ajoute qu'ils ne peuvent le faire que par l'intermédiaire des *processus* mentaux et des *représentations* mentales, qui sont présents chez les individus. Nous verrons dans un instant quels modes de raisonnement permettent de développer cette dernière phrase.

Ce sur quoi il faut insister auparavant, c'est sur le fait que la *double généralisation* inductive de caractère empirique est maintenue sous la même forme, et que le chercheur psychologue doit nécessairement passer par elle, à un moment ou un autre de sa démarche, pour pouvoir se prononcer sur des hypothèses explicatives. Celles-ci concernent, en psychologie cognitive, ce qui se passe dans l'esprit des individus. Mais elles impliquent toujours des prédictions concernant « tous les individus » (de la classe H) et « toutes les situations » (de la classe S). C'est cette généralité empirique qui sert d'ancrage au raisonnement théorique qui se déploie au-dessus d'elle.

Ce schéma, qui concerne la généralisation visée par le chercheur pratiquant l'expérimentation raisonnée, a en réalité un caractère beaucoup plus général qu'on pourrait le penser d'après ce que nous venons de dire. Il vaut pour toute tentative de théorisation psychologique. Que nous dit Freud, et de quoi essaie-t-il de nous convaincre, sinon, en substance, que :

— « Pour tous les individus h (appartenant à la classe des hommes mâles, et de façon dérivée des femmes) et dans toutes les situations s (relevant de la classe des situations familiales ou inter-personnelles), p est vrai », où p est : « il existe des manifestations d'une certaine structure mentale sexuée dite "complexe d'Œdipe" ». Ou encore que :

— « Pour tous les individus h (appartenant à la classe de ceux, dits "psychanalysants", qui ont décidé d'entrer en psychanalyse) et dans toutes les situations s (relevant de la classe des relations entre le psychanalysant et son psychanalyste), p est vrai », où p est : « il existe des manifestations d'une certaine structure mentale interpersonnelle affective dite de "transfert" ». On peut trouver chez Freud nombre d'autres idées de cette sorte, qui constituent ce que nous pouvons appeler ses « thèses » : elles renferment tou-jours implicitement le double « tous ». Certes Freud lui-même, et ses continuateurs après lui, insistent peu sur la façon dont on pourrait vérifier de façon méthodologiquement convaincante cette universalité qu'ils postulent : mais ce n'est pas ici notre propos. Ce que nous voulons faire ressortir, c'est que le *schéma de connais-sance* que les psychanalystes visent, et croient avoir atteint, est exactement du même type que celui défini plus haut. Ce schéma s'oppose frontalement à celui qui s'exprime maladroitement dans des phrases comme : « tous les individus sont différents » (appa-remment : « de tous les autres »), ou « toutes les situations sont différentes ». Les thèses freudiennes et les régularités comporte-mentales et cognitives-théoriques auxquelles nous nous attachons ici ont la même structure conceptuelle : celle qui comporte une double universalité (au pis une double généralité sur « la plupart ») portant sur les individus et sur les situations.

D'une façon toute naturelle, et qui paraîtra paradoxale à cer-tains, la démarche clinique qui en découle, pour le psychologue de la cognition comme pour le clinicien d'obédience psychanalytique, est également *la même dans sa visée* : elle consiste fondamenta-lement, au niveau le plus général et le plus abstrait, à juger 1. à quelle catégorie d'individus H appartient la personne qu'on a en face de soi – c'est ce qu'on appelle « établir un diagnostic », 2. à quelle classe S appartiennent les situations, c'est-à-dire les circons-tances, dans lesquelles il vit et a vécu – c'est ce qu'on appelle « ana-lyser la situation et l'histoire individuelle du sujet ». Certains s'étonneront de cette mise en similarité, et de cette schématisa-tion, sur le leitmotiv connu : « les choses sont plus complexes que cela ». Personne ne peut contester que le donné psychologique soit complexe : mais expliquer le complexe par du plus simple est une des exigences de la pensée. Ce que nous disons est que le fonctionnement cognitif du psychologue clinicien, quelle que soit son obédience, s'effectue aussi suivant ce schéma.

C'est bien pour cela que sa démarche n'est valide qu'à la condition qu'il puisse dire exactement et clairement sur quels critères (nombreux, il faut en convenir) il se fonde pour juger que son sujet est tel et tel, et comment il détermine quelles ont été les circonstances pertinentes de sa vie. Quoi qu'il en soit de la complexité, il n'existe pas mille façons de faire de la psychologie clinique : il faut toujours rapporter des données singulières à des concepts et propositions de caractère général. Tout esprit fonctionne de cette façon, et nous décrirons plus bas, sous le nom de « catégorisation », ce processus cognitif d'assignation du particulier au général. La psychologie cognitive est ainsi applicable aussi, et conjointement, aux psychologues de la cognition et aux utilisateurs de la psychanalyse.

Ces sciences-ci, et les autres

Avant d'en venir à une analyse plus complète du statut des notions théoriques en psychologie à visée scientifique, nous allons chercher quelques éléments de comparaison entre celle-ci et d'autres sciences plus assurées, pour mieux faire ressortir les particularités méthodologiques et observationnelles de la psychologie.

La classification des sciences est, depuis Auguste Comte, un problème général, complexe et fluctuant : on le voit bien aujourd'hui de façon pratique lorsqu'il s'agit de déterminer, ou de remanier, l'organisation scientifique du CNRS en la ramenant à un ensemble de commissions dont la portée est à la fois scientifique et administrative, ou de fixer la nature des départements des universités, ou les autres subdivisions. Le cas de la psychologie fondamentale est encore plus complexe que d'autres, parce que les trois ou quatre chaises entre lesquelles elle est censée s'asseoir sont elles-mêmes bien mal définies : elle ne trouve visiblement pas sa place dans la grande dichotomie traditionnelle entre les sciences de la nature, et parmi celles-ci les sciences du vivant, et les sciences humaines et sociales. D'autres localisations posent d'autres problèmes [12]. Les choix faits par le CNRS et par les universités sont variables, et motivés de façon souvent erratique plutôt que conceptuelle. Ce qui les détermine parfois, ce sont les jeux stratégiques d'une épistémologie marchande : où se placer pour bénéficier des meilleurs financements ?

Aux distinctions de fond se superpose en outre une division idéologique entre les sciences dites « dures » et celles que l'on qualifie, en anglais poli, de « soft », et en français moins gentil, de « molles ». Sans vouloir défendre tous les pratiquants des secondes, on peut contester la solidité épistémologique de cette opposition métaphorique : elle suggère que la différence serait à chercher dans deux façons de pratiquer la science, d'une part dans leurs méthodologies, et de l'autre dans les représentations dans la tête des chercheurs. Comme nous avons commencé à le montrer, sa racine se trouve en fait dans la nature et la structure de l'*objet* qui est proposé à ces différentes sciences, dans la réalité telle qu'elle est, préalablement à la connaissance que les hommes en prennent. Certes les réalités auxquelles s'appliquent les sciences dites « dures » et les autres diffèrent, en première analyse, par leur mode d'existence matérielle, d'un côté physico-chimique ou biologique, de l'autre mentale ou sociale. Mais le fond de cette opposition n'est pas là où on le croit souvent. Le pas qu'ont accompli les sciences humaines et sociales, en se constituant comme sciences, a justement consisté à considérer ce qu'elles tentent de connaître, d'une part comme un « objet » épistémique au même titre que les autres, d'autre part comme étant aussi une partie de la nature.

Il existe une autre différence, essentielle, qui sépare l'objet naturel « homme », et tout ce qui le concerne, des objets des sciences dures : c'est leur *mode de variabilité*. On dit parfois que la caractéristique fondamentale de l'homme, c'est sa liberté, et par suite sa singularité : c'est incontestable. Les hommes sont libres, du moins philosophiquement, et dans certaines limites, et chaque individu humain est à nul autre pareil. Mais cela est parfaitement compatible avec le fait qu'ils sont aussi soumis à des régularités, puis qu'ils créent eux-mêmes des régularités, et c'est cela que la science peut chercher à scruter. Pour nous focaliser sur ce qui sera l'objet de cet ouvrage, le bébé humain n'est pas libre de ne pas apprendre à parler, c'est d'apprendre à parler qui concourt à le rendre libre. Mais si ces régularités ne sont pas toujours des lois au sens usuel du terme, comme on l'a dit, cela tient précisément aux modalités de la variabilité dont elles émergent : les réalités humaines et sociales sont sujettes à un beaucoup plus grand nombre de modes de variation, ou de « degrés de liberté » que les autres réalités ; elles varient de façon beaucoup plus multidimensionnelle, et ces variations sont elles-mêmes variables. La notion d'« interaction statistique » concrétise cette dernière idée. C'est cela qui se manifeste expérimentalement dans la plus grande difficulté, et parfois l'impossibilité, qu'ont les chercheurs à obtenir des résultats strictement reproductibles : cette difficulté ne vient pas du chercheur, mais du réel. La mise en œuvre des principes fondamentaux de la démarche scientifique classique, la collecte des faits, leur conceptualisation à ce niveau, et la fixation de relations empiriques bien validées, y sont ainsi particulièrement complexes et lentes. Mais ces principes sont néanmoins communs à toutes les sciences.

Les risques qui existent dans la recherche expérimentale en psychologie sont raisonnablement bien encadrés par les méthodes classiques [13], qui sont de caractère probabiliste. Elles conduisent à des assertions générales auxquelles est associé un *degré de plausibilité*. Celui-ci affecte potentiellement *toute* assertion théorique en ce domaine, aussi bien « tous les individus humains ont une mémoire de travail de capacité limitée » que « tous les garçons "ont" un complexe d'Œdipe ». La différence entre le psychologue de la cognition expérimentaliste et le psychanalyste est que le premier essaie toujours d'évaluer le degré de plausibilité de ses assertions, et le second jamais. Le *degré* de plausibilité n'est pas, pour une assertion, sa « probabilité » d'être vraie : les deux notions sont distinctes. La probabilité est un concept aujourd'hui bien défini dans le cadre des modèles que s'en donnent les mathématiques, le degré de plausibilité fait référence au degré d'adhésion mentale qu'on peut associer à une assertion, ou à une croyance, et il serait déraisonnable de prétendre le quantifier de façon stricte : mais dans la démarche du psychologue à visée scientifique ce degré de plausibilité est, dans une recherche particulière, directement dépendant du *degré de risque* qu'il accepte de courir en tirant des conclusions théoriques à partir de résultats empiriques. Et ce degré de risque est lui-même bien défini dans le cadre de l'inférence statistique [14]. Les méthodes d'analyse inductive des données, jusqu'à l'utilisation des raisonnements fondés sur le théorème de Bayes, ont bien systématisé ces points. Les choses sont un peu plus difficiles lorsqu'on veut aller au-delà d'une expérience particulière : il est aujourd'hui admis qu'il faut plusieurs expériences, voire un grand nombre d'expériences, pour produire des assertions générales. Mais la démarche reste semblable : en bref, on utilise les probabilités, et les calculs qui en constituent une étape nécessaire, pour construire des plausibilités, c'est-à-dire pour savoir à quel degré il est raisonnable de croire ou de ne pas croire.

Mais au-delà de ces risques expérimentaux quantifiables (« j'accepte un risque de 0,01 en affirmant empiriquement que

« ... » – c'est-à-dire de trouver un résultat contraire 1 fois si je refaisais 100 fois mon expérience »), il existe d'autres risques, théoriques, inhérents à l'interprétation des données factuelles : ils relèvent de la plausibilité, et sont nécessairement conceptuels. Il n'est pas de résultat expérimental qui ne doive toujours, on l'admet universellement aujourd'hui, être interprété. Le béhaviorisme s'y refusait, en faisant preuve, d'ailleurs, d'une plus ou moins grande rigidité : si Skinner a été intraitable en psychologie du comportement, mais fort laxiste en théorie sociale, il a existé de la haute et grande théorie béhavioriste, l'œuvre de Tolman ou de Hull en témoignent. S'y ajoute la puissante cohérence de la philosophie de Quine [15], qui avait des faiblesses pour le béhaviorisme, mais à une époque où la psychologie cognitive n'existait pas. Il subsiste encore aujourd'hui des nostalgies béhavioristes en psychologie expérimentale : elles se traduisent dans la hardiesse ou la timidité, voire la frilosité, de degrés extrêmement variables, dont les chercheurs font preuve à l'égard de l'interprétation théorique. Le risque pris dans cet ouvrage est d'être raisonnablement hardi.

Les deux exigences de base de la démarche scientifique s'imposent ici à plein : l'interprétation doit être compatible (c'est-à-dire non contradictoire) avec ce qui a été établi factuellement dans le domaine de recherche considéré, et elle doit être compatible avec les autres affirmations tenues pour théoriquement vraies dans ce domaine. De surcroît, pour la psychologie cognitive, elle devrait l'être aussi non seulement avec les autres domaines de la psychologie à visée scientifique (psychologie du développement, psychologie différentielle, psychologie sociale, etc.) mais aussi, au-delà de celles-ci, avec les autres sciences cognitives et la neurobiologie, dans leurs apports bien établis. Or pour établir ces compatibilités, il n'existe pas de règles définitives : seules comptent l'argumentation, la conceptualisation et parfois la reconceptualisation. Si la compatibilité entre les concepts et les faits se dérobe, il reste au chercheur à changer d'avis, et le cas échéant à affronter la grande épreuve d'un bouleversement de ses idées, et parfois des idées reçues. Mais bouleverser comporte toujours des inconvénients, d'autant plus graves que les concepts sont plus élevés dans leur propre hiérarchie conceptuelle. C'est seulement dans une représentation romantique de la science que les idées neuves sont immanquablement meilleures que les autres.

L'abduction comme démarche génératrice d'inférences plausibles

La démarche cognitive en psychologie, qui est par définition antibéhavioriste, implique nécessairement une prise de risque qui n'est pas seulement « technique », incluse dans sa méthode expérimentale, mais aussi conceptuelle : c'est ce risque que nous assumerons largement dans cet ouvrage. Un des modes d'inférence qui le fonde théoriquement est *l'abduction*, et il a été introduit dans la pensée contemporaine par Charles Peirce [16], comme un complément des modes d'inférence classiques et bien connus, la déduction et l'induction.

On peut décrire une version de base de l'abduction en disant qu'elle procède selon les pas suivants :
— étant donné, d'une part, une connaissance préalable du type « si P, alors Q » (par exemple : « s'il a plu, le trottoir est mouillé [17] »)
— et, d'autre part, une observation du type « ceci est une instance (un cas) de Q » (par exemple : (ici et maintenant) « le trottoir est mouillé »)

alors on peut adopter P comme une bonne conjecture explicative de Q (dans ce cas : « il est vraisemblable qu'il a plu »).

Que signifie « bonne » ? La validité de l'inférence ainsi résumée, et de la conjecture à laquelle elle permet d'aboutir, ne peut pas être sûre, à la différence des formes classiques de la déduction, celles qui s'appliquent en logique classique et notamment en mathématiques. « Bonne » ne signifie rien de plus que « plausible sous certaines conditions ». On peut attribuer des degrés à cette plausibilité. Ils dépendent notamment des autres explications possibles de Q : on a formellement au départ « si P alors Q », mais également « si O alors Q », « si N alors Q », etc., une liste de relations possibles. Dans notre exemple, on trouvera certes « s'il a plu, alors le trottoir est mouillé », mais également « si le voisin a lessivé le trottoir, alors le trottoir est mouillé », ou « si le fils de la voisine a renversé de l'eau par terre, alors le trottoir est mouillé », toutes circonstances qui empêchent de conclure facilement que « si le trottoir est mouillé, c'est qu'il a plu ». Dans les cas de ce genre, il faut procéder à une sélection, et pouvoir écarter les explications concurrentes : cela se fait aussi avec plus ou moins de plausibilité. S'ajoute à cela qu'on peut parfois écarter quelques explications concurrentes, mais pas toutes, et qu'on ne parvient donc pas à une seule explication assurée. Malheur, ou bonheur, supplémentaire, on sait que les meilleures découvertes sont celles dans lesquelles se révèlent vraies des hypothèses auxquelles personne n'avait pensé antérieurement : « si I alors Q ».

Tout cela permet de comprendre que l'abduction est une sorte d'inférence qui n'est pas très noble, bien qu'elle soit très répandue. Les conclusions auxquelles elle conduit ne sont jamais valides à la façon dont peuvent l'être des conclusions déductives. Seules ces dernières peuvent être basées sur des règles logiques, qui garantissent la vérité de la conclusion, pourvu que cette vérité soit dans les prémisses. Mais l'abduction conduit aussi, à sa façon, à l'élaboration de connaissances.

Le raisonnement du détective ou celui du journaliste d'investigation en sont une bonne illustration : Sherlock Holmes et son ami Watson en ont fourni un exemple mythique, alors même que l'autre Watson (John, l'inventeur du béhaviorisme théorique) n'y a jamais consenti. Dans la vie réelle une très grande part des raisonnements quotidiens relève pour chacun de l'abduction : son schéma général, « trouver la meilleure explication plausible pour une observation, voire un ensemble d'observations », « inférer une explication générale pour des observations » rejoint aisément la façon dont on se représente la causalité qui régit les conduites : « si elle, ou il, a fait cela, c'est que : 1. la situation était telle, 2. il, ou elle, avait ceci dans son esprit ».

Il existe aujourd'hui, dans le cadre d'une hypothèse dite de la « théorie de l'esprit », des recherches psychologiques systématiques sur la façon dont les jeunes enfants se représentent, mais seulement à partir d'un certain âge (environ 4 ans) ce qu'il y a dans l'esprit d'autrui. Il peut arriver que cela soit différent de ce qui existe dans le réel, que les enfants l'aient observé par euxmêmes ou qu'ils le connaissent par la parole. Par exemple dans une des épreuves qui servent à ces études, l'enfant est informé qu'un personnage cherche un objet qui a été mis à un certain endroit, L1, mais on informe l'enfant que l'objet a été déplacé à un autre endroit, L2, sans que le personnage lui-même le sache. Interrogé sur l'endroit où le personnage cherche l'objet, l'enfant jeune répondra : « en L2 », et l'enfant plus âgé : « en L1 ». C'est seulement à partir d'un certain âge que l'enfant peut produire l'idée que ce qu'il sait, lui, l'autre parfois ne le sait pas : les interventions du jeune public de Guignol témoignent souvent qu'il a cette ignorance des ignorances de l'autre, et plus généralement du contenu des croyances de l'autre. C'est que les tout jeunes enfants n'ont pas le cadre conceptuel dans lequel on peut inférer cela, c'est-à-dire celui à partir duquel on peut tirer une abduction approximativement vraie. On ne peut d'ailleurs pas jurer que les adultes aient toujours et partout bien intégré ce cadre conceptuel.

Quoi qu'il en soit, les études psychologiques sur la théorie de l'esprit [18], et les analyses effectuées par des philosophes sur la même question, concernent la capacité humaine très particulière à inférer « ce qui existe ou qui se passe à l'intérieur de l'esprit des autres ». Mais la psychologie commune rencontre à chaque pas cette exigence d'inférer ce qu'autrui pense, croit, ressent. Le pas en avant réalisé voici un siècle a consisté à voir que ces inférences remontent nécessairement de ce qui est vu ou entendu à l'extérieur, de la part d'autrui, c'est-à-dire de ses comportements, vers ses états intérieurs. Les interprétations des actions d'autrui sont toujours le produit d'une démarche abductive.

On peut voir maintenant que la psychologie clinique ne procède pas différemment. Le psychologue clinicien part de ce qu'il a observé ou entendu, ou de ce qui lui a été rapporté, concernant son sujet, c'est-à-dire toujours de faits de comportement, à quoi il peut éventuellement ajouter des observations sur d'autres comportements invoqués – par exemple des résultats de tests [19] – et il est censé fournir à partir de là une interprétation qui aille au-delà de celles du sens commun. Comment pourrait-il le faire autrement qu'en s'appuyant sur des connaissances générales, qui sont supposées dépasser les croyances de la psychologie du sens commun ? Ce sont de telles connaissances qui doivent s'inscrire dans le schéma décrit plus haut, en particulier dans sa première phrase « si P, alors Q ». Nous illustrerons ici ce raisonnement abductif par un exemple de psychologie clinique banale.

On part d'une régularité psychologique supposée vraie :
- si P, alors Q (« si P = si des individus ont subi une frustration »), (« alors Q = alors ils se livrent à des actes violents »)

— et en second d'une observation particulière
- j'observe un cas de comportement relevant de Q (un acte violent émanant de l'individu H)

— et je raisonne que

on peut adopter P comme une conjecture explicative de ce Q.

La question est celle du statut de cette conclusion dans l'esprit du psychologue, et surtout de sa plausibilité : il peut s'agir d'une plausibilté modérée, ou légère, ou même d'une simple possibilité, ou d'une croyance forte, que H a subi une frustration.

Mais il existe évidemment d'autres hypothèses explicatives d'un acte violent. La plausibilité de la conclusion d'un tel raisonnement doit donc être évaluée, et la recherche de données supplémentaires menée à partir de là, et être soumise à une réévaluation continue. Dans toute investigation, celui qui y est engagé se trouve à tout moment devant le choix : s'en tenir là de la recherche d'information et considérer que cela suffit, ou continuer à chercher. Dans ce second cas la recherche est celle de données supplémentaires, qui permettront de confirmer ou d'infirmer la conclusion en cours, par exemple, ci-dessus, de déterminer les contenus de la frustration supposée.

Un raisonnement abductif de ce type, qui est celui de tout enquêteur, détective ou juge d'instruction, mais aussi bien psychologue clinicien ou médecin, doit toujours pour être solide comprendre une évaluation serrée des plausibilités, menée avec grande prudence. Une déplorable illustration de ce qu'est un mauvais raisonnement abductif a été donnée dans l'enquête qui a conduit au procès d'Outreau, jugé en juin 2004. Au cours de cette enquête, plusieurs personnes ont été suspectées à tort de pédophilie et gardées en prison plusieurs années. Une expertise psychologique, menée durant l'enquête, a contribué à ces décisions du juge d'instruction. Or les conclusions de l'expertise étaient visiblement, pour un œil extérieur, basées sur des observations fragiles, des généralités sans fondement, et un raisonnement sans rigueur ; elles étaient néanmoins péremptoires. Elles se sont complètement effondrées au moment du procès, mais ont contribué à causer des dommages psychologiques graves chez les personnes accusées à tort.

Dans l'activité psychologique ordinaire, comme dans l'exercice de la psychologie clinique, l'inférence abductive est donc massivement présente, et elle s'insère à chaque fois dans le schéma à la Peirce que nous avons décrit. Mais cette sorte d'inférence n'est pas absente non plus de la recherche en psychologie à visée scientifique. Ce qui sépare le raisonnement psychologique de caractère scientifique de celui qui porte sur les trottoirs mouillés, c'est 1. qu'il cherche à aboutir à des conclusions de caractère général, 2. qu'il prend pour données de départ des faits qui appartiennent à une classe particulière d'observables, les comportements, pour aller vers des conclusions qui seront données, pour la psychologie cognitive, en termes d'états mentaux ou de réalités internes, *inobservables*.

Sur le premier point, il est clair que les exemples que nous avons pris concernaient des inférences abductives *particulières* tirées à partir de connaissances initiales dont l'une était de caractère *général*. Mais dans la recherche ce sont précisément ces connaissances générales qu'on cherche à construire : la démarche normale est alors celle de l'induction, et il faut voir quelle place y tient l'abduction si on souhaite pouvoir généraliser des observations pour aboutir à des conclusions contenant les « tous » que nous avons invoqués plus haut. La difficulté vient de ce qu'il est, en psychologie, très rare qu'on puisse réellement conclure par « tous », mais beaucoup plus souvent par « probablement tous », ou par « la plupart », la distinction entre les deux, conceptuellement claire, étant difficile à établir dans la recherche concrète[20].

Par définition la recherche empirique ne dispose pas, au départ, de la connaissance générale du type de celle que nous avons mentionnée plus haut, le P et le Q de : « nous avons la connaissance que si P, alors Q ... », d'où découlait la suite de l'inférence. Toutefois la plupart des recherches ont à leur portée des connaissances générales adjacentes à celle qui est sous investigation : presque toutes les questions posées dans la recherche dérivent des résultats d'autres recherches. On en tire, le plus souvent intuitivement, des hypothèses, qui peuvent être de simples conjectures, telles que : « j'ai la conviction, ou le pressentiment, que si P, alors Q ».

La différence générale d'attitude des chercheurs envers les conjectures est un fait constant de la recherche : pour nous en tenir à la psychologie, c'est sur cette question que s'est établi le désaccord radical qui, de la critique de la psychologie du XIXe siècle, notamment celle de Wundt, a conduit au béhaviorisme. Ce même désaccord survit, à un degré moins aigu, entre psychologues chercheurs. Il existe aussi en linguistique, en neurobiologie et finalement dans toutes les sciences cognitives, entre les chercheurs méfiants, « parcimonieux », dit-on, en matière de conjectures, ceux qui sont soucieux à un degré extrême de respecter des préceptes communs à tous : « tenez-vous-en aux faits », « ne tombez pas dans les spéculations », respect qui va jusqu'à : « ne faites pas de théorie », et les chercheurs qui adoptent des modes plus détendus de raisonnement. Les caractéristiques générales de la méthodologie scientifique en psychologie sont partagées par tous, et la différence porte alors, pour l'essentiel, sur le degré de risque cognitif que les uns et les autres sont disposés à prendre à l'égard des plausibilités, y compris en matière de conceptualisation.

Or justement ces problèmes se posent aussi au niveau le plus général, conceptuel : c'est le 2. indiqué plus haut. Le raisonnement abductif, sous sa forme générale, est absolument nécessaire pour permettre de sortir du béhaviorisme, et de décider qu'on remontera des comportements à leurs *causes*, conceptualisées d'une certaine manière. Quand on choisit de recourir à des causes *mentales*.

À ce niveau du raisonnement, « Si P, alors Q » se traduit par : « s'il existe réellement des "réalités mentales", inobservables, dans la tête des gens (P = les réalités mentales), alors ce sont elles qui sont la cause de ce qu'ils font de façon observable (Q = les comportements) ». C'est sur cette base que le raisonnement abductif peut se déployer, de façon rétrograde comme précédemment : « si les gens font telles ou telles choses » (« Q »), c'est qu'ils ont dans la tête telles ou telles réalités mentales (« P ») ». Bien entendu, tout le monde raisonne comme cela dans la vie quotidienne. Mais il a fallu des siècles pour systématiser et encadrer cette démarche dans les méthodes de la psychologie cognitive expérimentale.

Un aspect essentiel en est alors que la démarche abductive en psychologie cognitive expérimentale, celle qui produit les conjectures du chercheur, est toujours transformée à un moment ou à un autre, et subordonnée par lui aux méthodes hypothético-déductives classiques de l'expérimentation et de la modélisation. Elle conduit à transformer ce qui était d'abord conjecture ou présomption en une hypothèse clairement formulée, et le cas échéant en un système d'hypothèses, c'est-à-dire un modèle. C'est alors de ces hypothèses à contenu systématisé que pourront être déduites des prédictions, concernant des comportements : « si les choses se passent de telle ou telle façon dans le fonctionnement mental, alors on doit prédire que dans les conditions C les participants à l'expérience produiront le comportement C, ou l'aspect A de ce comportement ». Les prédictions de ce genre peuvent alors être mises à l'épreuve dans le cadre expérimental.

Ce sont les résultats de cette démarche, relativement complexe, que nous exposerons ici. La sémantique cognitive et psychologique qui en découle a pour objectif de remonter à partir des énoncés ou des mots, réalités qui sont observables dans les discours ou les textes des locuteurs, vers les significations, les concepts, le sens, dont on doit en vertu du raisonnement abductif résumé plus haut supposer l'existence en amont des observables, c'est-à-dire dans la tête des locuteurs. C'est une démarche à risque, mais qui démontre chaque jour davantage sa fécondité.

On ne peut, en quittant ce thème de l'abduction, manquer de voir que deux questions restent ouvertes à son propos. La première est de savoir en quoi on est plus avancé, c'est-à-dire de quelles informations supplémentaires on dispose, dans les situations concrètes de la vie, par l'utilisation de méthodes qui se veulent rigoureuses, et par l'apport de connaissances de caractère scientifique, plutôt que par une analyse intuitive simplement raisonnable. Cela dépend certainement des situations : parfois l'avantage de la scientificité, ou de la cuistrerie qui la remplace, est strictement nul ; mais il peut aussi être réel.

La deuxième question est apparentée à celle-là : y a-t-il vraiment une différence entre une approche à visée scientifique, et les interprétations que pratiquent d'autres doctrines de la psychologie, beaucoup moins soucieuses de rigueur ? Parfois une différence assez faible, si on traduit le vocabulaire de l'une dans celui de l'autre. Mais parfois il arrive aussi que ces doctrines soient contre-productives, et qu'en introduisant dans l'analyse des idées fausses ou des concepts inadéquats, elles fassent moins bien que le sens commun et que l'abduction fondée sur la connaissance populaire.

Pour résumer ce qui précède, on peut dire que l'abduction est d'abord la démarche qui permet de fonder la psychologie cognitive, contre le béhaviorisme : c'est elle qui nous autorise, pour comprendre les comportements, à tenter de les expliquer *par leurs causes invisibles, mentales*. Cette forme d'explication causale vaut désormais, le béhaviorisme étant renvoyé au passé, au laboratoire comme dans la vie courante. Nous ajouterons alors que ces causes doivent être conçues comme étant « dans l'esprit », mais aussi identiquement « dans le cerveau » des individus. La question suivante sera alors de savoir dans quel cadre conceptuel général cette recherche peut être menée : c'est là que la conceptualisation issue du laboratoire se séparera assez largement de celle de la psychologie courante. Elle se traduit de façon dominante, aujourd'hui, par la supposition de l'existence de deux grandes classes de *réalités mentales*, celle des processus (ou des modes de traitement) et celle des représentations.

Deux grandes classes de réalités mentales : processus et représentations

Deux grandes questions peuvent en effet être posées à propos des esprits humains : 1. comment fonctionnent-ils ? 2. comment sont-ils constitués ?

À la première question, la révolution cognitive a apporté une réponse neuve, et de grande portée : les esprits humains – ou si l'on veut les esprits/cerveaux – sont fondamentalement des dispositifs de traitement de l'information. Cette façon de voir définit un versant du psychisme que l'on peut rationnellement séparer d'un autre versant, celui de l'affectivité, des composantes de la personnalité, des motivations et des émotions, et des perturbations ou problèmes que celles-ci suscitent : la psychanalyse est représentative des opinions dominantes sur ce second versant.

Une bonne façon de se représenter l'activité de l'esprit est de le faire à travers son déploiement dans le temps, et de dire alors qu'elle comporte une suite *d'états* (ou *d'événements* lorsque ces états sont courts) : ceux-ci sont, identiquement mais dissociablement, mentaux et cérébraux. Ils sont reliés temporellement par des relations de causalité partielle, ou si l'on veut de « contribution causale » : lorsque les esprits/cerveaux passent d'un état à un état suivant, le premier est, partiellement, la cause du second (par l'intermédiaire du fonctionnement cérébral). Tout cet ouvrage essaiera de dire comment.

C'est ce qu'exprime autrement l'expression de « traitement de l'information », où « traitement » est un équivalent de « transformation », et autrement encore ce qu'on peut appeler le « fonctionnement » des esprits/cerveaux. La perception, l'apprentissage, la compréhension du langage, le raisonnement, offrent de bons exemples de tels modes généraux de fonctionnement. La question 1. posée plus haut consiste alors à se demander comment s'effectuent ces traitements : elle reçoit une réponse sous le concept général de *processus*. Nous nous intéresserons tout particulièrement à ceux qui régissent la compréhension du langage.

Notre question 2. doit aussi être formulée en termes d'information : les états dont nous avons parlé sont, pour une large part, des états informationnels. Ils « contiennent » de l'information. Leurs traitements, tels qu'ils sont réalisés par les processus, consistent fondamentalement à ajouter ou à retrancher de l'information.

Mais une autre façon de les conceptualiser consiste

précisément à focaliser l'attention sur leurs contenus, et à dire alors qu'ils sont des *représentations*. L'étude des représentations, de leur nature, et de leurs contenus, constitue, avec celle des processus, une seconde partie essentielle de la psychologie cognitive : c'est par ces deux notions qu'elle rejoint plusieurs autres sciences cognitives.

Le concept même de « représentation », en tant qu'état, est éminemment problématique. Il faut absolument échapper aux vieilles métaphores, à celle de l'empreinte sur la cire, que reprend l'expression encore courante de « trace en mémoire », expression au demeurant innocente si on ne lui attribue pas un contenu statique. Échapper aussi aux conceptions neurobiologiques simplistes, selon lesquelles le support neural des représentations serait un petit groupe de cellules spécialisées dans le cerveau : tous les chercheurs sont bien d'accord aujourd'hui que le fonctionnement cérébral est parallèle et réparti, et qu'il faut chercher le substrat d'une représentation particulière dans une partie de ce fonctionnement.

Ce qui est essentiellement dit par « représentation » est qu'elle entretient une relation avec quelque chose qui n'est pas elle. C'est cette relation qu'exprime le verbe « représenter », qui a nécessairement deux arguments : « x représente y », x étant le « représentant » (la représentation) et y le « représenté ».

Quelle est la nature fondamentale de ce « quelque chose » ? Cette question, qui fait débat, est souvent formulée à propos du langage comme le « problème de la référence ». Des réponses très diverses lui ont été données, et il n'est pas exagéré de dire que la nature « profonde » de la représentation, comme réalité mentale à laquelle une réalité neuronale est sous-jacente, constitue l'un des principaux problèmes, non seulement des sciences cognitives, mais des sciences en général. Si on le considère dans une optique naturaliste, on peut dire qu'il est égal, voire supérieur en importance aux grands problèmes posés aux physiciens – « qu'est-ce que l'univers ? », « qu'est-ce que la matière ? » – ou aux biologistes – qu'est-ce que la vie ? », « qu'est-ce que l'hérédité ? ». L'idée essentielle est ici que l'obtention de réponses ne passe plus par la métaphysique, mais par les recherches scientifiques de détail.

À l'intérieur des sciences cognitives, les courants diffèrent toutefois assez largement sur la façon dont il faut traiter cette question. Ceux qui ont recueilli de la façon la plus directe l'héritage de Brentano[21] – mais la psychologie cognitive expérimentale se réclame aussi de celui-ci – prennent en considération les contenus des représentations au travers du concept d'« intentionnalité », qui renvoie à ces contenus tels qu'ils sont saisis par la conscience.

On verra que nous nous séparons de cette façon de voir sur deux points fondamentaux. En premier lieu, nous traiterons essentiellement des représentations mentales, mais en montrant qu'elles ont des propriétés autres que représentatives. Nous distinguerons soigneusement entre les représentations à courte durée (ou « occurrences »), celles que nous venons de caractériser comme des états de l'esprit, et les représentations à longue durée (ou « types »). Nous considérerons les unes et les autres comme relevant de la mémoire, des deux sortes de mémoire, « de travail » et « à long terme », et comme possédant de ce fait des propriétés mémorielles particulières. Ce seront par exemple, pour les représentations à long terme, leur « degré d'accessibilité », qui est variable, ou pour les représentations en mémoire de travail, leur « niveau d'activation », également variable. Ces propriétés sont largement (mais non totalement) indépendantes du contenu des représentations, de *ce* que les représentations représentent : ce sont des propriétés des représentations qui ne sont pas représentatives, au sens habituel de ce mot.

La recherche montre que c'est à travers une interaction complexe entre les deux sortes de propriétés des représentations, les propriétés représentatives et les propriétés non représentatives, que les processus cognitifs assurent le fonctionnement naturel des esprits humains. Ainsi certains processus peuvent-ils être parfois neutres par rapport aux propriétés représentatives des représentations, à leur contenu : pour nous en tenir à un exemple simple, une phrase fausse (et connue comme telle) est comprise par l'intermédiaire des mêmes processus qu'une phrase vraie. Mais parfois, comme nous le montrerons dans notre dernier chapitre, ce sont les contenus qui régulent les processus. On comprend que la psychologie cognitive porte aux unes et aux autres de ces propriétés un égal intérêt, ce qui n'est pas toujours le cas des autres sciences cognitives.

Notre second point important de désaccord a trait au caractère phénoménal des représentations, à ce qui est diversement entendu sous le mot de « conscience ». Il mérite un développement particulier.

Quatre sortes de techniques en psychologie cognitive

On peut, en psychologie cognitive, et plus particulièrement en psychologie cognitive du langage (ou psycholinguistique cognitive, les deux expressions sont synonymes), distinguer quatre sortes de techniques, en prenant comme critère le degré de conscience qui les caractérise [22].

Une première classe de techniques expérimentales fait appel à des activités parfaitement conscientes et explicites, en réponse à des questions directes et faciles. Par exemple celle, bien connue, de l'association libre : « donnez le premier mot qui vous vient à l'esprit en réponse au mot suivant : ... ». On peut, dans le même esprit, demander : « produisez quatre compléments d'objet qui vous paraissent les plus convenables pour les verbes suivants : ... », ou bien : « citez cinq mots relevant de la catégorie des : ... (par exemple "poissons") », « regroupez, parmi les mots suivants, ceux qui se ressemblent par leur signification : ... », « indiquez si ces phrases vous paraissent grammaticalement acceptables », « indiquez, sur une échelle de 1 à 9, à quel degré les mots suivants vous sont familiers : ... », etc. Toutes ces techniques font appel à l'intuition des sujets en tant que locuteurs, et à leurs compétences cognitives. Elles ne sont en aucune façon des « tests », parce que le degré de capacité des sujets n'intéresse pas l'expérimentateur. Ce qui lui importe c'est : « qu'est-ce que ces locuteurs ont dans leur mémoire cognitive ? » et « comment cela fonctionne-t-il ? » avec la réserve que les conclusions ainsi obtenues doivent être représentatives de tous les locuteurs, et non particulières à ceux qu'il a devant lui. Ces données servent souvent à l'élaboration de « normes » cognitives, mais celles-ci non plus ne comportent aucun jugement de valeur, et sont seulement utilisées pour mettre en relation des catégories de données distinctes. Par exemple, la *familiarité* des mots (un sentiment intuitif, mentionné dans notre dernier exemple, qui s'est révélé être un facteur important dans la reconnaissance des mots) dépend de façon complexe de leur *fréquence* statistique dans la langue [23].

Une seconde catégorie de techniques faisant appel à des activités explicites repose sur le même genre de questions, mais ce qu'elles prennent en compte c'est la *durée* avec laquelle les activités correspondantes sont accomplies : on parle souvent à ce propos de techniques « en ligne » (« on line »). Ainsi pourra-t-on, par exemple, présenter des mots qui seront à simplement prononcer, ou simplement reconnaître, à l'intérieur d'une technique dont nous reparlerons dans un instant, celle de « décision lexicale ». À nouveau ces tâches sont élémentaires et faciles, mais les données qu'on prend en considération sont leurs « temps de réponse », mesurés en millisecondes. Ces temps sont considérés comme une expression mesurable du « temps de traitement » interne, celui qui, dans l'esprit/cerveau des participants, est requis pour accomplir les tâches en question. L'histoire récente de la recherche cognitive a montré qu'on peut, à partir de là, faire une analyse fine du fonctionnement mental.

Cette deuxième catégorie de techniques illustre une façon spécifiquement psychologique d'étudier le fonctionnement cognitif. Le participant à l'expérience est invité à donner des réponses volontaires et conscientes aux questions qui lui sont posées, mais ce qui en est saisi c'est une modalité qui est, elle, totalement involontaire et non consciente, et purement physique : le temps. À travers cette modalité, et sa mise en rapport avec les conditions de l'expérience, on parvient à reconstituer de façon fiable des régularités qui sont présentes à l'insu des participants dans les activités internes de leur esprit/cerveau. Certes ce que le participant fait consciemment lui est, par définition, connu, mais la façon dont il le fait ne l'est pas, et il faut l'analyse expérimentale pour pouvoir l'inférer de façon fiable.

Une troisième catégorie de techniques porte sur des phénomènes qui sont, eux, complètement involontaires et non conscients. Ces techniques reposent le plus souvent sur une action volontaire, mais ce sont des variables collatérales de ces actions qui sont prises en considération : la variable favorite est le temps mis pour accomplir l'action.

Un premier exemple en est le contrôle du traitement de clics (« click monitoring »), une technique qui a été le plus souvent utilisée pour étudier la perception de la parole, mais qui peut l'être aussi pour l'étude de la compréhension d'énoncés [24].

Elle repose sur l'idée que l'esprit humain peut accomplir deux tâches cognitives à la fois, mais pas trop : la capacité de traitement de tout individu est limitée, et ces « ressources cognitives » doivent donc être partagées entre les deux tâches. Elle l'est le plus souvent de façon inégale. Si une des tâches est présentée comme principale, et l'autre comme secondaire, cette dernière ne dispose que de la fraction de la capacité de traitement que la tâche principale a laissée disponible. La technique de la double tâche, inventée par Broadbent et ses collaborateurs [25] aux tout débuts de la psychologie cognitive, applique cette idée. Elle a été notamment mise en œuvre dans des situations de perception auditive avec une écoute binaurale : par un écouteur on envoie à une des oreilles du participant à l'expérience une certaine information, qui correspond à la tâche principale, et à l'autre oreille une autre information, bien standardisée, qui correspond à la tâche secondaire. Dans la situation qui nous intéresse, c'est un « clic » sonore qui constitue l'information secondaire, et la tâche du participant est de déceler ce clic au moment où il se produit et d'appuyer alors sur un bouton. Mais la tâche principale est accomplie en même temps. La durée du temps de réponse au clic est considérée comme un indicateur de la fraction de la capacité de traitement qui a été laissée à la tâche secondaire par la tâche principale.

Cette technique peut être utilisée en prenant la compréhension d'énoncés, présentés oralement, comme tâche principale. Mais elle comporte de nombreuses contraintes, et n'est pas très employée. On préfère généralement se servir de techniques qui portent sur la compréhension d'énoncés ou de textes écrits, présentés sur écran d'ordinateur. Ces techniques sont plus faciles à manier, et pour ce qui concerne la compréhension – c'est-à-dire des activités « tardives » par rapport à la perception – on ne voit pas de raisons qui empêcheraient de les préférer à de la compréhension orale.

Une technique aujourd'hui largement utilisée, qui a fourni beaucoup de résultats très intéressants, et que nous mentionnerons souvent dans nos développements ultérieurs, est celle d'« amorçage sémantique » (ou « associatif »). Nous n'en traçons ici qu'une première esquisse.

On présente successivement aux participants, sur un écran d'ordinateur, deux éléments-stimulus, par exemple une suite de deux mots (ou non-mots). On appelle « non-mot » une suite de lettres qui ressemble (on peut préciser à quel degré et de quelle façon) à un mot, mais qui n'en est pas un : par exemple « boutal ». Le participant doit dire le plus vite possible, en appuyant sur un bouton, si le second élément est ou non un mot. On mesure son temps de réponse : c'est le « temps de décision lexicale ». L'« amorçage », comme phénomène de base, est le fait que la longueur de ce temps de décision dépend, toutes choses étant égales par ailleurs, de la nature du premier élément présenté, ou plus précisément de la relation qui existe entre ce premier élément et le second [26]. Les choses sont particulièrement instructives quand cette relation est sémantique. Dans l'exemple traditionnel, le second élément est le mot « médecin ». On constate que, si le premier élément est « infirmier », ou « hôpital », le temps de décision sur « médecin » est plus court que si le premier élément est « confiseur » ou « carrefour », ou un non-mot. La différence n'est que de quelques dizaines de millisecondes, mais elle est stable pour une condition déterminée (abstraction faite des variations aléatoires, que les méthodes statistiques permettent de maîtriser).

Ce que permet cette technique, c'est une analyse de ce qui se passe dans l'esprit/cerveau des participants à l'expérience – et au-delà d'eux de tous les esprits/cerveaux humains – durant l'intervalle qui s'écoule entre les deux présentations des stimulus sur l'écran. Les données les plus intéressantes concernent le cas où cet intervalle est court. S'il est long, en effet, par exemple de quelques secondes, les participants peuvent se rendre compte, *prendre conscience* de la relation qui peut exister entre les deux éléments-stimulus : par exemple qu'« infirmier » et « médecin » sont sémantiquement apparentés. Mais si l'intervalle est court – de 50 à 200 millisecondes – les participants ne s'aperçoivent de rien pendant leur activité. Ils n'ont pas eu le temps de le faire, parce que le traitement cognitif nécessaire pour que se produise la prise de conscience est court-circuité. Mais l'activité cognitive et cérébrale sous-jacente à l'amorçage n'en a pas moins eu lieu. On peut l'exprimer en des termes sur lesquels nous reviendrons : l'activation de la représentation du mot « infirmier » s'est *propagée* à la représentation du mot « médecin ». Ce phénomène illustre assez bien la relation à trois membres qui lie la psychologie cognitive, la linguistique, et la neurobiologie. On peut dire que, à partir de là, l'amorçage sémantique utilisé comme technique de recherche, est devenu une véritable sonde de l'activité cognitive et des structures cérébrales qui lui sont sous-jacentes.

L'amorçage, mais plus généralement toutes les techniques chronométriques, servent à explorer la cognition à partir d'une variable purement physique, le temps. On peut aller plus loin que ces techniques comportementales, et vouloir alors mettre en œuvre une quatrième catégorie de techniques, les techniques neurobiologiques : elles ont toutes pour objectif d'espérer « ouvrir la boîte noire », en recueillant des données de diverses sortes, censées être *plus proches* de ce qui se passe dans le cerveau. Elles sont extrêmement utiles, mais elles ont des limitations de plusieurs sortes. Les premières sont physiques et évolutives, et concernent la résolution spatiale ou temporelle : par exemple, l'obtention « en temps réel » d'observations correspondant à l'amorçage sémantique, ou plus généralement à des traitements complexes courts, est aujourd'hui hors de portée. D'autres, plus fondamentales, concernent concrètement la relation entre le psychologique et le neurophysiologique. On aurait tort de se figurer que l'« observation » de l'activité du cerveau est directe : elle est au contraire toujours indirecte et reconstructive. Et de penser qu'elle apportera nécessairement une meilleure explication des phénomènes concernés. La raison en est, en premier lieu, que cette observation n'a de pertinence que si elle est faite en parallèle avec des observations de comportement, à l'intérieur de protocoles cognitifs bien établis. En second lieu qu'elle ne peut pas fournir par elle-même une explication causale complète et au bon niveau des phénomènes concernés. Dans l'exemple qui précède, celui de l'amorçage sémantique, il y a une multiplicité de causes en jeu. Mais parmi elles se trouve le fait qu'« infirmier » est *sémantiquement apparenté* à « médecin », et cela n'est pas un fait de neurobiologie.

La conscience : un concept malmené

Ces premières indications sur les techniques de recherche ont été rangées par nous en fonction d'un certain *degré de prise de conscience* de leurs propres phénomènes mentaux par les participants qui se prêtent aux expériences. Elles font ressortir la nécessité pour nous de revoir le concept de « conscience ».

Croire qu'une représentation est *par nature* consciente ou, comme on dit parfois, « un objet de la conscience » phénoménale (ou une réalité « intentionnelle » dans la terminologie et les notions de la philosophie de l'esprit d'aujourd'hui) est très probablement une croyance insuffisante et même fausse. Elle conduit à une conceptualisation inadéquate des représentations, et du psychisme en général. Il n'y a aucune raison sérieuse de penser que la propriété « être consciente » fait partie de la notion même de « représentation ». Il vaut certainement mieux attribuer à celle-ci, de façon plus large, la propriété « susceptible d'être ou de devenir consciente » ou, si l'on préfère, « tantôt consciente et tantôt non consciente ». On peut même aller plus loin et supposer que certaines représentations sont à tout jamais non conscientes, bien que susceptibles d'être actives dans le fonctionnement causal de l'esprit : « implicite » décrit cela.

Prendre cette position est évidemment se placer à l'extérieur d'une simple psychologie phénoménologique. C'est aussi, on l'a vu, prendre quelque distance avec les théories philosophiques contemporaines de l'intentionnalité : on verra toutefois en cours de route que peut s'opérer sur cette question un raccordement conceptuel, transcognitif, entre les vues de la psychologie cognitive expérimentale et celles de la philosophie de l'esprit ou, si l'on veut, une traduction, au moins partielle, des concepts d'une discipline en concepts de l'autre [27].

Nous utiliserons ici « représentation » avec la signification de : « entité cognitive dotée d'un contenu, présente dans un esprit, susceptible d'en déterminer le fonctionnement, mais non nécessairement consciente » : nos développements futurs tenteront de préciser quelles en sont les caractéristiques spécifiques.

Nous situerons les représentations « dans » la mémoire, avec des réserves sérieuses sur ce « dans », qui n'est qu'une première approximation, ou une métaphore, et qui ne saurait en aucune façon désigner la relation entre un contenant et un contenu. On pourrait dire, un peu mieux comme nous le verrons, que les représentations sont des *états de* la mémoire, états qui sont, selon le cas, à long terme ou à court terme (et qui sont alors tout aussi bien des *événements* mentaux). Quant à l'expression « présente dans un esprit » elle ne peut être comprise indépendamment des processus qui régissent les représentations.

La psychologie cognitive a étudié, et continue à étudier, les conditions et les modalités par lesquelles une représentation se trouve être « consciente » ou le devient. Nicolas (2003) [28] en a donné une présentation avec laquelle celle qui sera faite ici converge très fortement.

Nous allons tenter de préciser de façon simple ce rôle de la conscience des représentations contenues en mémoire, en utilisant une sorte particulière mais très commune de représentations, celles qu'on appelle des « souvenirs » : des représentations relevant de la mémoire dite « autobiographique » (ou « épisodique ») dans les théories actuelles. Les études expérimentales sur la mémoire ont aidé à bien dissocier les notions de « présent dans » la mémoire, « présent à la conscience » et « exprimé dans le comportement » : nous en donnons ici un schéma résumé.

> Soit une expérience, ici imaginaire, mais qui résume une multiplicité d'expériences réelles. On fait effectuer aux participants une mise en mémoire d'un « matériel » (le terme utilisé dans le jargon expérimental), par exemple, pour aller au plus simple, des mots que l'on fait apprendre par la technique des « couples associés ». On dispose au départ d'une liste de couples : chacun d'eux est composé d'un premier mot M1, par exemple « nuage », suivi d'un autre mot, M2, par exemple « camion ». Ces couples sont présentés successivement un certain nombre de fois et, au bout d'un certain nombre d'essais, le

mot M1 est présenté seul. Si le participant à l'expérience répond à ce mot, « nuage », par le second mot, « camion », on observe, par définition, un « rappel correct ». Supposons maintenant que, dans un contexte d'étude de l'oubli, on soumette le même participant, une semaine plus tard, à la même épreuve de rappel, comportant la présentation de « nuage ». S'il répond par « camion », on dira que le souvenir précédemment créé (celui de M2 et, simultanément, celui de la liaison M1-M2) a été conservé, qu'il « est toujours dans » la mémoire. Mais si le participant ne répond pas du tout, ou s'il répond par autre chose que « camion », on aura le choix entre deux inférences abductives, deux hypothèses possibles : 1. le souvenir « n'est plus dans » la mémoire, il « a été oublié », au sens de « effacé » ; 2. il « est toujours dans » la mémoire, mais il ne peut pas être « retrouvé ». Cette idée de « retrouver », « recouvrer », « récupérer » un souvenir en mémoire est, depuis la psychologie expérimentale béhavioriste, mais toujours aujourd'hui en psychologie cognitive un phénomène essentiel.

On peut chercher à dissocier les deux inférences ci-dessus en utilisant un autre moyen d'investigation : une épreuve de reconnaissance. Une technique simple consiste alors, après la phase d'apprentissage, à présenter M1 avec, en face de lui sur une feuillei, 4 mots, M2, M3, M4, M5, et à demander au participant de désigner celui qui, précédemment, accompagnait M1. Le cas intéressant, si on fait se succéder l'épreuve de rappel et celle de reconnaissance, c'est celui où le participant, qui n'a pas répondu « camion » au moment du rappel, choisit maintenant « camion » comme réponse à « nuage ». On dira que ce mot a été « non rappelé mais reconnu [29] ». Il faudra naturellement observer quelques précautions expérimentales : notamment que, sur le nombre total des réponses données dans l'épreuve de reconnaissance, la proportion de choix corrects dépasse 25 %, qui serait le taux de réponses au hasard avec 4 éventualités proposées.

L'existence des mots « non rappelés mais reconnus » indique clairement qu'au moment du rappel manqué initial le souvenir des mots non rappelés « était toujours dans » la mémoire, mais que, pour une raison ou une autre, il était, comme dit la théorie, « difficilement accessible ». Cette notion d'*accessibilité* plus ou moins grande des souvenirs en mémoire est essentielle. Les taux de reconnaissance, et diverses autres catégories de variables expérimentales, par exemple les temps mis pour reconnaître les mots corrects, fournissent des données supplémentaires qui permet son étude expérimentale. Celle-ci a permis de déterminer les facteurs qui influent sur ces phénomènes : par exemple le simple passage du temps, artisan du « déclin » des souvenirs en mémoire, mais aussi divers autres facteurs comme les interférences, dues à d'autres souvenirs, etc. L'essentiel est pour nous le point suivant : la présence du souvenir en mémoire, présence que le rappel n'avait pas permis de mettre en évidence, a été rendue manifeste par une inférence à partir de l'épreuve de reconnaissance. Cette inférence abductive conclut à l'existence d'une réalité mentale inobservable, en tant que meilleure explication des faits observés. Elle fait apparaître aussi le rôle des conditions dans l'accession d'un souvenir à la conscience.

Mais nous pouvons faire maintenant un pas expérimental supplémentaire. Supposons qu'à un certain moment, par exemple au bout d'un mois, les mots M2 ne donnent lieu qu'à des reconnaissances au hasard (25 % dans notre exemple). On pourrait être tenté de conclure que, cette fois, ces souvenirs ont bel et bien disparu, qu'ils ne sont plus dans la mémoire. Ce serait risqué : d'autres sortes d'épreuves sont maintenant disponibles pour en juger, en faisant une investigation plus pointue. Par exemple on présentera M1 (« nuage »), suivi par un « squelette de mot » qu'on aura fait proche de M2, ici « cam... » ou « c... », une syllabe ou une lettre appartenant à M2, et un certain nombre de points. On présente alors l'expérience aux participants sans leur parler de mémoire, sous forme d'une épreuve consistant simplement à deviner des mots. La consigne peut être : « écrivez au hasard le premier mot qui vous vient à l'esprit, pourvu qu'il soit conforme au squelette de mot qui vous est présenté ». On aura naturellement établi au préalable la liste de toutes les réponses possibles. Ce qu'on observe dans ces conditions, c'est que les participants fournissent souvent M2 comme réponse, plus souvent en tout cas que ne l'autoriserait une réponse fournie par la probabilité objective. Ils le font d'après eux « au hasard », c'est-à-dire sans faire de recherche en mémoire, et surtout sans prendre conscience de la relation de ce M2 avec M1. L'inférence raisonnable que tirent les psychologues de ces faits est qu'il demeurait dans la mémoire des participants des bribes, floues et incomplètes, des souvenirs relatifs à M2, hérités de l'association M1-M2 : ces bribes rendaient ces mots M2 plus accessibles que les autres mots dans la situation expérimentale.

Un grand nombre d'expériences ont été conduites selon le schéma qui précède. Mais d'autres techniques ont permis de montrer aussi que ce qui demeure d'un souvenir apparemment inaccessible par les méthodes classiques (rappel et reconnaissance) peut néanmoins influer sur d'autres activités cognitives. C'est le cas de l'« amorçage », dont nous avons parlé plus haut : dans ce cas un mot antérieurement présenté dans une première phase de l'expérience amorce mieux dans une seconde phase qu'un mot qui n'a jamais été présenté.

Toutes ces données ont permis de cerner cette notion essentielle qu'est l'« accessibilité » de l'information en mémoire, et d'élaborer une notion apparentée, celle de « mémoire implicite ». La seconde fait actuellement l'objet de débats, appuyés sur des données expérimentales. Nous pouvons ici la caractériser de la façon suivante : une représentation peut être « présente dans l'esprit » d'un sujet, en l'occurrence « présente dans sa mémoire », sans que le sujet en soit conscient, à un moment donné ou de façon constante : c'est que l'activité psychologique proprement mémorielle qui pourrait permettre de la mobiliser est incapable de la mettre subjectivement en évidence. Mais cette représentation est là, et elle est susceptible d'influer sur diverses autres activités psychologiques, à première vue non mémorielles. L'« accessibilité » est susceptible de degrés, sans doute de façon continue : le « degré d'accessibilité » est une notion inférée qui définit la probabilité, ou la force, avec lesquelles cette représentation peut être recouvrée, ou récupérée, à partir de son état en mémoire à un certain moment du temps. L'activité commune de rappel, qui implique une recherche plus ou moins active et longue en mémoire, n'est que l'un des processus qui permettent ce recouvrement ; mais nous verrons dans cet ouvrage que la reconnaissance, sous ses diverses formes, est un processus extrêmement important, mis en œuvre dans de nombreuses autres activités.

Le fait qu'une représentation soit si peu accessible que son possesseur ne peut pas la recouvrer et la rendre consciente par une activité de rappel n'empêche pas 1. que cette représentation puisse être mise en évidence, intérieurement ou extérieurement, par des moyens appropriés, expérimentaux certes, mais aussi cliniques ; nous en reparlerons à propos des associations libres ; 2. qu'elle puisse avoir des effets, de caractère causal, sur d'autres activités psychologiques du sujet.

Ce qui précède ne s'applique pas seulement à des souvenirs simples, comme ceux sur lesquels nous avons raisonné dans un cadre expérimental, mais également aux représentations autobiographiques communes, celles dont s'occupent fréquemment la psychologie clinique et la psychanalyse, et aussi à des représentations sémantiques de caractère générique et conceptuel, comme celles dont nous allons parler abondamment.

L'analyse expérimentale dont nous avons tracé les grands traits nous permet de mieux circonscrire le concept de « conscience ». La conscience fournit directement aux individus une faible information sur la différence qui existe en eux entre le rappel et la reconnaissance : tout au plus génère-t-elle le sentiment d'absence active, qu'avait notée Bergson, celui qui survient quand nous nous sentons rechercher vainement un souvenir, qui est là, sur le bord, mais ne se laisse pas saisir. Le phénomène familier du « mot sur le bout de la langue » en est une illustration.

Le concept de « conscience » est ambigu au plus haut degré, comme le sont ceux qui en dérivent. Il est employé très souvent sans précaution. Le mot « conscient » n'est jamais plus exactement conçu et utilisé qu'avec le statut d'adjectif. « Conscient » ou « non conscient », sont alors des désignations simples pour une *propriété*, qui s'applique à des représentations ou, mieux, à des états momentanés d'une représentation. Avec cette façon de voir on peut alors considérer cette propriété comme graduable, comportant du plus et du moins, et parler d'états « très conscients », « moyennement conscients » ou « peu conscients » d'une représentation à un moment donné : on peut aussi parler de représentations « infraconscientes », c'est-à-dire présentes dans l'esprit mais qui n'ont pas, pour une raison ou pour une autres, réussi à franchir le seuil qui les rendrait conscientes. Nous avons montré que l'expérimentation fournit des moyens d'objectiver cela.

Avec cette signification, le mot « conscience », utilisé comme un nom, ne désigne rien d'autre que cette propriété – comme dans « la conscience des représentations (c'est-à-dire son degré de conscience) varie en fonction de nombreux facteurs » – et non on ne sait quelle mystérieuse entité ou instance du psychisme.

Nous verrons dans ce qui suit l'importance de cette idée de degré de conscience dans l'étude de la compréhension du langage. Pour nous en tenir pour l'instant à un exemple simple, considérons la phrase « Victor Hugo pratiqua avec talent l'art d'être grand-père ». On peut se demander, d'une façon qui paraît au premier abord purement spéculative : quelle représentation de Victor Hugo un lecteur qui vient de comprendre cette phrase a-t-il dans son esprit, un Victor Hugo barbu ou non barbu ? La phrase ne le dit pas. Une question plus précise encore serait : jusqu'à quel point (jusqu'à quel degré) la représentation de la barbe de Victor Hugo est-elle alors consciente dans l'esprit du lecteur ? Ces questions ne sont plus aujourd'hui purement spéculatives. La recherche expérimentale a développé des méthodes qui permettent de leur apporter des réponses factuelles et argumentées : elles concernent la façon et le degré avec lesquels une représentation en mémoire à long terme (ici celle d'un Victor Hugo barbu) se retrouve, en quelque sorte importée, en partie, dans une représentation passagère, celle qui suit la compréhension d'une phrase qui ne dit rien à ce propos. Le terme de mémoire « implicite », ou de représentation implicite, que l'on a vu apparaître dans les recherches sur la mémoire, trouve là un usage spécifique, et constitue un substitut moins compromettant de « faiblement conscient » ou d'« infraconscient ».

Le non-conscient et l'inconscient freudien : une confusion conceptuelle dommageable

La statue du commandeur est maintenant devant nous. Ce que nous venons de dire du mot « conscient », ou de l'expression « la conscience », s'applique aussi à un concept encore plus sensible, celui d'« inconscient ». Celui-ci est souvent utilisé comme nom,

« l'inconscient », et de façon encore plus fallacieuse quand on l'habille d'une majuscule.

Une petite analyse linguistique et sémantique apporte ici aussi quelques premiers enseignements : les phrases qui, dans la conversation ou les écrits, contiennent le mot « inconscient » l'utilisent souvent comme sujet grammatical ou comme objet direct d'un verbe qui implique une action causale, ce qu'on appelle un verbe « causatif » : par exemple « son inconscient l'a poussée à… », « les événements de son enfance ont alimenté son inconscient… ». Cet usage repose sur un gauchissement sémantique de caractère métaphorique. Comme nous le montrerons dans notre chapitre sur les verbes, les verbes causatifs, qui font généralement référence à des actions sont « faits pour » recevoir, en qualité de sujets et d'objets grammaticaux (d'agents et de patients sémantiques) des désignations d'individus réels, de préférence humains, ou au moins animés. La littérature psychanalytique, en particulier dans sa version mondaine, est souvent emplie de métaphores flamboyantes, qui prennent « l'inconscient » comme agent ou patient sémantiques d'un verbe causatif. Lacan s'en était fait une spécialité : « l'inconscient dit que… », ou « ça parle ». On peut trouver cet usage linguistiquement excitant, voire poétiquement beau, mais il est conceptuellement trompeur. Si nous voulons faire un usage conceptuel plus exigeant de la signification des mots, nous devons procéder autrement : « l'inconscient » ne doit pas être traité comme un homunculus qui agit dans l'esprit des individus, ni comme une entité qui justifie ces jeux de langue ou ces défaillances conceptuelles.

Mais cela est secondaire : venons-en au fond. Freud a, en substance, introduit une idée fondamentale et robuste, celle de *refoulement*, dont dérive celle d'inconscient : l'inconscient, c'est le refoulé. Une telle idée doit aujourd'hui être reprise, traitée, et soumise à l'investigation, non seulement en allant une fois de plus scruter les écrits de Freud, ou en commentant des observations ou des pratiques cliniques, qui peuvent être singulières ou excitantes, mais qui sont souvent mal validées et trop favorables à l'approximation. Refoulement et inconscient freudien doivent aujourd'hui être examinés dans une perspective scientifique : en premier lieu, le refoulement existe-t-il en tant que processus général de l'activité psychologique, et si oui, en quoi consiste-t-il ? Cet examen commence à être fait et on peut voir alors que, en dépit des résistances, ce concept et celui d'inconscient peuvent être replacés dans un cadre plus général, qui est cognitif.

Que le refoulement existe en tant que phénomène de mémoire est incontestable. On peut le réinterpréter dans le cadre cognitif de l'étude de la mémoire : nous avons proposé précédemment des hypothèses qui en dessinent les grands traits [30]. L'idée de base est de partir de ce processus dont nous avons vu le caractère fondamental dans le domaine de la mémoire : celui de recouvrement (ou de récupération) en mémoire. « Inconscient » au sens de « refoulé » peut, et doit, trouver sa place dans le schéma que nous avons présenté plus haut : après avoir dit « le degré de conscience des représentations varie en fonction de nombreux facteurs », nous pouvons ajouter : « *et notamment d'une dose d'inhibition qui peut leur être associée* ». Cette dernière partie de phrase est ce qui fait référence au refoulement. On voit alors que cette réinterprétation, entièrement cognitive, incite à distinguer soigneusement « non-conscient » et « inconscient ». Considérons idéalement l'ensemble des représentations de diverses sortes présentes dans un esprit humain. Certaines sont conscientes, ou susceptibles d'être rendues conscientes, avec un degré variable de conscience, d'autres sont non conscientes, de façon actuelle ou durable. Et *parmi* ces représentations non conscientes, seules certaines sont inconscientes au sens freudien, c'est-à-dire non conscientes par refoulement. Les autres sont non conscientes en vertu d'autres processus ou d'autres facteurs. C'est une faute conceptuelle majeure que de confondre le sous-ensemble des représentations freudiennement inconscientes avec l'ensemble, dont nous allons montrer qu'il est extrêmement vaste, des représentations qui sont simplement non conscientes ou infraconscientes, celles dont on constate, tout simplement, qu'elles n'accèdent pas à l'état conscient.

Si l'on tient absolument à dénommer « l'inconscient » le sous-ensemble particulier que nous avons circonscrit plus haut, celui des représentations qui sont empêchées d'accéder à l'état conscient par un processus d'inhibition, pourquoi pas ? Mais il faut alors être clair sur le comment ? Ces représentations sont vraisemblablement inhibées pour des raisons (ou mieux par des causes) que l'on commence à mieux connaître, et dont nous avons commencé à donner une illustration en parlant de l'accessibilité.

Une réinterprétation cognitive du refoulement

Comme la question du refoulement est sans doute présente à l'esprit d'un certain nombre de lecteurs – oserons-nous dire qu'elle a, en ce point, un haut degré d'accessibilité consciente – nous nous y arrêterons un moment, bien qu'il soit un peu tôt pour en traiter. Notre réinterprétation de ce phénomène repose sur la prise en considération du rôle du processus de recouvrement/récupération des représentations présentes en mémoire, comme on l'a décrit plus haut. Celui-ci, nous l'avons dit, ne s'applique pas seulement aux listes de couples de mots prises comme exemple mais aussi aux souvenirs autobiographiques, aux images mentales, aux contenus apportés par le langage, aux significations de mots et aux concepts. Le processus a une fonction générale, celle d'aller chercher et d'extraire, selon les situations, une fraction pertinente de l'information stockée en mémoire. Une de ses propriétés essentielles est d'être *actif*, sans que ce mot soit équivalent de « volontaire ». L'activité de rappel, qui comporte elle-même diverses stratégies, peut être une recherche spontanée en mémoire, et réussir aisément, ou impliquer une phase de recherche, qui peut être hautement volontaire. Mais un grand nombre d'autres activités cognitives, dont la reconnaissance, assurent autrement le recouvrement des représentations : nous parlerons par la suite largement de *l'activation* des représentations au service d'autres activités, par exemple la compréhension.

Notre interprétation du refoulement repose sur l'idée que l'inhibition peut s'appliquer à cette activité de recouvrement en mémoire d'une façon qui est très comparable à l'inhibition des comportements. Toute la recherche sur les apprentissages de comportements a montré comment l'inhibition fonctionne alors. La recherche cognitive témoigne de son côté qu'aux processus actifs qui la constituent peuvent se superposer d'autres processus, également actifs, mais qui agissent de façon négative, les processus d'inhibition [31] : la plupart des théories considèrent que, dans de nombreuses activités, il se produit une sommation, en quelque sorte algébrique, entre la quantité positive d'activation et la quantité négative d'inhibition générées par la situation, et que c'est leur somme résultante qui détermine le cours du fonctionnement cognitif.

Pour en donner une vision simplifiée, on peut prendre l'exemple d'une expérience de reconnaissance de mots, et de refus de reconnaissance de pseudo-mots : ceux-ci sont des stimuli qui ressemblent de très près à des mots. Il faut quelque 600 et 900 millisecondes pour donner une réponse « non » (ce n'est pas un mot) à de tels pseudo-mots. On a pu montrer que, durant ce temps court, entrent en compétition deux processus : d'abord une tendance à reconnaître faussement les pseudo-mots, que le sujet pourrait, s'il en avait le temps, verbaliser par « je crois reconnaître le mot M_v ». Cette tendance est contrariée par une correction inhibitrice correspondant à : « non, ce n'est pas le mot M_v ». Le sujet n'a, en réalité, pas le temps de prendre conscience de ces deux phases, mais on peut les objectiver expérimentalement [32] par l'analyse des temps de réponse, et faire ainsi apparaître l'existence de cette compétition entre activation et inhibition.

Les phénomènes de refoulement observés et théorisés par Freud relèvent sans doute aussi de l'inhibition, mais on peut penser que celle-ci relève d'un autre mode de fonctionnement. Lorsque celui-ci est « normal », l'activation et l'inhibition se composent et se somment en ne produisant que des conflits cognitifs mineurs, mais dans certains cas elles coexistent au risque de conflits majeurs, et de névroses. Nous avons supposé, dans les articles cités plus haut, que le fonctionnement des processus de recouvrement en mémoire est soumis à la *loi de l'effet*, au même titre que les comportements : on sait depuis longtemps qu'un comportement qui conduit à des effets plaisants tend à devenir progressivement plus fréquent et plus vigoureux, alors qu'un comportement qui conduit à des effets déplaisants tend à devenir progressivement moins fréquent et moins vigoureux, et finit par disparaître. C'est ce que nous dit la « loi de l'effet », aussi appelée « renforcement » (en un sens convenable de ce mot).

Si on admet, en plus, qu'aux représentations conservées dans la mémoire des individus sont souvent associés des contenus émotionnels et des valeurs affectives, plaisantes ou déplaisantes, on peut comprendre que l'activité de recouvrement puisse produire des états d'agrément ou de désagrément. La loi de l'effet appliquée au recouvrement conduit à prédire qu'il sera favorisé lorsqu'il aura pour conséquence des représentations agréables et inhibé lorsqu'il devrait conduire à des représentations désagréables. L'inhibition aura donc comme effet de maintenir celle-ci dans la partie non accessible, non consciente, de la mémoire : on peut, on l'a dit, appeler « inconscientes » les représentations soumises à cet effet. Le mécanisme cognitif que nous venons d'invoquer de façon très générale est une extension de ce qui est connu, dans le domaine des apprentissages de comportements, comme la classe des comportements d'*évitement*. L'évitement des contenus de mémoire conçu de cette façon rejoint donc le refoulement freudien, et il n'est pas conceptuellement très éloigné des « mécanismes de défense » d'Anna Freud : mais il est inséré dans une structure théorique différente.

La question peut être posée de savoir si cette vision est purement spéculative, et si une inhibition de cette sorte peut réellement s'exercer sur un mécanisme cognitif, et non comportemental, comme le recouvrement. On dispose sur une fraction de cette question – excluant les aspects affectifs et motivationnels – d'une série de recherches expérimentales de J. Anderson et ses collègues [33].

Anderson et Green (2000) ont notamment montré que les individus ont un degré notable de contrôle volontaire sur la conservation des représentations qu'ils ont mémorisées. Leurs expériences ont utilisé une technique dite de : « pensez-y/n'y pensez pas », appliquée à des couples de mots. La première phase des expériences consistait à faire apprendre aux participants 40 couples de mots M1-M2, originellement sans relation entre eux, présentés sur un écran. Dans une seconde phase les auteurs ont introduit la tâche critique : ils projetaient sur l'écran certains mots M1, et les participants devaient se rappeler et énoncer le M2 correspondant. Mais d'autres M1 étaient également présentés, pour lesquels les participants devaient ne pas penser au second élément du couple : il leur était instamment demandé de ne surtout pas laisser le mot M2 pénétrer dans leur esprit, mais de fixer néanmoins leur attention sur M1. Cette dernière recommandation était destinée à empêcher qu'ils évitent perceptivement M1 (en détournant les yeux), mais aussi à augmenter en même temps la menace que le souvenir de M2 pût surgir inopinément. Les M1 « avec réponse » et ceux « avec suppression » leur étaient indiqués en début d'épreuve, et ils devaient ensuite être identifiés par eux-mêmes, sans aucun indice auxiliaire. Dans une troisième phase, après un certain délai, les auteurs ont testé chez les participants leur capacité de redonner M2 en présence de M1. Ils l'ont fait dans des conditions variées et bien contrôlées, l'une d'elles incluant même une récompense financière. Les données montrent que dans tous les cas une différence largement significative existe à cet égard entre les couples « avec réponse » et les couples « avec suppression ». La grandeur de cette différence est fonction du nombre de fois où chaque couple a été soumis à l'activité « pensez-y » ou « n'y pensez pas » : cela montre que le résultat ainsi mis en évidence est bien un effet de l'apprentissage.
Tout récemment, Anderson et un groupe de collègues [34] se sont demandé quels peuvent être les systèmes neuraux impliqués dans

cette suppression de l'accès conscient à des souvenirs indésirés, en tant que base du refoulement freudien. Ils ont étudié cette question au moyen de l'imagerie par résonance magnétique fonctionnelle. Ils sont parvenus à identifier les structures cérébrales qui sont activées en association avec les situations décrites ci-dessus, et ils en présentent les données. Ces résultats confirment ainsi l'existence d'un processus d'oubli actif, et ils fournissent en outre un modèle neurobiologique pour guider la recherche sur cette forme d'oubli.

Cet ensemble d'expériences montre, d'une façon à notre avis convaincante, que par une activité cognitive bien définie expérimentalement, l'empêchement volontaire du *recouvrement* conscient de souvenirs en mémoire, on provoque une suppression durable du *maintien* en mémoire des représentations concernées : c'est une activité efficace d'inhibition. On n'observe pas, en dehors de la première phase expérimentale, spécialement consacrée à cette activité volontaire, de prise de conscience des processus en jeu. La situation ainsi examinée diffère quelque peu, il est vrai, du refoulement freudien : 1. celui-ci n'est pas volontaire ; 2. les expériences d'Anderson et ses collègues concernent des contenus neutres, plutôt que dotés d'une forte valence affective comme c'est le plus souvent le cas dans les situations freudiennes ; 3. des aspects conflictuels sont le plus souvent inhérents à la situation psychanalytique, alors qu'ils font ici défaut. Ce qui est mis en évidence, c'est le fait général qu'*une inhibition de l'activité de recouvrement agit sur le devenir ultérieur des souvenirs en mémoire.* Et cette façon d'analyser des phénomènes complexes, sous-processus par sous-processus, illustre bien les modalités de la compétition entre la conceptualisation psychanalytique et la conceptualisation cognitive. L'issue de cette compétition dépendra de leur capacité respective à rendre compte d'une multiplicité de phénomènes ou aspects des phénomènes. Un coup d'œil général sur les travaux récents incite à penser que le curseur se déplace inéluctablement en direction d'une reconceptualisation cognitive des données de la psychanalyse.

Essayons maintenant de résumer ce que nous venons de dire. 1. La conscience n'est pas une entité, ni une instance (au sens français de ce mot) ; c'est une *propriété*, qui appartient de façon première aux représentations occurrences ; 2. cette propriété est *graduable*, elle comporte du plus et du moins [35] ; on peut parler du « degré de conscience » d'une représentation – à distinguer du « degré de conscience » d'un individu à un moment donné ; 3. une bonne façon de décrire cette gradualité est de le faire par rapport à la notion d'un *seuil* : au-dessus du seuil, les représentations sont conscientes, et elles le sont plus ou moins ; au-dessous du seuil elles sont non conscientes, ou infraconscientes, également avec un degré (négatif) ; 4. le degré de conscience d'une représentation à un moment donné dépend d'un *certain nombre* de facteurs, qui agissent sur le traitement conduisant à l'actualisation de la représentation, et qui relèvent notamment des processus de mémoire ; 5. parmi ces facteurs (mais seulement *parmi*) se trouve *l'inhibition*, qui peut s'opposer, elle-même aussi avec un certain degré, à l'actualisation de la représentation ; 6. parmi (mais seulement *parmi*) les causes d'inhibition se trouve le déplaisir potentiellement associé au franchissement par la représentation du seuil défini en 3. Ce dernier point réinterprète la notion de *refoulement*.

Ce qui précède constitue un tableau relativement complexe, mais il faut encore y ajouter 4 points : 7. cette description concerne les représentations occurrences, c'est-à-dire les états représentationnels à un moment donné ; on peut la généraliser, moyennant quelques modalités, aux représentations types, celles qui existent durablement dans la mémoire à long terme ; 8. ce que les psychanalystes appellent « l'inconscient » désigne alors, *parmi* les représentations qui existent dans la mémoire à long terme et qui ne franchissent pas le seuil mentionné en 3, *celles qui* en sont empêchées par une inhibition particulière, causée par le déplaisir potentiel qui s'attache à l'actualisation de cette représentation ; 9. la psychologie cognitive utilise souvent les mots « explicite » et « implicite » comme des équivalents de « qui passe souvent au-dessus du seuil » et « qui reste le plus souvent au-dessous du seuil » ; « implicite » concerne donc un ensemble de représentations beaucoup plus large que « inconscient » dans le vocabulaire freudien ; 10. nous introduirons plus bas une autre notion, celle de « niveau d'activation » d'une représentation, qui permet d'objectiver ce qui précède.

Comment l'esprit est-il structuré ?
Cognition et motivation/affectivité

Ces précisions données, on peut tenter de dessiner une brève esquisse de la reconceptualisation à laquelle elle conduit. Elle porte sur la façon dont l'esprit est structuré, et dont on doit, par conséquent, en parler de façon adéquate. Nous aborderons ce point à partir d'un petit nombre de questions générales.

La première concerne la relation entre la cognition et « le reste », les caractéristiques non directement cognitives du psychisme. Une assez grande variabilité des opinions règne sur cet autre domaine, mais on peut sans doute les résumer en disant qu'il regroupe : 1. les motivations (incluant les besoins et les pulsions), 2. l'affectivité et les émotions, vaste ensemble d'états psychologiques dont le contenu va de la douleur au plaisir, en passant par des degrés variés de désagrément ou d'agrément, 3. les différences interindividuelles en la matière, qui se distinguent des différences interindividuelles cognitives (aptitudes, capacités, compétences). Les premières sont un mixte de différences innées, de force et de contenus des motivations, de préférences, d'appétences et d'aversions, de goûts et de dégoûts, de traces affectives laissées dans le psychisme des individus par les événements de diverses sortes qu'ils ont vécus, et par les modalités durables de leur existence sociale ; en bref tout ce qui fait la personnalité d'un individu dans sa singularité. Tout ce « reste », défini par rapport à la cognition comme du primitivement non-cognitif, n'est pas peu de chose, et la psychologie tout entière continue à poser à son égard une multitude de questions. Elle le fait principalement aujourd'hui par rapport à deux versants séparés, celui de la psychologie cognitive et « l'autre », celui où l'intérêt porte surtout sur les motivations, l'affectivité [36], les émotions, et leurs perturbations. On appelle souvent psychologie « clinique » ce versant de la psychologie.

L'expression « psychologie clinique » est en réalité très ambiguë, parce qu'elle recouvre deux usages et deux significations. Dans le parler commun, le premier usage fait d'abord référence à ce que nous venons de dire : un intérêt privilégié, voire exclusif, porté à l'affectivité, aux motivations, aux sentiments et aux émotions, aux conflits qui touchent ce domaine. Comme les théories y sont multiples, et les généralisations fragiles, cet usage hérite de la signification « psychologie des individus singuliers » (mais aussi : « psychologie menée, chacun à sa façon, par des psychologues singuliers »). Et il devient souvent alors, de façon plus dérivée encore : « psychologie dans laquelle on pense pouvoir se passer de l'expérimentation, et même dans laquelle on le revendique ». Mais on peut aussi réinterpréter cela en : « psychologie dans laquelle on ne se risque jamais à se mettre en position d'être démenti par les faits, parce qu'on se meut dans un système de concepts fermé, dont le démenti factuel est exclu ». Cela fait la différence avec un système de pensée entièrement fondé sur le couple

« hypothèse/vérification », avec la soumission méthodique aux faits représentatifs qui caractérise la psychologie expérimentale.

Mais on peut donner une seconde signification, d'ailleurs plus conforme à l'étymologie, à « psychologie clinique » : « analyse de cas singuliers concernant des individus singuliers *réalisée dans le cadre de connaissances générales qui ont été élaborées par la démarche expérimentale* ». Dans ce cadre, il existe bien une « psychologie clinique cognitive » : des illustrations commencent à s'en trouver en psychologie du développement, psychologie du travail ou neuropsychologie.

La séparation entre psychologie cognitive et psychologie clinique-1, la psychologie des motivations et de l'affectivité, est toute relative. Si on admet qu'il existe une hiérarchie des motivations, déterminée par leur urgence à l'égard de la survie – la peur intense, la faim intense ou la soif intense, par exemple, effacent toutes les autres motivations quand elles sont présentes –, les motivations modérées sont de partout pénétrées de cognition : le rôle croissant dévolu au langage par la psychologie clinique-1 et la psychanalyse, dans leurs pratiques et leurs théories, témoigne de cette reconnaissance. C'est certes une loi naturelle que le poids de la cognition dans la vie des individus est fonction de l'intensité des motivations, des émotions et de l'affectivité : lorsque cette intensité augmente, le rôle de la cognition diminue. Mais on peut aussi envisager ce rôle sous son angle social : le poids de la cognition tend à y augmenter historiquement à mesure que la lutte pour la survie devient moins âpre, que l'instruction progresse, et que la rationalité est en mesure de se développer. Nous ne consacrerons que de faibles développements à ces questions importantes dans ce qui suit.

Nous voudrions toutefois présenter une observation sur les rapports qui existent entre la cognition et la motivation ou l'affectivité au sein de la recherche. La psychologie cognitive, par son caractère largement expérimental, a l'avantage de pouvoir étudier les phénomènes cognitifs « à froid », à niveau de motivation basse ou moyenne, et aussi à niveau d'affectivité basse ou moyenne. Les expériences qui sont conduites au laboratoire ou sur le terrain requièrent certes une certaine motivation de la part des participants qui s'y prêtent, faute de quoi rien ne serait possible, mais c'est une motivation modérée, et qui est elle-même cognitive : on attend pour une expérience un degré raisonnable d'attention. Mais pour des raisons déontologiques évidentes, les expérimentateurs en psychologie s'interdisent de bouleverser émotionnellement leurs participants : elles sont donc, à cet égard, peu comparables avec certaines situations vécues extrêmes dans lesquelles se trouvent certains patients des cliniciens.

On pourrait se poser alors une question légitime : les résultats trouvés par la psychologie cognitive sont-ils suffisamment représentatifs et généralisables pour pouvoir être étendus aux situations fortement émotionnelles ? C'est un problème important, dont nous ne discuterons pas dans cet ouvrage. Nous lui apporterons seulement une réponse succincte : elle est affirmative. On peut, avec l'adjonction d'un nombre modéré de concepts additionnels, dont ceux de « niveau de motivation » et de « valence affective (ou motivationnelle) » associée à une représentation, expliquer beaucoup des phénomènes qui naissent de l'interaction entre la cognition et la motivation/affectivité. Les désordres psychopathologiques graves restent en dehors de cette explication.

En bref, la grande conjecture de travail que nous adopterons, et qu'adoptent en général les psychologues de la cognition est que *les régularités qui ont été établies par des recherches « à motivation basse » sont encore valides, moyennant un certain nombre de correctifs, chez les patients (non psychopathes) qui fonctionnent « à motivation élevée ».*

Cognition et langage : propositions et concepts

C'est dans ce cadre qu'on peut soulever une deuxième importante question : quels rapports les structures de la cognition, processus et représentations, entretiennent-elles avec les structures du langage ? Nous prendrons ici l'option prudente de les considérer comme homéomorphes, c'est-à-dire hautement semblables. Une option plus osée serait de les qualifier d'isomorphes, c'est-à-dire identiques en tout point. Mais cette affirmation serait manifestement inexacte.

Quelles sont alors les structures cognitives qui *ne sont pas* identiques aux structures du langage ? Il n'existe guère aujourd'hui qu'une seule réponse à cette question : ce sont celles qui relèvent de la perception, et de l'imagerie mentale, celle-ci étant le substitut de la perception en l'absence d'objet externe. Un débat acharné s'est déroulé voici trente ans [37] autour d'une opposition, jugée radicale par certains, inexistante par d'autres, entre le fonctionnement des images mentales et celui du langage. Ce débat est aujourd'hui largement apaisé. Il avait sans doute été aggravé par une tendance à considérer le langage comme ayant, en tout et toujours, un fonctionnement « symbolique », en un sens étroit de ce mot, celui du calcul numérique et logique.

La parenté (l'homéomorphie) entre les structures mentales en général et celles du langage se justifie encore mieux si, dans le langage, on décide de prendre préférentiellement en considération le contenu plutôt que la forme. Le cœur du langage, c'est *ce* qui est dit. Cela recouvre à la fois, comme nous le verrons, *ce* à quoi pense celui qui parle, ce qu'il veut dire, et *ce* qu'en comprend et en garde dans son esprit son interlocuteur, celui qui l'a entendu ou lu. La focalisation longue et exagérée de la linguistique et de la psycho-linguistique sur les problèmes de syntaxe a contribué à masquer cette nécessité. Ce qui demeure aujourd'hui du débat concernant les différences entre l'imagerie et le langage, c'est l'idée que ces deux formats ne sont pas incompatibles, et que la transformation de l'un vers l'autre, et la symétrique, sont incessantes : bien des souvenirs qui ne peuvent s'exprimer que sous forme de mots et de phrases – « je me souviens que... » – se redéploient en images au moment où on les mobilise, et l'écriture des meilleurs romanciers est celle qui réussit le mieux à créer ou à réactualiser chez le lecteur des images vives avec des mots. L'expérimentation confirme prosaïquement cette façon de voir.

Ce ne serait donc pas une mauvaise formule de dire que *l'esprit est structuré comme le langage* (non comme « un » langage). S'il existe « un inconscient », au sens raisonnable du mot, (c'est-à-dire un sous-ensemble de représentations qui sont empê-chées d'accéder à l'état conscient par un processus d'inhibition), il l'est donc également de cette façon. Mais à la manière d'une partie dans un tout : c'est l'ensemble des contenus mentaux qui possède cette structure dont Lacan disait que c'est celle de l'inconscient.

Encore convient-il de s'entendre sur ce que signifie au juste « structuré comme le langage ». Il y a probablement un assez large accord, parmi tous les chercheurs en sciences cognitives, sur quelques idées générales. Deux grandes sortes de structures cogni-tives se disputent l'honneur de constituer l'armature de base de nos esprits : les propositions et les concepts. On peut discuter sur d'autres grands types de structures qui peuvent s'y ajouter : cer-taines plus vastes (de récits, de domaines cognitifs, d'œuvres, etc.), d'autres plus analytiques (les traits sémantiques), mais on peut les négliger pour le moment. Propositions et concepts sont des struc-tures de nos représentations. Il n'est pas inexact de dire que, en première analyse, les propositions ne sont que des sens de phrases. Et que les concepts ne diffèrent pas des significations de mots. On peut donc reformuler, en mieux, ce que nous avons dit plus haut, en mettant davantage l'accent sur les contenus : ce dont tous les esprits sont pleins, c'est, à côté des représentations imagées, de représentations à structure langagière. Ce sont elles qui sont à chaque instant traitées par les processus cognitifs, et qui constituent seconde après seconde la trame cognitive de la vie mentale des individus.

Doit-on donner la priorité aux propositions ou aux concepts ? Ici les conceptions se séparent. Une théorie largement dominante en philosophie de l'esprit et du langage, la théorie des attitudes propositionnelles, considère que l'esprit est constitué de propositions, p, insérées dans des attitudes mentales. Parmi ces dernières, les unes sont cognitives (essentiellement du type « croire que... ») et les autres (par exemple du type « désirer que... » ou « craindre que... ») ne le sont pas. Les premières – « croire que [le débarquement allié s'est fait sur les plages de Normandie] », « croire que [les trains TGV roulent sur des rails soudés] », « croire qu'[Elvis Presley est toujours vivant] », « croire que [tous les hommes (sauf moi) sont mortels] », « croire que [les âmes sont immortelles] » prennent pour argument p une proposition déclarative : si on les évalue selon des critères extérieurs, certaines de ces propositions sont vraies et d'autres fausses. C'est même le fait de pouvoir être vraies ou fausses qui est, selon cette façon de voir, la propriété essentielle des propositions. Ce sont ces croyances, avec les propositions qu'elles contiennent, et dont les meilleures ont le privilège d'être des connaissances, qui forment le contenu cognitif des esprits. La seconde catégorie d'attitudes nous concerne moins : elles prennent aussi des propositions comme complément (« désirer boire un verre d'eau », ou « craindre qu'une météorite frappe la terre »), et elles entrent dans le tissu de la vie pratique. C'est une autre façon de concevoir les motivations.

La psychologie cognitive s'est constituée pour partie, au tournant des années 1960, par l'acceptation de l'*hypothèse propositionnelle*, de l'idée que, en effet, les contenus mentaux, ou au moins la plupart d'entre eux, ont une structure propositionnelle, qu'ils sont similaires à des sens de phrases. Dans cette conception, comme dans la précédente, ces contenus sont des représentations de nature sémantique. Elles sont, au moins fondamentalement et initialement, *à propos de* l'univers et des choses qu'il contient. Elles ont pour schéma général le couple structurel mis en avant, depuis Frege, par la logique moderne, formé d'un prédicat et d'un ou plusieurs argument(s) : P (x) ou P (x, y). Il s'agit donc d'une reconnaissance de cette théorie logique considérée comme fondamentale. Mais elle a été accompagnée d'une notable reconceptualisation. La psychologie cognitive a ainsi porté assez peu d'intérêt à la théorie philosophique des attitudes propositionnelles, et elle lui a, pour l'essentiel, préféré une théorie cognitive de la mémoire : les propositions mentales, qu'elles soient particulières (« le débarquement allié s'est fait sur les plages de Normandie », « j'ai rencontré Juliette mardi dernier ») ou générales (« les trains TGV roulent sur des rails soudés », « l'hydrazine a pour formule H_2NNH_2 »), sont supposées être « dans » la mémoire à long terme des individus.

Ce qui découle de cette acceptation conceptuelle, c'est que les contenus ainsi conservés dans la mémoire doivent du même coup avoir la même structure cognitive générale que les phrases formées par le langage dans la parole, et le sens construit par ceux qui les comprennent. Mais elles n'ont visiblement pas la même sorte d'existence mentale. Si un locuteur dit : « mon train a été retardé », il donne à son interlocuteur l'occasion de former dans son esprit, par sa compréhension de la phrase, une représentation de l'événement correspondant, avec ses à-côtés. Cette représentation, qui est le sens de la phrase, conserve sa structure, sous forme de proposition mentale. La durée de vie de cette représentation particulière, à la différence de celle des croyances ou connaissances en mémoire à long terme, sera très variable. Elle dépendra de la situation dans laquelle la phrase a été prononcée et des circonstances qui l'entourent.

L'activité de compréhension du langage est centrale dans la vie cognitive humaine, et c'est d'elle que nous allons partir au prochain chapitre. À son centre se trouve la construction de propositions à partir de concepts : c'est-à-dire de représentations qui ont une structure de proposition par l'assemblage de représentations qui ont une structure de concept. Telle est l'idée à partir de laquelle nous allons parcourir plusieurs champs de la psychologie cognitive. Nous consacrerons ainsi une assez large place aux « briques » cognitives qui rendent possible cette construction, celles que l'on rencontre derrière les appellations de : « mot », « lexique » (mental), « forme de mot », « signification », « concept ». Nous allons nous arrêter un instant sur ce dernier terme, pour lever toute ambiguïté possible à son égard.

Distinguer les concepts naturels
et les concepts élaborés

Nous allons consacrer une part notable de cet ouvrage à décrire les concepts, comme supports de la transmission de sens par le langage. Nous les désignerons également comme des « représentations sémantiques », des « catégories », ou des « significations de mots ». Ces diverses expressions seront utilisées pour saisir des aspects différents de la réalité visée par la recherche cognitive. Pour faciliter les distinctions, nous écrirons désormais les noms de concepts entre crochets (par exemple le concept de <chien>), pour bien les distinguer des mots, qui seront écrits comme d'habitude entre guillemets doubles (le mot « chien »).

Par « concept », nous entendrons fondamentalement un concept mental, « naturel », individuel, qui n'a pas été élaboré par la réflexion et la rationalisation. Cette dernière est l'activité mentale par laquelle un individu se demande : « qu'y a-t-il dans le concept C (ou dans mon concept C), et que devrait-on (ou que devrais-je) y mettre ? ». C'est une activité métacognitive, et elle est familière aux philosophes et aux sémanticiens. Il faut donc distinguer les concepts naturels, dont nous allons traiter, des « concepts élaborés » et, à la limite supérieure de ceux-ci, de ceux dont il est question dans la tradition philosophique. Alors que les concepts naturels sont des représentations mentales génériques qui existent dans l'esprit de tous les hommes, certains seulement de ces concepts ont fait l'objet d'une élaboration cognitive, le plus souvent collective et historique, qui est parvenue à les améliorer en fonction de critères bien définis, à les rationaliser. On peut accepter l'idée que cette élaboration est achevée, ou à peu près, pour certains concepts (par exemple les principaux concepts des mathématiques), et qu'elle est bien avancée pour d'autres, en philosophie, dans les sciences, dans la théorie juridique. Cela vaut même lorsque, à un nom de concept correspondent deux ou plusieurs versions du concept. Mais pour beaucoup d'autres concepts encore, qui incluent ceux des sciences cognitives, la rationalisation est seulement en cours.

On peut donner un exemple de différence entre concepts élaborés et concepts naturels, qui touche à la fois à la philosophie et à la psychologie, et concerne le concept de <cause> : c'est une première chose de se demander, à la suite de Hume, Kant, Carnap,

Davidson, et beaucoup d'autres, quel est le contenu du concept philosophique de <causalité>. On trouvera alors, d'ailleurs, plusieurs versions concurrentes de ce concept. Le concept philosophique de causalité a longtemps oscillé entre les deux idées de « causalité présente dans la nature » et de « causalité présente seulement dans l'esprit », Hume et Kant, apportant chacun leur analyse à la question de leurs rapports. Les théories physiques contemporaines, notamment celles qui relèvent de la mécanique quantique, ont de leur côté été confrontées au problème de : « comment devons-nous penser rationnellement la causalité au niveau microphysique dans la nature ? ». La psychologie cognitive, de son côté, se trouve aujourd'hui en face de la question : « comment une pensée, ou une représentation, cause-t-elle, ou contribue-t-elle à causer, dans l'esprit, la pensée ou la représentation qui la suit immédiatement ? ». Et de façon dérivée, quelle est la différence entre : elle a fait cela « pour telle raison » et « pour telle cause » ? Dans les trois domaines qui précèdent, une élaboration du concept a tenté de le rationaliser.

Mais c'est un autre questionnement, assez différent, que de se demander sous l'angle psychologique, comme l'ont fait récemment Goldvarg et Johnson-Laird [38], comment les gens ordinaires se représentent la causalité dans leur pensée spontanée, et comment ils raisonnent à son propos. Pour des psychologues peuvent se poser alors d'autres questions, par exemple : « dans quelle mesure les individus ordinaires différencient-ils la causalité physique et la causalité humaine, d'une part celle qui forme la liaison entre les événements de l'univers, et d'autre part celle qui s'exerce dans l'action humaine sur le monde, dans ce qu'un individu humain fait, ou ne fait pas, en le voulant ou en ne le voulant pas, mais qui produit un changement ? ». On appelle abstraitement « agentivité » cette forme de causalité humaine, et nous la retrouverons dans notre analyse sémantique des verbes transitifs (« il a cassé le verre »). Le concept correspondant est souvent empreint de considérations morales, qu'expriment des phrases comme « ce n'est pas ma faute », ou « je suis responsable mais pas coupable ».

On pourrait prendre mille exemples autres que celui de <cause> pour illustrer la différence entre les concepts naturels et les concepts élaborés : par exemple, parmi les plus simples et les plus concrets, le concept naturel d'<eau>, celle que l'on boit ou dans laquelle on se baigne, est assez différent du concept élaboré et scientifique d'<eau>, identifiée à H_2O, ou présente sous forme d'une certaine sorte de glace sur Mars.

La recherche psychologique sur les concepts mentaux porte ainsi sur la double question du « comment sont-ils faits ? », et du « comment fonctionnent-ils ? », en les considérant comme des réalités d'une certaine sorte, cognitive, et dotée dans les esprits d'une existence et d'un fonctionnement propres. La première observation est alors que cette réalité est dotée d'une forte variabilité interindividuelle et intra-individuelle : tous les individus n'ont pas le même concept <C> (défini par son contenu, ce « à propos de quoi » est C) ; beaucoup n'ont pas non plus le même concept C toute leur vie.

Nous pouvons nous arrêter un instant pour nous demander : en quoi consistent, au juste, les différences entre des concepts naturels et les concepts élaborés ? La première différence est celle qui vient d'être évoquée, le caractère explicitement mental des premiers : ils ont un mode d'existence qui, dans une perspective naturaliste comme celle adoptée ici, n'est pas simplement idéal, mais *matériel*. Nous les traiterons plus particulièrement comme des réalités représentationnelles durables, situées dans l'esprit/cerveau des êtres humains, mais plus précisément dans leur mémoire à long terme. Si on devait s'interroger sur la nature exacte de cette réalité, il faudrait ajouter que les chercheurs en sciences cognitives en débattent abondamment, et que leurs conceptions sont très loin de concorder. Mais tous sont d'accord sur la naturalité des concepts mentaux, et sur leur matérialité, en un double sens de ce mot : en premier lieu celui qui est synonyme d'« objectivité », et qui fait que, pour un observateur A, le contenu des concepts des autres personnes B, C, D, est un fait, et, en second lieu, l'existence d'un substrat neuronal sous-jacent aux concepts.

Le substrat cérébral des concepts

De quelle façon ce substrat neuronal est-il constitué dans le cerveau ? Si l'on veut être franc, personne ne le sait. Mais une catégorie de faits, sans doute la plus directement intéressante à ce propos, nous donne quelques indications, en même temps qu'elle en marque les limites. C'est celle qui concerne les *déficits sémantiques spécifiques*, de type catégoriel, qui ont été observés chez des patients ayant subi diverses sortes d'atteinte cérébrale : ces faits, d'abord mis en évidence par E. Warrington [39], plaident en faveur d'une certaine localisation des contenus conceptuels dans le cerveau. On a observé en effet que certains patients ayant des lésions cérébrales manifestent une compréhension et un usage de certains mots qui sont perturbés de façon élective. Par exemple, ceux qui font référence à des êtres vivants (« zèbre » ou « carotte ») ont leur usage perturbé, alors que d'autres mots, qui font référence à des choses (« pince » ou « avion »), ne souffrent d'aucune perturbation, ou d'une perturbation beaucoup plus faible. Mais chez d'autres patients, on observe le tableau inverse : il y a une « double dissociation » (deux exclusions symétriques). Ces données, qui comportent une grande variabilité, incitent donc à supposer que la mémoire de certains mots est organisée dans le cerveau en « domaines » sémantiques dotés d'une spécificité neuro-anatomique : cette organisation conceptuelle a un substrat localisé, qui peut être atteint par une atteinte neurologique locale. Toutefois cette hypothèse explicative est encore soumise à interrogation pour ces catégories-là de concepts. Et il existe d'autre part un très grand nombre de catégories d'autres concepts pour lesquelles n'a été observé aucun signe de localisation. On n'a ainsi actuellement aucune donnée certaine sur ce qui peut être le substrat d'un concept particulier.

Il existe plusieurs conjectures sur ce qui pourrait constituer le substrat neurobiologique sous-jacent aux concepts, empruntées à des hypothèses relatives à la perception d'objets. La plus simple serait que le substrat d'un concept soit spatial, constitué par un petit groupe de neurones, doté de connexions internes reliant les substrats des composants du concept, et de connexions *externes* entre ce petit groupe et d'autres du même genre, substrats d'autres concepts. Mais d'autres conjectures font aussi appel à un code temporel, avec une capacité de synchronisation, de caractère oscillatoire, des décharges pour des neurones appartenant à une assemblée neuronale. Quoi qu'il en soit, les neurobiologistes sont d'accord aujourd'hui pour concevoir ces divers réseaux neuronaux comme répartis (« distribués »), c'est-à-dire comme comportant des localisations multiples dans le cerveau. Cette idée n'est pas contradictoire avec celle de localisations partielles, par grands domaines, pour certaines catégories de concepts comme celles mentionnées plus haut.

Mais on ne dispose pas véritablement aujourd'hui de donnée neurobiologique qui nous informe de façon précise et fiable sur ce qu'est le substrat cérébral d'un concept spécifique. Il se pourrait bien, même, que la recherche ne nous fournisse jamais de telles données neurobiologiques directes, c'est-à-dire qui puissent nous apprendre seules, en l'absence de données comportementales et cognitives associées, ce qui fait que telle activité cérébrale est le substrat d'une représentation et d'un concept, celui de <jacinthe>, par exemple. Les recherches fécondes sont celles qui associent des données d'observation de caractère neurobiologique et des données relevant de la psychologie cognitive.

Ce qui est l'essentiel d'un concept, c'est la relation, qui reste objet de débat et de recherche, entre le concept et *ce* dont il est le concept, sa référence. La spécificité du concept de <jacinthe>, c'est d'exister « à propos » des jacinthes, d'entretenir une relation avec les jacinthes. On aimerait que cette relation soit bien déterminée, mais elle ne peut l'être, parce que ce à quoi le concept de <jacinthe> est relié, c'est à des perceptions de jacinthes, ou à des phrases ou des pensées concernant les jacinthes. Le substrat neuronal correspondant, qu'on ne peut caractériser autrement que comme « la population des neurones qui sont activés chez un individu quand il perçoit des jacinthes, parle de jacinthes ou pense à des jacinthes » comporte vraisemblablement une part notable qui est anatomiquement différente entre les individus, et même aléatoire.

On peut rapprocher ce qui précède de deux notions, voisines entre elles, élaborées par Quine par l'analyse philosophique, et qu'il a appelées « l'indétermination de la traduction » et l'« inscrutabilité de la référence [40] » : un observateur extérieur ne peut jamais déterminer de façon sûre, d'après leur comportement, à quoi deux locuteurs font référence par des signes linguistiques.

La référence étant une relation, la meilleure conjecture qu'on puisse, à notre avis, faire à ce propos – mais beaucoup de chercheurs ne croient certes pas qu'elle soit la meilleure – c'est que le substrat cérébral de <jacinthe> dans le cerveau d'un individu est la trace qui y a été laissée, par apprentissage, comme résultat cumulatif total de tous les traitements cognitifs que l'individu a effectués, lors de ses perceptions de jacinthes, lors de l'émission ou de la compréhension de phrases parlant de jacinthes, et lors de la formation de pensées portant sur des jacinthes.

Mais le plus sage est d'adopter sur ces points un *principe d'indifférence neurobiologique* : puisque nous ne savons pas ce qu'il en est à cet égard, nous pouvons décider que cela nous importe peu. Et même voir que la nature du support neural dans le cerveau de tel concept, ou de telle catégorie de concepts, n'est pas essentielle, mais qu'il vaut mieux examiner comment ils *fonctionnent*. Les développements à venir dans cet ouvrage reposeront sur ce principe. Cela ne nous empêchera pas, comme on le verra aussi, d'avoir recours aux données neurobiologiques lorsqu'elles seront éclairantes.

L'expérimentation psychologique a bien montré une chose : le contenu des concepts, et surtout leurs relations les plus générales, peuvent être étudiés par l'intermédiaire des comportements qu'ils suscitent, et des relations que ceux-ci sont capables de rendre manifestes, alors qu'elles sont ordinairement cachées : ce sont par exemple, pour <jacinthe>, les relations du concept avec la perception de jacinthes réelles, et aussi avec le fonctionnement de concepts voisins comme <fleur>, <tulipe>, <couleur>, <cueillir>, <cultiver>, etc. et des mots correspondants. Nous pouvons aujourd'hui tabler sur des données objectives, comportementales et fonctionnelles, sur cette question pour en faire la théorie. À partir des comportements auxquels donne lieu l'utilisation cognitive des concepts et des mots, nous pouvons essayer de remonter, de façon abductive et inductive, vers les propriétés des concepts naturels et leurs relations dans l'esprit des individus, en l'occurrence dans leur mémoire à long terme. C'est de cela que nous allons nous occuper dans les prochains chapitres.

La nature des relations entre concepts naturels et concepts élaborés

Considérer les concepts comme des réalités mentales diffère assez largement, nous l'avons dit, de l'orientation qui a eu traditionnellement cours durant des siècles en philosophie, et plus récemment en logique, en mathématiques, et dans diverses autres disciplines, avant que le courant cognitif ait commencé à les transformer. Pour la plupart des auteurs, passés ou présents, qui relèvent de ces disciplines, il a été considéré comme essentiel, à l'opposé de ce que va faire notre approche, de débarrasser les concepts de leurs aspects psychologiques, justement parce qu'ils sont particuliers, variables et incertains, la rançon de leur existence naturelle. Cette caractéristique a été vue comme porteuse d'un risque mortel à l'égard des exigences de la connaissance : elles privent les concepts, et l'usage qui doit en être fait dans la pensée, de la stabilité, de l'invariance, et le cas échéant de la nécessité qui seules peuvent garantir la vérité de connaissances objectives. Cela a valu particulièrement pour les plus abstraits de ces concepts, ceux dont les mathématiques offrent le modèle.

La position la plus extrême est à cet égard celle qui attribue aux concepts une existence propre, indépendante des esprits, idéale : de ce néoplatonisme, qui nie ou disqualifie la psychologie, on trouve les défenseurs les plus convaincus chez des philosophes et des mathématiciens, mais aussi chez des physiciens théoriciens [41], pourtant proches des données expérimentales et impliqués dans la recherche avancée, mais impressionnés, comme l'étaient les rationalistes classiques, par l'extraordinaire façon dont les concepts des mathématiques abstraites s'appliquent au réel, cette fois au niveau quantique. La relation première d'un esprit avec un concept qui lui est extérieur est alors pensée comme relevant d'une « saisie », ainsi que le disait Frege, du concept par l'esprit.

Il est assez difficile de concevoir ce que pourrait bien être, en tant qu'activité mentale naturelle, une telle saisie : on imagine que, chez les auteurs qui croient à son existence, elle est pensée par analogie avec la perception d'un objet extérieur. Mais justement, la perception n'est pas, selon les conceptions actuelles, une « saisie », elle est un traitement complexe de l'information entrante. Il est donc difficile d'adhérer à cette conjecture de la « saisie » : on n'en a aucun témoignage objectivement attesté, hormis celui, qui reste subjectif, de penseurs de haut niveau. Mais ceux-ci pensent d'autre part, dans la vie quotidienne, comme tout un chacun. Peut-être la conviction néoplatonicienne est-elle, elle-même, cognitivement explicable. On peut se demander si c'est parce que les concepts existent idéalement de façon extérieure aux esprits qu'ils ne peuvent qu'être « saisis », contemplés et utilisés, ou bien parce que ces activités sont effectuées chez ces personnes de façon rapide et sans effort que leurs caractéristiques psychologiques sont inaperçues. Nous croirions volontiers que cette sorte de relation entre ces esprits et leurs concepts relève du facteur de familiarité : la très haute fréquence de fréquentation des concepts abstraits leur donne une très grande familiarité subjective, et celle-ci pourrait bien être la base du néoplatonisme.

On peut avoir une autre idée de la relation entre les concepts en général et les « concepts élaborés ». Cela vaut particulièrement pour ceux d'entre ces derniers qui ont été si intensément élaborés, et selon des règles si bien systématisées qu'on peut les appeler des concepts « rationalisés » : ce sont ceux que nous appelons aussi des « notions ». L'idée de base est que tous les concepts sont mentaux, et que les plus concrets, les plus familiers et les plus largement utilisés demeurent le plus souvent spontanés et implicites pour leurs possesseurs. Mais certains autres, en général plus abstraits, peuvent être élaborés, c'est-à-dire rendus explicites, réfléchis, et par là, aptes à être partagés et utilisés pour la connaissance objective. La relation qui lie les seconds aux premiers repose sur une transformation des uns dans les autres, transformation qui est précisément la rationalisation : elle a une composante historique et une composante psychologique individuelle.

On peut assez bien s'imaginer dans une optique naturaliste comment les auteurs historiques de concepts rationalisés ont procédé. Ils l'ont fait au cours d'une activité mentale particulière, qu'on appelle communément « réfléchir » : il leur a fallu faire accéder ces concepts à leur « conscience », oserions-nous dire à leur mémoire de travail pour Platon, Descartes ou Galilée, concentrer sur eux leur attention cognitive, puis les scruter, explorer leurs composants sémantiques et leurs relations avec d'autres concepts, et les modifier selon leurs règles de rationalité, avant de les laisser retourner avec ce nouveau contenu cognitif dans leur mémoire, d'où ils ont pu être extraits à nouveau pour être communiqués par la parole ou l'écrit.

Mais cette activité mentale de découverte est l'apanage des meilleurs esprits. Pour la plupart des autres, l'éclaircissement et l'enrichissement qui font la rationalisation des concepts ont trouvé leur source dans les apprentissages conceptuels, par la voie de l'enseignement ou de la lecture. Une bonne illustration concrète de la recherche de concepts plus adéquats est donnée par les dictionnaires spécialisés. Un dictionnaire de domaine est supposé fournir à son utilisateur des informations vraies sur le contenu de notions, c'est-à-dire de concepts élaborés, sur lequel existe un large degré d'accord entre les experts du domaine. L'intention qui anime l'utilisateur de tels dictionnaires est, en général, de transformer et d'enrichir le contenu d'un de ses propres concepts mentaux actuels, associé à un mot M, par exemple « géosphère » : « que recouvre au juste le mot "géosphère" ? ». L'utilisateur a constaté, en explorant la connaissance qu'il a de la signification du mot, que celle-ci est pauvre. L'expérimentation confirme [42] que cette méta-connaissance – je sais à quel degré je sais – des significations de mots est l'objet d'une bonne estimation subjective. La consultation d'un dictionnaire pour des mots derrière lesquels l'utilisateur ne trouve initialement qu'un concept vague et mal construit est destinée à le rendre plus riche, plus clair, et aussi plus adéquat, à en faire un concept individuel mieux élaboré. Mais la lecture de livres ou l'audition de cours bien conçus aboutit, par l'intermédiaire de processus cognitifs généralement moins directs, à des résultats similaires.

Dans tous les cas, toutefois, qu'il s'agisse d'une rationalisation innovatrice, de caractère historique, ou d'une rationalisation individuelle par apprentissage, c'est l'explicitation des contenus des concepts et leur mise en relation avec d'autres concepts, puis leur remaniement et la modification de leurs relations avec leurs voisins, qui permet leur amélioration. Cette explicitation repose elle-même sur l'analyse sémantique, confortée par le raisonnement, la confrontation des opinions, la mise en œuvre de méthodes scientifiques, le cas échéant la formalisation, et sur les échanges qui en découlent entre les esprits humains. C'est cela qui conduit aux remaniements de concepts, à ce que nous appelons « reconceptualisation ».

On peut aussi proposer des conjectures plausibles, en termes psychologiques, sur la façon dont celle-ci procède : on peut, en particulier, utiliser pour cela la notion de *<trait sémantique>*, dans une hypothèse que nous formulerons ultérieurement de façon plus précise. Nous dirons pour l'instant qu'un trait sémantique est, en bref, un petit fragment du contenu d'une représentation cognitive. Analyser sémantiquement un concept c'est alors, selon cette conjecture, en expliciter et identifier les traits sémantiques ; c'est en même temps déterminer les partages ou exclusions de traits qui font la similarité ou la différence du concept concerné avec d'autres concepts. On peut alors évaluer ces traits sémantiques séparément et décider, à partir de critères rationnels, de ceux qui doivent être retenus dans le concept analysé, et de ceux qui doivent en être exclus.

La formalisation, dont le rôle est croissant dans la plupart des sciences cognitives, contribue à cette recherche d'une conceptualisation élaborée. Mais son utilisation rend d'autant plus nécessaire de bien discerner en quoi consiste la différence entre les contenus de concepts spontanés et de concepts rationalisés. Les considérations qui précèdent mettent en relief l'importance qu'il faut attacher au contenu des concepts rationalisés, en regard de leur consistance logique : celle-ci est une exigence nécessaire mais non suffisante, et cela vaut aussi pour les sciences cognitives. Formaliser des concepts de contenu inadéquat, comme on voit que cela se produit parfois, ne fait pas progresser la recherche. Il n'existe pas de critère formel ou logique qui permette de décider du caractère adéquat ou non d'un concept, parce que « adéquat » désigne une propriété d'un rapport au réel. Les seuls bons critères en la matière sont empiriques, ils reposent sur la conformité aux faits observés, et l'expérimentation est un bon moyen de s'en rapprocher continûment.

La distinction qu'il faut maintenir entre les concepts naturels et les concepts élaborés ou rationalisés, et plus généralement entre la cognition naturelle et la cognition rationalisée, impose ainsi aux sciences cognitives des précautions particulières : elles doivent cheminer en permanence sur cette étroite ligne de crête qui sépare, et qui simultanément joint, la naturalité des concepts mentaux, ceux que la psychologie cognitive cherche spécifiquement à décrire, et la rationalité des concepts scientifiques qu'elles doivent utiliser dans leur propre démarche.

Quine [43] a prôné, voici quarante-cinq ans, une « épistémologie naturalisée », qui faisait de la connaissance, y compris scientifique et logique, une construction en dernière analyse naturelle, qu'il ne craignait pas de faire dépendre de la psychologie. Or celle-ci était, à l'époque, encore assujettie au béhaviorisme. Son argumentation, très forte, prend plus d'importance encore aujourd'hui, où elle peut être réinterprétée dans une optique cognitive. C'est dans le prolongement de cette façon de voir que nous nous placerons dans ce qui suit.

CHAPITRE 2

La compréhension du langage parmi les activités cognitives

Les activités mentales relatives au langage sont essentielles en psychologie cognitive. Elles ne peuvent être comprises qu'au travers de la distinction essentielle entre mémoire à long terme et mémoire de travail : on présente de cette dernière une conception *actualisée, et neurobiologiquement fondée. La compréhension d'énoncés, activité centrale en psychologie du langage, repose sur une construction du sens en mémoire de travail. La recherche cognitive tente de savoir comment elle s'effectue, et à partir de quoi : la notion de* traitement de l'information *lui fournit un excellent cadre. Une première analyse en est donnée dans ce chapitre, qui fait ressortir son caractère automatique et le rôle qu'y jouent les processus implicites.*

On peut étudier les activités cognitives, et la façon dont les représentations mentales y concourent, en y distinguant les trois principales fonctions : la perception, le langage, les activités intellectuelles et la pensée. Nous accorderons peu de place à la première et aux dernières, pour nous focaliser sur l'examen du langage. Nous voudrions toutefois, dans les premières sections de ce chapitre, défendre l'idée que ce sont bien les mêmes sortes de représentations et les mêmes sortes de processus, vus dans leur généralité, qui sont à l'œuvre dans ces diverses activités. On trouve toujours, lorsque l'on compare des entités quelconques, des ressemblances et des différences. Il peut exister une propension, au cours de telles comparaisons, à insister sur les différences, et à préférer séparer conceptuellement en « systèmes » des catégories de processus ou des catégories de représentations. Dans les sciences cognitives, cette propension s'incarne tout spécialement dans les conceptions « modularistes » : ce sont celles qui supposent que la cognition est composée de nombreux « modules », c'est-à-dire de systèmes cognitifs relativement séparés, et qui ne communiquent entre eux que de façon limitée. Fodor, tout spécialement, s'est fait le champion de cette façon de voir. Elle est fortement liée, chez les neurobiologistes, avec l'idée de localisations très spécifiques dans le cerveau. Une propension inverse consiste à mettre l'accent, dans les comparaisons, sur les ressemblances et les interactions. C'est le cas pour les modes de traitement et de représentation cognitifs : de cette tendance interactionniste les conceptions néoconnexionnistes sont aujourd'hui éminemment représentatives.

Bien entendu, c'est aux données empiriques qu'il convient de laisser la décision pour trancher entre les deux tendances. Mais le lecteur doit être prévenu que, en l'état actuel des connaissances, c'est la tendance interactionniste qui a la préférence de l'auteur.

La perception et les représentations

Deux caractéristiques principales distinguent la perception des autres activités cognitives. La première est que le ou les stimulus qui la suscitent sont, en quelque sorte par définition, toujours présents : on ne parle de perception que s'il existe un objet ou un stimulus extérieur comme source d'information, c'est-à-dire qui fournisse aux organes sensoriels les « entrées » à partir desquelles s'élabore la perception. La distinction entre stimulus présent et stimulus absent est ce qui fait la différence entre la perception et diverses autres activités cognitives qui lui ressemblent, subjectivement et objectivement. La présence du stimulus oppose ainsi, dans le fonctionnement cognitif normal, la perception et l'image mentale, et dans le fonctionnement pathologique la perception et l'hallucination.

Il existe une autre différence qui, pour n'être pas absolue, est néanmoins très importante : c'est que, dans nombre d'activités cognitives complexes, la perception constitue un premier stade de traitement. Celui-ci est alors suivi par des traitements cognitifs d'une autre sorte. Dans les comportements moteurs l'action est souvent déclenchée, et ensuite régulée, par des stimulus externes : un exemple concret en est le cas de la conduite automobile, la perception y constituant, à chaque moment, la phase initiale d'un traitement cognitif complexe et continu dont dépend ensuite l'activité motrice. Lors de la compréhension de la parole, ou de la lecture, l'information est aussi fournie par des stimulus, oraux ou écrits, venus de l'extérieur : ceux-ci doivent d'abord être perçus avant que la compréhension puisse avoir lieu. Dans la résolution de problèmes ou le raisonnement, on se trouve également souvent dans des conditions où les données du problème, ou les prémisses du raisonnement, sont présentes de façon externe : elles peuvent être contenues dans la situation physique, pour les problèmes pratiques (par exemple un dépannage), ou dans l'énoncé, pour les problèmes ou les raisonnements exprimés par le langage (par exemple les problèmes scolaires).

On peut imaginer des situations dans lesquelles les conduites motrices, la résolution de problèmes, le raisonnement, et même la compréhension, s'exercent de façon relativement indépendante à l'égard de la perception. Cela ne supprime pas l'idée de « phase initiale ». Lorsque la perception est première, c'est elle qui fournit à la phase suivante, ou aux phases suivantes, les résultats, ou mieux les « produits », d'un premier traitement : dans la conception cognitive, ceux-ci constituent les « sorties » du processus perceptif, sorties qui sont des « entrées » pour les processus suivants.

Lorsque la perception est absente, on se trouve le plus souvent dans ce que la psychologie commune appelle des activités de « pensée », caractérisées par leur statut essentiellement interne : c'est vrai, chez les esprits éminents, de l'anticipation raisonnée (« Bonaparte élabore son plan »), de la résolution purement mentale de problèmes (« Einstein réfléchit, et invente »), de l'élaboration des idées par la reconceptualisation et le raisonnement (« Spinoza médite »), mais ce l'est aussi, plus prosaïquement, de la parole intérieure et de la pensée des individus quelconques. La position cognitive est qu'il existe aussi, dans ces cas, une « entrée » pour tous ces processus complexes : elle est fournie par la mémoire et son activation, comme nous le montrerons de façon plus détaillée dans notre chapitre 8. C'est la mémoire qui procure alors, sans nécessaire apport extérieur, les données et les représentations sur lesquelles s'exerceront les processus cognitifs de haut niveau. Cette conception est donc très peu « modulariste » : elle distingue des catégories de représentations et des modes de traitement, mais elle ne les sépare pas de façon radicale et « impénétrable » comme le font Fodor et ceux qui le suivent sur cette question. En particulier elle ne sépare pas la perception et les processus supérieurs.

La compréhension du langage, à laquelle nous consacrerons beaucoup de place, est bien représentative de la séquence perception + activité postérieure : nous verrons qu'elle s'explique au mieux dans une perspective dans laquelle perception et activité sémantique sont en permanente interaction. On peut bien voir dès à présent de façon simple que, pour comprendre une phrase orale, comme « il y a de belles fleurs sur ton balcon », il faut d'abord, ce qui est évident, en percevoir les mots mais aussi repérer leurs relations physiques dans la phrase, par exemple leur ordre, et percevoir en outre les intonations, les pauses, etc., contenues dans le message, pour pouvoir ensuite les interpréter, accéder à des significations partielles et ensuite les assembler pour construire le sens de la phrase. Tous ces processus de nature diverse ne peuvent fonctionner que grâce aux interactions qui s'exercent entre eux.

La mémoire de travail : une conception générale et deux types de théories

Si la perception constitue très souvent le premier stade d'un traitement cognitif ultérieur, c'est parce que le produit du traitement qu'elle réalise est conservé pour pouvoir servir aux traitements des stades suivants. C'est dans ce contexte que l'on peut introduire la notion de « mémoire de travail » : celle-ci est l'héritière conceptuelle de la « mémoire à court terme », une idée présentée d'abord par William James, puis introduite dans la psychologie expérimentale des années 1960-1970[1]. Mais on y a ajouté l'idée que, pendant qu'elle est conservée pour une courte durée, l'information est aussi traitée et transformée.

La notion de mémoire de travail renvoie donc à une double fonction, celle de conservation et celle de traitement : cette façon de voir interdit de penser qu'il puisse s'agir d'un réceptacle « dans » lequel l'information serait simplement gardée comme dans une boîte, et oblige à la concevoir de façon dynamique. La mémoire de travail étant très importante pour ce qui va suivre, nous allons nous y arrêter un moment.

Deux familles de théories de la mémoire de travail sont en compétition depuis près d'une trentaine d'années, c'est-à-dire depuis l'article de Baddeley et Hitch (1974)[2] qui a été à l'origine de cette notion. La première repose pour l'essentiel sur une idée assez semblable à celle de module, celle de « systèmes » de mémoire séparés : cette idée est défendue par Baddeley dans une version qui lui est propre, et par un certain nombre d'autres chercheurs dans d'autres versions. La seconde conception est basée sur l'idée que la mémoire de travail est essentiellement un processus, et un état résultant de ce processus, celui d'activation ; elle a été défendue par des auteurs comme J. R. Anderson (1983), Crowder (1993), Cowan [3] (1995, 1999, 2001). Elle comporte une passerelle jetée vers la notion neurobiologique d'activation.

La conception de Baddeley s'est située d'abord dans le prolongement de l'opposition, introduite au cours des années 1960 entre mémoire à long terme et mémoire à court terme. Ces mémoires étaient conçues comme des « magasins » distincts, l'un réservé à la conservation à long terme des souvenirs et des représentations, et l'autre à leur conservation à court terme. L'idée neuve introduite par Baddeley était que la mémoire dite « à court terme » est aussi le dispositif dans lequel (ou par lequel) s'effectue le traitement de l'information ; la mémoire en général est donc vue comme comportant deux principaux systèmes de stockage, la mémoire de travail étant l'un d'eux. On y ajoute parfois en amont un dispositif qu'on peut appeler « à très court terme ».

Les premières conceptions des deux magasins étaient fortement inspirées par l'analogie avec l'ordinateur : la mémoire à court terme et la mémoire à long terme y étaient vues comme se livrant constamment à des échanges d'information, c'est-à-dire à des transferts dans un sens ou dans l'autre, avec des modalités diverses, et souvent compliquées. On considérait que, à un moment donné, l'information formant le contenu d'un souvenir ou d'une représentation « se trouvait dans » la mémoire à court terme ou était seulement « dans » la mémoire à long terme. Selon la nature du traitement cognitif en cours, cette information devait « passer de » l'une à l'autre, dans un sens ou dans le sens opposé ; elle pouvait aussi parfois « sortir de » la mémoire à court terme de façon définitive, et être perdue, ou dans certains cas, « être maintenue dans » cette dernière alors que l'on aurait pu s'attendre à ce qu'elle en sorte. Cette architecture de base a été déclinée, sous des formes diverses et plus ou moins complexes, dans de nombreux modèles des décennies suivantes. L'analogie avec la structure et le fonctionnement de l'ordinateur était déterminante, et a évidemment beaucoup pesé sur ces conceptions initiales. Depuis lors, l'expérimentation et la contribution croissante des neurosciences, neuropsychologie et neurophysiologie, ont complexifié ces modèles à modules et multiplié les systèmes, mais souvent sans en changer la structure fondamentale. La recherche neurobiologique s'est efforcée de trouver les formations neurales sous-jacentes à ces fonctions : le rôle de l'hippocampe et des formations voisines, par exemple, a été souvent interprété dans ce cadre.

Sur le terrain de la psychologie, c'est-à-dire du fonctionnement, il existe deux arguments importants qui favorisent l'idée de deux systèmes de mémoire séparés. Le premier découle d'une observation générale incontestée, que la capacité de la rétention à court terme est toujours limitée, comme l'est celle de l'attention, alors que la taille de la mémoire à long terme est en principe illimitée : cette idée de limitation de la capacité mnémonique à court terme, appelée naguère « empan », et réinterprétée comme limitation des ressources cognitives, comme nous l'avons vu précédemment, est très importante. Les difficultés commencent lorsqu'on se demande quelle en est la taille. On a admis depuis longtemps qu'elle est très variable.

Elle dépend de trois facteurs principaux : des unités qui constituent les contenus de mémoire (par exemple, dans le domaine du langage, des lettres, des syllabes, des mots, des phrases, etc.), des conditions extérieures, et des individus. Mais ce qui nous intéresse ici est le fait que, en dépit de ces variations, la capacité de la mémoire à court terme ou de travail recouvre une invariance, déjà mentionnée précédemment, et que personne n'a jamais remise en cause. Elle a été symbolisée de façon emblématique par le fameux et historique « magique nombre sept », attribué ironiquement par George Miller à ce qu'il rebaptise, dès 1956 [4], « les limites de notre capacité de traitement de l'information ». L'expérimentation postérieure a montré clairement que 7 est une valeur largement surestimée pour cette capacité, et le « nombre magique » a été récemment ramené aux alentours de 4 par Cowan (2001) [5], en accord d'ailleurs avec les travaux expérimentaux antérieurs. On oppose souvent cette limitation au caractère en principe illimité de la mémoire à long terme ; mais celle-ci résiste aussi, à sa façon, à la mise en mémoire de trop de contenu.

On peut s'arrêter un moment ici pour redire que la limitation de la mémoire de travail, ainsi démontrée par des données expérimentales maintenant nombreuses et bien établies, constitue un exemple remarquable de constante psychologique. Dans d'autres sciences, notamment physico-chimiques, les constantes sont des caractéristiques essentielles de la nature, et certaines d'entre elles se mesurent ou se calculent avec une précision qui est parfois vertigineusement grande. La psychologie, et plus spécialement la psychologie cognitive, est pauvre en constantes simples ; celles qu'elles mettent en évidence sont le plus souvent structurales. Et qui pis est, quand elles rencontrent une constante simple, celle-ci se trouve être un peu trop variable : mais c'est sans doute le mieux que la psychologie puisse offrir.

Une seconde sorte d'argument en faveur d'une séparation forte des deux sortes de mémoire vient de la neuropsychologie, et de certaines doubles dissociations qu'elle fait apparaître : on appelle « double dissociation » le fait général que des patients ayant une atteinte cérébrale/cognitive peuvent perdre une capacité A en gardant la capacité B, alors que d'autres perdent B en gardant A. Il existe parmi les amnésiques, en conformité avec ce schéma, des malades dont la mémoire à court terme est affectée sans que la mémoire à long terme le soit, et d'autres pour lesquels le tableau est inverse.

Nous passerons rapidement, bien que cela puisse être parfois important sous l'angle de la psychologie différentielle ou de la psychopathologie, sur les différences qui existent entre individus quant à la capacité de leur mémoire à court terme ou de travail. Il semble bien établi que cette capacité est une caractéristique individuelle fondamentale, et qu'elle détermine un grand nombre de performances cognitives, par exemple et plus spécialement dans celles qui concernent la compréhension, orale ou de lecture, dans les apprentissages verbaux, etc.[6]. Certaines détériorations cognitives qu'observent les neuropsychologues, *a priori* autres que l'amnésie, sont probablement imputables à un rétrécissement de la mémoire de travail : le vieillissement en est une des causes possibles.

La conception théorique de Baddeley a donc introduit l'idée, appuyée sur une série de faits, qu'il existe un système de mémoire séparé de la mémoire à long terme, mais elle en a élargi le concept par rapport à celui de mémoire à court terme. La mémoire de travail a une double fonction : conserver l'information de façon transitoire, mais aussi en assurer le traitement. L'expression « mémoire de travail » comporte du reste, en anglais, une signification active : il s'agit d'une « mémoire travaillante » (« working memory »). Dans la conception initiale de Baddeley, la mémoire de travail était d'abord subdivisée en deux sous-systèmes principaux, une boucle phonologique, évidemment liée à la parole, et un répertoire visuo-spatial. La première est supposée sauvegarder l'information verbale orale, en tant que réalité phonique : cette idée se trouvait déjà chez Broadbent[7], qui avait souligné que, pour ne pas oublier dans le court terme un numéro de téléphone ou une phrase, le meilleur moyen était de se les répéter en boucle. Le répertoire visuo-spatial de Baddeley est, de son côté, destiné à contenir de l'information d'origine perceptive ou imagée. Ces deux composants de base de la mémoire de travail sont supposés être coordonnés par un « exécutif central ». Baddeley a récemment ajouté à cette architecture un autre composant, un magasin épisodique.

Nous nous bornerons à signaler qu'une autre subdivision a été proposée par deux neuropsychologues, Caplan et Waters[8], à partir de données concernant les différences interindividuelles ou pathologiques. Selon cette hypothèse, la mémoire de travail serait composée de deux sous-systèmes spécialisés, l'un chargé de la compréhension des énoncés (vue surtout au travers de leur traitement syntaxique), pendant que l'autre assurerait la mise en mémoire et les activités volontaires qui lui sont liées. Nous n'examinerons pas ici cette hypothèse.

La mémoire de travail comme partie active de la mémoire à long terme

La seconde grande conception de la mémoire de travail est assez différente. Elle consiste à dire que la mémoire de travail (plus précisément son contenu) n'est rien d'autre que la partie active de la mémoire à long terme. L'idée de base est que celle-ci conserve des représentations ou des souvenirs et que ceux-ci peuvent, à tout moment du temps, se trouver dans un état de repos (inactif, ou très faiblement actif), ou dans un état actif (d'activation). Dans ce second cas, l'activation peut comporter différents niveaux, ou degrés.

Cette façon de voir exige une distinction entre une activation-état, qui concerne le niveau actuel d'activation auquel se trouve une représentation donnée, et une activation-processus, qui concerne les changements de ces niveaux. L'activation-état et ses différents niveaux concerne, à la limite, absolument toutes les représentations présentes dans la mémoire à long terme : nous retrouverons cette idée dans les modèles « connexionnistes » ou « à attracteurs », dont nous reparlerons. Quant à l'activation-processus, elle peut aisément s'exprimer par le verbe « activer ». La question est alors celle du sujet de ce verbe, qui peut largement varier : on peut dire, par exemple, que lors de la perception d'une rose, c'est la présence actuelle de celle-ci dans le monde réel qui active une représentation de rose. Mais aussi qu'une odeur de rose, hors la présence visuelle de celle-ci, peut en activer une image mentale. De façon similaire, l'audition ou la lecture du mot « rose » active également une représentation de rose. Finalement la perception du mot « épine » peut, dans un contexte favorable, également activer une représentation de rose.

Nous avons durant des années donné notre préférence à cette seconde conception de la mémoire de travail, pour des raisons essentiellement psychologiques. Elles étaient de trois sortes.

On peut invoquer d'abord les nécessités de l'explication de processus complexes, au premier rang desquels se trouve la compréhension du langage. Cette activité, et un grand nombre de phénomènes dérivés qui la concernent s'expliquent bien, comme on le verra, dans le cadre de cette seconde conception de la mémoire de travail, fondée sur le processus d'activation. Elles peuvent l'être aussi dans une conception de la mémoire de travail qui leur est spécialement adaptée, comme celle développée par Kintsch[9]. En revanche il semble difficile d'expliquer tous ces phénomènes dans l'autre cadre : au demeurant, le modèle de Baddeley et des autres chercheurs qui l'utilisent n'accordent guère de place à ces activités.

L'objection générale qu'on peut adresser à une conception qui fait de la mémoire de travail un système à part touche à la complexité. La compréhension du langage repose, surtout si on ne s'en tient pas à la compréhension de phrases ultrasimples, sur la mise en fonctionnement de sous-processus nombreux (qui réalisent ensemble plusieurs catégories d'opérations, sémantiques, syntaxiques et pragmatiques) et sur l'utilisation d'une très grande quantité d'informations diverses. Il n'est pas très vraisemblable que des traitements aussi complexes puissent se réaliser dans un système qui soit structurellement limité, de la façon supposée par la conception à deux mémoires séparées.

Une seconde catégorie de raisons rejoint la première sur le terrain de la complexité, et concerne les données neuropsychologiques. Nous évoquerons ici de façon rapide une observation particulière : celle d'un ictus amnésique. Cette expression désigne une amnésie transitoire, qui frappe des personnes en parfaite santé physiologique, neurologique et psychologique, qui dure seulement quelques heures, qui ne laisse aucune trace sinon un « trou » d'oubli limité dans la mémoire épisodique, et qui ne récidive pas.

Durant de longues années, les neurologistes n'ont eu que peu d'observations directes, et surtout précoces de ce phénomène, parce que les personnes atteintes ne leur étaient amenées qu'à un moment tardif, où l'épisode était déjà proche de sa fin. Les choses ont changé à cet égard durant les dernières années. Le fait général majeur que nous avons pu observer lors de l'observation d'un tel épisode complet est qu'il n'affecte pas la mémoire de travail *stricto sensu*. Le patient peut tenir une conversation de façon parfaitement « normale », présenter tous les signes d'une compréhension complète des phrases de l'interlocuteur et d'une production cohérente et sans erreur dans ses propres phrases. En outre le patient met en relation sans problème le contenu de la phrase en cours, pour la compréhension ou l'émission avec le contenu des phrases antérieures. Mais cette mise en relation a une limite : elle a une portée temporelle de l'ordre de deux minutes, approximativement. Le patient témoigne que tout ce qui a été dit avant ces deux minutes est oublié au fur et à mesure. Il s'agit d'un tableau classique de certaines amnésies : les tests neurologiques à l'hôpital montrent, et ont montré dans le cas invoqué, que le contenu de la mémoire à long terme, sémantique et épisodique, tel qu'il existait avant le début de l'épisode, n'est pas du tout affecté. Une telle observation est très difficilement compatible avec une conception modulaire de la mémoire de travail. Elle est bien compatible, en revanche, avec les idées qu'ont présentées Ericsson et Kintsch (1995) [10] en faveur d'une « mémoire de travail à long terme », prolongeant la mémoire de travail ordinaire, et intermédiaire entre celle-ci et la mémoire à long terme. Ce qui caractérise les personnes atteintes d'un ictus amnésique, c'est que le fonctionnement de la mémoire de travail telle qu'elle est classiquement décrite n'est pas perturbé, mais qu'il s'accompagne d'un déclin extrêmement rapide de son contenu au-delà de deux minutes.

Une troisième catégorie de raisons favorables à la conception de la mémoire de travail comme mémoire active découle d'un ensemble de techniques mises en œuvre au laboratoire : un bon nombre de ces techniques incluent un raisonnement qui s'appuie sur la chronométrie, la mesure du temps qui s'écoule entre une présentation d'un stimulus et la réponse que lui donne un participant, en obéissant à une consigne qui lui a été donnée. Parmi ces techniques, on peut évoquer celle du sondage, que nous retrouverons ultérieurement. On y pose, par exemple, une question extrêmement simple sur un texte qui vient d'être lu : « le texte que vous venez de lire contenait-il le mot M ? ». Une autre technique, dont nous avons parlé précédemment, est celle d'« amorçage de la décision lexicale », dans laquelle on demande aux participants de décider si une certaine suite de lettres est un mot ou non un mot : on mesure le temps nécessaire à cette décision, et on étudie la façon dont il varie en fonction de divers facteurs.

La caractéristique commune à ces diverses techniques, c'est qu'elles sont, vues de l'extérieur, une simple mesure d'un temps écoulé entre un stimulus et une réponse. Mais ce qui leur est plus profondément commun, c'est qu'elles permettent, sous un certain modèle, une interprétation qui les rend formidablement productives.

Cette interprétation consiste à dire que les temps de réponse ainsi mesurés sont un indicateur fiable du niveau d'activation dans lequel se trouve à un certain moment (celui de la mesure) une certaine représentation, celle qui est pertinente dans l'expérience. Le cas le plus simple est celui de la représentation qui correspond au mot testé au cours d'un sondage, décrit comme on l'a fait plus haut. Si le niveau d'activation de cette représentation est élevé, le temps de réponse moyen la concernant sera court ; si ce niveau d'activation est bas, le temps de réponse moyen sera long. Donc, inversement, si le temps de réponse observé est court (relativement à d'autres) on conclura que le niveau d'activation de la représentation visée était élevé, et qu'il était bas si le temps observé est long. Ces variables peuvent être traitées comme continues : on dira alors que toute variation du temps de réponse (après extraction de sa composante aléatoire, réalisée au moyen de méthodes statistiques) exprime une variation du niveau d'activation.

Le raisonnement qui vient d'être décrit ne tient, on l'a dit, que « sous un modèle ». Or le socle des modèles de cette sorte, c'est que la mémoire de travail est la partie actuellement active de la mémoire à long terme.

Il se trouve que les raisonnements expérimentaux fondés sur cette façon de voir sont remarquablement cohérents. Ils permettent de déterminer, au fil des expériences accumulées, ce qui est, à un moment donné, présent dans la mémoire de travail, et comment il l'est, c'est-à-dire pour l'essentiel avec quel niveau d'activation. Un tel usage de ces techniques chronométriques apporte donc, en plus des informations qu'il fournit sur telle ou telle question particulière, un très fort argument général en faveur de la conception de la mémoire de travail par activation.

La mémoire de travail comme état d'activation neurobiologiquement attesté

L'argumentation qui précède doit s'accompagner d'une mise en garde : l'activation, utilisée comme une notion par la psychologie cognitive, ne coïncide pas exactement avec l'activation dont parlent les neurobiologistes. Pour s'en convaincre il suffit de poser deux questions. La première est : « Comment connaissez-vous l'activation dont vous parlez ? Qu'observez-vous, et qu'en concluez-vous ? » Il ne fait pas de doute que les conclusions auxquelles aboutissent les neurobiologistes sont beaucoup plus « proches des observables » que celles des psychologues de la cognition, dont nous venons de démonter le raisonnement.

On pourrait alors demander à ces derniers : « Pourquoi n'allez-vous pas y voir ? » L'utopie de l'observation directe de la pensée dans la tête s'est répandue ces dernières années à la suite du développement de techniques neurobiologiques nouvelles. Mais c'est une utopie.

On peut le voir ici en posant une seconde question : « Activation de quoi ? » La réponse typique du psychologue de la cognition est : « activation de telle ou telle représentation », ou un équivalent de cela. La réponse typique du neurobiologiste est : « activation de telle région cérébrale ou bien, à des niveaux plus analytiques, activation de tels ou tels neurones ou ensembles de neurones ».

Cette dualité nous renvoie à une forme d'un problème majeur, jadis philosophique, celui, comme on disait, de la correspondance de l'esprit et du corps ou, comme on dira aujourd'hui, de la relation entre les processus et les représentations et leur support neural. Le problème métaphysique laisse échapper de lui un ensemble de questions épistémiques, qu'on peut adresser à la recherche scientifique.

Personne, parmi les psychologues de la cognition, ne doute que les représentations et les processus qui les mettent en œuvre ont un support neuronal. Mais une fois ainsi affirmée cette croyance philosophique, le « qu'en est-il au juste ? » des relations demeure. La recherche récente aborde ces questions en termes de concomitance : si on peut réaliser des observations neurobiologiques simultanées à des activités cognitives qu'une personne est en train de réaliser, alors on peut espérer faire correspondre les phénomènes neurobiologiques et les phénomènes cognitifs et, au-delà, l'organisation neurobiologique et l'organisation cognitive.

Une condition absolue pour cette démarche est que la tâche cognitive utilisée ait été bien analysée psychologiquement de façon antérieure, en principe de façon expérimentale approfondie.

La question spécifique de la nature de la mémoire de travail a commencé à recevoir des réponses dans ce cadre. Des données neurophysiologiques récentes ont apporté un bon appui à la conception de la mémoire de travail comme état d'activation de la mémoire à long terme.

Ruchkin, Grafman, Cameron et Berndt (2002)[11] ont rapporté les résultats de plusieurs recherches qui ont utilisé des enregistrements électro-encéphalographiques multiples, recueillis à partir d'électrodes placées en différents points de la surface du crâne (scalp), et menés durant plusieurs sortes d'activité. Cette technique électro-encéphalographique comporte certes quelque imprécision en ce qui concerne la localisation des régions cérébrales en activité puisque l'on doit déterminer celle-ci à partir de ses manifestations à la surface du crâne : elles sont à cet égard inférieures aux techniques de l'imagerie cérébrale anatomique et fonctionnelle (voir Houdé, Mazoyer et Tzourio-Mazoyer, 2001)[12], de type hémodynamique, c'est-à-dire basée sur la détermination des flux sanguins dans le cerveau. Mais elles offrent en compensation une très grande précision temporelle, inférieure à la milliseconde : précision de très loin supérieure à celle de l'imagerie hémodynamique, dont les délais sont de l'ordre de la minute.

Les tâches concomitantes utilisées par Ruchkin et ses collègues étaient perceptives ou verbales, et elles avaient pour point commun de comprendre une tâche cognitive suivie d'une période de conservation de quelques secondes : durant celle-ci les participants à l'expérience avaient pour consigne de garder en mémoire le résultat de leur activité en vue d'une autre tâche. Nous résumerons ici, parmi toutes ces expériences, celle qui a utilisé une tâche de compréhension de phrases.

Haarman, Cameron et Ruchkin (2002)[13] ont présenté visuellement à leurs participants des phrases dans lesquelles les noms pouvaient être reliés sémantiquement de façon forte ou faible. Un double exemple en est : 1) what box/ did the pilot/ that entered/ the airport/ forget/ in the plane ? ou 2) what box/ did the actor/ that entered/ the airport/ forget/ in the shop ? (Quelle boîte le pilote qui entrait à l'aéroport oublia-t-il dans l'avion ? Quelle boîte l'acteur qui entrait à l'aéroport oublia-t-il dans la boutique ?)

La présentation de la phrase se faisait groupe de mots par groupe de mots (comme ci-dessus), et elle durait environ 4 500 millisecondes. Elle était suivie par un intervalle de 2 000 millisecondes, puis par une présentation d'un mot sonde auquel le participant devait répondre par « oui » ou par « non » pour témoigner qu'il avait bien compris la phrase. Les auteurs ont retrouvé le résultat banal que les phrases contenant des noms faiblement reliés occasionnaient plus d'erreurs (11,7 %) que celles contenant des noms fortement reliés (7,1 %).

Mais les résultats essentiels sont venus de l'observation du cours et de la localisation des activations telles qu'elles peuvent être inférées cérébralement à partir des enregistrements recueillis. Ceux-ci comportaient une forme d'onde particulière, assez largement recherchée, de « potentiel lié à un événement » (ERP), forme dite N400, qu'il n'est pas nécessaire de caractériser plus complètement ici. Les auteurs observèrent qu'un certain nombre de régions du cerveau postérieur (notamment à gauche) étaient activées durant la compréhension des phrases, avec une petite « pointe » à la présentation de chacun des groupes de mots successifs, et surtout que ces mêmes régions demeuraient ensuite actives durant l'intervalle de rétention. Plusieurs autres ensembles d'observations, obtenues dans des situations expérimentales différentes, fournirent des données convergentes avec celles-là. L'interprétation la plus économique de tous ces faits, disent les auteurs, est que ce sont bien les mêmes structures cérébrales qui sont activées lors de la perception et du traitement d'une information venue de l'environnement externe – en l'occurrence lors de la compréhension de phrases – et qui continuent ensuite d'être actives lorsque les participants doivent conserver volontairement cette information en mémoire de travail, en vue de leur réponse à venir pour la tâche de sondage. Une étude complémentaire a alors posé la question : « Quelles sont les régions, disséminées dans l'ensemble du cerveau, qui se trouvent être actives simultanément durant ces tâches ? » : la réponse à cette question devrait donner des informations sur la « cohérence » entre structures cérébrales et sur les échanges intracérébraux qui conditionnent la réalisation de la tâche. Les observations ont montré, en résumé, que les structures cérébrales postérieures, concernées par le traitement de la compréhension des phrases, interagissent à certains moments du temps de façon synchrone avec d'autres systèmes, situés dans la région frontale. On peut penser, selon les auteurs, que la fonction de ceux-ci relève de la gestion de l'attention et qu'ils permettent le maintien de celle-ci sur les contenus mentaux gardés en mémoire.

La conclusion générale que tirent Ruchkin, Grafman, Cameron et Berndt (2002) de cet ensemble de travaux est nette : la meilleure explication des faits expérimentaux est que la mémoire de travail consiste en une activation, et un maintien de l'activation, affectant des régions cérébrales spécifiques relevant de la mémoire à long terme. Dès lors, « il n'y a pas de raison de supposer des systèmes neuraux spécialisés dont les fonctions seraient limitées à être des registres de stockage à court terme, et qui seraient distincts des systèmes de mémoire à long terme, comme l'a proposé Baddeley (2001) ». On doit admettre plutôt que ce sont les magasins de mémoire à long terme activés par les stimulus, en association avec les systèmes de traitement du cerveau postérieur, qui constituent le substrat neural le plus vraisemblable pour la rétention à court terme (de travail). Les auteurs indiquent que les observations sur la double dissociation entre mémoire à long terme et mémoire à court terme, que nous avons mentionnées plus haut, peuvent être réinterprétées dans ce cadre. En un mot, la mémoire de travail n'est pas un lieu, ni un système ou un module, mais un état, en fait l'état actuel, enrichi des états juste précédents, d'un processus en cours.

La mémoire de travail et la mémoire à long terme dans la psychologie du langage

Une bonne conception de la mémoire de travail, de la mémoire à long terme, et de leurs échanges et interactions, est absolument nécessaire pour pouvoir se former une idée exacte du fonctionnement et des structures du langage. Une autre façon de dire « fonctionnement » et « structures » est d'utiliser les termes équivalents de « processus » et « représentations », dont nous avons vu qu'ils constituent les deux parts principales de l'esprit. Le parcours que nous avons choisi d'adopter à partir d'ici consiste à faire une première exploration générale de l'activité de compréhension. Nous déboucherons à son terme sur la question essentielle du lexique : que sont les mots et, question plus importante encore, que sont les significations de mots ? Nous consacrerons de larges développements à cette question. Nous pourrons alors revenir de façon mieux informée et plus détaillée aux questions concernant la compréhension.

Production et compréhension d'énoncés

C'est par un abus de langage accepté que nous parlerons de « compréhension du langage ». En toute rigueur le langage est une faculté humaine, ou un système structuré qui se distingue de la parole : donc ce qui est compris, ce sont des énoncés. « Compréhension du discours », ou « compréhension de la parole », qui sont deux expressions utilisées par les spécialistes, ne sont pas encore suffisamment familières, et elles sonnent de façon un peu maladroite. Mais il convient surtout de bien distinguer « comprendre », appliqué à un énoncé, de « comprendre » appliqué à un apprentissage, par exemple celui de nouvelles connaissances un peu difficiles. Il s'agit, dans ce second cas, de l'élaboration de concepts et de propositions, et de leur intégration dans le système des connaissances d'un individu. Bien que cette activité cognitive se situe souvent dans le prolongement de la compréhension d'énoncés (par exemple dans des cours ou des livres spécialisés), elle est différente de la simple compréhension courante du langage, dont nous allons principalement nous occuper ici.

La parole ou l'écriture, en tant qu'activités cognitives, comportent deux volets : la production et la compréhension d'énoncés. La première a fait l'objet, en psychologie cognitive, de recherches un peu moins nombreuses que la seconde, mais actuellement croissantes [14]. C'est que la production comporte une difficulté méthodologique qui est, dans la perspective cognitive et sémantique que nous privilégions ici, un obstacle sérieux. On le voit bien si on réinterprète, dans cette perspective cognitive, le schéma classique de la communication. On peut partir ici de sa formulation générale qui le décrit en termes de « codage/décodage » : l'émetteur code son message dans un certain système, qui est « un langage », au sens le plus général de ce terme, et le récepteur décode ce message. La réinterprétation de ce schéma pour le langage naturel, que nous allons utiliser systématiquement, est que le processus total va en réalité d'une représentation mentale à une représentation mentale.

À l'origine de tout énoncé, particulièrement oral, se trouve un état de l'esprit du locuteur, généralement furtif, qu'on peut appeler un « sens à exprimer », « ce qu'on veut dire », une « intention sémantique de dire » : par ces expressions, on désigne un sens initial implicite, généralement involontaire et peu conscient. C'est cet état passager de l'esprit qui est réalisé ensuite par le locuteur sous la forme d'un message, sonore ou écrit, toujours physique. Les études sur la production concernent essentiellement cette réalisation : elle s'achève, dans les dernières phases des activités de « parler » ou d'« écrire », par l'activité motrice des organes vocaux ou des mains du scripteur, sur son stylo ou son clavier. Les processus immédiatement antérieurs sont les mécanismes psychologiques et neuronaux effecteurs, ceux qui ont été dévolus à la parole par l'évolution, et à l'écriture par son apprentissage. Auparavant encore se trouve l'activité mentale du locuteur qui réalise son « sens initial », son « intention de dire », en gérant cette transformation par l'intermédiaire de ses diverses compétences, implicites ou explicites. On sait que celles-ci peuvent être perturbées de façon sélective par diverses atteintes cérébrales. Mais dans beaucoup de troubles aphasiques, le patient conserve tous ses contenus de sens intérieurs, ses intentions de dire, et l'activité cognitive qui s'y rattache : c'est l'exécution de ces intentions qui est devenue impossible ou perturbée.

Mais qu'est-ce qu'un « sens initial », une « intention de dire » d'un point de vue sémantique ? Quels sont sa structure et ses contenus ? Si l'on veut remonter vers cet amont de la parole ou de l'écriture de façon empirique, et *a fortiori* expérimentale, on est assez embarrassé.

La meilleure façon de le faire est sans doute de supposer que le sens initial est très semblable au sens terminal, c'est-à-dire à la représentation mentale qui se trouve à l'autre bout du schéma de communication cognitive, au produit de la compréhension. En d'autres termes on suppose qu'il s'agit d'états sémantiques de même structure et de mêmes caractéristiques générales de contenu, le premier étant doté d'une visée intentionnelle. De celle-ci on observe souvent les manifestations silencieuses, dans la conversation ou la discussion, lorsque le locuteur normal est empêché de dire ce qu'il avait l'intention de dire, et doit se contenter d'un comportement non verbal.

On peut certes essayer de dissocier expérimentalement les activités mentales correspondantes, le sens intentionnel initial, et son expression. Par exemple, en créant des situations où un expérimentateur détermine à l'avance, par une consigne, ce que les participants *doivent avoir l'intention* de dire, la représentation initiale à exprimer. On peut étudier à partir de là la façon dont elle sera exprimée. Cette situation expérimentale n'est pas très éloignée, si l'on met à part sa standardisation, de certaines situations scolaires plus ou moins fermées, dans lesquelles un élève est invité à parler « à propos » d'un thème fixé par l'enseignant, souvent par l'intermédiaire d'une question. Dans le questionnement le plus habituel, l'élève a en mémoire une représentation – en principe des connaissances – et la question du professeur le conduit à en extraire une partie : c'est celle-ci qui constitue ce qu'il a l'intention de dire. Le rôle du professeur est d'inférer, à partir de ce qui a été réellement dit par l'élève, ce qui est dans sa mémoire. Il doit, si possible, dissocier pour cela les trois composantes qui contribuent à cette réponse : les connaissances, qui en forment la source, le sens particulier et momentané que l'élève a cherché à exprimer, qui dépend essentiellement de l'organisation de ces connaissances et de la façon dont il les a explorées, et sa façon de l'exprimer.

Une sorte différente d'étude empirique, qui repose aussi sur une inférence abductive vers les « intentions de dire », se trouve dans l'étude cognitive des brouillons d'auteurs, et notamment de ceux des grands écrivains, quand on en dispose : on peut en comparer les différentes versions, avec leurs plans préalables, corrections et remords. Les recherches de ce type, qui utilisent une démarche cognitive sont d'un très grand profit.

Mais dans la parole ordinaire, le contenu de l'intention de dire et du sens caché est si fugace qu'il passe le plus souvent inaperçu, et avant tout du locuteur lui-même : ce sens se renouvelle au début de chaque phrase, voire de chaque mot. Ce qu'on aimerait comprendre dans sa généralité, c'est *comment* le locuteur explicite, développe, et probablement précise en cours de route, la représentation floue qu'il a au départ ; comment, alors même qu'il est en train de prononcer sa n^e phrase, il extrait de sa représentation et planifie sémantiquement la $n + 1^e$ phrase et les suivantes, et de même pour ses mots successifs. Ce sont en général ses hésitations et bafouillages qui témoignent extérieurement du caractère fluide, trop bref, souvent vague, de sa planification interne. Celle-ci peut certes être contrôlée : les locuteurs, ambassadeurs ou hommes politiques, médecins ou psychologues, que leur état ou leur situation contraignent à adopter un discours circonspect parviennent partiellement à prendre une conscience légère de ce passage ténu qui va de l'intention de dire au choix des mots ou des tournures qui seront chargés, dans quelques dizaines de millisecondes, de l'exprimer précisément. La « langue de bois » en est souvent le revers.

Au rebours, le locuteur incontrôlé n'est parfois informé de ce que son esprit avait, plus ou moins à son insu, l'intention de dire qu'après qu'il l'a dit. La psychanalyse a fait un sort à ces épisodes exprimés par les lapsus : elle les impute systématiquement, souvent sans nuance, à l'« inconscient » ou au « moi profond » des locuteurs. Il est indubitable que les affects, l'intensité des représentations, et parfois les obsessions, font de nombreuses irruptions et intrusions dans l'activité de parole : mais nous pensons qu'on en aurait une meilleure théorie si on considérait ces faits comme produits par les interactions ou interférences entre l'affectivité et les processus cognitifs. Ce point de vue analytique/non psychanalytique incite à penser que bien des interprétations faites à partir de cas sont souvent abusives.

En bref, un observateur extérieur ne peut appréhender de façon fiable une intention de dire, vue comme une représentation sémantique anticipatrice dans l'esprit d'un locuteur, qu'en la reconstruisant de façon rétrospective par le raisonnement abductif, à partir de ce qui a été dit ET de la façon dont les traitements sémantiques fonctionnent. La difficulté à assurer l'étude de ceux-ci est ce qui rend difficile l'étude scientifique de la sémantique de la production du langage. C'est la raison qui nous conduit à examiner plutôt les problèmes de compréhension, qui sont plus informatifs sur ce qu'est le sens.

La compréhension

Il en va en effet un peu différemment pour ce second volet des activités cognitives relatives au langage, celles qui assurent la compréhension. La situation générale dans laquelle elles s'exercent est, vue de l'extérieur, notablement plus claire : on dispose d'un observable, l'énoncé, que l'on va traiter comme une des sources causales des phénomènes qu'on veut étudier. Présenté à un « compreneur » – nous emploierons ce mot pour désigner un locuteur en train de comprendre, ou venant d'avoir compris – l'énoncé est, dans une première phase, saisi perceptivement par ses oreilles ou par ses yeux. Nous nous intéresserons peu dans cet ouvrage à cette phase perceptive. Le langage commun emploie parfois à son propos le mot « comprendre », d'une façon mal venue, et qui est génératrice de confusion : s'il y a du bruit, ou si le locuteur ne parle pas de façon distincte, son interlocuteur peut lui dire : « Veux-tu répéter, je ne t'ai pas compris. » Nous n'utiliserons pas cette acception du mot « comprendre », et nous séparerons très nettement la phase de perception et celle de compréhension qui la suit. Certes, si on y regarde de près, on voit bien qu'il existe des interactions, essentiellement rétroactives, de la seconde phase sur la première, mais cela n'est pas essentiel pour le moment.

La seconde phase de la compréhension est celle au cours de laquelle l'information acquise par la perception, et qui, dans le schéma de la théorie de l'information, a déjà été « décodée », c'est-à-dire qui a reçu une première transformation, doit maintenant être traitée sémantiquement par l'esprit/cerveau du compreneur. On peut appeler cette seconde activité, indifféremment dans notre optique, « comprendre » l'énoncé, l'« interpréter », en « extraire le sens », en « construire le sens », ou même en « calculer le sens ». L'aboutissement final en est un fragment de sens dans l'esprit de ce compreneur particulier : c'est le « sens de l'énoncé pour ce compreneur, une entité certes inobservable, elle aussi, mais pour laquelle on peut inventer, on a inventé, des techniques de recherche qui donneront accès à ses propriétés principales.

Quelques généralités sur la construction du sens

Tous ceux qui s'intéressent au langage, linguistes, psycholinguistes, philosophes, spécialistes de la littérature, etc., s'accordent aujourd'hui sur l'idée générale qu'exprime l'une des formules présentées ci-dessus : la compréhension d'un énoncé est une construction de sens. Cette notion, et la distinction qu'elle recouvre, est si importante que nous l'avons intégrée à notre vocabulaire dans cet ouvrage : nous parlerons ainsi longuement des mots et de leurs « significations », celles-ci étant vues comme des représentations sémantiques à long terme, stockées dans la mémoire de même durée, et dont le mode de fonctionnement est de pouvoir être activées. Nous parlerons de façon distincte de « sens » pour désigner une autre catégorie de représentations sémantiques, celles dont nous allons dire avec les autres auteurs qu'elles ne peuvent exister qu'après avoir été construites. Cette façon de distinguer « signification » et « sens » n'est pas d'un usage général. Mais il n'existe pas en la matière d'usage général.

L'idée de « construction » du sens est souvent utilisée à la façon d'une belle métaphore : nous allons la prendre au pied de la lettre, et en chercher scientifiquement les pierres et le ciment.

Cette orientation implique de comprendre l'expression dans une optique naturaliste, c'est-à-dire comme un résumé de la phrase : « La compréhension d'un énoncé, c'est-à-dire son traitement cognitif dans l'esprit/cerveau d'un compreneur, y produit causalement, d'abord une suite de sous-processus et d'états mentaux transitoires, qui aboutissent finalement à la construction d'une représentation sémantique teminale, mentale, qui est composée et structurée : c'est cette représentation qui constitue le sens (individuel) de l'énoncé. » L'analyse du mot « construire » se résout donc en ces trois idées : causalité (cognitive), composition, structure (sémantique).

La causalité cognitive sous-jacente à la compréhension doit être vue aujourd'hui comme se réalisant dans un traitement « incrémental ». Il faut entendre par « incrément » une petite opération d'adjonction à la construction en cours, de durée faible (exprimable en dizaines de millisecondes). Par exemple, au cours de la lecture de la phrase « le chat poursuit la souris », l'interprétation du fait que « chat » se trouve avant le verbe « poursuit » apporte un incrément qui permet de comprendre que c'est le chat le poursuivant, et non l'inverse. Dans les langues à déclinaisons, ce serait la terminaison de l'équivalent de « chat », indicatrice du cas grammatical de ce mot, qui fournirait cet incrément.

L'idée essentielle est ici que l'information externe qui sert à la compréhension, celle qui se trouve dans l'énoncé, sous forme de mots et de données grammaticales, mais aussi celle qui appartient à la situation dans laquelle est reçu et traité cet énoncé, est traitée au fur et à mesure. Elle est d'abord, comme on l'a dit, saisie perceptivement et reconnue, puis elle est interprétée de façon immédiate, par tout petits morceaux – ce sont les incréments – et finalement assemblée sémantiquement dans une représentation sémantique d'ensemble, qui constitue le sens construit de l'énoncé.

Prenons un second exemple très simple, et une analyse au premier degré. Soit une phrase commençant par : « Les forêts… » On dira que le compreneur perçoit et interprète ce groupe, en y reconnaissant le mot « forêt », mais également les « s » accolés à l'article et à ce mot : cette dernière information sera, de façon immédiate et non consciente, reconnue et interprétée comme indiquant qu'« il y en a plusieurs ». Une particularité fréquente de la dyslexie tient à ce que ces lecteurs ne « voient » pas le « s », et les autres indices du même genre, c'est-à-dire plus précisément qu'ils ne les reconnaissent pas comme tels, ne les remarquent pas et ne les interprètent pas automatiquement. Ce défaut sera ensuite souvent la cause de dysorthographie.

Chez le lecteur normal, le traitement cognitif du début « Les forêts… » permet aussi d'anticiper, grammaticalement, que ce groupe sera avec une probabilité élevée le sujet du verbe qui va venir, et que celui-ci sera aussi au pluriel ; d'anticiper aussi que le sens de la phrase qui va venir sera en rapport avec tout ce qui est habituellement su à propos des forêts. Ces informations sémantiques, juste après l'instant zéro du début de phrase, sont ainsi les deux premiers incréments sémantiques bien assurés, <forêt> + <plusieurs>. Ce sont les deux premières pierres de la représentation à construire. Il s'y ajoute une information d'anticipation probabiliste, qui attend d'être normalement confirmée par la suite de la phrase.

Cette conception dynamique de la compréhension, avec son caractère « au fur et à mesure », incrémental, n'est guère contestée aujourd'hui. Mais elle s'oppose à celle qui a eu un certain succès voici quelques années, et qui se présentait comme une déduction, au demeurant arbitraire, de la théorie syntaxique de Chomsky. Selon cette autre conception, le compreneur commençait par traiter la structure syntaxique de l'énoncé, il y appliquait le cas échéant les transformations prévues par la théorie et, alors seulement, il y insérait l'information sémantique véhiculée par les mots. En un mot, on se figurait que le compreneur comprend comme un linguiste chomskyen analyse. Cette façon de voir a été suffisamment démentie par les faits pour que, du moins on peut l'espérer, on l'ait aujourd'hui complètement abandonnée.

L'idée de traitement incrémental doit être replacée dans une conception générale du fonctionnement cognitif, qui est aujourd'hui largement diffusée en psychologie cognitive : celle d'un traitement parallèle et interactif, dans lequel plusieurs sous-processus fonctionnent simultanément dans l'esprit/cerveau, et échangent, avec réciprocité, les informations centrales qu'ils sont en train de traiter, ou qu'ils viennent de traiter. De cette conception, il n'existe encore, à vrai dire, que des ébauches d'application détaillée au domaine de la compréhension : c'est celle qui est formalisée dans les modèles connexionnistes et à attracteurs dont nous dirons un mot plus bas.

Mais on peut dire dès à présent que, par son caractère interactif et à informations multiples, cette façon de voir est explicitement non modulaire, au sens que Fodor (1983, 2000) a développé pour ce mot. Les informations utilisées par le processus de compréhension ne doivent pas être conçues comme étant cloisonnées (« encapsulated »), et les mécanismes de traitement qui s'y appliquent ne peuvent l'être davantage. Un argument très fort contre cette conception est celui qui concerne les informations extérieures à l'énoncé, apportées par la situation (informations « pragmatiques »). Tout compreneur à qui un interlocuteur dit, par exemple : « la voiture fume... » est capable d'interpréter instantanément le « la » de « la voiture » comme désignant celle qui est en train de passer en ce moment devant les yeux du locuteur et les siens propres. Il intègre ainsi sans difficulté de l'information perceptive et de l'information linguistique. On ne voit pas comment la compréhension serait possible si elle ne reposait pas sur des processus interactifs. Au reste Fodor (2003)[15] est lui-même récemment revenu de façon critique sur cette notion de modularité, dont il juge visiblement qu'on a abusé : trop de modules tuent la modularité.

Deux sources générales d'information
pour le processus de compréhension

Une idée encore plus fondamentale, en matière de construction du sens, est que la compréhension s'effectue à partir de deux sources générales d'information, et que tout le processus consiste, en définitive, à les entrelacer de façon convenable.

La première source est l'information externe. Elle mérite d'être d'emblée subdivisée en deux, comme on vient de le suggérer : ce qui en est le plus visible est l'information linguistique (ou « langagière »), celle qui est portée par l'énoncé. Mais il faut, de façon souvent importante pour la parole orale, y ajouter l'information qui vient de la situation dans laquelle le compreneur effectue sa compréhension. Celle-ci est le pendant, ou parfois l'identique, de ce qu'on appelle, après Culioli, « la situation d'énonciation », celle dans laquelle le locuteur produit son énoncé : la situation d'énonciation et la situation de compréhension sont, à l'oral, le plus souvent partagées. Mais leur action causale n'est pas identique. On parle aussi à ce sujet d'information « pragmatique ».

Mais à cette double source d'information externe s'ajoute une seconde source qui, pour être moins visible, n'en est pas moins capitale : l'information interne. Sans elle, la première serait inopérante. Il s'agit de l'information qui se trouve dans l'esprit du compreneur, dissimulée aux yeux de tous et même partiellement de lui-même, sous forme de connaissances de diverses sortes, lexicales, grammaticales, et générales : c'est cette information qui sera exploitée pour « donner sens » à l'énoncé.

Elle est conservée dans la mémoire à long terme, et tout spécialement dans la mémoire sémantique. Là se trouvent emmagasinées les significations de mots, et tout ce qui s'y rapporte : nous leur consacrerons de larges développements. Il faut leur adjoindre les connaissances grammaticales du compreneur, sa « compétence linguistique » : elle se trouve aussi dans sa mémoire à long terme, et contient tout ce qu'il a appris de sa langue propre, connaissances morphologiques et orthographiques, syntaxiques et structurales, connaissances sur les particularités et les finesses de sa langue.

Comme on le verra nous privilégierons, parmi ces connaissances grammaticales, celles qui donnent accès au sens. On peut introduire à ce propos une touche de valeur, en termes de « ce qui mérite d'être enseigné aux enfants (et à leurs parents) » : ce ne sont pas les raretés jubilatoires des dictées de Bernard Pivot, qui ne sont qu'un jeu, mais les connaissances grâce auxquelles on peut comprendre exactement ce qu'a voulu dire un interlocuteur ou écrit un auteur et qui permettent, corrélativement, d'exprimer exactement ce qu'on a l'intention de dire.

Mais pour comprendre il faut aussi exploiter tout ce qui déborde la compétence grammaticale, qui est souvent associé aux significations des mots et aux contenus de la mémoire sémantique : des connaissances ou des contenus de mémoire très variés, qui sont conservés dans ces parties de la mémoire que les psychologues de la cognition, après Tulving, appellent traditionnellement « épisodique », c'est-à-dire autobiographique, ou « encyclopédique ». Pour comprendre une phrase isolée comme : « La percée vers Avranches préluda à la libération de toute la France », il faut identifier le fait en question comme faisant référence à la libération de 1944. Pour la comprendre complètement il n'est pas inutile d'avoir en mémoire la connaissance d'un certain nombre de faits historiques et géographiques sur les événements qui eurent lieu en France à ce moment. De même, pour comprendre la phrase : « Le fils de Dieu reviendra bientôt sur terre », il faut l'identifier comme faisant sans doute référence à un énoncé historiquement daté d'un individu, avoir en mémoire le concept de « fils de Dieu », la représentation de l'idée qu'il est venu sur terre (qui justifie le « re » de « reviendra ») et d'autres notions qui y sont liées. Mais la compréhension de cette phrase ne repose pas sur les croyances du compreneur, elle met seulement en activité les représentations qu'il a de croyances auxquelles il peut ne pas adhérer.

Une conception du sens des énoncés qui est ainsi ancrée dans la psychologie cognitive prend quelque distance avec la notion de « vérité », appliquée aux énoncés et à leurs interprétations. Elle se sépare de la conception de Carnap [16] et des partisans du positivisme logique sur ce qui peut « avoir du sens », ou ne pas en avoir. Elle se distingue donc aussi de la sémantique vériconditionnelle contemporaine, dont les raisonnements sont basés sur le recours à la vérité ou à la fausseté potentielles des énoncés. Pour comprendre un énoncé, un compreneur peut utiliser, et il utilise en fait, aussi bien des représentations dont on pourrait montrer qu'elles sont fausses ou vides que des représentations qui se trouvent, selon les mêmes critères, être vraies ou adéquates.

Il faut, il est vrai, accorder le point de vue vériconditionnel auquel se placent nombre de philosophes ou de linguistes, et celui de la psychologie cognitive. Le premier relève du souci de garantir des énoncés sémantiquement et logiquement fondés, notamment pour l'élaboration des connaissances scientifiques. Le second est fondé sur le désir de savoir ce qui se passe en fait dans un esprit qui comprend (ou croit comprendre), que cela soit correctement ou faussement : le seul véritable problème dans ce contexte est celui de la concordance entre les contenus des représentations du compreneur et de celles de l'énonciateur.

Les informations issues des deux grandes sources d'information que nous avons mentionnées, externe et interne, en bref l'énoncé et l'esprit du compreneur, forment un ensemble de matériaux assez hétéroclites pour la « construction du sens ». Mais il est nécessaire de bien en voir la diversité pour saisir que l'on n'a pas affaire à une vaine expression. L'activité cognitive qui la réalise doit entrelacer, conjuguer et assembler, de façon interactive et flexible, des « paquets » très variés d'informations partielles, parfois microscopiques. Ce qu'on peut appeler, avec précaution, la « machine à comprendre » ne peut fonctionner qu'en mélangeant, de façon incrémentale, habile et, disons-le sans vous flatter, lecteur, intelligente, des ingrédients de toute sorte et de toute ampleur, qui devront être extraits, pour les uns de l'énoncé, pour les autres de la mémoire. Nous analyserons plus en détail dans notre dernier chapitre les processus et sous-processus qui concourent à l'activité de compréhension.

Compréhension et communication

On peut sans peine, comme on l'a dit, intégrer la compréhension dans le schéma général de la communication, pourvu qu'on le précise un peu ; on y reprendra des idées qui sont aujourd'hui discutées dans le cadre de la « théorie de l'esprit [17] ». Communiquer consiste ainsi, pour l'énonciateur, à mettre en œuvre, en partie implicitement et en partie explicitement, les processus mentaux et les connaissances linguistiques dont il dispose pour créer un objet physique, l'énoncé (oral ou écrit), dont il sait implicitement, lui énonciateur, ou dont au pis il espère, qu'il produira dans l'esprit du compreneur la représentation qu'il vise. Comprendre consistera de son côté, pour le récepteur, à utiliser les processus mentaux et les connaissances linguistiques dont il dispose pour construire une représentation mentale qui interprète l'énoncé, c'est-à-dire qui corresponde, avec plus ou moins d'exactitude, à la représentation qui constituait la visée cognitive de l'énonciateur.

La communication est réussie, au premier degré, si le compreneur a raisonnablement bien compris ce que l'énonciateur « voulait » dire, c'est-à-dire si sa représentation d'arrivée est raisonnablement bien similaire à celle qu'avait l'énonciateur.

Cette façon de voir laisse entièrement ouverte, naturellement, la possibilité pour l'énonciateur de manipuler, en bien ou en mal, son énoncé. Il peut, pour cela, complexifier son intention de dire, viser, à propos d'un contenu déterminé, à convaincre, à parfaitement éclairer, à impressionner, à intimider, à tromper, à charmer, à séduire, à manœuvrer son compreneur. Il lui faut pour cela se représenter la représentation du compreneur. Don Juan le fera en général de façon conditionnelle : « Si je le lui dis de façon A, elle comprendra ceci, et si je le lui dis de façon B, elle comprendra cela. » Nous n'examinerons pas ces situations, et nous nous en tiendrons au cas le plus simple, celui du premier degré, et des contenus informatifs : on le trouve dans l'information proprement dite, et de façon plus générale, dans le discours didactique. Il exclut toute intention oblique, mais certainement pas une explicitation de la visée cognitive : celle où l'énonciateur vise sciemment à créer dans l'esprit du compreneur une représentation similaire à celle qu'il a dans son propre esprit. Étudier la compréhension dans ce cadre nous conduira à considérer l'énoncé comme un donné, et examiner comment il produit ses effets chez le compreneur.

L'expression « construction du sens » implique qu'on prenne quelque distance avec l'idée qu'un énoncé « a » un sens. Le problème général de savoir si certaines choses « ont un sens », et pourquoi, est d'une complexité qui concerne aussi la philosophie cognitive, et il a été amplement traité dans la littérature philosophique. Jacob (1997)[18] lui a consacré un ensemble d'analyses approfondies : les questions spécifiques qu'il soulève, la conceptualisation dans laquelle il inscrit ses réponses, et une partie de sa terminologie peuvent, au premier abord, sembler assez éloignées des nôtres, mais l'orientation générale qui sera adoptée ici, et les conclusions auxquelles nous parviendrons sont, en définitive, les mêmes que les siennes : ce sont celles d'une naturalisation du sens, et plus généralement de la représentation.

C'est dans cette optique qu'il faut écarter une opinion, ou simplement une façon de parler, assez souvent présupposée dans la pensée commune : que le sens serait inhérent à l'énoncé, qu'il serait présent « dans » les phrases ou dans les textes, et qu'il pourrait dès lors être plus ou moins directement « saisi » par le compreneur. Beaucoup d'auteurs contemporains ont critiqué cette idée, de façons très diverses. Il est plus exact de dire que les énoncés « véhiculent » ou « portent » du sens : ils sont des objets physiques, sonores ou visuels, fabriqués par l'énonciateur, et envoyés par lui de façon non moins physique en direction du compreneur, pour lui permettre, à l'issue de la dernière phase du schéma de communication présenté plus haut, de construire causalement son propre sens. Si ces énoncés sont de bonne qualité informative, fussent-ils linguistiquement incorrects ou mal formés, et s'ils sont non ambigus, ils y réussiront et ils pourront alors être dits avoir un sens, et un seul. L'absence d'ambiguïté n'est d'ailleurs qu'une visée parmi d'autres : si les énoncés ont été construits pour être des œuvres d'art, ils ont une autre finalité, et ils tireront sans doute avantage de porter des sens multiples, avec des résonances riches et variées : multiplicité et ambiguïté seront alors des caractéristiques mêmes de leur sens.

La construction du sens est, aux yeux des psychologues de la cognition, l'élaboration d'une représentation sémantique : celle-ci se trouve, juste après que l'énoncé a été compris, « dans » la mémoire de travail du compreneur. C'est un état mental, qui occupe un petit moment du flux cognitif qui se déroule dans l'esprit/cerveau. Il est en effet assez commode de considérer et de décomposer ce flux comme une suite d'événements mentaux, par définition de durée courte – un exemple en est le moment précis où un mot vient de finir d'être reconnu – et des états mentaux, plus longs. Le sens, après qu'il a été construit à partir d'un énoncé, est l'un de ces derniers, au même titre qu'une perception, une image mentale ou une pensée. Parler d'un état « mental » n'implique pas qu'il soit conscient à tous égards : les représentations sémantiques sont, certes, essentiellement conscientes, mais nous verrons qu'elles ne le sont pas nécessairement dans toutes leurs parties.

Nous raisonnerons désormais autour d'énoncés qui seront des phrases, généralement courtes, et sans en préciser la longueur ni la complexité : celles-ci dépendent des circonstances, et des capacités cognitives des locuteurs ou des compreneurs. Mais l'analyse que nous en donnerons sera en principe extensible à des énoncés quelconques, y compris à ceux qui sont censés être incorrects, c'est-à-dire non conformes aux règles communes.

La représentation sémantique qui naît de la compréhension d'une phrase a généralement une durée de vie qui n'est pas extrêmement brève, on vient de le dire, mais qui est néanmoins relativement courte puisqu'elle est, en général, assez vite remplacée par les représentations sémantiques qui la suivent, celles qui se construisent dans l'esprit du compreneur au fur et à mesure qu'il comprend les phrases ultérieures du discours, de la conversation ou du texte, qui continuent à lui parvenir par l'intermédiaire de sa perception. Que devient alors le contenu de chacune des représentations sémantiques de phrases qui ont été ainsi construites ?

C'est une question difficile, qui fait aujourd'hui l'objet d'importantes recherches empiriques, en particulier dans le cadre de l'étude de la compréhension de textes : elle est loin d'être résolue. Une théorie simplifiée supposait, bien antérieurement, que ce contenu avait deux destins possibles : ou bien passer dans la mémoire à long terme, et y être alors conservé, en étant soumis aux évolutions classiquement admises pour tous les contenus de la mémoire, ou bien décliner plus ou moins rapidement et être oublié. Les faits ont obligé à rejeter cette conception trop simple, et à mettre l'accent sur des états intermédiaires entre la mémoire de travail et la mémoire à long terme. Nous avons mentionné plus haut la notion de « mémoire de travail à long terme » d'Ericsson et Kintsch (1995), qui concerne directement cette question. Ces états intermédiaires concernant les représentations sémantiques des phrases précédentes jouent un rôle important dans la compréhension de la phrase en cours de traitement : diverses sortes d'hypothèses ont été élaborées à leur sujet, et elles sont actuellement en débat ou en cours d'examen expérimental. Nous n'examinerons pas ici ces travaux : ils ont été récemment présentés par Blanc et Brouillet [19].

La subjectivité et l'ambiguïté
comme risques de la construction du sens

Les théories contemporaines du sens qui ne prennent pas leurs références dans la psychologie cognitive sont peu explicites, nous l'avons dit, sur la façon dont se fait la construction du sens. Elles le sont un peu davantage sur le fait que la réalité du sens est finalement celle d'une représentation, d'un état de l'esprit du compreneur.

Certaines de ces théories et notamment celles qui traitent de la compréhension de textes littéraires, accentuent volontiers le caractère subjectif du sens. Elles soulignent avec force son caractère d'interprétation de l'énoncé, une idée qui est, nous l'avons dit, parfaitement recevable, mais qui n'implique pas que l'interprétation soit toujours indéterminée, ni extrêmement variable d'un compreneur à un autre. On peut se réjouir de ce que les meilleures œuvres littéraires soient riches de sens multiples, susceptibles d'interprétations variées, ambiguës, et même du fait que leurs auteurs étaient loin d'avoir une idée claire de la façon dont leurs textes seraient compris. Il n'est guère douteux qu'une grande œuvre littéraire soit celle à laquelle le lecteur apporte le plus de lui-même, concepts, souvenirs et sensibilité. De cet aspect de la variabilité du sens on peut aussi très bien rendre compte dans une optique de psychologie cognitive, en prenant en compte les différences et les résonances sémantiques des uns et des autres, mais en récusant en même temps tout relativisme généralisé : il faut bien convenir toutefois qu'une explication cognitive trop générale appliquée aux grandes œuvres littéraires est largement dénuée de pertinence et d'intérêt.

Par contraste avec l'optique précédente, une autre ligne de recherche a été focalisée sur le sens des énoncés scientifiques et logiques, avec comme souci d'en bannir la subjectivité et l'ambiguïté. Les auteurs qui ont poursuivi cet objectif ont dès lors présenté comme un danger la part psychologique de la construction du sens : non seulement ils ont essayé de la minimiser, pour des raisons légitimes, mais ils ont aussi dédaigné de la prendre en compte. De là est née une forme d'antipsychologisme qu'on trouve comme une tradition théorique depuis Frege et Carnap dans les théories logiques ou logicisées du sens ; comme nous l'avons noté, ce n'était pas l'orientation de Quine.

On peut aborder dans une optique naturaliste le problème de l'ambiguïté, qui est en effet empiriquement et théoriquement très important. Il existe une pluralité de types d'ambiguïté [20] : nous aurons l'occasion de parler avec quelque détail plus bas de l'ambiguïté des mots et de leur désambiguïsation.

Mais on peut s'arrêter un instant sur l'ambiguïté possible du sens d'un énoncé, et partir alors de la considération du degré zéro en la matière. Celui-ci peut être éclairé par l'idée de « même sens », entendu comme même contenu de plusieurs occurrences de représentations sémantiques ou d'états mentaux. Considérons un énoncé linguistiquement défini, en principe indépendant du contexte, et donc invariant sous ce rapport, par exemple la phrase présentée plus haut : « La percée vers Avranches préluda à la libération de toute la France. » Supposons maintenant qu'elle soit entendue ou lue plusieurs fois à des moments différents par un même compreneur. Produit-elle alors des représentations sémantiques, des occurrences de sens, suffisamment similaires pour qu'on puisse parler à chaque fois de « la même » représentation sémantique ? Bien que l'expérimentation montre que ces représentations s'affaiblissent avec la répétition (on parle à ce propos de « satiation sémantique »), la réponse est pour l'essentiel affirmative en ce qui concerne le contenu : le même énoncé, compris par le même compreneur à des intervalles courts, produit pour lui le même sens. Mais on voit bien que ce sens peut néanmoins changer si les contenus durables de l'esprit du compreneur, les représentations à long terme qui servent à interpréter l'énoncé ont varié entre-temps. Cela peut dépendre des connaissances : une phrase ou un passage lus une première fois peuvent ne prendre « tout leur sens », c'est-à-dire un sens amélioré, qu'après que le compreneur a enrichi les connaissances qui en forment pour lui le contexte conceptuel : par exemple, dans notre exemple, après qu'il a consulté une carte de la Normandie, ou lu un livre d'histoire. Cela peut dépendre aussi, sur une période plus longue, de l'évolution des concepts ou des affects du compreneur : le même passage, les mêmes phrases de « Bérénice », celle de Racine ou celle d'Aragon dans *Aurélien*, prennent un sens différent selon qu'on les lit à 18 ou à 50 ans. Le propre des grands textes est que les relire est toujours une expérience privilégiée.

Cette façon de voir naturalise, et relativise, la variabilité intra-individuelle du sens. On peut alors considérer dans la même optique les variations interindividuelles, intercompreneurs. Problème essentiel. Les deux questions posées sont de savoir à quelles conditions un même énoncé produit « le même » sens chez des compreneurs différents, et ce que signifie alors « le même » sens.

Ces questions permettent de voir ce que peut être l'ambiguïté interindividuelle pour la psychologie cognitive. Sera non ambigu un énoncé qui produit chez des compreneurs différents des représentations sémantiques suffisamment semblables pour qu'elles puissent être dites être « le même sens ». À l'inverse, sera ambigu un énoncé qui produit chez différents compreneurs des représentations sémantiques « trop » dissemblables. Les critères du « suffisamment semblable » ou du « pas trop dissemblable » qui sont exigés par ces définitions sont évidemment ce qui fait difficulté. Celle-ci n'est sans doute pas levée par un relativisme généralisé, ou par un pragmatisme fondamental, mais ce qui précède montre sans doute que de tels critères du « assez » et du « trop » varient selon les situations.

On peut considérer qu'il existe en réalité deux grandes

catégories d'ambiguïtés. L'une est linguistique, et trouve son origine dans les langues elles-mêmes, ou pragmatique et tient à l'utilisation maladroite de la langue par les locuteurs : dans les deux cas une ambiguïté apparaît lorsque la forme d'un énoncé ne permet pas au compreneur de suivre un cheminement unique, sans bifurcation, au cours de sa construction du sens.

Mais une seconde sorte d'ambiguïté est moins apparente, parce qu'elle est conceptuelle : dès qu'ils sont un peu abstraits, par exemple dans les domaines de la connaissance ordinaire, de la religion, de la politique, les concepts utilisés par le locuteur ou par le compreneur sont souvent si éloignés des idées « claires et distinctes » prônées par Descartes qu'elles ne permettent pas à la représentation du compreneur, au sens qu'il a construit, de rejoindre celui qu'avait visé chez lui son locuteur du moment. Les « dialogues de sourds » conceptuels sont éminemment de cette sorte.

Un grand apport de la pensée rationnelle, prolongé par les recherches menées depuis le XIXe siècle en philosophie de la logique ou du langage, en épistémologie ou en linguistique, en vue d'éliminer les ambiguïtés, a été de contribuer à affaiblir cette seconde source : elles ont conduit à l'élaboration de concepts mieux circonscrits, rationalisés, partagés par de nombreux locuteurs, inscrits le cas échéant dans des langages spécialisés et parfois formalisés. La diffusion de ces exigences de clarté et de distinction peut déboucher sur des règles explicites, établies par consentement cognitif, qui permettent l'intercompréhension conceptuelle en dépit de croyances différentes.

La compréhension comme activité cognitive automatique

Si le compreneur a souvent une connaissance très imparfaite de ses concepts, il en a une plus faible encore de l'usage qu'il en fait dans la compréhension. Celle-ci paraît au premier regard être une activité hautement consciente. En y regardant de plus près, on voit bien que seul le sens, la représentation sémantique construite par le traitement de l'énoncé, c'est-à-dire le résultat du processus de compréhension, est consciente pour le compreneur. Des prises de conscience partielles du processus ne se produisent pour lui que dans de rares occasions, lorsqu'il est confronté à des difficultés. C'est sans doute à cause de ce caractère très peu conscient du processus que le sens semble intuitivement à beaucoup de compreneurs « être dans » les énoncés, et pouvoir être immédiatement « saisi » lors de la compréhension courante.

La recherche cognitive a mis en évidence que quatre propriétés psychologiques essentielles caractérisent la compréhension : elle est normalement – c'est-à-dire, comme on vient de le dire, sauf difficulté occasionnelle – automatique, rapide, non consciente, irrépressible. Ces quatre propriétés, liées entre elles, lui sont communes avec plusieurs autres activités cognitives, par exemple la perception, et avec un certain nombre d'activités motrices très automatisées, dont la conduite automobile est un bon exemple.

Lorsqu'un auditeur ou un lecteur perçoit un énoncé courant, l'information que celui-ci véhicule est traitée et interprétée sans effort, et le sens est construit extrêmement vite, sans que l'intéressé prenne conscience ni des mots employés, ni de la structure grammaticale, ni du style, et encore moins de la façon dont son esprit/cerveau a fonctionné pour comprendre. Une façon de le montrer consiste à demander (ici au lecteur de ce livre) : « Comprenez-vous la phrase : "le chat est sur le balcon" ? Oui ? Comment avez-vous fait ? » La réponse consolante est que « personne ne sait au juste ».

Le compreneur ordinaire peut certes remarquer occasionnellement certains aspects d'un énoncé s'ils sont inhabituels, ou s'il y applique son attention ; certains concernent la forme ou le style, les mots ou les tournures particulières qui y figurent, comme ceux de Françoise, si admirés du narrateur de *La Recherche*, ou aujourd'hui ceux qui appartiennent à la langue dite « des banlieues ». Mais la règle générale est que le compreneur bondit au sens. La grande distinction conceptualisée par Schneider et Shiffrin[21] entre processus cognitifs automatiques et processus cognitifs « stratégiques », c'est-à-dire délibérés ou semi-volontaires, s'applique entièrement ici. C'est seulement si une difficulté se présente en cours de route que, comme dans la conduite automobile, des processus stratégiques conscients « reprennent le contrôle » de l'activité en cours ; ils permettent de la mener à bien différemment, le plus souvent par un remaniement des opérations cognitives mises en jeu, mais au prix d'un temps de compréhension plus long.

Les processus de compréhension sont en outre « irrépressibles », c'est-à-dire qu'ils ne peuvent en général pas être arrêtés. Comprendre de façon involontaire et indiscrète des paroles qui ne nous sont pas destinées est une aventure qui nous est commune à tous, à l'ère des téléphones portables : c'est seulement en nous bouchant les oreilles que nous pourrions ne pas comprendre, c'est-à-dire en bloquant notre activité cognitive au stade de la perception. Une fois que l'information est entrée, elle est traitée de façon automatique jusqu'à son terme, la représentation qui constitue le sens. Cela n'invalide pas certains phénomènes, sur lesquels la psychanalyse a mis l'accent, de « refus de comprendre » ou de « compréhension à côté », concernant un énoncé ou une de ses parties, mais indique qu'ils doivent recevoir une explication cognitive particulière, qui fait généralement état d'une inhibition surajoutée au processus normal, lors d'une de ses étapes encore mal déterminée.

Une illustration de la course au sens par l'effet Stroop

On peut illustrer le caractère irrépressible du traitement sémantique en décrivant un phénomène expérimental assez connu, et spectaculaire : l'effet Stroop[22]. Celui-ci met en évidence la réalité d'une « course au sens », qui est la conséquence du traitement sémantique automatique, et dans laquelle celui-ci l'emporte le plus souvent par sa rapidité sur d'autres traitements cognitifs.

Une procédure expérimentale simple – il en existe d'autres – est celle-ci : des mots sont écrits dans diverses couleurs, ils sont successivement présentés aux participants, et on demande à ceux-ci de nommer tout haut, et très rapidement, la couleur dans laquelle est écrit chacun des mots. On pourra utiliser, par exemple, une série de noms d'animaux, « cheval » étant écrit ou imprimé en vert, « chien » en rose, « bison » en bleu, etc. Les participants accomplissent cette tâche sans difficulté, et ils nomment les couleurs correctement, et vite : « vert », « rose », « bleu ». On leur présente alors inopinément un nom de couleur, par exemple « violet », écrit dans une couleur autre que celle qu'il désigne : par exemple en rouge. Ce qu'on observe alors est que, presque toujours, les participants répondent « violet », au lieu de dire « rouge », comme le leur prescrit la consigne et comme ils le faisaient si bien auparavant. Souvent ils s'efforcent ensuite de se rattraper, témoignant par là que, l'instant après avoir lancé la prononciation du mot qui constitue leur réponse, ils se sont aperçus de leur erreur.
Ce ne sont pas leur « moi profond », ni leur « ça », qui parlent dans cette situation, ce sont leurs processus mentaux : ils ont fonctionné de façon automatique et irrépressible. Dans l'explication cognitive du phénomène, on admet que deux processus sont en compétition dans l'esprit/cerveau du participant. Le premier, a, comporte une séquence

de traitements qui respecte la consigne. Elle s'analyse en plusieurs opérations cognitives successives : a1. reconnaître la couleur du mot (rouge), telle qu'elle est donnée perceptivement, a2. recouvrer en mémoire lexicale la désignation correspondante : cela aurait été, dans notre exemple ci-dessus, la représentation du mot « rouge », a3. lancer et effectuer la séquence motrice qui réalise la prononciation de ce mot « rouge ». Mais une seconde séquence, b, se trouve en compétition avec celle-là. Elle s'analyse en : b1. saisir visuellement la forme du mot présenté (en bref, les lettres et leur ordre spatial) ; b2. reconnaître dans son lexique, au milieu de toutes les représentations de formes de mots qui y figurent (y compris de « cheval », « chien », « bison », « vert », « rose » ou « bleu ») la représentation de la forme qui est en train d'être perçue (ici celle du mot « violet ») ; b3. aller très vite, et automatiquement, à la signification de ce mot, ici la représentation sémantique <violet> ; b4. exécuter l'attitude mentale engendrée par la consigne, à savoir produire un nom de couleur, et trouver sur son chemin, en priorité, le mot « violet » ; 5b. lancer la commande motrice de prononciation du mot le plus immédiatement disponible, et l'effectuer.

Ce que montre l'effet Stroop c'est que, dans la compétition cognitive entre la séquence a et la séquence b, c'est b qui gagne la course : elle devance, probablement au cours des étapes b3 et b4, la réponse qui devrait être produite par la séquence a et laisse filer l'émission de la réponse « violet ».

Il existe une large série d'expériences très précises, dérivées de celle-ci ou apparentées à elle, qui ont prolongé l'étude de l'effet Stroop : elles conduisent clairement à des conclusions qui explicitent l'idée de traitement « automatique ». On a pu dire, par exemple, que le traitement des mots (et par extension celui des phrases) est contrôlé par une « tendance mentale » qui incite à toujours identifier complètement la signification, à ne pas s'en tenir au niveau perceptif mais à toujours poursuivre le traitement jusqu'au niveau sémantique. Cette tendance générale, qui fonctionne à plein dans l'effet Stroop, et devance ainsi les processus concurrents, est celle qui s'exprime aussi dans la compréhension, sous la forme d'un bondissement au sens, rapide et fort, qui l'emporte sur les activités concurrentes.

Conscient, non conscient, explicite, implicite

Il ne suffit pas de dire que les processus qui assurent la construction du sens ne sont pas conscients, et que seul l'est leur résultat : celui-ci ne l'est que de façon très inégale. Nous retrouvons ici des illustrations concrètes de ce que nous avons dit précédemment sur ce point.

La notion de <représentation sémantique>, conçue comme produit de la compréhension, déborde largement celle d'un sens conscient, que privilégie la théorie intuitive commune de la compréhension du langage, sens qui serait « vu de façon consciente par l'œil de l'esprit ». Cette représentation sémantique doit plutôt être conçue comme constituée d'un large ensemble de parties représentatives, dont beaucoup ne sont pas données de façon explicite dans l'énoncé, mais sont présentes dans la construction qui en émane : ces parties ont dans la représentation sémantique un statut implicite, et elles se trouvent, en quelque sorte, dans une zone périphérique par rapport au contenu qu'on peut tirer directement de l'énoncé. « Périphérique » est ici une métaphore pour « moins consciente ».

Soit une phrase isolée comme : « j'ai rencontré Jeanne dans le hall ». Elle ne précise ni de quel hall ni de quelle Jeanne il s'agit : elle est néanmoins, dans une situation concrète, comprise de façon immédiate. C'est qu'un certain nombre d'inférences viennent enrichir la compréhension, et qu'elles suffisent pour que le compreneur sache qui est Jeanne et dans quel hall s'est faite la rencontre. Ces inférences fournissent en outre un certain nombre d'informations supplémentaires relatives aux personnes ou aux lieux concernés, pour qu'elles soient insérées dans la représentation construite d'après la phrase, et qu'elles en fassent partie implicitement. Ces inférences et leurs résultats ont été et continuent d'être largement étudiés en psychologie cognitive de la compréhension : nous les analyserons un peu davantage dans notre dernier chapitre.

Ce que nous voudrions retenir de nouveau ici est la reconceptualisation que ces données déterminent dans l'opposition entre <conscient> et <non conscient>. Elle rejoint la gradualisation du concept élaboré de <conscient>. On peut l'exprimer en disant qu'il existe dans la représentation sémantique des éléments qui sont « très conscients » et d'autres « très peu conscients », avec une multiplicité de degrés intermédiaires entre les uns et les autres. <Non conscient> représente alors un degré supplémentaire sur cette échelle, celui qui succède, vers le bas, à <très peu conscient>. Dans les recherches de psychologie expérimentale cette gradualité s'exprime souvent par une métaphore spatiale empruntée au théâtre : celle, sur la scène de la représentation mentale d'une situation, d'un « premier plan » et d'un « arrière-plan », avec un ou des « plans » intermédiaires. Pour la phrase sur la rencontre de Jeanne que nous avons choisie comme exemple, nul doute que la représentation familière, individualisée, de Jeanne serait au premier plan de la représentation sémantique du compreneur. La représentation des caractéristiques de Jeanne qui sont connues du compreneur, mais qui ne sont pas actuellement pertinentes, ne s'y trouverait qu'en arrière-plan. Mais y serait aussi présente, en léger retrait cognitif, la représentation de certaines des caractéristiques du hall, par exemple la présence de fauteuils et d'une porte en verre.

Nous verrons[23] qu'on dispose aujourd'hui de données expérimentales multiples, utilisant différentes techniques et notamment le temps de réponse des participants à des questions qui leur sont posées, qui permettent de corroborer cette façon de voir. On peut en donner aussi une illustration plus intuitive à partir du fait suivant : supposons que le locuteur poursuive la phrase ci-dessus en disant : « nous nous sommes installés dans les fauteuils pour discuter ». L'utilisation de l'article défini « les », et sa compréhension immédiate par le compreneur familier des lieux – il ne pense pas : « les fauteuils ? quels fauteuils ? » – ne sont explicables que si l'on admet qu'il a déjà, en tant qu'élément implicite de sa représentation du hall où a eu lieu la rencontre, une représentation particulière des fauteuils.

Cette façon de concevoir des degrés de conscience dans la représentation peut être rapprochée de l'idée de degrés d'attention interne, portés aux éléments représentés dans la situation. Elle est similaire à celle de degrés d'attention portés aux éléments d'une scène perçue visuellement. Nous verrons plus loin qu'ils sont interprétables par une notion particulière applicable à l'esprit/cerveau, celle de « niveau d'activation » des représentations et de leurs parties.

Certains auteurs ont pris l'habitude d'utiliser « explicite » et « implicite », de préférence à « conscient » et « peu conscient », pour qualifier ces caractéristiques de la représentation. C'est une terminologie qui présente quelques inconvénients, notamment parce qu'elle ignore la gradualité ; mais elle a aussi des avantages, et nous l'adopterons à l'occasion. Elle est utile en tout cas pour distinguer la conceptualisation cognitive défendue ici de celle de la psychanalyse, centrée sur une tout autre opposition conceptuelle, celle existant entre <conscient> (ou <préconscient/conscient>) et <inconscient>.

Les mots

Cette façon d'analyser la compréhension repose donc sur la prise en considération de trois sortes de composants : 1. la représentation sémantique terminale en mémoire de travail, qui est l'équivalent psychologique du sens une fois qu'il a été construit, 2. les processus qui concourent à cette construction du sens, 3. les unités qui servent à cette construction, et qui en constituent les briques. Nous avons déjà indiqué que la construction du sens repose sur l'assemblage d'une pluralité d'informations relevant de types différents : 1. les significations des mots de l'énoncé, c'est-à-dire les représentations sémantiques portées par ces mots et importées du lexique mental, 2. les données grammaticales dans l'énoncé et les connaissances qui servent à les interpréter, 3. l'information apportée par la situation d'énonciation/compréhension (l'information pragmatique), 4. les contenus de la mémoire ordinaire (mémoire épisodique ou autobiographique).

Les mots, forme et signification conjointes, constituent la fraction la plus importante de ce qui sert à la construction du sens. Contrairement à ce qu'affirment les théories hyper-syntaxistes, on doit admettre que la simple juxtaposition de mots, sans liant syntaxique, peut parfois être génératrice de sens. Nous n'évoquons pas ainsi seulement le style « télégraphique » de naguère, dans lequel les relations syntaxiques absentes étaient en fait restituées à l'arrivée par le récepteur. Mais on doit plutôt penser à l'expérience littéraire qui est la plus intéressante à cet égard, celle des surréalistes et de leurs successeurs. Ils sont ceux qui sont allés le plus loin, et même un peu trop, dans l'exploration des possibilités de la juxtaposition de mots sans syntaxe. Des techniques innovantes comme celles des cadavres exquis ou de l'écriture automatique en ont été des illustrations parlantes : en fait, employées à l'aveugle et tributaires du hasard, elles n'ont pas tardé à montrer leurs limites. Une œuvre emblématique comme *Les Champs magnétiques*, que Breton et Soupault ont tenté d'en faire dériver, est plus une juxtaposition de fragments de phrases que de mots isolés. Toutefois, l'exploration qu'ont menée les poètes surréalistes, par exemple Eluard, dans le champ de la parole offre des exemples flamboyants de sens produits par le choc de mots juxtaposés, plutôt que construits à partir d'eux. La métaphore portée à sa plus haute incandescence en est le centre : nous lui consacrerons plus bas une analyse cognitive. Aragon est allé plus loin encore dans la juxtaposition sans syntaxe lorsqu'il s'est contenté, dans *Le Crève-Cœur* et *La Diane française*, de mettre bout à bout des noms propres de lieux de France, un procédé poétique qui avait sans doute besoin de l'atmosphère émotionnelle de l'Occupation et de la Libération pour prendre toute sa force, mais qu'on retrouve ici ou là dans la bonne chanson contemporaine [24].

Le lexique et la mémoire sémantique

La contribution propre des mots à la construction du sens se fait par leur signification, c'est-à-dire par l'information sémantique qu'ils véhiculent. Elle est particulièrement importante, et mérite qu'on lui consacre un examen détaillé : ce sera l'objet de nos prochains développements.

La façon contemporaine de considérer les mots, avec leurs significations et les concepts naturels qu'ils portent, est de le faire de façon naturaliste par une étude du lexique mental. Cela consiste à se demander 1. comment sont les mots dans leur réalité interne (comment sont-ils « constitués ») ; 2. quelles relations entretiennent-ils les uns avec les autres à l'intérieur du lexique mental et, le cas échéant, quelle est leur structure sémantique interne ; cela définit l'aspect structurel du lexique, et concerne tout particulièrement le système sémantique et conceptuel qui lui est associé ; 3. comment les esprits utilisent-ils les mots et leurs significations pour faire de la parole et pour la comprendre. Cette dernière question, qui porte sur les aspects fonctionnels du langage, est directement apparentée à celle du fonctionnement de la pensée, et plus généralement de l'esprit.

Nous consacrerons de larges développements dans les prochains chapitres à un examen détaillé de la structure naturelle du lexique mental, tout en donnant toute leur place à ses modalités fonctionnelles. Nous examinerons les différentes sortes d'hypothèses et de modèles qui sont aujourd'hui formulés à son sujet ; nous nous intéresserons de façon privilégiée à la structure de la mémoire sémantique et conceptuelle, qui en constitue le tréfonds. La mémoire sémantique et conceptuelle est, plus que toute autre réalité à l'intérieur de l'esprit humain, « structurée comme le langage ». Elle l'est de façon non consciente, mais sans être l'inconscient. Après en avoir fait largement le tour nous pourrons revenir avec de meilleures connaissances au thème de la compréhension du langage, en nous intéressant alors plus directement à ses aspects fonctionnels.

CHAPITRE 3

Le lexique mental

Le lexique mental est l'ensemble des représentations qui, dans la mémoire à long terme des individus, sont portées par les mots. La distinction, classique en linguistique, entre « types » et « occurrences » recouvre celle établie ici entre mémoire à long terme et mémoire de travail. Une autre distinction essentielle est celle qui oppose les « signifiants » et les « signifiés », reformulés en psychologie cognitive en « représentations de la forme » et « significations » des mots. Le lexique mental n'est pas seulement un répertoire, mais aussi un réseau de représentations, entre lesquelles les liaisons sont essentielles. Des techniques expérimentales aujourd'hui bien rodées permettent de les étudier, et d'y faire apparaître de premières propriétés importantes : la fréquence d'usage, la familiarité, la similarité de forme entre les mots sont de celles-là.

L'idée de base qui fonde l'étude du lexique mental est que tous les êtres humains ont dans leur esprit/cerveau, à partir de leur deuxième année, un très grand nombre de mots, ou plus précisément de représentations de mots, quelques milliers ou dizaines de milliers pour les adultes : ces représentations sont conservées dans leur mémoire à long terme. Elles constituent une part si importante de celle-ci qu'on lui attribue une dénomination spécifique : celle de « lexique mental ».

Les recherches sur le lexique mental s'appuient sur l'hypothèse qu'il possède des propriétés générales, communes à tous les locuteurs. Bien entendu, tous les lexiques mentaux diffèrent les uns des autres, de multiples façons, selon la ou les langues parlées, selon le milieu social, selon l'âge, et selon les caractéristiques personnelles. Mais l'hypothèse des propriétés générales transcende ces différences. Les recherches menées jusqu'ici à partir d'elle la corroborent très largement. Elles ont certes été réalisées sur des locuteurs d'un petit nombre de langues – pour l'essentiel celles des pays économiquement développés – et il existe toujours un risque de généraliser exagérément à partir d'une communauté linguistique trop homogène. C'est ce qui est arrivé parfois à propos de la communauté des locuteurs américains, ou de celle des étudiants, qui constituent massivement les effectifs des participants aux expériences de psychologie cognitive. Mais il y a peu de doute que les principaux résultats sont robustes : les recherches interlangues, encore trop peu nombreuses, mais qui se multiplient, en témoignent en y apportant les corrections nécessaires. Nous citerons ici, quand ce sera possible, des données françaises pour compléter les données américaines.

Ces données expérimentales, au même titre que les analyses linguistiques, logiques ou philosophiques, et ethnologiques, menées sur ce thème laissent ainsi penser qu'il existe un socle commun à tous les locuteurs humains, sous forme de structures fondamentales du langage et, au-delà, de l'esprit, et de modes de fonctionnement des activités correspondantes. Cela n'est pas très étonnant au vu de deux sortes de considérations.

En premier lieu tous les êtres humains ont le « même » cerveau, c'est-à-dire, si on néglige leurs différences interindividuelles, qu'elles soient innées ou acquises par maladie ou accident cérébral, un cerveau qui est doté de la même configuration générale. Cette thèse est largement confirmée par les faits, psychologiques et biologiques. On commence depuis peu d'années, grâce aux nouvelles techniques neurobiologiques, à mieux identifier les zones cérébrales qui ont pour fonction de gérer l'usage du langage : l'héritage de Broca et de Wernicke a commencé d'être modernisé sur ces points [1]. Il faut y ajouter une capacité essentielle du cerveau humain, la capacité à apprendre, qui interagit avec les capacités à parler et à se représenter, c'est-à-dire à penser, et que nous retrouverons sous l'appellation équivalente de « mémoire ». Les capacités conjointes à se souvenir beaucoup, à se représenter, et à parler constituent le terme ultime de l'évolution biologique qui a modelé notre espèce.

Le second aspect des choses est que tous les humains vivent, pour l'essentiel, dans le même univers, doté de ses propres structures, elles aussi invariantes à travers les multiples différences, géographiques, historiques et sociales. La capacité humaine fondamentale fait que les hommes peuvent percevoir des parties de cet univers lorsqu'elles sont présentes, et le faire de façon gouvernée par des concepts, et qu'ils peuvent aussi se les représenter lorsqu'elles sont absentes, et en parler. Ce sont ces structures de l'univers qui modèlent individuellement les structures de représentation. Elles l'ont fait, puis le font, de deux façons différentes.

D'une part, au cours de l'évolution, elles ont permis que s'inscrivent biologiquement dans le cerveau des structures neuronales adaptées à la représentation des choses du monde et des événements qui les affectent, d'autre part, par l'intermédiaire des processus d'apprentissage et de mémoire, elles permettent la formation de représentations individuelles coulées dans le moule des précédentes : ces représentations individualisées sont très différentes de celles qui sont présentes chez de nombreuses espèces animales, et qui leur ont été léguées de façon très largement héréditaire pour leur permettre de gérer leurs comportements : celles-ci sont certes modifiables, plus ou moins selon les espèces, mais peu en comparaison avec les êtres humains. Ce qui est essentiel chez ces derniers, ce sont les rapports qui existent entre les représentations particulières et les représentations de catégories, imagées ou conceptuelles. C'est à l'intérieur de ces structures que sont appris les mots qui désignent les choses, les individus ou les événements.

Il n'existe pas actuellement de connaissance assurée de la part exacte de ce qui, dans les représentations humaines, relève du donné biologique et de ce qui est acquis par apprentissage. Il n'y a même pas de possibilité de le savoir facilement : des opinions trop rapides et tranchantes sur ces points sont certainement inexactes. C'est justement la tâche des sciences cognitives empiriques que de déterminer plus précisément où passe la ligne de démarcation entre l'un et l'autre. Cette recherche est lente, et elle doit être pluridisciplinaire : associer, par exemple, la linguistique comparative, qui cherche à isoler des caractéristiques universelles du langage, la psychologie cognitive qui expérimente à leur sujet, la neurobiologie qui essaie d'en identifier les bases cérébrales. Mais la meilleure hypothèse qu'on puisse faire à ce propos est sans doute celle d'une interaction entre un bagage d'origine biologique, composé de schémas de représentation et de traitement cognitif, dotés d'un caractère général et faiblement déterminé, et des acquisitions assurées par les apprentissages. Les données relatives au lexique mental plaident dans ce sens.

Le lexique mental dans la mémoire

Le lexique mental constitue une partie du contenu de la mémoire. On peut conceptualiser les choses de façon traditionnelle : dans la grande distinction présentée par Tulving en 1972[2] sur les structures générales de la mémoire, et qui a été largement utilisée depuis, on oppose une mémoire « épisodique », que d'autres appellent « autobiographique », et une mémoire « sémantique », qui a une relation directe avec le lexique mental. La mémoire épisodique correspond à ce que le langage commun appelle traditionnellement « la mémoire », c'est-à-dire l'ensemble des souvenirs, en tant que traces en mémoire des événements particuliers passés qui sont survenus au sujet, avec leurs particularités individuelles et leur valence affective : Marcel Proust, Federico Fellini, et tant d'autres, ont été de merveilleux explorateurs de cette mémoire-là, et des « je me souviens » concrets et vivants qu'elle rend possibles. Par opposition, la mémoire sémantique est supposée contenir des représentations génériques, c'est-à-dire des concepts mentaux : bien que la notion de mémoire sémantique soit solide, elle ne doit pas conduire à négliger la relation qui existe entre la représentation de la forme des mots et leur signification, relation qui est à la base de la notion de lexique mental. Bien qu'une opposition trop tranchée entre mémoire épisodique et mémoire sémantique soit certainement criticable[3], elle présente l'intérêt de porter une distinction entre ce qui, dans la mémoire, est le domaine des souvenirs particuliers et ce qui est en elle général et abstrait c'est-à-dire conceptuel.

Nous examinerons le lexique mental sous cet angle, comme constituant un « répertoire de représentations de mots », conjointement de leurs formes et de leurs significations. Les secondes forment toutes ensemble la mémoire sémantique, qu'on pourrait appeler de façon équivalente la « mémoire conceptuelle », et nous lui accorderons une particulière importance. Les travaux sur la mémoire sémantique ont été présentés à plusieurs reprises en France[4], et tout récemment par Rossi[5].

C'est de façon métaphorique que nous utiliserons à ce propos des termes comme « partie » de la mémoire, « éléments » de la mémoire, « ensemble » de souvenirs ou de représentations,

« répertoire », « contenir », « être dans », etc., qui semblent suggérer une chosification des composants du psychisme. Une autre sorte de représentation générale de l'activité psychique/cérébrale, aussi exacte que celle-ci sous un certain angle, serait de la voir comme une mer en constant mouvement, parcourue de hauts et de creux, traversée de vagues, de tourbillons et de courants, mer dans laquelle ce seraient justement les courants et les tourbillons qui constitueraient la mémoire. Mais ce genre de vision dynamique serait une autre sorte de métaphore : si elle a nourri certaines œuvres littéraires et philosophiques, et connu parfois des réussites à ce titre, elle ne doit pas devenir un obstacle à l'étude rationnelle : notre pensée et notre langage nous imposent justement de couler les représentations que nous nous faisons du psychisme et de la mémoire dans des mots qui ont été modelés par l'histoire des langues pour parler des choses. Nous devons nous adapter à cette nécessité.

Mots et représentations de mots

Parler de lexique mental implique d'accepter, à côté de la notion de « mot » comme réalité linguistique, celle de « mot mental », c'est-à-dire de « représentation de mot ». Le locuteur ordinaire, et le linguiste qui se propose d'étudier objectivement les faits de parole, se trouvent au contraire en présence de « mots linguistiques », oraux ou écrits, qui sont des réalités physiques observables. On peut les décrire et les caractériser de diverses façons, qui ne sont pas simples, mais qui sont ancrées dans l'observation. Le logicien ou l'informaticien se donnent, de leur côté, des entités abstraites, qu'ils appellent « mots », parce qu'elles ont un certain nombre de propriétés (en particulier celle d'être « concaténées » entre elles de diverses manières) qui leur sont communes avec les mots réels. Ce dont nous allons parler longuement est constitué de « mots dans la tête », c'est-à-dire d'une certaine sorte d'« unités cognitives », dont on est obligé, au sens fort, de supposer l'existence pour pouvoir rendre compte du fonctionnement du langage. Ces mots mentaux « correspondent », dans l'esprit des locuteurs, aux « mots physiques » qu'ils entendent ou prononcent, qu'ils lisent ou écrivent.

Mais que signifie ici « correspondre » ? Tout le problème de la psychologie cognitive du lexique mental est de partir de diverses catégories d'observables, des mots physiques ou des situations qui contiennent des mots physiques, et de remonter à partir de là vers ce qui est supposé se trouver, de façon inobservable, dans l'esprit des locuteurs, c'est-à-dire des représentations mentales. Le postulat qui fonde cette démarche est que les mots observés et leurs représentations sont liés par des relations de type causal : ou bien le mot sert, en tant que stimulus, de cause qui génère la représentation, ou bien, à l'inverse, la représentation sert de cause à la production du mot en tant que réponse. Il sera, bien entendu, nécessaire de préciser beaucoup ce schéma causal. La démarche scientifique qui le met en œuvre comporte comme toujours, de façon conjointe et interactive, de l'expérimentation et de la modélisation.

On verra ainsi que, contrairement à une idée qui a longtemps prévalu en psycholinguistique, ce n'est pas la syntaxe qui est l'essentiel de l'étude du langage, mais la sémantique : celle-ci s'appuie largement sur la connaissance des mots et de leurs significations. On verra aussi qu'une étude de type expérimental du lexique mental et de la mémoire sémantique apporte des solutions neuves à des problèmes posés depuis très longtemps par la philosophie, ceux qui concernent la nature des concepts.

Les occurrences, les types et les deux mémoires

L'importante distinction introduite par la linguistique entre « mot occurrence » et « mot type » mérite d'être reprise, étendue, et adaptée à la conceptualisation de la psychologie cognitive. Dans leur première définition, le mot occurrence est celui qui apparaît concrètement de façon unique dans le flux de la parole, ou sur le papier, et le mot type est celui qui se reconnaît au travers de sa répétition, celui qui apparaît dans le dictionnaire. Lorsqu'on demande de compter les mots d'une page, on peut souhaiter connaître le nombre de « groupes de lettres séparés par un blanc », dont chacun constitue un mot occurrence, ou bien le nombre de mots différents utilisés par l'auteur, le cas échéant de façon répétée, qui constituent des mots types. On peut, ou non, tenir compte des formes diverses du mot (pluriels, conjugaisons, etc.).

La psychologie cognitive reprend entièrement cette distinction, en la généralisant : le mot occurrence défini par la linguistique est une réalité physique, dont la fonction est de produire causalement, lorsqu'il est entendu ou lu, une suite d'événements mentaux, d'abord perceptifs, puis sémantiques. Il s'agit alors globalement d'une « représentation occurrence du mot » dans l'esprit du locuteur, plus précisément dans son flux mental. Sans vouloir compliquer les choses, on peut ajouter que la représentation occurrence du mot est une représentation du mot occurrence.

Cet événement mental, qui est aussi nécessairement un événement neuronal, se situe toujours dans le temps, et nous dirons qu'il se produit dans la *mémoire de travail* du locuteur. Cet aspect temporel est une évidence lorsqu'il s'agit d'un mot occurrence oral, que le locuteur entend et doit comprendre : le mot, en tant qu'événement physique, est la cause (partielle) de l'événement mental et cérébral correspondant, la représentation de mot. Mais il n'en est pas autrement s'il s'agit d'un mot écrit : l'existence visuelle et spatiale de celui-ci ne prend de réalité que s'il est lu, c'est-à-dire s'il est transformé, lui aussi (par une activité cognitive complexe appropriée, la lecture), en événement mental, en représentation de mot. Parler d'« occurrence » est donc dans les deux cas bien approprié, et fait ressortir la parenté du « mot occurrence », en linguistique, et de la « représentation occurrence de mot » dont parle la psychologie cognitive.

Le cas des « mots types » permet un semblable parallélisme : le mot qu'on trouve imprimé dans le dictionnaire, et qui s'y trouve physiquement stocké, a pour homologue une représentation durable, qui se trouve elle aussi stockée, mentalement et cérébralement, dans la mémoire à long terme des locuteurs : elle l'est sous forme d'une connaissance, qu'on pourrait appeler « connaissance du mot type ». En son absence, aucune représentation occurrence d'un mot ne peut se produire : si vous ne connaissez pas les mots « bernacle » (« bernache », « barnache ») ou « tapure », c'est-à-dire si vous ne les aviez pas emmagasinés jusqu'à aujourd'hui dans votre mémoire à long terme, la lecture de ces mots, lorsque vous les rencontrez comme occurrences physiques – ainsi que cela a été le cas vers le début de la présente phrase – est incapable de produire dans votre esprit un événement mental de « c'est un mot français », accompagné du sentiment de familiarité qui s'y ajoute normalement.

Il faut donc deux sous-causes – dans le cas de figure envisagé ici – pour que se produise un événement mental de reconnaissance de mot, une occurrence mentale d'une représentation de mot : 1. la présence d'un mot occurrence physique, offert à la perception ; 2. l'existence dans la mémoire à long terme d'une connaissance de ce mot, avec ses deux composantes, qui sont, comme nous le verrons, sa forme et sa signification. La conception théorique de la psychologie cognitive, qui situe les représentations occurrences dans la mémoire de travail, et les représentations types dans la mémoire à long terme, est au cœur de cette analyse, qui est bien compatible avec celle de la linguistique. Nous allons dans ce qui suit porter notre attention sur les représentations à long terme.

Le lexique mental comme répertoire et comme réseau

Il est assez commode, en première approximation, de dire que le lexique mental d'un individu constitue un répertoire, au sens d'une collection de représentations de mots disponibles, dont on pourrait approximativement estimer la taille. Il ne peut exister de délimitation stricte de l'étendue du lexique, dans la mesure où la notion même de mot est floue.

Levons d'emblée un premier obstacle : nous emploierons dans ce qui suit le mot « mot » de façon élargie, et pour désigner toute unité lexicale caractérisée par le caractère compact de sa sémantique. Cela concerne aussi bien les mots proprement dits, qui sont unitaires également par leur forme, et qui se caractérisent dans le langage écrit par la présence d'un blanc de part et d'autre de cette forme, que les expressions toutes faites, idiomatiques, composées de plusieurs unités de forme, telles que « sang-froid », « terre-plein », « terre à terre », « tenir tête », « prendre au dépourvu », etc., qu'ils comportent dans l'écriture un ou des traits d'union, ou pas de trait d'union du tout. L'orthographe n'est pas ici le critère pertinent : ceux qui le sont sont doubles. Le premier est celui que nous avons déjà mentionné : être porteur d'une signification compacte, c'est-à-dire propre et unique. Le second est d'être « toutes faites » : ce second critère renvoie à l'idée que ces expressions sont « lexicalisées », ce qui est nécessairement un fait individualisé, variable entre les locuteurs. La question est de savoir si l'expression considérée est présente dans la mémoire à long terme des locuteurs comme un tout, et s'il en est fait usage de cette façon. La plus ou moins grande fréquence d'usage de ces expressions dans la langue et la familiarité plus ou moins élevée qui en découle dans l'esprit des locuteurs constituent des facteurs importants de cette lexicalité des expressions. Nous ne discuterons pas ces points et prendrons l'option de dire que les expressions lexicalisées fonctionnent sémantiquement, pour l'essentiel, comme des mots ordinaires, disons des mots longs : elles sont reconnues et utilisées, dans la compréhension comme dans la production du discours, de la même façon que des mots. Cela justifie que nous les regroupions sous la désignation englobante de « mot », entendue comme un équivalent résumé d'« unité lexicale sémantiquement déterminée ».

Un autre facteur de flou, pour les mots *stricto sensu* comme pour les expressions, tient à l'existence de presque-mots ou de peut-être-mots, qui créent d'importantes marges à la lisière du vocabulaire de chaque individu. Un locuteur mis expérimentalement en présence d'un mot très rare de sa langue sera souvent enclin à dire : « je ne sais pas exactement si c'est ou non un mot », ou bien : « je suis sûr que c'est un mot, mais je ne sais pas ce qu'il signifie ». Tous ces aspects, qui mettent en évidence le flou des frontières des lexiques mentaux, n'ont rien d'étonnant : on les retrouve sous d'autres formes à propos des effets de fréquence sur les mots bien connus, et de beaucoup de leurs caractéristiques. Ce flou relatif n'enlève rien, lui non plus, à la notion de lexique mental en tant que collection de représentations de mots, ni aux lois cognitives générales qui en régissent la structure et le fonctionnement. On peut en un premier temps considérer les mots comme des unités autonomes compactes, regroupées dans un répertoire doté d'une certaine étendue, qui constitue le lexique de chacun.

La décision lexicale

La question de savoir combien de mots sont présents dans le lexique d'un locuteur (ou de façon équivalente ici : dans son vocabulaire) est assez complexe. Il convient de bien y distinguer : combien de mots le locuteur utilise-t-il dans l'ensemble de ses énoncés ? Combien de mots est-il capable de reconnaître comme des mots ? À combien peut-il attribuer une signification suffisante pour pouvoir les intégrer à son activité de compréhension ? Les dictionnaires courants – pour ne rien dire des vocabulaires spécialisés – contiennent plusieurs dizaines de milliers de mots, mais beaucoup sont inconnus des locuteurs ordinaires. Il existe une situation expérimentale importante qui est en rapport avec cet état de choses, bien qu'elle n'ait jamais été utilisée pour faire des décomptes d'étendue de vocabulaire. Il s'agit de la décision lexicale, dont nous avons déjà parlé, et que nous allons décrire à ce point de façon plus détaillée.

La procédure expérimentale consiste à présenter des stimulus de caractère linguistique, avec la consigne de décider pour chacun d'eux s'il est, ou non, un mot. Dans la version écrite, plus facile à mettre en œuvre que la version orale, on présente successivement des séquences de lettres (des « chaînes de caractères ») sur un écran, et on demande aux participants à l'expérience d'appuyer le plus vite possible sur un bouton « oui » s'il s'agit d'un mot (par exemple « chapeau ») et sur un bouton « non » si ce n'est pas le cas (« chadeau », « pacheau », ou « cmvhbn »). On parle de « non-mot » pour désigner ces derniers stimulus ; on appelle « pseudo-mots » ceux qui diffèrent peu d'un mot réel, en principe par modification d'une seule lettre dans un mot réel, comme dans notre premier exemple ci-dessus. La réponse est généralement donnée par appui sur une touche d'un clavier d'ordinateur, une des touches du clavier étant baptisée « oui », et une autre « non ». On peut aussi construire des matériels ou des situations un peu différents, mais qui entrent dans le même schéma : certains, par exemple, relèvent de la modalité auditive.

On pourrait imaginer, on l'a dit, que la décision lexicale serve à explorer le lexique des individus, et notamment son étendue. Il n'en est rien : cette procédure est à peu près exclusivement utilisée pour sa latence, c'est-à-dire pour le temps qui s'écoule entre l'apparition du stimulus, par exemple la séquence de lettres sur l'écran, et l'instant où la touche du clavier est enfoncée par la réponse du participant. Cette durée est le « temps de décision lexicale » ; elle est mesurée avec une grande précision, et elle est de l'ordre de quelques centaines de millisecondes. Elle varie de façon statistiquement stable (c'est-à-dire en comportant une moyenne et une variance) en fonction de nombreux facteurs. Nous l'évoquerons à nouveau dans peu de temps, et dans la suite.

L'accumulation des recherches a montré que c'est un moyen d'investigation extrêmement puissant, à la fois à l'égard des processus courts de décision qui précèdent les réponses et de la structure fine du lexique : mais c'est une balance beaucoup trop fine pour qu'on la mette à contribution afin d'évaluer le contenu et l'étendue d'un lexique.

On peut noter dès à présent qu'elle ne permet pas seulement de juger de l'opposition entre « mot » et « non-mot », mais aussi du « degré de lexicalité » des non-mots. Celui des « pseudo-mots », par exemple, est plus élevé que celui des non-mots constitués seulement de consonnes. Cette notion exprime la connaissance implicite qu'ont les locuteurs des règles générales de formation des mots de leur langue : certaines suites de lettres possèdent des caractéristiques de forme (par exemple, le fait d'être ou non prononçables pour un locuteur français) qu'on peut décrire objectivement, et qui leur donnent un « air » plus ou moins français, ou polonais, ou chinois, ou simplement étrange. Cela vaut aussi, à l'oral, pour les suites de sons.

L'étendue des lexiques

L'évaluation de l'étendue des lexiques repose sur des interrogations ou des mesures beaucoup moins fines, et sur des ordres de grandeur et des comparaisons. Le répertoire lexical d'un enfant de 1 an est nul, celui d'un enfant de 2 ans est petit, mais il s'accroît très vite, puis continûment avec l'âge, et il devient grand ou très grand à l'âge adulte. La linguistique et la psychologie cognitive ont déterminé, au moyen d'enquêtes de terrain, et avec des marges de variation raisonnables, ce qu'est le vocabulaire « normal », c'est-à-dire moyen, d'un enfant francophone de 6 ans, 8 ans, 10 ans, etc.

Un fait important dont témoignent les données ainsi recueillies, et qui les fonde, c'est que les enfants, dans l'ensemble, apprennent leurs mots dans un ordre assez bien défini, doté d'une bonne stabilité statistique. Les bases de données sur les mots connus par les enfants, en fonction de leur âge[6], fournissent à cet égard des « normes » linguistiques et psycholinguistiques tout à fait fiables. Elles ont les mêmes caractéristiques que les autres sortes de normes du même type : c'est-à-dire, conjointement, une bonne stabilité et une large plasticité. Elles illustrent bien ce que signifie le mot « norme », et la notion correspondante, qui n'a dans ce cas qu'un contenu factuel.

Les normes reposent sur une distribution, au sens statistique du terme, et si elles sont rapportées à l'âge elles permettent de déterminer, par exemple, si un enfant se trouve vers le milieu de cette distribution, c'est-à-dire « dans la norme », ou vers l'une de ses extrémités, c'est-à-dire « en avance » ou « en retard » par rapport à elles. Une telle observation doit, naturellement, toujours être interprétée de façon relative : souvent elle n'a pas d'importance ; elle n'en prend qu'en cas d'écart important et persistant, auquel il peut être nécessaire de porter remède. La métaphore du thermomètre, et du casseur de thermomètre, a ici sa pleine valeur.

D'une manière générale, à l'école, les normes peuvent utilement être utilisées comme un guide, pour déterminer ce que « doivent normalement » savoir des écoliers d'un âge donné », et donc ce qu'il est souhaitable de leur enseigner. Les programmes du français à l'école utilisent souvent, et à juste titre, les normes de développement du vocabulaire comme un outil pédagogique. La même utilisation peut être faite des notions de « vocabulaire de base » (ou « fondamental ») qui ne méritent ni crispation ni polémique : la langue est tout entière tissée de normes, comme elle est tout entière parcourue de variations par rapport à la norme et de mouvements pour s'écarter de la norme.

L'acquisition d'un mot au cours du premier développement dépend d'une pluralité de facteurs : certainement de la maturation cérébrale au cours des premières années, et sans doute bien au-delà de la première acquisition du langage, ensuite de l'exposition de l'enfant à des occurrences présentes, avec une fréquence plus ou moins élevée, dans son environnement linguistique, en troisième lieu de la présence concomitante dans son environnement perceptif, de choses ou d'événements à quoi le mot fait référence, enfin des mots et concepts qui avaient été antérieurement acquis, et parmi lesquels vient s'installer le mot nouveau. On est très loin d'avoir une bonne connaissance de ces quatre facteurs, et en particulier des deux derniers.

Mais ce dont la recherche vient de découvrir l'importance depuis quelques années, c'est que l'âge d'acquisition d'un mot joue un rôle très important dans la façon dont l'individu, une fois adulte, fera usage de ce mot[7]. D'une certaine façon, chaque mot du lexique mental d'un adulte porte avec lui une propriété, qui est l'âge auquel il a été acquis : on a montré que cette propriété, prise à travers ses valeurs moyennes, a un rapport avec la fréquence du mot dans la langue, une autre propriété dont nous parlerons plus bas. Mais l'expérimentation a également montré que l'âge d'acquisition et la fréquence, bien que hautement corrélés, peuvent être dissociés.

Il est assez intéressant de voir comment on peut déterminer l'âge d'acquisition d'un mot : de façon assez étonnante, il suffit de le demander. Si on présente à des locuteurs adultes une liste de mots, avec la question : « à quel âge pensez-vous avoir acquis ce mot ? », on constate d'abord que les participants à l'expérience donnent une réponse à cette question, et que l'ensemble des réponses ainsi recueillies est stable. Et lorsque l'on a recherché sur le terrain des données sur les âges réels d'acquisition, on s'est aperçu qu'ils étaient en bonne corrélation avec les âges prétendus d'acquisition, ce qui validait ces derniers.

Toutefois une autre donnée de fait est que des différences assez considérables existent en matière d'étendue et de richesse du vocabulaire entre les locuteurs à l'âge adulte. Ces différences ont certainement une incidence très grande sur le fonctionnement cognitif en général, sur ce qu'on désigne en résumé comme « intelligence » : les tests qui mesurent l'étendue du vocabulaire reposent sur cette idée. Il est également probable que l'étendue du vocabulaire ait un rapport avec le fonctionnement affectif des individus, et notamment leur capacité à verbaliser leurs affects, et par là à les réguler. Aussi les enseignants qui se préoccupent d'étendre le vocabulaire de leurs élèves ont-ils raison de penser que, par ce moyen, c'est toute leur psychologie, cognitive et affective, qu'ils transforment pour le bien de tous. Le lexique constitue un socle essentiel pour les autres connaissances, et pour l'activité psychologique tout entière. Cela peut être retenu même si, comme nous allons le voir plus bas, l'idée de répertoire lexical, de collection de mots, est très insuffisante : ce qui est essentiel n'est pas seulement le nombre des mots-dans-la-tête, mais les relations qu'ils entretiennent entre eux, et qui font du lexique un réseau.

Mais il convient d'abord d'analyser de façon un peu plus précise ce que sont ces « représentations de mots » qui sont dans nos têtes.

Signes et symboles

Il est habituel de dire « un mot » – même au sens élargi que nous avons adopté, et qui est équivalent à « un mot ou une expression lexicalisée ». Dans le langage de la psychologie cognitive, il est non moins habituel de dire « une unité lexicale », qui est une désignation plus rigoureuse pour ce que nous venons de dire : « un mot ou une expression lexicalisée ». Le terme « unité » doit être pris de façon toute relative puisque, c'est ce que nous allons voir maintenant, toutes ces « unités » sont duales : on devrait dire des « dualités lexicales ».

Il est juste de faire d'abord à ce propos référence à Ferdinand de Saussure, qui est considéré en Europe comme le père de la linguistique moderne (ou de la linguistique tout court). Les auteurs américains, sauf exception rarissime, ne citent pas Ferdinand de Saussure, lui préférant Peirce. C'est lui, pourtant, qui a introduit une distinction essentielle qu'il énonce comme opposant les deux faces du « signe », à savoir le « signifiant » et le « signifié ».

Bien que cette distinction soit conceptuellement puissante, la terminologie qui la porte présente plusieurs inconvénients. Le premier tient à l'usage du mot « signe » : le langage courant utilise celui-ci pour désigner une entité matérielle, en tout cas perceptible, comme une inscription, un geste, etc., alors que c'est pour de Saussure une entité abstraite. Un second inconvénient concernant le « signe » de Saussure touche une propriété que celui-ci considère, à juste titre, comme essentielle : son caractère « arbitraire ». Ce mot est également un peu ambigu : il signifie, pour de Saussure, qu'il n'existe pas de « motivation », selon son expression (vieillie en ce sens), c'est-à-dire de raison, ou mieux de cause, essentielle, intrinsèque, qui fasse que ce soit le signe S qui désigne la « chose » C. La meilleure illustration en est la variabilité de la désignation des choses par les mots selon les langues : il n'existe pas de raison, de cause intrinsèque, pour qu'une table soit appelée « table » en français, « tavola » en italien, « Tisch » en allemand, etc.

Cette propriété essentielle des mots est ce qui fait la différence entre eux et beaucoup d'autres signes : si vous montrez le ciel avec votre index pour signifier « en haut », ou encore « monter », ce signe n'est pas « arbitraire », il est « motivé » (selon les termes de De Saussure), et si on y regarde bien, on voit que la base de cette relation est alors toujours une certaine sorte de similarité entre la désignation et ce qui est désigné.

« Arbitraire » n'est pas un terme idéal : des causes, pour la relation mot-« chose », il en existe évidemment. Elles sont de deux sortes, inévitables, et à ce titre essentielles. Les premières sont de caractère historique : c'est l'évolution des langues, leur histoire, en général depuis un assez lointain passé (de profondeur variable), qui a fait que ceci s'appelle comme cela. Cette évolution comporte sa part de hasard et sa part de régularités, dont s'occupent la linguistique historique et l'étymologie. L'autre sorte de causes concerne le développement linguistique personnel des individus, et de leurs apprentissages : ce sont ceux-ci qui feront, par exemple, que certains francophones utiliseront « sur » (« lait sur ») là ou d'autres utilisent « aigre » ou « acide ». C'est l'effet de l'environnement linguistique sur l'acquisition et la consolidation du lexique mental.

Mais il y a plus gênant : ce que de Saussure appelait « signe », Peirce l'a appelé « symbole », et c'est cette appellation qui a, peu à peu, prévalu et été théorisée. « Symbole » est le mot employé pour toute entité S qui entretient une relation avec une autre entité C, relation qui 1. est non nécessaire, 2. est telle que les opérations effectuées sur S sont homologues, d'une façon ou d'une autre, avec les changements ou les relations concernant C. Dans ce qui précède, « non nécessaire » peut s'appliquer à des entités historiquement et individuellement déterminées, comme nous avons vu que c'est le cas des mots, ou tout aussi bien à des entités librement (« arbitrairement ») fixées, comme c'est le cas des symboles qu'un mathématicien écrit au tableau, ou à des entités purement informationnelles, comme c'est le cas de celles qui sont dans un ordinateur (de façon ultime des bits), et que le « langage » informatique adopté permet d'affecter à tout ce qu'on veut. Dans l'usage d'aujourd'hui, « symbole » a supplanté « signe », mais son contenu conceptuel est le même.

Il existe une illustration anecdotique de l'« arbitraire du signe » qui n'est jamais évoquée sur le terrain linguistique ou philosophique, mais qui semble bien avoir une incidence psychologique, et est alors assez instructive : c'est la liaison noms propres-personnes. Il n'existe pas de raison, mais seulement une cause largement fortuite, le plus souvent liée à la filiation, pour qu'un individu s'appelle « XXX » plutôt qu'« YYY ». En pratique, seule la mémoire associative permet à un locuteur de se souvenir que la personne qu'il rencontre, et qu'il peut identifier perceptivement sans difficulté, s'appelle « XXX ». Cette connaissance du nom est largement indépendante de la connaissance sémantique, c'est-à-dire du souvenir des autres caractéristiques de la personne concernée. Or toutes les études sur le vieillissement, et l'observation ordinaire, montrent que la mémoire des noms propres est une des capacités mémorielles qui se trouvent le plus précocement détériorées, avec des effets aléatoires. « Lui, je le reconnais, je sais que c'est cet homme qui… etc., mais j'ai oublié son nom. » Cette détérioration est d'ailleurs assez souvent mal ressentie subjectivement, parce qu'elle est prise pour une baisse des capacités de mémoire. « Je perds la mémoire » est une phrase que prononcent fréquemment, à l'occasion d'un tel épisode de nom propre manquant, des personnes qui n'ont aucun autre trouble, et dont, en particulier la fluidité d'expression et le recouvrement des mots autres que les noms propres sont intacts. On peut penser que cette difficulté spécifique est due à une interaction entre un déficit mémoriel tout à fait mineur et l'arbitraire du signe, appliqué aux noms propres. *A contrario*, la sagesse populaire assure que les individus qui ont une excellente mémoire des noms propres, et qui sont capables de les retrouver facilement à chaque rencontre ou serrement de mains, ont une chance de bien réussir en politique.

Signifiants, signifiés, représentations de la forme des mots, significations

De Saussure appelait l'une des faces du « signe » le « signi-fiant » et l'autre le « signifié ». Ces dénominations ont connu un sort variable, et ne se sont pas imposées. Nous emploierons ici, pour la première, « représentations de la forme du mot », une expression qui a l'inconvénient d'être longue, mais l'avantage d'être claire et, pour la seconde, « signification de mot », avec un terme qui est commodément proche de « signifié ». Il entre en compéti-tion avec « sens », mais nous réservons ce dernier aux représen-tations construites, donc non lexicales, par exemple le sens d'une phrase, ou d'une séquence de mots (d'un syntagme). Nous emploierons systématiquement « acception » dans les cas d'homo-nymie ou de polysémie.

En bref, une « unité » lexicale est normalement composée de deux parties principales : la représentation en mémoire de sa « forme », sonore et orthographique, et une représentation séman-tique, qui est sa signification (et non « qui est la représentation de sa signification » comme on l'entend dire parfois). Si on veut être plus précis sur cette question, on doit dire qu'il existe chez tous les locuteurs alphabétisés deux catégories de représentations mentales de la forme : les unes concernent la forme sonore des mots, avec ses composantes articulatoires, liées à la prononciation, les autres la forme écrite, c'est-à-dire orthographique. Les relations et inter-actions cognitives entre les unes et les autres sont complexes, et font l'objet de recherches spécifiques. Nous n'en parlerons pas ici, et considérerons pour simplifier la représentation de la forme des mots comme une entité unique.

La forme varie d'une langue à l'autre (« table », « tavola », « Tisch ») et parfois dans une même langue (« voiture », « automo-bile »), alors que la signification varie d'une autre façon. Le cas favorable simple est celui où il existe une très forte correspon-dance entre la représentation de la forme et la signification : il n'y a pas d'ambiguïté sur le fait que tel mot désigne telle réalité. Dans ces conditions, la traduction ne cause pas de difficulté. Celle-ci commence dès que la signification cachée derrière la forme varie, et se dérobe.

Plusieurs cas intéressants sont ceux où la dualité forme/signi-fication fait défaut. Par exemple l'existence, déjà évoquée, d'une représentation en mémoire de la forme d'un mot, mais privée de signification (« je connais ce mot mais je ne sais pas ce qu'il veut dire »). Ou le cas, opposé, dans lequel semble se présenter à la pensée une signification orpheline, qu'on a de la peine à exprimer (« comment pourrais-je bien le dire ? je ne trouve pas le mot adéquat »).

La terminologie « signifiant/signifié » ou « représentation de la forme d'un mot/signification » soulève des problèmes. La question générale est celle du passage de ce qu'on veut dire, qui est une forme de signification initiale, vers sa formulation, la façon dont on le dit, qui comporte entre autres choses un choix dans le lexique, celui des mots pour le dire.

Dans l'évolution récente de l'usage, on peut observer que le mot « sémantique » est de plus en plus souvent choisi pour désigner ce choix. « Sémantique » désigne traditionnellement la relation qui va de la forme au sens, mais en vient, dans ce nouvel usage, à désigner la relation inverse, celle qui va du sens à la forme. Lorsqu'un commentateur des médias dit, par exemple à propos du langage utilisé en politique : « c'est une question de sémantique », il veut parler de la façon dont les personnes concernées disent ce qu'elles ont l'intention de dire, et du souci qui les anime alors. Ce peut être le souci de dire le plus exactement possible ce qu'elles veulent dire. Mais ce peut être aussi le souci inverse, celui de dissimuler le plus habilement possible, sous un masque lexical, ce qu'elles aimeraient faire entendre à certains et pas à d'autres : tout le vocabulaire politique et économique est truffé de mots de cette sorte, dans le meilleur des cas des euphémismes, et dans le pire de purs et simples déguisements.

Si nous en revenons à la terminologie de De Saussure, nous pouvons constater que les deux mots qu'elle a introduits, « signifiant » et « signifié », ont l'inconvénient d'avoir des formes un peu trop similaires. Cette situation est hautement génératrice d'interférences lexicales. La similarité de forme conduit souvent des locuteurs, au moment où l'un des deux mots doit être prononcé ou compris, à trébucher sur sa signification, ou à commettre un lapsus ou une fausse interprétation. Les mots « signifiant » et « signifié » sont ainsi devenus les victimes innocentes de la structure même de ce qu'ils veulent désigner, le lexique, et de la façon dont les relations entre formes interfèrent avec les relations entre significations. S'ajoute à cela le fait que divers auteurs, à la suite de Lacan, détournent le mot « signifiant » de sa signification originale, pour lui en assigner une autre très différente. Toutes ces raisons conduisent à l'adoption de la terminologie que nous avons indiquée.

Le rôle de la représentation de la forme des mots et de leur signification dans l'activité de traitement du langage

Ce qui caractérise le couple constitutif de chaque unité lexicale mentale, la représentation de la forme du mot et la signification de celui-ci, c'est aussi la façon dont ils sont utilisés. La présence de ce couple dans la mémoire à long terme répond à la question : comment les mots sont-ils représentés dans l'esprit des êtres humains ? La réponse est donc : les représentations de mots vont par deux. Mais la question posée maintenant est différente : comment sont-elles mises en œuvre ? La réponse est alors : nécessairement au travers de la parole.

Celle-ci concrétise ce fait qui fonde le langage : on ne peut communiquer directement de pensée à pensée, plus précisément d'une représentation chez l'un à une représentation chez l'autre : il faut passer par la médiation de la forme et sa réalisation physique. Cela est vrai de la compréhension : nous ne pouvons savoir ce qu'on veut nous dire, parfois spontanément, parfois en le scrutant, qu'au travers de ce qu'on nous dit. Dans la direction inverse, le meilleur moyen dont nous disposons pour transmettre à autrui nos états mentaux et nos idées, c'est de les mettre en mots. Il existe certes quelques autres façons de communiquer, de l'expression brute des émotions à la mimique et à la gestuelle, ou bien à l'art ; mais la parole demeure privilégiée. Et enfin, troisième contrainte qui n'est pas toujours assez soulignée : lorsque nous nous efforçons de penser, seuls avec nous-mêmes, nous le faisons le plus souvent en mots, par la parole intérieure. Ici aussi en existent des formes frustes ou des substituts, comme la rêverie, chère à Gaston Bachelard. Mais le tissu de la pensée est le plus souvent la parole intérieure (dite aussi « langage intérieur »)[8], qui n'est pas seulement faite de mots, mais bel et bien de formes de mots, et non seulement de leurs significations. Ces mots ne sont pas énoncés de façon audible et manifeste, mais ils le sont tacitement : les enregistrements physiologiques extérieurs recueillis sur le larynx durant la pensée silencieuse ont bien montré qu'une activité musculaire, faible mais réelle, est présente alors dans les cordes vocales.

Les représentations de la forme des mots tirent leur pouvoir de ce qu'elles ont une bonne correspondance avec les mots physiques, entendus ou lus. Ceux-ci sont des stimulus, comme tous les autres stimulus, à part que ceux-ci sont fabriqués par les locuteurs, et donnés à percevoir. Ce que nous en retiendrons ici c'est donc que, en dépit de leur spécificité, ils sont perçus de façon générale comme le sont les arbres, les animaux ou les visages. Ce n'est pas nier que la perception de la parole et la reconnaissance des mots constituent un secteur spécifique de la psychologie cognitive : le détail en a été présenté ailleurs (Segui et Ferrand, 2000) de façon très complète. Mais il ne sera pas nécessaire de le réexaminer ici. Nous nous intéresserons seulement à quelques-uns de ses aspects, utiles pour comprendre le comment du passage obligé de la représentation de la forme des mots à la signification, ou l'inverse.

On peut en donner un premier aperçu : dans la réception, l'information physique contenue dans le stimulus mot, oral ou écrit, est saisie par les organes sensoriels concernés, les oreilles ou les yeux, et transmise rapidement aux régions cérébrales primaires qui leur correspondent. Là se déroule le processus de perception, c'est-à-dire le traitement complexe dont l'aboutissement est une reconnaissance du mot : on peut la verbaliser comme équivalente à « je reconnais le mot M », ou « ceci une occurrence du mot M ». Cette fin du processus de perception/reconnaissance est un état fugace : l'état achevé d'activation, dans la mémoire de travail du compreneur, de la représentation de la forme du mot M.

Mais très rapidement, probablement durant les phases intermédiaires du processus de perception de la forme du mot, l'activation de la représentation de la *forme* du mot produit l'activation de la *signification* du mot. Le cours précis de ce processus, dizaine de millisecondes par dizaine de millisecondes, reste encore à mieux préciser, mais il est certain que le dispositif de reconnaissance de mot du locuteur « accède à la signification ». Il peut se faire, dans le cas d'une ambiguïté, que ce passage doive inclure un choix de signification. Mais quoi qu'il en soit, cette succession de deux processus, reconnaître la forme du mot, puis activer sa signification, est un mécanisme fondamental : il se reproduit des centaines, des milliers de fois, de façon répétitive, pour chacun des mots de l'énoncé soumis à compréhension. Cela se fait en interaction avec les autres traitements, notamment syntaxiques et inférentiels, qui concourent à la construction du sens, et dont nous parlerons dans notre seconde partie.

Dans la production de la parole ou l'écriture on retrouve un fonctionnement *grosso modo* symétrique : il faut y distinguer la production de ce que le locuteur « veut dire », activité cognitive mystérieuse, mais qui a, dans le temps, l'allure d'un flux de sens, ce que l'on appelle communément « la pensée », puis la réalisation de cette intention de parole, par la mise en phrases et, notamment, la sélection des mots qui vont être prononcés. L'accès aux mots et à leur forme, à partir de ce que l'on veut dire, c'est-à-dire des significations encore informulées qui préexistent à la parole, détermine la prononciation de ces mots ; elle soulève des questions spécifiques, dont nous ne traiterons pas [9].

Les études de laboratoire

L'expérimentation offre plusieurs moyens de savoir comment se déroule l'accès à la représentation de la forme des mots et, à travers elle, à la signification. Plusieurs tâches de laboratoire permettent de l'étudier, par exemple la lecture à haute voix des mots écrits, l'identification de mots choisis par l'expérimentateur, la dénomination d'objets ou d'images. Mais l'accès au lexique lors de la compréhension est normalement un processus automatique, aussi bien à l'écrit qu'à l'oral. Or certaines tâches expérimentales sont fondées sur une activité intentionnelle directe, et permettent aux participants à l'expérience d'avoir recours à une activité qui n'est pas automatique : cela est souvent un inconvénient parce que les résultats dépendent alors des intentions, désirs ou stratégies des participants. Ce sont ces raisons qui ont fait de la décision lexicale, décrite plus haut, une des techniques favorites des psychologues de la cognition. Elle ne vise pas directement l'identification d'un mot particulier, et son utilisation s'est révélée être des plus fécondes scientifiquement.

> Dans les expériences de décision lexicale, la principale variable observée est le temps mis par les participants pour prendre la décision « est-ce un mot ou un non-mot ? » : c'est le « temps de décision lexicale ». Ces durées, on l'a dit, sont de l'ordre de quelques centaines de millisecondes : elles se situent fréquemment dans la gamme des 500 à 700 millisecondes. Mais ce sont leurs variations qui permettent d'étudier de façon fine les caractéristiques de la reconnaissance des mots. Elles permettent aussi d'inférer l'organisation des représentations lexicales en mémoire, puisque celle-ci détermine largement la façon dont les lecteurs accèdent à elles au cours de la reconnaissance des mots.
> La première façon de varier, pour les temps de décision lexicale, est

aléatoire. On l'observe aussi bien lorsqu'on compare les variations entre différents mots ou suites de lettres présentés que lorsque l'on compare les résultats entre les différents participants à l'expérience. Mais ces variations aléatoires, dites « inter-items » pour les premières, et « inter-sujets » pour les secondes, dissimulent en fait des régularités, des invariances. La mise en évidence de celles-ci a constitué un fait capital de la psychologie cognitive, et plus généralement de la psychologie expérimentale : sous le chaos sont les lois. Ce fait général est ainsi devenu un acquis méthodologique importants : les temps de décision lexicale (plus précisément certains paramètres de leurs distributions statistiques) varient de façon statistiquement stable en fonction de facteurs expérimentaux. On peut, à partir de là, se faire une idée valide de la structure et du fonctionnement du lexique. La méthodologie statistique mise en œuvre dans le traitement de ces résultats, dans la plupart des cas l'analyse de la variance, a justement pour but d'extraire ces régularités à partir du « bruit de fond » constitué par les variations aléatoires.

L'importance psychologique de la fréquence d'usage des mots

Un exemple clair qu'on peut donner de ce qui précède est l'effet de la fréquence des mots sur l'accès au lexique. Il est d'observation courante que les mots de la langue française sont employés, dans la parole ou dans l'écrit, de façon plus ou moins fréquente et, vers le bas, jusqu'à des degrés élevés de rareté. On peut parfaitement compter ces fréquences, surtout à l'écrit, de façon objective bien que statistique. Or la fréquence des mots est une caractéristique invisible de notre environnement linguistique de longue durée.

Elle a été initialement recherchée par des linguistes à des fins lexicographiques : pour le locuteur ordinaire, il existe des mots « courants » et des mots « rares », et d'autres dans l'entre-deux : mais l'établissement scientifique d'un dictionnaire doit en tenir grand compte. C'est à cette fin qu'a été d'abord élaborée en France une vaste base de données, regroupant des textes écrits, et en premier lieu des textes littéraires, ceux qui font autorité en matière de langue.

Ce travail a mené à la constitution de la base appelée aujourd'hui Frantext [10], dont les textes sont empruntés, pour environ 80 %, à des textes littéraires, et pour environ 20 %, à des textes techniques. Frantext contient près de 210 millions de mots (occurrences), dont environ 64 millions pour le XIXe siècle, et près de 86 millions pour le XXe. Les décomptes de la fréquence des mots français peuvent être facilement établis à partir de là, aujourd'hui par ordinateur : ils se présentent sous la forme d'un nombre d'occurrences du mot parmi 100 millions. Ce nombre peut aller de quelques unités ou quelques centaines pour les mots très rares ou rares, jusqu'à 6 000 à 10 000 pour les mots fréquents. On pourrait naturellement souhaiter disposer de bases de données contemporaines moins littéraires, plus représentatives statistiquement de la langue de tous les jours, écrite et parlée : on en a récemment établi, par exemple, à partir d'un ensemble d'articles de journaux. L'estimation de la fréquence des mots parlés est beaucoup plus difficile : elle ne peut dépendre que de données recueillies au magnétophone sur le terrain. Il serait, d'autre part, utile de disposer de données étendues, mais mieux particularisées, celles qui correspondent à l'usage de fractions de la communauté linguistique française, notamment en fonction des milieux sociaux.

En l'état, les normes de fréquence fournies par Frantext à partir de données linguistiques générales nous donnent une idée, au premier abord quantitative, de ce qu'est l'environnement linguistique d'un individu. Elles sont, pour celui-ci, une approximation de son environnement personnel, de la fréquence avec laquelle tels ou tels mots frappent son oreille ou, s'il lit, franchissent sa rétine. Les environnements linguistiques personnels ne bouleversent pas les fréquences linguistiques, au moins pour les mots les plus fréquents : ils peuvent toutefois les modifier plus ou moins fortement pour les mots rares, dont la variabilité est beaucoup plus grande que celle des mots fréquents entre les sous-communautés d'une même langue.

La fréquence des mots et leur familiarité

Deux faits intéressants ont été mis en relation avec ces données linguistiques. Le premier concerne une variable psychologique de comportement, qui exprime un état mental de caractère conscient, la familiarité des mots. Si l'on présente à un groupe de participants à une expérience un échantillon de mots qui ont des fréquences variées dans la langue, et qu'on leur demande d'estimer le sentiment de familiarité que chacun de ces mots a pour eux, par exemple en utilisant une échelle allant de 1 (« mot qui m'est très peu familier » à 7 (« mot qui m'est très familier »), on constate d'abord que cette tâche est facile, et ensuite qu'elle conduit à un large degré d'accord entre les participants. Mais surtout on observe que ces jugements numériques, fondés sur un sentiment de familiarité intuitif et non analysé chez les participants, sont hautement corrélés avec la fréquence des mots dans la langue[11].

Les participants n'ont aucune connaissance des fréquences objectives, mais leur sentiment de familiarité en est un bon reflet.

La meilleure interprétation que l'on puisse donner de ce résultat est qu'il est dû aux conditions de l'apprentissage et de l'usage des mots durant la vie passée des participants. Les représentations des formes de mots qui se sont formées, souvent dans l'enfance, qui ont été stockées dans le lexique mental des locuteurs, et qu'ils utilisent dans leur usage quotidien du langage ont, en quelque sorte, stocké de la fréquence. Cette propriété des représentations est le produit des rencontres répétées des locuteurs avec ces mots. Plus un mot est objectivement fréquent dans la langue, ce dont témoignent les décomptes linguistiques, plus la probabilité de rencontrer ce mot est élevée pour un locuteur quelconque ; et par suite, puisque ces probabilités se réalisent nécessairement au cours de la vie linguistique de l'individu, plus souvent chaque locuteur a rencontré ce mot [12]. Or chaque rencontre provoque un traitement, perceptif et sémantique, qui laisse une petite trace en mémoire, un petit résidu d'apprentissage, qui s'accumule peu à peu sur la représentation de la forme du mot dans le lexique mental. Cela permet de comprendre que cette trace cumulative puisse être mobilisée dans l'esprit du locuteur, durant une expérience, sous la forme de « sentiment de familiarité de ce mot pour ce locuteur », et être exprimée dans le comportement par une note. Les résultats expérimentaux concordants sur ce point sont bien en accord avec cette façon de voir. Il existe toutefois, dans certains cas, des écarts entre familiarité et fréquence : ce sont des phénomènes qui sont étudiés pour leur propre compte.

Une autre catégorie de faits rejoint celle-ci : de nombreuses expériences ont montré que le temps nécessaire pour traiter mentalement un mot, le percevoir, effectuer une décision lexicale à son sujet, le prononcer, dénommer un objet, dépend de la fréquence de ce mot. Il existe des différences entre ces diverses activités mais c'est un fait général bien établi que la fréquence des mots les affecte significativement. Dans la décision lexicale, par exemple, si on présente, parmi des non-mots, des mots de diverses fréquences d'usage, bien contrôlés par ailleurs sur de nombreuses autres caractéristiques (leur longueur, leur composition syllabique, et diverses caractéristiques formelles), on constate que les temps de réponse « oui » varient en corrélation avec les deux variables précédemment présentées : d'une part plus un mot est fréquent dans la langue, et moins il faut de temps pour décider que c'est bien un mot de la langue, et d'autre part, plus un mot a été jugé familier par un groupe de participants, plus le temps de décision le concernant est court.

La même explication générale que précédemment peut être présentée ici : la rencontre plus ou moins fréquente des mots au cours de l'existence linguistique passée des locuteurs, due à ce que ceux-ci sont plongés dans un bain de mots dont la fréquence est variable, a donné lieu au stockage dans leur lexique mental, dans leur mémoire à long terme, d'une propriété cognitive associée spécifiquement à chacun de ces mots. Cette propriété est l'« accessibilité » du mot lorsque le mot se trouve « au repos » dans le lexique, son accessibilité est plus ou moins élevée.

> Ce qui peut être retenu de ces données concerne d'abord la méthodologie qu'elles illustrent. Les effets produits par la fréquence des mots sur leur traitement cognitif sont très petits, de quelques dizaines de millisecondes, comme on l'a dit, et très complexes : la collecte et l'interprétation des résultats expérimentaux imposent des analyses très sophistiquées, dans le détail desquelles nous n'entrons pas ici. Pour n'en donner qu'un exemple, on a montré récemment que la forme des distributions statistiques des temps de décision lexicale, dont on sait depuis longtemps qu'elle n'est pas normale (gaussienne), varie en réalité avec les conditions expérimentales, et notamment que l'asymétrie à droite qui la caractérise peut être plus ou moins grande. Cela pourrait indiquer que les mots les moins fréquents ne sont pas reconnus exactement de la même façon que les mots les plus fréquents, et qu'ils reçoivent de la part du système de traitement du participant, de façon non consciente, un petit supplément de traitement consacré à la vérification.

Mais il existe une deuxième sorte de conclusion à retenir. Elle concerne le fonctionnement cognitif dans toute son ampleur, bien au-delà du laboratoire. D'un point de vue fondamental, il apparaît que les représentations de mots dans le lexique mental, et spécialement celles de leur forme, ont deux propriétés spécifiques, l'une accompagnée d'un aspect subjectif, la familiarité, l'autre purement objective et non consciente, que seule l'expérimentation révèle, l'accessibilité.

Ces propriétés sont spécifiques du lexique mental. Ainsi observera-t-on que dans un système de traitement automatique muni d'un lexique, installé sur un ordinateur, la fréquence ne joue aucun rôle, et n'en a nul besoin. On pourrait certes la stocker et essayer, au moyen d'un modèle de simulation, de reproduire son rôle dans le traitement humain ; mais ce serait une autre tâche que de construire un système de traitement automatique opérationnel.

Les effets produits par les propriétés psychologiques de fréquence, s'ils sont microscopiques lors de leur étude au laboratoire, sont présents en permanence dans l'usage du langage, et ils y prennent toute leur importance en raison de leur caractère répétitif : chacun des centaines de milliers de mots que le locuteur entend, lit, prononce ou écrit est affecté par les effets de fréquence.

Ceux-ci sont ainsi un des mécanismes par lesquels se réalise l'écologie du langage, l'influence du milieu linguistique sur le lexique des individus, et au-delà sur sa pensée. Nous verrons en effet que les effets de fréquence n'affectent pas seulement le lexique, ni seulement, à l'intérieur du lexique, la forme des mots. Toute la sémantique, lexicale et extra-lexicale (croyances, connaissances et pensées) est sous sa dépendance.

Les effets de similarité entre les représentations de la forme des mots

Nous avons marqué au passage le caractère approximatif de la notion de « répertoire » lexical. Le lexique n'est aucunement, dans sa réalité, une accumulation de mots. C'est un système d'unités reliées entre elles. Cet aspect des choses apparaîtra avec toute sa force lorsque nous parlerons des significations de mots, et des liaisons qui existent entre elles : nous mettrons alors en avant la notion de « réseau » sémantique. Mais les formes de mots sont également liées entre elles par de multiples liaisons, et on pourrait dire qu'elles forment aussi un réseau, de formes celui-là.

Les principales liaisons existant entre les représentations de la forme des mots relèvent de la similarité : les mots se ressemblent plus ou moins par leur forme. Par sa forme « bateau » ressemble plus à « château », ou à « gâteau », qu'il ne ressemble à « navire ». Mais l'exemple qui précède met sciemment en balance une similarité de forme et une similarité de signification. Si on ajoute aux similarités des formes phoniques les similarités et dissimilarités des formes orthographiques, on trouve un tableau plus complexe encore : le monologue de Raymond Devos « C'est quand le car pour Caen ? » illustre une réalité qu'on ne peut approcher que pas à pas.

Elle peut être résumée en disant : les similarités sémantiques interfèrent très souvent avec les similarités des formes phoniques, celles-ci interférant elles-mêmes avec des similarités de formes orthographiques. Ou de façon plus théorique : les relations sémantiques se superposent aux relations, elles-mêmes superposées, de formes orthographiques et de formes phoniques. Ce qui caractérise ces superpositions, c'est qu'elles ne sont en aucune façon des correspondances « un à un ».

L'usage commun du langage exploite cette réalité par ses jeux, qui sont eux-mêmes très divers. Les uns portent de façon dominante sur les similarités de forme, par exemple les assonances, comme le font les comptines enfantines (la « souris verte » « dans l'herbe »), soit en jouant de façon plus habile à la fois sur les similarités de forme et sur les similarités de signification, comme c'est le cas dans la rime (« dictionnaire »/« révolutionnaire » chez Victor Hugo), dans les calembours, dans tous les autres jeux de mots. C'est dans cette optique des rapports implicites entre la forme et la signification qu'on peut réinterpréter un certain nombre de faits analysés par Freud, et imputés par lui à leurs « rapports avec l'inconscient [13] », une voie ensuite longuement suivie par Lacan.

Ce qui, pour la psychologie cognitive, est au centre de ces effets, c'est l'existence, dans le lexique mental, de relations de similarité entre les formes. On les saisit notamment dans les expériences d'association libre, dans lesquelles on demande à un locuteur de donner « la première réponse qui lui vient à l'esprit » à un mot inducteur qui lui est présenté. Les classifications des réponses recueillies dans ces conditions montrent qu'une certaine proportion d'entre elles se caractérise par leur similarité de forme avec le mot inducteur : « bateau » ⇒ « gâteau » pourrait en être un exemple. Mais les réponses associatives ont plus souvent un lien sémantique avec le mot inducteur.

Une autre catégorie de résultats expérimentaux, beaucoup plus fins, concernant la similitude de mots peut être trouvée dans les effets du voisinage orthographique sur la reconnaissance de mots. Ils ont été étudiés dans des situations de décision lexicale ou de dénomination. Certains mots ont, dans le lexique, des voisins qui leur ressemblent, et le nombre de ces voisins est variable (parmi les monosyllabes, « cas », « las », « mas », « pas », « ras », « sas », « tas », sont des voisins de « bas ») ; en outre ces voisins peuvent être plus ou moins fréquents qu'eux. Un ensemble d'expériences a montré qu'en français, les mots sont reconnus moins rapidement s'ils ont beaucoup de voisins orthographiques [14], alors qu'en anglais ils sont reconnus plus rapidement [15] dans le même cas. La différence entre les deux langues n'a pas reçu d'explication décisive, mais l'existence d'effets dus au voisinage orthographique sont bien établis. Ces faits illustrent l'idée que, lorsqu'une représentation d'une forme de mot est activée dans la mémoire de travail, cette activation se propage de façon automatique et très rapide aux représentations « voisines [16] », c'est-à-dire aux formes de mots qui lui sont orthographiquement similaires. Ils confirment que la similarité de la forme des mots, ici leur similarité orthographique, est une importante propriété de la structure du lexique.

CHAPITRE 4

Significations de mots, concepts et catégories

Les significations de mots sont une certaine sorte de connaissance : par leur contenu elles sont des concepts. Elles peuvent porter une charge affective. Une propriété fondamentale traditionnelle des concepts est leur « extension » : ce à quoi ils s'appliquent. La psychologie cognitive traite ce problème en parlant de « catégories » et de « catégorisation ». Celle-ci est un processus mental, apparenté à la reconnaissance, et qui comporte de la décision. Il s'appuie sur des processus d'apprentissage, parmi lesquels celui de « discrimination » (ou « différenciation ») : la capacité acquise à différencier des représentations, ou à distinguer le « même » et le « différent ». Les distinctions pluridimensionnelles permettent de manier simultanément plusieurs dimensions (ou « attributs », ou aspects), présents dans les choses et leurs représentations. Elles sont ce qui rend possible la maîtrise par la pensée humaine de la complexité. L'approche expérimentale de ces problèmes est exposée ici avec quelque détail.

Après avoir examiné quelques problèmes du lexique mental en portant d'abord notre attention sur les représentations de la forme des mots, nous allons nous intéresser désormais à leurs significations. La nature de celles-ci soulève un grand nombre de questions, auxquelles s'ajoutent des difficultés de terminologie. Celle-ci est assez variable dans le domaine concerné, et la conceptualisation correspondante ne l'est pas moins.

Nous considérerons ici qu'il existe dans l'esprit des locuteurs, c'est-à-dire dans leur mémoire à long terme, des entités cognitives, pour lesquelles nous utiliserons, selon le contexte, les expressions équivalentes de « signification de mot », « représentation sémantique », « concept », « catégorie », ce dernier mot en un sens qui sera précisé plus bas. Ces expressions visent une même réalité cognitive, que l'on cherche à caractériser de façon scientifique, pour en construire une connaissance ; mais la diversité des désignations recouvre parfois des différences de conceptualisation, dues aux méthodes utilisées pour atteindre leur réalité, ainsi qu'à la vision ou au point de vue sélectif pris sur elle.

Construire une connaissance à propos des significations ne devrait pas, dans son principe, différer de la démarche commune qu'adoptent toutes les sciences pour construire une connaissance sur le réel, celle de l'expérimentation et de la modélisation. Mais on se heurte néanmoins ici à une différence fondamentale : la signification des mots, avec son dérivé le sens des phrases, n'est pas une « réalité » comme les autres. Elle n'en diffère pas seulement par le fait d'être inobservable : beaucoup d'autres réalités visées par les sciences le sont aussi, par exemple, en physique quantique de façon radicale. Une autre différence s'y ajoute : la façon même d'exister de la signification et du sens. Il s'est beaucoup écrit sur ce thème, souvent de façon très subjective.

La différence que nous prenons en compte ici est que la « réalité » en cause est représentationnelle, tout en demeurant, pour les sciences cognitives, naturelle. Ce dernier mot indique qu'elle fait partie de la nature, des « choses qui existent en ce bas monde », de sa matérialité : en témoigne son support matériel, qui est de nature cérébrale. Mais ce qu'on peut en observer dans le cerveau est bien loin d'en épuiser la réalité : croire qu'on peut « voir », par l'intermédiaire de l'imagerie cérébrale, ou déterminer, par une des techniques neurobiologiques aujourd'hui disponibles, ce qui se passe sémantiquement dans le cerveau, ou plutôt dans certaines de ses structures, est une vue illusoire, que ne partagent pas les spécialistes de ces domaines. Par exemple, observer certains aspects du fonctionnement du cerveau lorsqu'une phrase ou un texte sont traités par un sujet, ne nous dit rien de leur sens, ni du contenu des représentations qu'ils évoquent. Cela n'empêche pas que la mise en relation de ces données avec celles qui relèvent de la psychologie cognitive puisse, sous un certain angle, être féconde. Mais elle ne se substitue pas à l'étude des contenus représentatifs. Ce n'est donc pas la voie neurobiologique que nous suivrons, et c'est le contenu des représentations qui nous intéressera dans ce qui suit.

La recherche expérimentale en psychologie cognitive fait, d'autre part, qu'on ne peut plus se satisfaire d'en parler sous l'angle de la connaissance phénoménale, ou de « la conscience ». On ne peut le faire davantage sous celui des particularités de chaque individu, celles, par exemple, qui rendent largement personnelle toute signification. Le fil conducteur de la recherche cognitive est l'idée qu'il existe des propriétés communes à toutes les représentations sémantiques. Ces propriétés dépassent les spécificités propres à ces représentations (les différences entre les significations), et les caractéristiques personnelles (les différences entre les significations dans l'esprit des différents locuteurs). La psychologie cognitive utilise ici son cadre de référence usuel : il existe une variabilité entre les items, et une variabilité entre les individus. La variabilité inter-items est, dans le cas présent, celle qui existe entre les significations de mots, la variabilté interindividuelle est double : elle existe d'une part entre les locuteurs d'une même langue, ou d'une même communauté linguistique et sociale, et d'autre part entre les locuteurs des différentes langues ou communautés. C'est en neutralisant ces facteurs de variabilité que l'on peut tenter de dégager des propriétés communes, et tenter d'en élaborer une connaissance objective. Il faut pour cela suivre la voie conjointe de l'analyse, de l'expérimentation et de la modélisation.

Signification et connaissance : *une première approche*

Il est assez fréquent en psychologie cognitive que soit employé, pour les représentations sémantiques et leurs contenus, le terme de « connaissances », qui s'ajoute à ceux cités plus haut : nous emploierons ce mot avec prudence, pour la raison principale, évidente, que beaucoup de représentations mentales sont manifestement fausses ou inadéquates.

Deux utilisations différentes peuvent être faites ici, dans le cadre de la psychologie cognitive, du mot « connaissance ». La première concerne ce qu'on appelle parfois la « connaissance du monde » (qui coexiste avec la méconnaissance du monde), telle qu'elle est cristallisée par les locuteurs dans leurs concepts, dans leur lexique, qui en est le support, et dans les propositions qui y sont liées. C'est la sorte de connaissance qui se trouve contenue dans le concept de « pomme » : elle repose sur la distinction d'une certaine catégorie d'objets naturels, par opposition à d'autres catégories, par exemple celle des « coings », et conjointement sur la connaissance des propriétés des unes et des autres. Ces connaissances sont stockées « dans » les significations de mots, qui constituent de ce fait une « représentation lexicale du monde ». Elles ne constituent, certes, qu'une part de la représentation du monde (connaissance et méconnaissance mêlées), puisqu'il faut leur adjoindre des propositions particulières, par exemple que « hier j'ai cueilli une superbe pomme », et des schémas de propositions, par exemple que « les X (et non les Y) mangent des pommes », avec une représentation adéquate de ces X et de ces Y. Mais les propositions qui font aussi partie de notre connaissance du monde sont construites autour de concepts, et ceux-ci sont portés par des mots. Les significations de mots sont donc une part importante de la connaissance humaine du monde.

Mais on peut parler de « connaissance lexicale » d'une autre façon : à propos de la connaissance différenciée qu'ont les locuteurs de la signification des mots de leur langue : cecit (montré ou décrit) s'appelle « pomme », ou se dit « pomme ». Cette connaissance est celle de l'*usage* des mots, et elle a un caractère social ou interpersonnel : la représentation que les êtres humains ont de l'univers au travers de leur lexique passe par le caractère social de celui-ci.

Nous avons noté plus haut que la connaissance de la signification de certains mots peut être absente : « je connais ce mot, mais je ne sais pas ce qu'il signifie ». La situation est, en réalité, beaucoup plus complexe que ne l'indique l'opposition entre connaître et ne pas connaître la signification d'un mot. Une conception cognitive permet, nous semble-t-il, de bien en rendre compte et d'échapper à quelques difficultés.

Connaître la signification d'un mot revient à connaître la signification que les locuteurs de la même communauté linguistique attribuent à ce mot. Si on se place dans le cas d'une désignation d'objet, et du français, ne pas savoir ce que signifie « bernacle » revient à ignorer à quels « objets » la communauté linguistique française applique ce mot, et savoir exactement ce que signifient « mouette » et « goéland » revient à savoir de façon différenciée à quels ensembles d'objets s'appliquent les deux mots : « mouette » ne désigne pas les mêmes choses que « goéland ».

Dans le meilleur des cas, la langue met à notre disposition des mots que l'on peut par paraphrase substituer au mot inconnu ou mal connu, et qui en fournissent « une définition », à la façon dont le fait un dictionnaire. Ainsi de « mouette : oiseau palmipède plus petit que le goéland, bon voilier mais ne plongeant pas, etc. ». Toutefois, comme nous le verrons plus bas en détail dans la section que nous allons consacrer à la catégorisation, connaître les significations de « mouette » et de « goéland », c'est, de façon ultime, savoir, en présence d'un oiseau de mer, si « c'est une mouette » ou « c'est un goéland », on plutôt, ce que la communauté linguistique a jugé bon d'appeler « mouette » ou « goéland », respectivement. Nous analyserons bientôt le processus cognitif ainsi mis en œuvre. Mais ce sur quoi nous insistons ici, c'est cet aspect de la signification qui s'exprime, à la forme réfléchie, dans « cela s'appelle... », ou dans « on appelle cela... » (« un goéland »), en faisant référence par « on » à la communauté linguistique. Il s'agit du lien que la communauté linguistique a établi, de façon « arbitraire », entre un mot et un concept.

S'il s'agit d'un mot d'une langue étrangère, on retrouve encore plus clairement le même appel tacite à la communauté des locuteurs de l'autre langue. Si celle-ci, par chance, utilise un mot qu'elle applique à la même catégorie d'objets que le français, au moins en général, connaître la signification de ce mot étranger, c'est savoir quel mot français lui est équivalent dans notre langue : la signification de « la macchina » en italien, c'est, en dépit de la similarité de forme, « la voiture ». Mais dans de nombreux cas, et surtout dès qu'on s'éloigne des mots qui sont de simples désignateurs d'objets, cette correspondance mot à mot n'est pas possible : cela témoigne de ce que la communauté étrangère concernée n'a pas élaboré et n'utilise pas, derrière ses désignations, la même représentation sémantique, la même délimitation des concepts, que la communauté francophone. Les affres de la traduction tiennent à cette discordance des représentations sémantiques de langue à langue.

Cette nécessité de faire référence aux « représentations sémantiques qui sont dans la tête des gens », beaucoup d'analyses linguistiques, logiques ou philosophiques qui portent sur les problèmes de la signification, et notamment de la traduction, essaient parfois de la contourner. La « peur de la psychologie » les inspire : malheureusement c'est la réalité naturelle de la signification qui est telle, non la façon dont on en parle. La situation est exactement la même dans tout le langage, c'est-à-dire entre les individus comme entre les communautés linguistiques. En bref, au cœur des significations il faut rechercher les concepts.

La charge affective des représentations

Comme nous l'avons indiqué précédemment, nous ne traitons pas dans cet ouvrage des interactions qui s'exercent constamment, dans le fonctionnement mental de tout individu, entre ses déterminants cognitifs et ses déterminants affectifs. Nous utilisons ce dernier mot comme un résumé de « affectif/motivationnel/émotionnel ». Ces déterminants sont mis à l'écart dans l'analyse cognitive parce que c'est conceptuellement possible et parce que, comme on l'a dit précédemment, il est possible d'observer et de raisonner « à niveau d'affectivité faible ». Il faut néanmoins en dire quelques mots pour montrer comment on pourra ultérieurement réintroduire ces éléments dans l'interaction.

Les déterminants affectifs peuvent, *grosso modo*, être subdivisés en deux sous-catégories : l'ensemble des états affectifs, motivationnels ou émotionnels dans lesquels se trouve chaque individu aux divers moments de son existence, et les caractéristiques affectives à long terme de son affectivité. Dans la première sous-catégorie entrent les états de motivation endogènes (faim, soif, état d'activation sexuelle, anxiété, agressivité ou compétition sociale, etc.) et les états émotionnels d'origine exogène (peur, colère, etc.). Ce qui fait la spécificité des caractéristiques à long terme est qu'elles sont généralement associées à des entités cognitives, et pour l'essentiel à des représentations.

L'une des plus importantes peut être décrite comme la *charge affective* (et motivationnelle/émotionnelle) portée par un certain nombre de représentations. « Un certain nombre » signifie ici qu'elle est, pour beaucoup de représentations, suffisamment faible pour être négligeable. Généralement, *normalement* (et ce mot doit être pris au sérieux), on n'est pas ému par des représentations de canaris, de goélands, de pommes, de tulipes, etc., pour nous en tenir aux exemples que nous prenons dans cet ouvrage. Si on l'est, alors cela mérite une explication particulière.

En revanche il existe chez tous les individus beaucoup d'autres représentations avec les mots correspondants, qui sont affectivement chargés ou qui peuvent le devenir. Elles le sont parfois de façon naturelle et, sinon universelle, du moins fort répandue, comme pour les représentations de serpents ou d'araignées, d'animaux monstrueux vrais ou imaginaires, de visages défigurés, etc. Dans l'autre registre, celui de l'agréable, se trouvent les représentations de certains mets ou boissons, de certains timbres ou arrangements de sons musicaux, de certains visages humains (et chez le bébé du visage humain en général), de certains corps humains ou parties de corps humains (de sexe opposé chez beaucoup, de même sexe chez quelques-uns) avec les mots qui les désignent. Et aussi la représentation complexe de la mère, du père, de l'amante ou de l'amant, et des personnes proches. À tout cela, les valences affectives fondamentales, innées ou acquises précocement, s'ajoute la masse immense des charges affectives acquises envers les objets, les personnes et les situations. Celles-ci sont différentes pour chacun, et elles forment le bagage affectif qui structure sa personnalité. Il faut y ajouter les charges affectives ambivalentes, dans lesquelles coexistent l'affectivité positive et l'affectivité négative. C'est à travers tout cela que circulent les états psychologiques des individus, et on comprend que la complexité en soit illimitée.

Mais, si l'on veut expliquer le complexe au moyen de concepts adéquatement simplifiants, c'est une bonne idée générale que de considérer qu'à chaque représentation cognitive est associée une charge affective, faible, moyenne ou forte. La simplification consiste ici à la regarder comme une simple valence, ayant un signe positif ou négatif (ou les deux associés), selon la polarité considérée (agréable/bon *vs* désagréable/mauvais), et une intensité, allant de nulle à très intense. Cette « charge » ou « valence » affective des représentations, ainsi définie, constitue certainement un appauvrissement de l'ensemble des phénomènes affectifs/motivationnels/émotionnels qui affectent réellement les représentations, mais elle fournit une grille d'analyse très puissante.

Elle l'est particulièrement si on l'utilise en liaison avec ce processus dont nous dirons qu'il tient une place centrale dans la cognition, l'activation des représentations. Une part importante de la recherche actuelle sur cette question, en relation avec la compréhension[1], porte sur deux questions : dans quelles conditions le niveau d'activation des représentations activées au cours de la compréhension est-il modifié par la charge affective des représentations qu'il met en jeu ? Une question plus spécifique qui se posera alors, et à laquelle nous ne répondrons pas, est la suivante : est-ce que ce rôle de la charge affective est additif, ou multiplicatif ? Cette dernière question constitue, en quelque sorte, un noyau théorique pour l'expression très générale : « interaction entre le fonctionnement cognitif et les facteurs affectifs/motivationnels/émotionnels ». Mais on ne dispose pas encore d'assez de connaissances pour en décider de façon solide.

L'extension des concepts et des significations

Ayant quitté le terrain de l'affectivité, nous revenons maintenant à l'analyse cognitive des représentations, et plus spécialement des représentations génériques, autrement dit des concepts. Nous allons réexaminer dans une perspective moderne une notion ancienne tout à fait essentielle, et dont nous ferons un large usage : celle d'« extension » d'un concept. Cette notion appartient à la tradition philosophique, et elle se trouve notamment dans la *Logique de Port-Royal* (Arnauld et Nicole, 1662 [2]). On peut l'appliquer utilement aux significations de mots, en tant qu'elles sont la réalité naturelle des concepts.

L'extension d'un concept désigne l'ensemble des objets qui « tombent sous » ce concept : l'extension d'une signification de mot désignera de façon équivalente l'ensemble des objets qui peuvent à bon droit être désignés par ce mot. « À bon droit » renvoie ici à ce que nous avons dit plus haut, à savoir : en vertu des habitudes linguistiques des locuteurs concernés. Une conception cognitive de la notion d'« extension » nous offre une caractérisation plus réaliste de sa réalité : on dira alors que l'extension d'une représentation sémantique (d'un concept, d'une signification de mot) est l'ensemble des représentations occurrences qu'un esprit « range sous » cette représentation type. Concrètement c'est, pour « goéland », l'ensemble des événements mentaux au cours desquels un individu qui voit un goéland pense (implicitemernt) : « c'est un goéland ». Nous dirons qu'il « catégorise » cette perception comme celle d'un goéland.

Comme nous le verrons, on peut élargir très fructueusement cette notion d'« extension » bien au-delà des concepts et des désignations d'objets : notamment aux concepts d'événements, de procès et d'actions. Un exemple en est la signification du verbe « heurter », dont nous dirons que l'extension est l'ensemble des événements mentaux au cours desquels un individu qui voit un objet, A, en heurter un autre, B, pense (toujours implicitement) que « (A) a heurté (B) ». Cette fois encore il a catégorisé sa perception comme un cas particulier de « heurter » (comme la perception d'un heurt, d'une collision).

Cette caractérisation psychologique de l'extension peut paraître avoir une contrepartie regrettable : elle personnalise, et de ce fait semble relativiser totalement les extensions. De façon ultime, il n'existe plus que des « extensions pour » : l'extension de « goéland » pour Marie, ou l'extension de « heurter » pour Pierre.

Nous paraissons avoir fait disparaître les extensions « authentiques », celles que nous donnait la conceptualisation logique.

Nous pensons qu'il n'en est rien, et que les extensions précédemment authentiques, logiques, sont des idéalisations, au demeurant légitimes. Il existe, dans une communauté linguistique et culturelle donnée, des extensions qui sont *grosso modo* communes, partagées, ce partage des extensions pouvant être dû à l'environnement et aux habitudes linguistiques ou, plus rarement, à un accord explicite. Dans les deux premiers cas, on trouve les significations communes, celles de « table », de « goéland » ou de « heurter », parfois avec un contenu commun mais des variations d'expression (j'appelle « mouette » ce que vous appelez « goéland », et j'emploie plus souvent « se cogner » que « heurter »). Dans le dernier cas on trouve les définitions explicites : « nous déciderons d'appeler "M" tous les x qui ont telles ou telles caractéristiques ». Il s'agit bien alors de décisions cognitives : elles peuvent viser à éviter une ambiguïté de terme (« nous appellerons cela "M1" et non "M2" »). Mais elles peuvent aussi répondre au souci de circonscrire les concepts, c'est-à-dire de leur ôter ce flou qui est caractéristique des représentations sémantiques naturelles spontanées pour en faire des concepts rationnels, des notions.

La conception psychologique de l'extension que nous venons d'esquisser, et qui a pour effet premier d'individualiser, et de relativiser, les significations de mots et les concepts, n'est nullement une faiblesse théorique. C'est au contraire le seul moyen de rendre compte de ce fait cognitif majeur que parfois les gens se comprennent, et que souvent ils ne se comprennent pas. C'est aussi une incitation à appliquer, lorsque cela est nécessaire, la maxime cognitive et morale qui prescrit : « Demandez-vous ce que votre interlocuteur veut dire au juste en employant maintenant le mot "M". »

C'est une maxime qui a des incidences morales, parce qu'elle marque combien les comportements peuvent s'inscrire naturellement dans le prolongement de la sémantique : « posez-vous cette question chaque fois que vous constatez que vous ne vous entendez pas, aux deux sens de ce mot, avec votre interlocuteur ! ». Cela n'implique pas que tous les désaccords puissent se dissoudre dans le simple effort sémantique pour bannir l'incompréhension. Mais cet effort peut participer à la résolution des conflits lorsqu'ils sont mineurs, et à leur meilleure résolution lorsqu'ils sont majeurs.

Ce qui ressort de cette analyse est la nécessité, théorique et pratique, de remonter, de façon abductive, de ce qui est donné dans la parole ou les écrits des locuteurs vers leurs concepts. Il s'agit là d'une inférence individualisée : « que veut dire au juste l'individu H qui me parle lorsqu'il emploie le mot M ? ». Mais une telle inférence peut tirer bénéfice d'une meilleure connaissance générale de la façon dont sont constitués et organisés les concepts naturels, dans leurs relations avec les mots. Nous allons développer ces points en examinant un aspect de cette constitution des concepts, le fonctionnement d'un processus cognitif essentiel dans l'analyse des significations, le processus de catégorisation, évoqué plus haut, et en présentant un résumé des travaux qui le concernent [3].

Les catégories, en psychologie cognitive, et la signification de « même »

En psychologie cognitive, on emploie généralement le mot « catégorie » pour désigner les significations de mots ou les concepts mentaux, vus sous l'angle de leur extension. Cette utilisation du mot est naturellement fort différente de celle qui prévaut dans d'autres domaines : « catégorie » a des significations fort différentes dans la langue ordinaire, en philosophie (notamment chez Kant), en mathématiques, en linguistique, en sociologie, etc. D'un autre côté des notions très voisines de celles-ci sont portées par d'autres mots : le plus usuel en sciences cognitives est « type », avec ses dérivés, « typer », « typage ». Mais ces derniers mots ne véhiculent pas l'idée qu'il s'agit de réalités, ou d'activités, de nature mentale.

D'une certaine façon, l'utilisation de « catégorie » en psychologie rejoint la signification qui est donnée à ce mot dans la langue ordinaire pourvu qu'on y ajoute « représentation » : si une catégorie ordinaire est, selon la définition du dictionnaire, « un ensemble de personnes et de choses de même nature » – donc une réalité du monde extérieur – une catégorie mentale est une représentation d'un de ces ensembles. Mais le problème que pose cette définition, dans l'un et l'autre cas, c'est celui du sens de l'expression « de même nature ». Plus précisément, puisque « nature » pourrait être remplacé ici par plusieurs autres mots, de ce que signifie « même ».

On rejoint ici, on l'a dit plus haut, un problème philosophique vénérable, et réellement majeur, celui de la structure du concept <vu en extension> : l'ensemble des choses, et plus généralement des entités, réelles ou imaginaires, présentes, passées ou futures, qui « tombent sous » le concept, et qui peuvent être légitimement désignées par le (ou les) mot(s) correspondant(s) : l'extension de <cerise> est l'ensemble de toutes les cerises, l'extension de « les cerises vertes » le sous-ensemble ainsi décrit.

Cette caractérisation de l'extension d'un concept demeure adéquate dans un cadre cognitif, et est en accord avec les résultats des recherches menées en psychologie cognitive, mais, toutefois, à une condition : c'est que l'on considère que ce qui « tombe sous » les catégories cognitives, ce sont toujours des représentations. Par exemple, s'il s'agit d'une catégorie ou d'un concept d'objet, comme pour <cerise>, ce sont les représentations occurrences des cerises particulières, et non les cerises elles-mêmes, qui « tombent sous » la catégorie mentale. Cela entraîne un autre changement : la notion de <catégorie> s'applique aussi bien à des représentations de nature perceptive (la vue d'une cerise, ou d'un dessin de cerise, et leur identification en tant que <cerise>) qu'à des représentations proprement conceptuelles, si l'on réserve le mot « concept » à des entités « intellectuelles », celles qui sont manipulées par la pensée (l'idée de <cerise>), ou par le langage (la signification du mot « cerise »). Ainsi la notion de <catégorie>, telle qu'elle est entendue en psychologie cognitive, s'applique-t-elle à un très vaste ensemble de représentations et d'activités cognitives.

Deux questions fondamentales sont alors posées à ce propos : 1. Comment les catégories cognitives sont-elles faites dans l'esprit des individus, c'est-à-dire comment sont-elles constituées et structurées ? 2. comment fonctionnent-elles au cours des activités psychologiques qui les mettent en œuvre ?

Les recherches sur cette question ont, de façon majoritaire, explicitement ou implicitement, porté d'abord sur les catégories d'« objets ». Nous suivrons cet usage, et les exemples que nous avons donnés précédemment relèvent tous de cette catégorie de catégories. « Objet » y est pris dans son extension la plus large, et inclut aussi les êtres vivants, animaux et végétaux. Nous verrons plus tard que cette façon de l'étudier peut être étendue à d'autres catégories, particulièrement celles d'événements, d'actions, de procès, de situations, et aussi celles de relations.

Une troisième question, non moins importante que les deux posées plus haut, mais que nous éluderons largement parce qu'elle nous entraînerait trop loin, est la suivante : 3. comment les catégories se forment-elles, puis évoluent-elles au cours de la vie ? Cette question se décline elle-même en trois autres : 3.1. existe-t-il des bases innées aux catégories, et si oui, lesquelles ? 3.2. comment les catégories apparaissent-elles chez le bébé, et se développent-elles chez le jeune et le moins jeune enfant ? C'est une question centrale en psychologie du développement cognitif. 3.3. comment, plus tard, de nouvelles catégories et de nouveaux concepts sont-ils appris, notamment par l'intermédiaire du langage, mais aussi en interaction avec les activités professionnelles et sociales ? Cette question relève de la psychologie des apprentissages cognitifs et des acquisitions de connaissances, par exemple dans l'enseignement universitaire. Les questions 1. et 2. que nous avons posées plus haut et dont nous allons traiter, prennent plutôt comme thème de leur recherche les catégories banales, déjà formées et, pour l'essentiel, telles qu'elles existent chez l'adulte.

La catégorisation

Une réponse théorique résumée à la question 1. est que les catégories sont des représentations cognitives, génériques, durables, conservées dans la mémoire à long terme des individus : elles sont, naturellement, inobservables. À partir de cette dernière caractéristique, il est de bonne stratégie scientifique de commencer à traiter plutôt de la question 2. Les catégories sont, en effet, le support d'un processus mental fondamental, l'acte de « catégoriser ». Celui-ci, la catégorisation, est ce qui nous fournit le plus directement des données observables. C'est à partir de celles-ci qu'on peut tenter de répondre à la question 1 en remontant par abduction à une description d'entités inobservables.

La catégorisation peut être définie comme la mise en œuvre de la relation « est-un » : par exemple, « ceci est une cerise ». Le fait que nous décrivions ce processus au moyen de mots, à savoir « est-un », ne signifie en aucune façon qu'il s'agisse dans l'esprit des individus d'un processus relevant directement du langage : les individus peuvent catégoriser en pensant « c'est un C », ou sans le « penser ». Le langage permet, avec ses particularités propres, de transformer un processus général implicite en un processus de parole intérieure, dont l'expression « est-un » constitue une description particulière.

En termes théoriques généraux, la catégorisation consiste dans l'affectation d'une représentation occurrence particulière, présente ici et maintenant dans le cours de l'activité psychologique – par exemple la perception de « ceci, qui est en face de moi », ou

de la suite de lettres « voiture », dans un texte, ou de la signification « voiture » de ce mot « voiture » – à une représentation
générique, qui est la catégorie.

On dit communément de cette représentation occurrence en
train d'être catégorisée qu'elle est « nouvelle », en ce sens que,
même pour quelqu'un qui en a déjà vu des centaines ou des milliers d'exemplaires semblables, ou qui en a entendu parler, l'exemplaire actuel, le « ceci en face de moi », est nouveau pour l'esprit
qui le perçoit.

Cette utilisation du mot « nouveau » repose sur une théorie de
la nouveauté en psychologie cognitive qui s'inscrit dans la théorie
du traitement de l'information : la nouveauté d'un stimulus, et les
degrés de nouveauté qu'on peut lui attribuer – depuis « ce n'est pas
très nouveau pour moi » jusqu'à « c'est très nouveau », en passant
par tous les degrés de « modérément nouveau » – correspond justement au résultat de ce processus : « la représentation occurrence
est reconnue et catégorisée aisément », « elle l'est de façon modérément facile » ou « elle l'est difficilement ».

D'une façon générale, la nouveauté est conçue dans cette
théorie comme une valence cognitive qui est attachée à une information entrante, et qui est le résultat d'un « calcul ». Celui-ci est
opéré par l'esprit/cerveau au travers de l'appariement, ou de la
comparaison, entre l'information entrante et l'information stockée
en mémoire sous forme de représentations, à court ou à long
terme. Cette valence de nouveauté calculée par ce processus peut
être le mieux décrite par une courbe à maximum : lorsque la
comparaison fait apparaître une faible disparité entre l'information entrante et celle présente en mémoire, elle génère une impression ou un sentiment de faible nouveauté. Ce sentiment de nouveauté est d'autant plus fort que la disparité est plus grande,
jusqu'à un maximum. Au-delà, on entre dans une zone où la nouveauté est perçue comme un « trop », donc comme « choquante »
ou déstabilisante. Nous rencontrerons cette idée à plusieurs
reprises dans ce qui suit. Nous allons, pour le moment, l'illustrer
en nous arrêtant un peu sur le rôle de la catégorisation dans la
perception.

Le caractère général de la catégorisation et son rôle dans la perception

Bien que les catégories soient apparentées aux concepts, leur utilisation ne concerne pas seulement la pensée proprement conceptuelle et le langage. Elle est présente dans toute la vie mentale : nous catégorisons à chaque instant, et des millions de fois chaque jour. Les recherches consacrées à la perception ont très tôt montré qu'elle est tout entière tissée de catégorisations. Lorsque nous percevons ce qui nous entoure, ce que nous voyons, ce sont des arbres, des maisons, des rues, des chiens ou des moineaux, etc., et ce que nous entendons des « bruits de voitures » ou « de la musique classique » ou « de variété », souvent spontanément identifiable, pour ne rien dire de la parole.

Cette façon de voir va, certes, à l'encontre de ce que nous ont parfois dit ces autres spécialistes de la perception que sont les peintres : « j'ouvre les yeux, je vois des taches », c'est ce dont plusieurs d'entre eux ont souvent essayé de nous convaincre, de l'impressionnisme à la peinture contemporaine. Ou ce sont des arrangements de formes géométriques élémentaires, des couleurs qui débordent leurs contours, des plages monochromes. Ce n'est pas le cas dans la vie quotidienne, et ce qui le montre bien, c'est la résistance qu'ont montrée d'abord les spectateurs profanes, mais qui s'est étendue historiquement sur des décennies, à toutes les déformations perceptives qui ne leur étaient pas habituelles : ce que nous percevons, et c'est un avantage cognitif et écologique pour tous, ce sont des choses, des individus et des événements, regroupés dans des catégories perceptives. Une grande part de l'œuvre artistique des peintres modernes et contemporains a consisté à déconstruire ces catégories dans notre perception : ils ont montré par là combien elles sont malléables, et ils nous ont appris à percevoir autrement, en donnant de l'élasticité à nos processus de vision. Par la familiarité que nous pouvons prendre avec les œuvres des artistes contemporains, par les jeux et les plaisirs qu'elles nous apportent, nous apprenons à modifier certains aspects de notre perception, à en assouplir les rigidités, à les rendre plus accueillantes à des informations visuelles inhabituelles. C'est ainsi, sans doute, qu'il faut donner un sens cognitif à la phrase de Paul Klee : « L'art ne reproduit pas le visible, il rend visible [4]. » Mais cela ne nous empêche pas de percevoir traditionnellement une fourchette lorsque nous devons l'utiliser.

La catégorisation est donc un processus très important dans la perception. Mais elle l'est encore davantage, s'il est possible, dans l'exercice du langage et de la pensée. Tout ce que nous avons dit de la reconnaissance des mots en a illustré un aspect. Percevoir un mot, c'est le catégoriser, c'est en reconnaître une occurrence comme relevant d'un type : ce qui est devant moi sur la page, c'est, une fois de plus, le mot (la forme) « maison ». Mais juste après cette catégorisation perceptive, qu'est l'accès à la forme lexicale, vient l'accès à la signification, qui est aussi, au moins pour partie, une catégorisation, sémantique cette fois.

Une question pourrait être posée à cet égard : la catégorisation sémantique s'accompagne-t-elle, généralement ou toujours, d'une catégorisation lexicale, c'est-à-dire d'une dénomination, fût-elle implicite ? L'acte de percevoir que « ceci est un livre » est-il sous-tendu par l'énonciation mentale du mot « livre », inclus ou non dans le schéma de phrase correspondant (« ceci est un C ») ? Il a existé des théories psychologiques et des recherches expérimentales qui ont soutenu ce point de vue, mais sans apporter, à notre avis, de données convaincantes. La question posée revient à demander si la représentation de la forme du mot est activée, le cas échéant en entraînant sa prononciation tacite, faible ou forte, chaque fois que la signification correspondante est activée. On peut attendre, pour répondre définitivement à cette question de disposer de données plus précises, notamment à propos de l'activité cérébrale sous-jacente. Mais en l'état actuel des connaissances, on peut s'en tenir à l'idée que la catégorisation peut ne concerner que les représentations sémantiques : en bref, la parole intérieure et la pensée n'exigent pas d'être prononcées.

Catégorisation, reconnaissance et décision

Le processus de catégorisation tel que nous venons de l'illustrer se résume à un jugement dont le schéma est de type « est-un » : « x est-un C », ou « x est une occurrence de C ». Ce processus est très généralement considéré comme apparenté à une autre activité, la reconnaissance : celle-ci est un des processus fondamentaux de la mémoire. Comme la catégorisation, de son côté, met nécessairement la mémoire à contribution, on peut se demander quelle différence sépare la reconnaissance et la catégorisation ?

Dans le premier cas, un stimulus particulier (ou une situation) est jugé être « le même » qu'un stimulus précédemment rencontré, et dont le souvenir est conservé en mémoire : « je reconnais cette barque comme étant celle que j'ai vue hier ». Dans l'interprétation cognitive, c'est la représentation de l'une qui est jugée la même que la représentation de l'autre. La catégorisation consiste, elle, en ce qu'un stimulus, ou plutôt sa représentation, est jugé relever d'une catégorie générale, ou affecté à elle : « ce que je vois sur la mer est une barque ». Cette catégorie a un contenu générique et stable. La différence entre reconnaissance et catégorisation est jusqu'ici en accord avec la distinction faite par Tulving entre les deux types de mémoire, la mémoire épisodique, et la mémoire sémantique.

Toutefois une explication cognitive générale peut être donnée pour les deux processus en termes de fonctionnement : on considère qu'il se produit une comparaison entre la représentation occurrence produite par l'information entrante venue du stimulus, et une autre représentation contenue en mémoire, particulière dans un cas, le souvenir, générique dans l'autre, la catégorie. Cette comparaison est supposée reposer sur une tentative d'appariement entre deux ensembles, ou paquets, d'informations, le nouveau et l'ancien : c'est la réussite de cet appariement qui fait qu'il se produit une reconnaissance, au sens strict, ou une catégorisation. Les deux processus sont donc des cas particuliers d'un processus plus général : l'appariement réussi.

On se retrouve, avec celui-ci, dans un cadre qui dépasse la psychologie, et relève du traitement de l'information en général. Les mécanismes d'appariement sont très largement mis en œuvre dans les traitements sur ordinateur ; pour eux aussi ils dépendent de la structure des informations, celles qui sont en mémoire et celles qui découlent de l'information entrante. La différence est ici que ces structures ne sont pas créées par le fonctionnement naturel du dispositif, comme c'est le cas pour le cerveau, mais par des modalités qui ont été décidées par le concepteur informaticien.

On peut faire apparaître à cet égard deux différences et une identité. En premier lieu, l'information est codée physiquement de façon très différente dans une mémoire d'ordinateur et dans un cerveau. En second lieu, le processus de comparaison/acceptation entre les deux paquets d'information, qui constitue l'appariement, est lui aussi réalisé de façon tout à fait autre dans un processeur d'ordinateur et dans un cerveau : dans le second cas, il faut le dire, on ne sait pas de façon précise comment le processus se réalise. Les modèles les plus récents, de type connexionniste, développent une conception de l'appariement qui présente une réelle complexité, et qui sera évoquée plus bas.

Néanmoins, en dépit de ces deux différences, qui sont d'importance, il est théoriquement raisonnable, et bien fondé expérimentalement, de considérer que les processus d'appariement sont de même sorte dans les deux domaines, psychologique/cérébral et numérique/ sur ordinateur, et qu'on peut les assimiler fonctionnellement sous cet angle : ils accomplissent une même fonction, comparer deux paquets d'information.

Ce ne sont d'ailleurs pas seulement les processus qui sont fonctionnellement semblables entre l'appariement psychologique/ cérébral et l'appariement sur ordinateur. Pour que la reconnaissance réussisse, il est nécessaire qu'elle porte sur des données communes. Il y a donc aussi, au second degré, quelque chose de commun aux représentations psychologiques/cérébrales, que l'appariement de la catégorisation compare entre elles et les représentations dans l'ordinateur, si différentes des premières à bien des égards, mais que l'appariement numérique doit aussi comparer entre elles : ce n'est rien d'autre qu'une certaine sorte de structure. Cette communauté de structure, qui concerne au premier chef les catégories, concerne aussi, au-delà des représentations psychologiques en mémoire à long terme, d'autres sortes de représentations, plus abstraites, notamment linguistiques, logiques, ou philosophiques.

Il existe une dernière caractéristique qu'il faut mentionner à propos du processus de catégorisation. Il comporte à son terme, comme d'ailleurs la reconnaissance, une prise de décision. Nous verrons comment, sous sa forme élaborée, celle-ci repose sur la mise en œuvre de critères : ceux-ci peuvent être explicites, fournis dans la représentation de la catégorie et dans celle de l'occurrence examinée, par exemple sous forme de propriétés. Le schéma général de cette décision explicite est que, si une occurrence o comporte les propriétés P1, P2, P3, constitutives de la catégorie C, alors o est un C, sinon o n'est pas un C. La comparaison qui constitue le cœur de l'activité de catégorisation s'achève, dans le cas positif, par la détection de ce qui est commun à cet exemplaire et à la catégorie, et par la décision « oui ». Mais la décision est le plus souvent implicite : cela n'empêche pas qu'elle soit le produit final d'un appariement plus ou moins complexe. Cela vaut aussi bien pour la perception d'un objet (« si c'est ovoïde, jaune, et d'une taille convenable, alors ce que je perçois est un citron »), que pour celle d'une lettre (« si c'est un rond accompagné d'une hampe vers le haut, collée à droite, alors c'est un d »), pour celle d'un mot et pour l'accès à la signification correspondante, et pour la compréhension d'une phrase (si celle-ci dit quelque chose comme : « la tempête a fait couler le bateau », alors « c'est un naufrage »).

> Ces exemples témoignent largement que cette décision implicite est normalement automatique, non consciente, et très rapide : beaucoup de mesures de laboratoire consistent à rendre explicites ces décisions implicites, au moyen de situations et de consigne du type : « Vous appuierez sur cette touche dès que vous verrez un citron, ou un d, ou un mot français, ou que le mot qui suit la phrase vous semblera lui correspondre par le sens. » Ces situations expérimentales visent à saisir l'instant de la décision pour qu'il fournisse l'indication du temps qu'elle a requis pour être prise. Ce temps de décision est ainsi une mesure de la durée du traitement cognitif qui a précédé la décision.

L'analyse des processus de catégorisation : la similarité unidimensionnelle

Deux notions ont été mises au centre de l'analyse des processus de catégorisation : celle de « similarité » et celle de « règle ». Elles ont donné lieu à une compétition entre théories, certaines mettant l'accent sur la première notion, d'autres sur la seconde. Il apparaît aujourd'hui que ces deux familles de théories n'ont pas été départagées par l'étude expérimentale et que, sans doute, les processus de catégorisation reposent tantôt sur la première et tantôt sur la seconde.

Nous examinerons cette question de façon historique, et en remontant assez loin dans le temps, en partant de questions dont, originellement, le lien avec la catégorisation n'était pas aperçu. Nous commencerons par la notion de similarité, en y distinguant deux degrés de complexité, la similarité unidimensionnelle et la similarité pluridimensionnelle, qui sont apparus séparément dans des secteurs différents de la recherche.

Lorsque l'on parle de « similarité », un mot qui désigne une relation, on doit nécessairement se demander : « similarité » de quoi avec quoi ? Vu rétrospectivement, le rôle de la similarité a d'abord concerné celle qui peut exister entre plusieurs stimulus, et cette similarité a été alors unidimensionnelle. Son rôle a été mis en évidence dans une perspective physiologique ou béhavioriste durant la première moitié du XXe siècle, c'est-à-dire au cours d'une période antérieure à l'émergence de la psychologie cognitive.

Il est apparu lors de l'étude expérimentale des apprentissages discriminatifs, c'est-à-dire de la capacité à distinguer les stimulus de façon pratique, dans un comportement. Ces travaux ont été menés pour l'essentiel chez l'animal, le plus souvent chez des mammifères comme le chien et le rat, mais cette analyse est aujourd'hui parfaitement transposable à l'homme moyennant quelques changements conceptuels.

Les notions qui ont été mises en avant à cette occasion ont été celles qu'on a appelées de <généralisation du stimulus>, <gradient de généralisation>, <similarité>, <discrimination> (ou <différenciation>). La notion de <représentation> n'y apparaît pas, et pas davantage celle de <catégorie>, mais elles y étaient néanmoins souterrainement impliquées. Au reste, un théoricien éminent de cette période, C. Hull, qui devait proposer dans les décennies 1940-1950 une théorie bien systématisée de la discrimination [5], avait écrit vingt ans plus tôt un article expérimental sur l'« évolution des concepts » qui avait eu une certaine influence.

Considérons un stimulus simple, par exemple un son, et la façon dont il peut varier dans diverses situations. Un bon exemple expérimental, donc épuré, est celui de l'utilisation d'un son pur, produit par un générateur : si on en garde fixe l'intensité, on peut le faire varier en hauteur tonale, une dimension qui se décrit physiquement par la fréquence des vibrations sonores, exprimée en hertz, et subjectivement par une impression qui va du très grave au très aigu. Autrement dit, les variations s'effectuent dans ce cas de façon *unidimensionnelle*, sur une dimension unique : ce stimulus est alors maintenu invariant sur d'autres dimensions. On peut s'en rapprocher avec un instrument de musique. Au laboratoire la dimension de variation a l'avantage d'être bien séparable sensoriellement et perceptivement d'autres dimensions : dans l'environnement naturel ces dernières, par exemple l'intensité, le timbre, les modulations temporelles, etc., co-varient souvent avec la hauteur tonale, comme c'est le cas pour les sons produits par la voix humaine, ou pour la musique, qui sont très complexes. Mais au laboratoire la hauteur tonale d'un son artificiel est facilement manipulable, et sa caractérisation physique est simple. Les méthodes dites « psychophysiques » d'étude de la « sensation » permettent de bien étudier chez l'homme les caractéristiques sensorielles de ces sons et de leurs variations : mais ce n'est pas ce qui nous occupera ici.

L'indistinction comportementale
et la « généralisation du stimulus »

Les recherches qui nous intéressent ont porté sur la façon dont un stimulus situé en un point bien déterminé sur la dimension de hauteur tonale, par exemple un son de 1 000 hertz, peut être *distingué* pratiquement d'autres stimulus, qui diffèrent de lui sur cette seule dimension. « Distinguer » est techniquement désigné par « discriminer » (« to discriminate »), et le serait sans doute mieux en français par « différencier », mais ce qui est exprimé est l'idée que les stimulus sont distingués dans le comportement ; cela se fait, notamment chez l'animal, sans référence à la subjectivité, ni à une possible verbalisation, ni même à une représentation : la perspective des premières études était physiologique, insérée dans le contexte de Pavlov, puis béhavioriste. Nous l'étendrons ensuite aux représentations.

> On part expérimentalement d'une situation dans laquelle on a appris à un animal, par exemple par conditionnement, au moyen d'un renforcement classique ou instrumental, à donner une réponse R à un stimulus S1, ici le son de 1 000 Hz. Dans l'exemple le plus simple, celui de Pavlov, la salivation conditionnelle a été obtenue en ne présentant que S1 à l'animal, et en faisant suivre ce stimulus de façon répétée par l'administration de nourriture.
>
> Le phénomène qu'on peut observer ensuite, sur la base de ce conditionnement, est celui de « généralisation du stimulus » : si on fait entendre à l'animal d'expérience des sons nouveaux, qui ne diffèrent du premier que sur la hauteur tonale, par exemple des sons de 1 100 Hz, 1 200 Hz, 10 000 Hz, 15 000 Hz, ou encore de 900, 800, 50 Hz, on observe [6] : 1. que l'animal salive à ces stimulus, bien que ceux-ci n'aient jamais antérieurement été renforcés (suivis de nourriture) ; 2. que cette salivation est d'autant plus faible que le stimulus est plus éloigné, de part et d'autre, du stimulus original. Le premier phénomène a été appelé la « généralisation du stimulus », et le second le « gradient de généralisation ». Compte tenu de l'ambiguïté de ces expressions, on pourrait parler pour la première d'« indistinction comportementale ».
>
> Mais ce que ces travaux ont mis en évidence, c'est d'abord un *processus*, qui se manifeste dans le comportement, au laboratoire dans un contexte de conditionnement, mais dont on doit penser qu'il concerne de façon beaucoup plus large la façon dont l'esprit/cerveau fonctionne. Nous pourrions parler aujourd'hui de « généralisation de la représentation » (ou d'« indistinction fonctionnelle de la représentation ») dans le cerveau du chien, en considérant que c'est la représentation du son de 1 000 Hz qui généralise ses propriétés aux autres

représentations dans le cerveau, celles des sons de 1 100 Hz, 1 200 Hz, 10 000 Hz, 15 000 Hz, etc. Aujourd'hui la même idée se retrouve, sous un autre nom, dans une notion plus moderne, celle de « propagation » de l'activation. Elle est le plus souvent, dans l'esprit des chercheurs qui l'utilisent, tout à fait dissociée de la « généralisation » pavlovienne. Nous en reparlerons un peu plus longuement ci-dessous, et nous verrons comment cette notion de propagation est largement exploitée dans les modèles connexionnistes, où l'activation est supposée cheminer le long des « arcs » entre les « nœuds » d'un réseau, neuronal ou abstrait.

Le second aspect, celui décrit plus haut en 2, a mis en évidence le rôle d'une relation particulière entre les stimulus, leur *similarité*, ici unidimensionnelle, relation qui est tout à fait fondamentale. Elle se retrouve également aujourd'hui, comme nous le verrons, sous différents autres habits, par exemple celui de la « similarité sémantique ». Disons par anticipation que celle-ci affecte des significations de mots, par exemple « médecin » et « infirmier », dont nous avons parlé à propos de l'amorçage sémantique, et dont on peut dire qu'ils ont une similarité sémantique assez élevée. Il est justifiable de considérer que, dans le fonctionnement du cerveau, « médecin » possède avec « infirmier » la même sorte de relation de base qu'un son de 1 100 Hz avec un son de 1 000 Hz : à savoir une assez haute similarité. Celle-ci est parfois appelée, y compris dans le langage commun, une « proximité » : mais il faut absolument éviter de penser que cette « proximité » des stimulus ou des représentations, qui est fonctionnelle, ait nécessairement comme substrat une proximité anatomique dans le tissu cérébral.

La discrimination/différenciation simple

Le processus suivant, parmi ceux qui ont été étudiés dans le même contexte du conditionnement, est celui de discrimination/différenciation simple. On peut le décrire à partir d'un exemple voisin du précédent. Supposons que l'expérimentateur ait décidé qu'aucun son autre que celui de 1 000 Hz ne sera suivi de nourriture, en langage pavlovien « ne sera un signal de la nourriture ». Il pourra observer que les présentations répétées de ces autres sons, qui produisaient initialement de la salivation en vertu du processus de « généralisation », produisent progressivement de moins en moins de salive. Au bout d'un certain temps ils n'en produisent plus du tout. La rapidité de cette diminution est elle-même fonction de la similarité entre le stimulus originel et les stimulus autres. Le premier, qui continue à être renforcé, devient le « stimulus positif », et les autres deviennent par contraste des stimulus « négatifs ». Ainsi l'animal apprend-il à distinguer de façon pratique (c'est-à-dire par son comportement, et dans une situation donnée) entre les divers stimulus. Le cours de cet apprentissage discriminatif est plus ou moins « facile » en fonction du degré de similarité qui existe entre les stimulus négatifs et le stimulus positif. L'interprétation donnée par Pavlov de cette sorte d'apprentissage est qu'il s'effectue par « accumulation d'inhibition sur » les stimulus négatifs et cette interprétation est encore solide aujourd'hui. Cette interprétation n'accorde aucun statut théorique à la similarité et est fondée sur l'idée d'une irradiation spatiale dans le cerveau : Pavlov considérait implicitement que ce qui est similaire (« proche », au sens métaphorique) est, dans le cerveau, spatialement, anatomiquement, proche. On a bien vite montré qu'il n'en était rien, et on a pendant plusieurs décennies rejeté sans appel l'idée d'« irradiation ». La revanche partielle de Pavlov se trouve aujourd'hui dans la notion de « propagation », qui a en quelque sorte recyclé celle d'irradiation. « Propagation » signifie que l'activation d'une représentation (du support cérébral de celle-ci, vu comme réparti) se transmet à une autre représentation (à son support cérébral) en fonction de la « liaison », plus ou moins étroite, qui existe préalablement entre les deux. Il n'est pas exclu qu'il s'agisse de proximité anatomique, mais ce peut être aussi une liaison fonctionnelle.

On peut considérer aujourd'hui que ce processus discriminatif peut aussi concerner des représentations.

La discrimination/différenciation et la catégorisation

Nous pouvons en effet rapprocher ce processus d'apprentissage discriminatif de celui qui s'exerce dans la sphère cognitive. On peut le décrire comme un processus très général, mais d'une fonction relativement élémentaire : apprendre à distinguer un son d'un autre, comme ci-dessus, est un modèle réduit du processus d'apprendre à distinguer *n'importe quel stimulus d'un autre qui lui est similaire*, ou n'importe quel ensemble de représentation d'un autre ensemble qui s'en rapproche. L'étude de ce problème n'a certes pas été pensée initialement en termes de catégorisation. Elle mérite cependant de l'être : on dira aujourd'hui que la distinction entre deux stimulus ne peut, même chez le chien, se faire que par l'intermédiaire de la représentation de ces stimulus dans le cerveau. Pour l'animal, il s'agit d'apprendre à distinguer le stimulus positif, celui qui sera suivi très vite, au cours de l'apprentissage, par la représentation anticipée de la future apparition de la viande, et les stimulus négatifs, ceux pour lesquels cette même représentation anticipée de la future apparition de la viande se révèle *fausse*, ce qui constitue le « non-renforcement » classique. Apprendre cela est une tâche cognitive plutôt intelligente, et il faut réhabiliter à cette occasion le brave « chien de Pavlov [7] », qu'on trouve trop souvent déprécié dans les médias.

Mais ce qu'il faut souligner, en second lieu, c'est que le stimulus qui est appelé dans les manuels « le » stimulus positif, S, est devenu en réalité « l'ensemble de toutes les apparitions de s qui sont des S » (par exemple « tous les sons de 1 000 hertz » présentés au laboratoire). Ces s ne varient pas (ou presque pas) d'une apparition à l'autre, parce qu'ils sont tous des S, par opposition aux autres stimulus, qui comportent, eux, des différences plus ou moins importantes, en hauteur tonale dans notre exemple. On peut donc tout aussi bien dire que ces divers s sont des « stimulus occurrences », relevant d'un « stimulus type » S, ou encore des « exemplaires », s, d'une catégorie S de stimulus. L'apprentissage, si simple qu'il paraisse, consiste alors à distinguer deux catégories de stimulus (ou d'occurrences), la catégorie des stimulus s qui sont des S, et qui annoncent la viande, et la catégorie de tous les autres stimulus, qui ne l'annoncent pas, et ne sont donc pas des S.

L'exemple expérimental simple qui vient d'être présenté dans le cadre du conditionnement classique, pavlovien, se retrouve entièrement, moyennant quelques adjonctions, pour d'autres sortes d'apprentissages de comportements : par exemple ceux, à la Skinner, où les animaux apprennent à donner une réponse R (par exemple appuyer sur une pédale, ou changer de lieu) lorsqu'un stimulus S1 est présent, et à ne pas donner cette réponse si le stimulus est absent. Il faut et il suffit, pour qu'un tel apprentissage se développe, qu'une récompense suive la réponse donnée en présence de S1, et qu'il n'y ait pas de récompense si la réponse est donnée en l'absence de S1. L'étude dynamique de cet autre type d'apprentissage, au cours d'une très grande quantité d'expériences, a montré qu'il passe exactement par les mêmes phases que le précédent : généralisation du stimulus, tendance à répondre par R à de nombreux stimulus autres que S1, avec un gradient : la tendance a d'autant plus de force ou de fréquence que les stimulus nouveaux sont plus similaires à S1. Puis, avec de nouvelles occurrences contrastées, s'opère un rétrécissement progressif autour de S1 de la tendance à produire une réponse. Finalement, S1 se trouve être le seul stimulus à être efficient : il est devenu le « stimulus discriminatif ».

Il est facile de voir que cette séquence de phases, qui constituent l'apprentissage discriminatif tel qu'il est analysé au laboratoire, se retrouve dans une kyrielle d'apprentissages pratiques, tous ceux qui évoluent de « confondre » à « ne plus confondre » et « maîtriser » : les apprentissages moteurs, professionnels, sportifs, suivent ce schéma.

Aux yeux d'un psychologue d'aujourd'hui, les apprentissages discriminatifs ultrasimples chez l'animal sont la manifestation d'une activité cognitive, la distinction entre « le même » et « le différent », qui préfigure les processus de haut ou très haut niveaux qu'on trouve à l'œuvre chez les êtres humains, qu'il s'agisse de bébés, d'enfants ou d'adultes, et qui relèvent de la catégorisation. Ce que les animaux apprennent à distinguer dans et par leur comportement, ce sont bien, nous l'avons dit, deux catégories de stimulus : d'une part ceux que l'expérimentateur appelle « le » stimulus S, et le logicien « tous les s qui sont S », ces stimulus qui ont en commun, dans le conditionnement, d'annoncer dans diverses conditions la survenue de la nourriture, et d'autre part tous ceux qui sont des « non S », parce qu'ils ne l'annoncent pas. Ce sont bel et bien deux catégories de stimulus, et elles s'opposent par ce que nous appellerons plus bas une « propriété fonctionnelle » : annoncer l'événement renforçateur.

Les plages de stimulus

On caractérise mieux cette catégorisation si on raisonne en termes de « plages de stimulus » plutôt que de stimulus isolés. Supposons que les stimulus que l'on fait suivre du renforcement, et sur lesquels on établit un apprentissage de la réponse R, ne soient plus une valeur unique sur une dimension, comme l'était le son de 1 000 Hz sur la hauteur tonale, mais une plage de stimulus, par exemple tous les sons compris entre 20 Hz (ou le minimum audible) et 1 000 Hz, alors qu'on ne ferait suivre d'aucune nourriture les sons de la plage de fréquence supérieure à 1 000 Hz. On créerait ainsi une discrimination entre les deux catégories : sons inférieurs et sons supérieurs à 1 000 Hz.

On peut pousser plus loin le raisonnement comparatif. Qu'aurait-on fait d'autre, dans le cas des plages de stimulus qu'on vient d'imaginer, sinon faire maîtriser aux animaux un précurseur cognitif de la catégorisation que fait l'homme entre le « grave » et l'« aigu » ? Ou, en retournant la question, qu'est la distinction cognitive et sémantique entre le « grave » et l'« aigu » que nous avons de façon stable dans notre esprit et dans notre langage, sinon le produit d'une multiplicité d'apprentissages, confirmés par diverses sortes de renforcements, notamment verbaux, qui se sont établis sur le même contraste discriminatif ? Cette façon de voir a le mérite de mettre en évidence plusieurs ingrédients cognitifs : il faut certes d'abord qu'existent les capacités sensorielles sous-jacentes à cette distinction dans le domaine auditif, celles qui sont inscrites dans la cochlée et de façon innée dans le cerveau ; mais il faut aussi ensuite des apprentissages multiples, que les diverses espèces sont plus ou moins capables de catégoriser. Chez l'homme ces catégories contrastées de stimulus peuvent être élaborées en concepts, puis bénéficier de l'attribution de mots pour les désigner. Ce sont des catégories relatives, et contextuelles, qui reposent sur une opposition : les plages correspondant au « grave » et à l'« aigu » peuvent se déplacer vers le haut ou le bas de la dimension considérée ; mais cela fait justement ressortir que c'est le contraste, l'opposition, qui fonde la discrimination.

D'autres discriminations humaines, plus complexes, peuvent se construire sur la hauteur tonale : c'est le cas, par exemple, de celles qui fondent les catégories de voix, ou de tessitures, avec les catégories correspondantes de personnes : « soprano », « contralto », « ténor », « baryton », « basse », etc. Elles reposent précisément sur des plages de variation sur la dimension de hauteur tonale.

Une première chose que montrent les analyses qui précèdent, c'est la façon dont l'étude première des apprentissages discriminatifs élémentaires a historiquement éclairé la notion d'unidimensionnalité, et de distinction sur une dimension unique de variation. Cette analyse constitue une base pour des élaborations qui vont conduire à des catégories conceptuelles plus complexes.

Mais on peut voir aussi quelle place l'unidimensionnalité tient dans la structure même de la cognition. La discrimination unidimensionnelle sous-tend une structure sémantique essentielle : celle qu'exprime la classe lexicale des adjectifs. Ceux-ci expriment de façon simplifiée les multiples façons dont les choses varient, et ils fixent dans les langues les divers découpages possibles d'une dimension en plages. L'opposition sommaire que nous avons prise pour exemple avec le « grave » et l'« aigu », comporte de multiples intermédiaires ou voisins (« médium », « strident ») et bien des désignations métaphoriques, (« haut », « bas », « profond », « caverneux », etc.). Cela vaut aussi pour beaucoup d'autres dimensions, par exemple pour l'intensité dans le domaine auditif, avec des adjectifs comme « intense », « fort/faible », « léger », ou dans

d'autres domaines : « sombre/clair », « grand/petit », « lourd/
léger », « intelligent/stupide », « anxieux/calme », etc.

Tous ces adjectifs peuvent être considérés comme les supports, dans la langue, d'une structure cognitive fondamentale, unidimensionnelle, assortie d'un découpage contrastif en plages qui permet, dès qu'une dimension séparable est constituée, de la segmenter. Beaucoup de ces adjectifs ont pour contenu cognitif des dimensions proches de la sensorialité ou de la perception, comme la hauteur tonale, l'éclairement, la taille ou le poids. Mais d'autres reposent sur des dimensions plus éloignées de la perception. Leur élaboration relève de la pensée commune, qu'on la tienne pour valide ou peu valide : c'est notamment le cas de beaucoup de dimensions qui se rapportent aux êtres humains (d'« intelligent/ stupide » à « bon/méchant »). D'autres enfin sont fondées sur une abstraction scientifique : mais ce sont toujours des dimensions de variation qui s'offrent alors à la cognition, sous forme de grandeurs ou de paramètres (la masse, la charge électrique, la température, la distance dans l'univers, etc.), et leurs valeurs ou leurs plages sont déterminées par des procédures rationalisées de mesure.

Ce que nous aimerions, en tout cas, retenir des recherches illustrées plus haut, c'est le témoignage qu'elles apportent de l'existence, dans la cognition humaine, d'un schéma d'unidimensionnalité, doté d'un certain type de relation interne, la similarité, et d'un processus de différenciation qui s'y ancre directement. En termes simples, on retrouve chez tous les humains une tendance à former leurs représentations sur la base de dimensions, de similarités unidimensionnelles, et de discriminations. La notion, d'origine structuraliste, d'« opposition » trouve ici la justification naturaliste de sa généralité, et de son applicabilité à des domaines très variés. Nous y reviendrons après avoir parlé de la pluridimensionnalité et d'une réalité cognitive encore plus profonde, le couple « attribut/ valeurs d'attribut ».

*La pluridimensionnalité
et la notion cognitive d'attribut*

Si l'on peut, au laboratoire, n'utiliser que des stimulus qui varient sur une seule dimension, la plupart des stimulus qui constituent notre environnement, en particulier ceux qui déterminent notre perception des choses ou des états de choses, sont pluridimensionnels. Un équivalent de ce dernier terme, dans le présent contexte, est « complexe », un mot qui peut avoir d'autres sens, mais qui s'applique bien à l'idée que nous voulons illustrer dans toute sa généralité : les entités auxquelles nous avons affaire dans l'univers varient, et leurs variations, qui sont ce qui les constitue et leur donne leur identité, s'exercent sur plusieurs dimensions.

Plutôt que « dimension » nous emploierons à partir d'ici le mot « attribut » pour caractériser ces variations, en lui donnant une signification spécialisée, qui est devenue techniquement usuelle dans les sciences cognitives. On peut donner d'abord quelques exemples d'attributs : hauteur tonale, couleur, poids, sexe, émotivité. La hauteur tonale est un attribut des sons, la couleur un attribut des stimulus visuels bien éclairés, le poids (et, légèrement différent de lui, la masse) est un attribut des corps physiques, le sexe est un attribut de la plupart des êtres vivants, l'émotivité est un attribut des êtres humains, etc. Un attribut est ainsi, pour les choses et leurs représentations, une façon de varier, un *support de variations*. Chaque attribut porte des valeurs qui lui sont spécifiques [8] : grave/médium/aigu, etc. pour la hauteur tonale, rouge, jaune, bleu, etc. pour la couleur, etc. La langue ordinaire, et même la langue philosophique traditionnelle, ne permettent pas de bien distinguer les notions d'<attribut> (par exemple <couleur>) et de <valeur d'attribut> (par exemple <jaune>), bien que cette distinction soit cognitivement très importante. La tradition emploie souvent le mot « attribut » là où une conceptualisation soigneuse devrait conduire à dire « valeur d'attribut » (même si ce mot est assez malcommode).

<Attribut> (dans son usage cognitif) et <dimension> sont des notions voisines. Mais on utilise souvent le mot « dimension » de façon spécifique [9] : on l'applique à ceux, parmi les attributs, qui portent une multiplicité de valeurs, en principe ordonnées, comme c'est le cas de la hauteur tonale ou de la taille. D'autres attributs portent aussi une multiplicité de valeurs, mais celles-ci sont non ordonnées ou peu ordonnées : c'est le cas pour la forme ou la couleur. Enfin d'autres attributs ne comportent que deux valeurs, tels le sexe ou le genre.

Il se trouve que la théorie de l'information, et après elle l'informatique, est basée sur deux valeurs, dites « 0/1 », auxquelles peuvent être réduites toutes les dimensions. Certaines configurations physiques (une porte de maison, un interrupteur, une porte électronique, une cellule de mémoire, etc.) sont également porteuses de deux états (souvent décrits comme <ouvert>/<fermé>), et seulement de deux. Enfin la logique classique est fondée sur deux valeurs, <vrai/faux>. Il y a là des occasions de mise en correspondance, théorique ou pratique, de tout ce qui est bivalent, et dont on comprend qu'elles incitent à privilégier la bivalence ; mais cette préférence n'est pas toujours justifiée.

La notion générale d'attribut, telle qu'elle est employée ici, a le grand avantage de s'appliquer à tous ces cas, de ne pas préjuger du nombre de valeurs, de concerner tous les objets de pensée qui comportent de la différence. Elle permet de fonder l'idée de multidimensionnalité, de multiplicité dans les modes de variation, c'est-à-dire de complexité. Elle s'applique bien aux objets physiques, mais aussi, on l'a vu, au-delà d'eux, aux êtres vivants ou aux humains, à leurs propriétés, aux événements et aux états de choses, aux entités sociales ou morales, et à une foule d'autres entités. La généralité et la puissance de la notion d'attribut ne se comprennent bien que si on la considère comme étant de nature essentiellement cognitive : un attribut cognitif est la façon dont un esprit humain pense la variabilité lorsqu'il se préoccupe de l'analyser, c'est-à-dire de la décomposer en *modes* de variabilité (ce que sont précisément les attributs), afin de pouvoir ensuite la recomposer mentalement, et ainsi de la maîtriser.

En réalité il n'existe presque rien dans le monde qui ne soit complexe, c'est-à-dire pluridimensionnel ou doté d'une pluralité d'attributs. Il existe en même temps dans les esprits humains une forte propension à penser le monde avec un nombre d'attributs cognitifs inférieur à celui qui conviendrait, et fréquemment à le faire de façon unidimensionnelle. Le bon et le mauvais coexistent dans cette propension : c'est souvent de façon outrageusement fausse que l'esprit humain simplifie, en appauvrissant ou déformant la représentation qu'il se donne du réel pour en réduire la difficulté. Mais l'esprit ne peut penser le monde qu'en le simplifiant : c'est justement l'objectif de la connaissance scientifique que de « bien simplifier » en distinguant les dimensions ou les attributs pertinents. C'est par cette réduction qu'elle s'efforce de décrire et d'expliquer le complexe par du simple. Nous allons examiner ce que nous apporte la recherche cognitive à ce propos.

Même et différent

La question fondamentale qui est ainsi posée est celle du « même » et du « différent », dans l'identification et la catégorisation, c'est-à-dire la conceptualisation, des entités particulières. Qu'est-ce que « être le même que » et qu'est-ce que « être différent de » ?

La réponse à cette question, philosophique à un haut degré, est en réalité prise en charge par des mécanismes cognitifs-cérébraux. On peut explorer brièvement ceux qui relèvent de la perception. Il existe au cœur de celle-ci des mécanismes qui assurent le fait d'« être perceptivement le même dans le temps », à savoir la constance de la perception des objets en dépit des changements de leur image. On peut conjecturer que l'évolution a développé ces mécanismes pour garantir la reconnaissance par les animaux de la constance de leurs congénères, et peut-être aussi de leurs proies ou prédateurs, en priorité par rapport à celle des objets inanimés.

On sait que, dans la perception visuelle, un « même » objet peut former sur la rétine des images qui varient beaucoup par leur taille, leur forme apparente, leur éclairement, etc. Des mécanismes partiellement innés et partiellement acquis assurent la constance de la perception des objets variables. Cela se fait au moyen d'une interprétation automatique des données sensorielles, c'est-à-dire d'un « calcul » effectué par le cerveau sur ces données, dont le produit est un percept stable. Dans le domaine auditif il en va de même : les stimulus physiques peuvent, eux aussi, varier de façon multiple, à la différence des sons purs expérimentaux envisagés précédemment : cela est plus particulièrement vrai des sons qui servent à la communication et, chez les êtres humains, à la parole. Aucune communication ne serait possible si ces variations physiques n'étaient pas redressées par le cerveau. Les travaux sur la perception de la parole ont bien mis cela en évidence. La notion même de « phonème », avec les variations qu'elle comporte entre les langues, et le rôle qu'y jouent les apprentissages individuels, illustre bien une forme complexe d'identification/discrimination basée sur la perception automatique du « même ». Pour nous en tenir à des exemples ordinaires, beaucoup de non-francophones sont incapables de faire des distinctions qui nous sont familières et automatiques, par exemple entre des sons que nous écrivons « e », « eu », « é », « è », ou encore entre « u » et « i ». La réciproque est tout aussi vraie. L'idée à retenir de ces faits est que les mécanismes perceptifs sont, dans une extrêmement large mesure, capables de corriger de nombreuses variations des stimulus, et de leur restituer des invariances qui permettent de les identifier.

Nous avons évoqué plus haut un autre processus de traitement du « même », la reconnaissance, qui s'exprime de façon subjectivement très forte dans notre activité de mémoire habituelle (la mémoire épisodique). Par ce processus un stimulus ou un objet, « nouveau » au sens cognitif, est jugé être « le même » qu'un stimulus ou un objet « ancien », c'est-à-dire déjà rencontré. La reconnaissance comporte une importante composante discriminative, grâce à laquelle le stimulus concerné peut être reconnu parmi d'autres qui lui ressemblent mais qui sont, en définitive, « autres ». Les recherches classiques sur la mémoire ont montré que plusieurs facteurs de base, notamment le nombre de stimulus parmi lesquels il faut faire un choix, et la similarité entre ces stimulus, y jouent un rôle essentiel : on retrouve dans ces activités de reconnaissance d'un stimulus parmi plusieurs, et dans leur degré de difficulté, des effets très similaires à ceux décrits plus haut à propos des apprentissages discriminatifs chez l'animal.

Un phénomène très intéressant en la matière est celui de familiarité : Tulving (1985) a introduit à cet égard une importante distinction dans le fonctionnement de la mémoire. Elle oppose la remémoration consciente, le rappel, qui s'exprime par des mots comme « je me souviens », et des manifestations de souvenir beaucoup plus faibles, qui consistent en un état de conscience particulier, un sentiment subjectif vague de familiarité, qui pourrait être exprimé par « je sens que j'ai déjà rencontré cet objet ou ce stimulus, mais sans que je puisse en dire davantage ». Pour la psychologie ordinaire, la reconnaissance des visages est un domaine dans lequel s'opposent clairement ces deux modalités de souvenir. Dans le second cas, l'identification complète du visage ne se réalise pas, et il est impossible au sujet de fournir des détails à son propos. Cette distinction a été bien validée expérimentalement, et on a montré que certains facteurs (diverses conditions expérimentales, mais aussi le vieillissement cognitif, la maladie mentale, diverses drogues, etc.) pouvaient affecter les deux processus de façon différente, souvent en faisant baisser de façon importante la remémoration consciente, tout en préservant la reconnaissance par familiarité.

Cet ensemble de travaux a également montré qu'à la base de ce sentiment de familiarité se trouve une relation de similarité entre la représentation actuelle, celle du stimulus présent, et une trace en mémoire, indistincte, formée à partir du ou des stimulus anciens. Les fausses reconnaissances sont fréquentes lorsque cette similarité est élevée.

La pluridimensionnalité : les catégories artificielles à attributs multiples comme modèle réduit des catégories naturelles

L'étude des objets pluridimensionnels, c'est-à-dire à attributs multiples, peut concerner des « objets » naturels comme des cerises, des mouettes, des visages, des êtres humains, ou bien des objets artificiels, construits au laboratoire. Tout indique qu'il y a une continuité entre les représentations des uns et des autres.

Il existe une petite histoire, racontée avec beaucoup de talent par Coluche – et avant lui par Sammy Davis Jr – qui illustre bien, l'auraient-ils pensé ? la notion de pluridimensionnalité naturelle. Dieu, y dit-on d'abord, a créé sur la terre des hommes blancs et des hommes noirs, des hommes grands et des hommes petits, des hommes beaux et des hommes laids, et il a aussi décrété qu'« il y en a qui seront noirs, petits et moches, et pour eux ce sera très très dur ! ».

On peut faire ici un petit effort pour rendre Coluche ennuyeux : les attributs (ou dimensions) qu'il cite en premier sont définis par les oppositions « blanc/noir », « grand/petit », « beau/laid ». On peut les représenter dans l'espace au moyen d'un grand cube, dans lequel la blancheur/noirceur sera représentée, par exemple, par la largeur du cube, la taille par sa hauteur, et la beauté par sa profondeur. Ce grand cube est rempli de petits cubes, dans lesquels se trouvent toutes les combinaisons possibles de 3 valeurs des attributs initiaux : par exemple noir+grand+beau correspondra à l'un de ces petits cubes. L'histoire nous découvre finalement, d'où le rire, que les attributs d'origine sont tous les trois, séparément et insidieusement, corrélés avec un quatrième attribut, qu'on peut appeler « favorisé/défavorisé », et que celui-ci a une structure cumulative. Si on superpose donc la dimension « favorisé/défavorisé » aux trois premières, on voit aisément que la meilleure place, dans le grand cube, se trouve dans le petit cube qui se situe à l'un des coins du grand, celui des gens blancs-grands-beaux, et que la plus mauvaise se trouve dans le petit cube du coin opposé, celui qui contient les noirs-petits-laids. Abstraitement les petits cubes sont équivalents, mais pas les créatures.

L'expérimentation sur des objets artificiels permet de faire varier comme on l'entend des objets ayant cette même structure. Elle est particulièrement à même d'apporter des réponses à deux sortes de questions : 1. Quels objets sont mis dans les mêmes catégories et lesquels dans des catégories différentes ? 2. Pourquoi et comment sont-ils ? Une grande série de recherches a été menée à l'orée de la période cognitive sur ces questions, et elle a été tout particulièrement illustrée en 1956 par le livre de Bruner, Goodnow et Austin : *A Study of Thinking* [10].

Nous partirons ici de l'exemple d'un petit ensemble de stimulus artificiels abstraits : ils consistent en des cubes, des cylindres et des pyramides, tels que ceux qui sont précocement manipulés par des enfants. Chacun de ces objets peut être petit, moyen ou grand. Chacun peut aussi, et indépendamment, être rouge, bleu ou jaune. À partir de là, l'ensemble des stimulus possibles peut être construit de façon combinatoire : c'est un ensemble 3x3x3, qui peut donner lieu, comme plus haut, à une représentation géométrique, sous la forme d'un cube dans un espace à 3 dimensions. On supposera qu'il existe un stimulus (et un seul) dans chaque case du cube.

Ce qui précède constitue un cas privilégié, pour lequel une description simple, exprimable au moyen de mots et de concepts bien disponibles, peut être donnée des stimulus. Trois dimensions y sont prises en compte : la forme, qui comporte 3 modalités, la taille, qui en comporte également 3, et la couleur, qui en comporte aussi 3. La combinaison 3x3x3 peut aussi être caractérisée symboliquement au moyen de relations logiques et mathématiques usuelles.

On peut définir des catégories artificielles sur cette base, en faisant diverses sortes de regroupements à l'intérieur de cet ensemble. Un cas simple, qui nous fait revenir en arrière, est celui de la catégorisation unidimensionnelle : l'expérimentateur peut décider, par exemple, que tous les objets bleus appartiendront à une même catégorie, et tous les objets non bleus à une autre catégorie. La forme et la taille sont alors décrétées sans importance : ces dimensions seront non pertinentes par rapport à la catégorisation à effectuer. On se retrouve en fait dans la même situation que celle des chiens de Kupalov : l'ensemble des sons possibles y est, en réalité, un ensemble à attributs multiples, pluridimensionnel, et c'est seulement quand l'expérimentateur a décidé de ne pas le faire varier sur des dimensions autres que la hauteur tonale, c'est-à-dire que seule celle-ci sera pertinente dans l'expérience, que l'on a réduit la multiplicité des attributs à une variation unidimensionnelle. D'une certaine façon les différents systèmes musicaux, et les différents musiciens du monde, procèdent de façon analogue lorsqu'ils décident de quels sons ils se serviront pour leur musique, à l'intérieur des possibles à multiples attributs qu'offre l'univers des sons.

À partir du petit ensemble d'objets décrit ci-dessus, des catégories plus complexes peuvent être créées ou choisies : par exemple celle qui regroupe les cylindres bleus, par opposition à tous les autres objets, ou encore les pyramides petites et rouges, toujours par opposition aux autres objets. Au lieu d'avoir deux catégories, on peut décider d'en avoir davantage. On parle là, dans tous ces cas, de catégories « conjonctives », parce qu'elles peuvent être décrites en stipulant un regroupement de tous les objets qui sont à la fois des pyramides, ET petits ET rouges, comme dans notre dernier exemple, alors que la catégorie complémentaire peut être décrite par la conjonction des caractéristiques opposées.

Plus complexes que les précédentes sont les catégories « disjonctives », qui peuvent être décrites au moyen du connecteur « ou ». On pourrait, par exemple, décider de faire entrer dans une même catégorie tous les objets qui sont OU des cylindres OU des pyramides, opposés aux autres, ou, pourquoi pas, tous ceux qui sont des cylindres ou des pyramides, pourvu qu'ils soient bleus ou rouges, et moyens ou grands, mais à l'exclusion de tous les autres. Une catégorisation aussi arbitraire, en apparence, ne serait pas très différente de celles que crée la nature : que sont les pommes sinon, et encore en simplifiant, des objets qui ont une forme spécifique p, pourvu qu'ils soient ou verts ou rouges ou gris, et d'une taille moyenne-supérieure ou moyenne-inférieure (par référence aux objets de forme voisine), et qu'ils aient une odeur telle ou telle. Un objet qui aurait la forme p, mais qui serait violet, ou qui sentirait la banane, n'aurait plus droit au beau nom de « pomme ».

Les apprentissages par l'exemple
et la formation de catégories

Dans les expériences sur ce qui a été appelé d'abord « apprentissage (ou formation) de concepts », et dont l'objectif était de faire apprendre des catégories artificielles aux participants, on a abondamment manipulé des stimulus artificiels variés construits selon le précédent schéma. Ces expériences, conduites sur des adultes ou sur des enfants, ont souvent en outre comporté, dans le cours même de leur procédure, l'utilisation du langage comme un auxiliaire, par l'intermédiaire d'un de ses substituts pauvres, l'étiquetage : l'expérimentateur pouvait, par exemple, décider que toutes les petites pyramides bleues seraient arbitrairement appelées des « noc » et les autres objets des « div ». Il demandait alors à ses participants de catégoriser ses stimulus, qu'on leur présentait un à un, en les rangeant l'un après l'autre en deux tas. Il disait « bien » à chaque fois qu'un stimulus décrété par lui « noc » était rangé dans le tas réservé aux nocs et « non » dans le cas contraire, et il faisait de même pour les stimulus divs. On voit bien que cette technique est homologue aux « apprentissages par essais et erreurs », tant chéris des béhavioristes. On parle aujourd'hui à ce propos d'apprentissage (de catégorie ou de concept) « par l'exemple ».

On doit souligner que les mots « noc », « div », « bien » ou « non » ne sont pas l'essentiel dans le processus que nous décrivons ici. Ce à quoi ils servent, c'est à associer dans l'esprit des participants une forme de mot à la catégorie ou au concept en voie de formation. Les apprentissages par l'exemple du type ci-dessus contiennent donc en eux-mêmes deux sous-apprentissages : un apprentissage par essais et erreurs de ce qu'est la catégorie (et de la distinction qui divise l'univers des stimulus en deux catégories dotées de leurs propriétés, les ceci et les cela) et un apprentissage du nom de ces catégories, ici les « nocs » et les « divs ». Ce qui nous intéresse principalement en ce moment est la nature du premier apprentissage, c'est-à-dire du mode de formation des catégories.

Il est justifié de considérer la situation expérimentale d'apprentissage par l'exemple que nous avons décrite comme un modèle réduit d'un grand nombre d'apprentissages de concepts et de mots dans la vie réelle. Les enfants, mais aussi les adultes, se trouvent souvent dans des situations où ils voient pour la première fois, puis de façon répétée ensuite, des objets dotés des caractéristiques a, b, c, d. Imaginons qu'ils les fassent entrer dans une activité pratique, par exemple y mettre la dent pour y goûter, ou y pianoter pour faire un numéro de téléphone. Ils formeront sur cette base une représentation nouvelle, dans notre exemple celle qui regroupe une certaine sorte de fruits exotiques, ou un certain type de téléphones portables, avec les catégories et concepts correspondants. Si l'entourage y ajoute une dénomination, ils pourront les inclure dans leur lexique, avec leur dualité habituelle de représentation de la forme et représentation sémantique. La situation expérimentale que nous avons décrite est ainsi structurellement analogue à certaines de celles que propose la vie réelle.

Il existe certes d'autres façons d'apprendre une catégorie : la plus évidente passe par le langage, et par l'usage de sa sémantique. Il aurait suffi, avec des participants suffisamment âgés, de dire : « Les nocs sont les petites pyramides bleues, et les divs les autres objets. » Mais cela n'est possible que si ces participants possèdent au préalable les concepts <pyramide>, <bleu> et <petit> ainsi que les mots correspondants [11]. L'apprentissage par l'exemple ne repose pas de façon directe sur cet usage de la sémantique.

La notion de règle et la catégorisation par règles

Un tournant important dans les recherches sur la catégorisation à l'orée de la période cognitive en psychologie, a ainsi été illustré par le livre de Bruner, Goodnow et Austin (1956). Ces études ont été conduites sous les dénominations d'« identification de concepts », ou d'« apprentissage de règles ».

La notion de « règle » est une des façons d'interpréter ce qui se passe dans l'esprit d'un sujet lorsqu'il procède à une catégorisation d'entités complexes. Nous allons nous placer dans la situation où un sujet, après un apprentissage, connaît déjà la catégorie C. Il sait, à un moment donné, que les C sont les petites pyramides bleues. La question posée est de savoir comment il en fera usage lorsqu'un nouvel objet lui sera présenté. La théorie de la catégorisation par règles considère qu'il l'examinera par une suite de processus, qui constitueront autant de « pas » cognitifs :

1. il sélectionnera l'un des attributs du stimulus qui lui est soumis, par exemple la couleur, et il lui appliquera son attention de façon particulière,

2. il jugera si l'information perceptive de l'objet nouveau

relativement à cet attribut correspond à la valeur exigée pour la catégorie C, et il observera, par exemple, que l'objet est <bleu>,

3. sélectionnera alors un deuxième attribut de la catégorie, par exemple la forme,

4. et il observera sa valeur sur le stimulus, par exemple <pyramide>,

5. il sélectionnera un troisième attribut du stimulus, par exemple la taille,

6. et déterminera la nouvelle valeur, par exemple <petit>,

7. il composera ensemble les résultats des processus, 2, 4 et 6,

8. il prendra la décision d'affectation du stimulus à la catégorie, ce qui le conduira dans le cas présent à décider que « oui, c'est un "C" ».

On a vu que le processus ainsi décrit est itératif : les pas 3 et 4, puis 5 et 6, sont une répétition des pas 1 et 2. S'il y a plus de trois attributs (ou moins), le processus total devra être adapté en conséquence. Dans tous les cas la décision finale dépendra d'une suite de décisions partielles, dont chacune est le produit d'un traitement élémentaire des informations, présente et en mémoire : pour décider que « oui, ceci est un C », il a fallu préalablement générer des sous-décisions « oui » pour chacun des trois attributs. Il a fallu aussi conserver le souvenir des résultats partiels ainsi obtenus ; ils sont en mémoire de travail. Le processus est ainsi cognitivement coûteux, à la fois dans sa démarche, par la systématisation qu'il rend nécessaire pour la sélection et l'examen des différents attributs, et par la charge en mémoire de travail qu'il impose pour les décisions partielles établies aux différentes étapes de la démarche. Plusieurs facteurs, qu'on ne peut examiner ici en détail, contribuent au coût cognitif du processus total : en premier lieu, bien entendu, le nombre d'attributs à prendre en compte, qui détermine le degré de complexité du stimulus : « savoir si ceci est un champignon comestible dépend de sa forme, de sa couleur, de sa taille, de sa collerette, etc. ». D'autres facteurs sont le caractère plus ou moins explicite des attributs, et leur séparabilité, le degré de discriminabilité des valeurs sur ces attributs, etc.

Le oui et le non

Nous avons simplifié les choses dans l'exemple ci-dessus, en supposant que, oui, le stimulus nouveau « tombe sous » la catégorie C. Il faut nous demander maintenant ce qui se passe si une sous-décision « non » est recueillie en cours d'examen pour l'un des attributs pris en compte. Théoriquement cela devrait simplifier la décision : un tel « non » partiel suffit pour conduire à une décision « non » finale, qui termine la séquence ; le processus s'en trouve raccourci. Pour aboutir à un « oui », il faut au contraire parcourir toute la liste des attributs. Cet état des choses détermine la distinction entre deux sortes de traitement, l'un qualifié d'« auto-terminant », l'autre d'« exhaustif » Il pourrait sembler que cela rende plus facile le traitement de l'information négative. Il n'en est rien : l'étude expérimentale a montré que, dans la plupart des cas, les traitements comportant de l'information négative sont plus difficiles, et qu'il existe un véritable biais cognitif favorable à l'information positive. L'interprétation qu'on en donne le plus souvent est que le système cognitif a une inclination en faveur du « oui », qu'il est programmé pour attendre, en général, de l'information positive, et qu'il lui faut donc effectuer un changement de route lorsque l'information est négative. On a dit, métaphoriquement, qu'il existe dans l'intellect des êtres humains une sorte de « commutateur », qui est normalement placé sur la position « oui », c'est-à-dire d'accueil positif de l'information, mais qu'il faut faire basculer vers le « non » en cas de démenti, ce qui comporte un coût cognitif supplémentaire.

Comme on vient de le dire, il existe sans doute une tendance psychologique générale, et qui a peut-être une inscription cérébrale, à ce que la cognition préfère le « oui ». Il existe un processus neuronal caractéristique de la négation, qui est l'*inhibition*. C'est celle-ci qui est à l'œuvre dans la suppression d'une tendance à réagir qui se révèle inadaptée à l'environnement, et qui reçoit donc de lui un démenti ou un désagrément. C'est ce que l'on voit dans les phénomènes d'extinction ou de discrimination au sein des conditionnements et des apprentissages : les renforcements négatifs conduisent à la baisse des comportements.

Tout permet de rapprocher de ces suppressions de comportements les effets cognitifs qui conduisent à supprimer une pensée, ou une tendance interne à former une représentation, lorsque celle-ci est démentie par l'environnement. Ce que suggère l'expérimentation dans des domaines très divers et très éloignés, c'est que, de même qu'il n'y a pas de symétrie entre faire et ne pas faire, il n'y en a pas entre croire et ne pas croire. Dans un ordinateur, on peut facilement programmer un dispositif qui décide « non » si l'exemplaire n'est pas conforme à un schéma préexistant : chez l'être humain, c'est plus difficile, et la tendance au « oui » l'emporte naturellement sur celle qui conduit au « non ».

Catégorisation par règles et catégorisation par similarité

La catégorisation par règles est une démarche coûteuse, et cela tient à son caractère analytique. Nous avons fait ressortir que ce coût dépend des résultats intermédiaires, qu'il faut conserver en mémoire de travail. Mais il faut aussi que le sujet se souvienne, à chaque moment, de quels attributs ont été examinés jusque-là, et desquels restent à examiner.

Un autre aspect encore du processus est extrêmement important : pour catégoriser analytiquement au moyen d'une exploration des attributs, le sujet doit savoir initialement quels sont les attributs qui appartiennent à la catégorie et aux objets à catégoriser, et quelles sont les valeurs de ces attributs qui serviront de critères. Il faut savoir aussi lesquels parmi tous les attributs des objets méritent d'être pris en compte, c'est-à-dire seront pertinents pour la catégorisation. Dans les exemples que nous avons utilisés, les objets qui servent de stimulus ont également un poids, et celui-ci est donc aussi un attribut réel des objets, mais nous ne l'avons pas mentionné. Nous sommes convenus implicitement que le poids n'avait pas d'importance, et que nous n'aurions pas à en tenir compte. Cet attribut n'est donc pas entré dans la suite de nos étapes de 1 à 6.

Mais tout cet ensemble de connaissances préalables peut ne pas être présent chez le sujet, ou ne pas être disponible. On se trouve alors dans une situation très différente. Dans les expériences comme celle que nous avons décrite, cette disponibilité vient souvent de ce que les dimensions pertinentes sont énoncées par l'expérimentateur : la consigne précise, par exemple : « vous allez voir des stimulus qui sont bleus ou rouges, petits ou grands, etc. », et les participants ne sont pas incités à tenir compte du poids. Dans les situations naturelles, on est souvent très loin de cela. Qu'en est-il dans ce cas ?

Ce que l'on observe, c'est que la catégorisation ne se fait plus alors par une démarche analytique, fondée sur des règles, mais d'une façon syncrétique, gouvernée par la similarité. Nous rapporterons un peu plus en détail pour le montrer une expérience d'Allen et Brooks (1991) [12] qui était destinée à fournir une réponse à cette question.

> Les participants avaient pour tâche de ranger des animaux imaginaires dans deux catégories : des « constructeurs » et des « fouisseurs » (« diggers »). Ces animaux étaient présentés sur des dessins, et ils y apparaissaient dans un environnement de campagne ou de forêt. L'expérience comportait deux phases. L'une était la phase d'apprentissage, au cours de laquelle les participants apprenaient à catégoriser 10 animaux ; la seconde était une phase d'épreuve. On y présentait, mélangés à certains des animaux précédemment appris, des animaux nouveaux, que l'on demandait d'affecter à l'une des deux catégories, constructeurs et fouisseurs. Pour la 1re phase, deux groupes de participants avaient été constitués. Au premier on fournissait explicitement la règle qui permettait de distinguer les deux catégories : « si un animal a au moins deux des 3 valeurs d'attributs suivantes – longues jambes, corps anguleux, peau couverte de points, alors c'est un constructeur, sinon c'est un fouisseur ». Le second groupe voyait les mêmes animaux mais sans connaître la règle ; on leur disait que la première fois où ils verraient un animal, ils devraient deviner si c'était un constructeur ou un fouisseur, qu'ils seraient alors informés de leur réussite ou de leur échec, et qu'aux essais suivants ils pourraient ainsi être capables de se souvenir ce qu'était cet animal. Donc le premier groupe était incité à utiliser une stratégie d'apprentissage par règle, et le second une stratégie reposant sur la mémoire des exemplaires.
> Durant la seconde phase, on présentait plusieurs sortes d'items nouveaux : par exemple un nouvel exemplaire de constructeur, conforme à la règle, et au surplus extrêmement similaire à un item ancien qui était lui-même, justement, un constructeur. Il en différait seulement sur un attribut, à savoir l'absence de points sur la peau : on appellera « positif » ce type d'exemplaire. Une autre sorte d'items nouveaux consistait, elle aussi, en des stimulus qui étaient réellement des constructeurs, puisqu'ils étaient conformes à la règle, mais qui se trouvaient être très semblables à l'un des fouisseurs de la première phase. Il s'agissait en fait d'un fouisseur sur lequel on avait ajouté des points pour le rendre constructeur : on l'appellera « négatif ». La prédiction était que les participants du premier groupe, ceux auxquels la règle avait été présentée explicitement, devraient avoir tendance à répondre de la même façon aux deux sortes de stimulus, les positifs et les négatifs, à savoir à donner pour tous la réponse : « c'est un constructeur ». En revanche, les participants du second groupe, ceux qui ne pouvaient s'appuyer que sur leur mémoire, répondraient de façon contrastée : « constructeur » dans le cas positif, « fouisseur » dans le cas négatif. On s'attendait en effet à ce que la similarité entre stimulus joue dans ce cas un rôle déterminant.
> Tel fut bien le résultat observé : les participants du premier groupe catégorisèrent les exemplaires négatifs à 55 % comme des

constructeurs, alors que les participants du second groupe jugèrent à 86 % qu'ils étaient des fouisseurs. Un autre résultat intéressant de cette expérience fut que les participants du premier groupe mirent en moyenne 250 millisecondes de plus que ceux du second pour prendre leurs décisions.

L'expérience d'Allen et Brooks opposait deux procédures distinctes de catégorisation. Elle l'a fait pour réduire l'écart entre deux théories opposées : celle qui défendait l'idée que la catégorisation d'entités complexes repose sur un traitement *par règle*, et celle qui la faisait reposer sur des effets de mémoire, essentiellement fondés sur *la similarité*. Les résultats de cette expérience, joints à un certain nombre d'autres, qui ont été analysés par Smith, Patalano et Jonides (1998)[13], montrent qu'on n'a pas de raison solide de penser qu'une des théories est vraie et l'autre fausse : il s'agit en réalité de deux processus stratégiques, qui peuvent être mis en œuvre selon les sujets et les situations. L'expérience d'Allen et Brooks fait ressortir l'importance du rôle joué par la connaissance explicite de la structure cognitive des stimulus, ce qui s'exprime de l'extérieur dans une description, faite au moyen de « descripteurs » (les noms des attributs et des valeurs d'attributs), qui sont portés par le langage. Elle montre aussi que la mise en œuvre de cette connaissance de manière analytique comporte un coût, qui s'exprime dans des temps de traitement plus longs. Il faut ajouter, toutefois, que les participants du premier groupe ne répondent correctement « constructeur », pour les stimulus négatifs, que dans une proportion de 55 %, ce qui témoigne que même ces participants-là, bien informés, ne répondent pas de façon constante par une analyse sur la base de la règle, mais assez souvent, eux aussi, en fonction de la similarité.

La mémoire sémantique

Nous allons pouvoir maintenant poursuivre l'examen de la signification des mots, qui constitue la seconde composante de leur réalité mentale. Comme nous l'avons dit, on peut aussi parler, à propos de ces significations de « représentations sémantiques », de « catégories », ou de « concepts ».

Sous l'angle de la psychologie cognitive, il n'y a que des avantages à considérer que ces diverses désignations visent une seule et même entité, de nature mentale, qui existe de façon individuelle chez tous les locuteurs, et pour laquelle existe de façon sous-jacente un support cérébral. Les diverses expressions qui la désignent, « signification de mot », « représentation sémantique », « concept (mental) » ou « catégorie » sont donc des synonymes, sous lesquels on cherche à conceptualiser une réalité unique, à la fois mentale et matérielle, qui se trouve dans les esprits/cerveaux humains. Mais cette réalité est si complexe que chacune des désignations la saisit sous un certain angle : « signification de mot » indique qu'il s'agit d'une représentation qui se trouve associée, dans le lexique mental, de façon unique ou plurielle, à une forme, qui est celle d'un mot. Nous sommes, à partir de là, renvoyés à l'idée, non démontrée, mais acceptable, de la liaison nécessaire entre toute signification unitaire et sa forme : il ne peut pas exister, en tout cas de façon durable, de représentation sémantique claire qui ne se cherche et ne finisse par se trouver une expression en mot, ou en mots.

L'emploi de « représentation sémantique » exprime explicitement le fait que les significations représentent, et qu'elles le font, à la différence des représentations de la forme du mot, à propos de réalités qui sont, de façon ultime, extérieures au langage. Dans la perception, dans le « premier système de signalisation », comme disait Pavlov, représenter implique une relation directe avec une réalité existant en dehors de l'esprit, dans le monde réel physique ; ainsi de façon immédiatement dérivée de la perception, les images mentales [14] constituent des états de représentation de même sorte que la perception, mais qui ont lieu en l'absence du stimulus. Les représentations sémantiques momentanées, celles que chacun peut former quand on prononce, par exemple, le mot « orange », sont aussi des états de représentation qui se produisent en l'absence du stimulus primaire. Mais elles le font en présence d'un stimulus secondaire, le mot. Cela n'est possible, selon la théorie cognitive standard, qu'à travers l'existence d'une entité mentale durable, conservée dans la mémoire sémantique à long terme.

C'est cette même entité qui peut aussi être appelée « catégorie ». Cette désignation met l'accent sur le caractère générique des significations de mots – les noms propres relevant d'une autre analyse [15] – et sur le fait qu'elles peuvent être appliquées à une multiplicité de représentations occurrences, par l'intermédiaire du processus de catégorisation. On peut tout aussi bien parler de « concept », ce qui implique les mêmes propriétés, et indique en outre que cette réalité mentale est mise en œuvre dans tous les secteurs de la pensée, et notamment dans les inférences et les raisonnements.

Le point important, celui qui justifie l'existence des sciences cognitives en général, et de la psychologie cognitive en particulier, est que cette réalité mentale que sont les représentations sémantiques (ou les catégories, ou les concepts) ne s'offre pas à la connaissance humaine de façon directe et aisée. Que cette connaissance ne soit pas immédiate, on peut le voir facilement. La plupart des locuteurs font usage de leurs significations de mots sans même y penser. Pour comprendre la phrase : « il y a un oiseau sur le balcon » personne ne se demande ce que signifient « oiseau », « balcon », et encore moins « sur », « un », « le » et « il y a ». Si on pose la question à un locuteur quelconque, elle ou il répond : « c'est évident ». Ou, ce qui est plus significatif : « vous le savez aussi bien que moi », preuve qu'elle admet que la connaissance en est partagée. La difficulté de base de la communication est que les significations, souvent, ne sont pas partagées, et que les locuteurs ne le savent pas. À partir des données et analyses présentées par les sciences cognitives, et notamment par la psychologie cognitive dans ses laboratoires, on peut tirer à ce sujet des réponses instructives.

Sans aucun doute, le caractère implicite des significations de mots et des concepts a été amplement diminué par l'investigation réflexive. Cela vaut particulièrement pour des concepts hautement abstraits, auxquels la pensée philosophique s'est attaquée depuis longtemps. De façon plus récente, la sémantique linguistique, la philosophie du langage, la pragmatique, ont aussi fourni une riche moisson de faits et d'analyses sur les significations et les concepts du langage ordinaire. Mais l'utilisation de la méthode expérimentale telle que la pratique la psychologie cognitive, à partir d'hypothèses préalablement théorisées en commun avec d'autres sciences cognitives, permet d'aller plus loin dans cette voie.

Les relations entre les contenus sémantiques obéissent à des régularités

Dans les chapitres qui vont suivre, nous nous intéresserons en premier lieu à l'idée que les significations de mots et les concepts sont *organisés* dans les esprits – y compris dans ceux des personnes que leurs observateurs malveillants jugent « en désordre ».

Dans tout esprit, il existe des relations entre concepts, et ces relations obéissent à des régularités naturelles. Nous nous interrogerons donc sur des questions, apparemment simples, telles que : « Quelle relation y a-t-il, dans les esprits humains, entre le concept de <rose> et celui de <fleur>, ou celui de <tulipe> ? » Cette question présuppose qu'on a répondu « oui » à une autre question : « Existe-t-il réellement quelque chose de commun entre tous les esprits quant aux relations entre concepts ? » On peut, sous un autre angle, regarder avec intérêt une approche de psychologie différentielle, de sociologie ou d'ethnographie, qui demande : « En quoi le concept de C diffère-t-il dans un esprit et dans un autre esprit, dans l'esprit de Claire et dans celui de Sophie, ou encore dans celui de Tang en Chine ? » On cherche ainsi à atteindre des différences interindividuelles ou interculturelles, et on sait que celles-ci peuvent, en effet, être considérables : on s'entre-tue parfois à cause d'elles. Mais ces différences, dont l'existence et parfois l'importance sont indéniables, n'entrent pas dans le thème de cet ouvrage. Ce qu'il est important de souligner est qu'elles peuvent être mieux prises en considération si on les considère comme secondes par rapport aux caractéristiques générales. Elles sont elles-mêmes mieux compréhensibles sur l'arrière-fond des régularités qui gouvernent la pensée humaine en général.

CHAPITRE 5

Mémoire sémantique
et réseaux sémantiques

Les concepts (les significations de mots) sont liés entre eux dans la mémoire à long terme par une multiplicité de liens : les « réseaux sémantiques » constituent une famille de modèles qui visent à décrire cette organisation. Cette modélisation est pour partie commune aux domaines informatiques de l'intelligence artificielle et de la représentation des connaissances et à la psychologie cognitive ; cette dernière utilise les techniques expérimentales dont elle dispose pour tenter de valider ces modèles. Les premiers réseaux sémantiques ont reposé sur les relations de superordination/hyponymie existant entre les concepts, systématisées en hiérarchies conceptuelles, sur les notions de généralité et d'abstraction des concepts, et sur celle de similarité, ou parenté, sémantique. Ils ont intégré l'idée, partiellement partagée entre la psychologie cognitive et la neurobiologie, d'activation des représentations, et de propagation de cette activation le long des liaisons entre concepts. Les notions traditionnelles concernant l'association des idées ou les associations verbales peuvent être réinterprétées dans ce cadre moderne. Les systèmes connexionnistes portent ces modélisations à un degré supérieur de sophistication.

Trois grandes familles de théories ont dominé les recherches sur la mémoire sémantique au cours des trente-cinq dernières années : elles ont pour pivot trois notions, celle de <réseau sémantique>, celle de <schéma>, et celle de <composant sémantique>. Il n'est pas facile de savoir si elles sont incompatibles ou si l'on peut en faire une synthèse. Nous allons les présenter dans une optique favorable à la seconde éventualité, en commençant par celle de <réseau sémantique>.

Deux idées principales sont sous-jacentes à la notion de <réseau sémantique>. Nous avons déjà rencontré la première à propos du lexique mental : c'est l'idée même de <mot>, conçu comme une unité, même si celle-ci est en fait composée de deux représentations mentales, la représentation de la forme et la signification. C'est de ce couple de représentations que les mots de la langue, auditifs ou visuels, sont les incarnations physiques observables. La seconde idée qui fonde la notion de <réseau sémantique> se présente alors un peu comme une correction à l'égard de la première : les mots, et leurs représentations mentales, sont des unités, certes, mais pas trop. Il serait trop simple et peut-être trop beau de n'avoir affaire qu'à une simple collection d'unités lexicales, fussent-elles bifaces, c'est-à-dire, pour la sémantique, à une simple collection de significations : c'est pourtant ce que suggère la notion de <lexique> et plus encore celle de <vocabulaire>. Ce que nous allons montrer maintenant c'est qu'aux unités il faut en réalité ajouter les relations qui les lient. Quelle est la nature de ces relations ? C'est une question dont on peut dire qu'elle est, aujourd'hui encore, loin d'être résolue. Mais on peut l'examiner sérieusement, de façon théorique et expérimentale, et voir que la notion de <réseau sémantique> permet d'en construire une famille de modèles descriptifs. Ceux-ci, pour être approximatifs, sont à leur niveau relativement satisfaisants.

Si nous voulions nous figurer entièrement les relations entre les représentations sous-jacentes aux mots, nous devrions y distinguer un nombre important de catégories de relations. Nous ferons brièvement le tour de quatre d'entre elles, avant de concentrer notre attention sur les relations entre les représentations sémantiques qui constituent les réseaux sémantiques. Nous appellerons aussi ces derniers des « réseaux conceptuels ».

La première relation est celle que nous connaissons déjà, qui est interne aux unités lexicales, et qui lie pour chacune une forme de mot à sa signification. La relation forme-signification est celle qui s'exprime par le verbe « signifier » ou l'expression « vouloir dire ». Tout locuteur, dès la prime enfance, peut manier les opérations cognitives qui correspondent à la phrase : « le mot (la forme) M *veut dire* S ». Les dictionnaires sont l'un des moyens de déployer cette relation, mais dans la pratique du langage les locuteurs les consultent rarement. Ils recourent de fait à la signification qu'ils ont dans leur mémoire : elle repose sur la connaissance, presque toujours implicite et souvent quelque peu vague, de M, de S, et de la relation entre les deux.

Cette relation cognitive n'est pas à sens unique : l'opération cognitive M→S (« je sais que le mot M veut dire S »), qui est mise en œuvre de façon implicite dans toutes les activités de compréhension, n'est nullement identique à l'opération S'→F, qui correspond à : « ayant dans l'esprit le sens non encore verbalisé S', je l'exprime par le mot F ». C'est cette opération qui s'actualise dans toutes les activités de production du discours, et qui se réalise dans le choix des mots au moment de la production d'une phrase, choix qui peut être rigoureux ou relâché. C'est elle, aussi, qui se traduit dans les reprises, du type : « ce que je veux dire est que... », avec une autoparaphrase, supposée être plus précise. Mais personne n'a encore trouvé le moyen de déterminer ce que pourrait bien être un « sens non encore verbalisé ».

La relation forme du mot → signification, interne au couple lexical, soulève un autre ensemble de problèmes qui a suscité davantage d'attention : c'est celui de l'ambiguïté/polysémie. La relation → dans M→S est parfois, par chance, du type un-à-un : un mot déterminé a une signification unique. Si on regarde le lexique de façon quantitative, on voit qu'il est bien, de façon prédominante, de cette sorte. La malchance est que, comme on le sait bien, il existe aussi beaucoup d'autres mots qui sont du type un-à-plusieurs : un mot a deux ou plusieurs significations. Malchance redoublée puisque, de façon apparemment paradoxale, ce sont justement les mots les plus fréquemment utilisés qui sont le plus polysémiques. Mais s'y ajoute une consolation : l'esprit humain est ainsi fait qu'il surmonte en général fort bien cette pluralité des significations, qu'il la gère et s'y retrouve automatiquement sans trop de peine. C'est probablement cette capacité individuelle de gestion de la pluralité des significations qui fait qu'au niveau linguistique les locuteurs tolèrent que la langue ordinaire dont ils font usage comporte de la polysémie. Mais les sous-langues spécialisées, par exemple celle qui constitue le langage scientifique ou, dans sa tradition analytique, le langage philosophique, lui font impitoyablement la chasse.

Si les significations d'un mot sont au nombre de deux, et sémantiquement bien séparées, disjointes, on parle simplement d'« acceptions » et d'« ambiguïté » du mot : « grève » illustre ce cas. Le processus cognitif de choix de l'acception correcte dans un contexte déterminé est la « désambiguïsation » simple. Nous en parlerons un peu plus en détail dans un prochain chapitre. Mais dans beaucoup d'autres cas, la situation est beaucoup plus complexe : le mot n'a pas simplement deux acceptions bien disjointes, mais une multiplicité plus ou moins étendue de significations, et celles-ci sont plus ou moins apparentées : c'est alors qu'on parle de « polysémie [1] ». Le verbe « prendre », avec tous ses compléments possibles, est une bonne illustration de cela.

Une deuxième catégorie de relations, que nous mentionnons ici seulement pour mémoire, est celle qui existe dans le lexique entre les formes orales et écrites, représentations phonétiques et représentations orthographiques, qui peuvent être aussi de type « un-à-plusieurs » (« seau », « sceau », « sot », « Sceaux », etc.). Elles soulèvent de nombreux problèmes qui relèvent, pour l'essentiel, des sortes de similarité, phonétique ou orthographique, génératrices de phénomènes assez divers : homophonie, homographie, ressemblance globale, assonance ou rime, etc. Nous en avons déjà parlé, et n'y reviendrons que dans notre quatrième sorte de relations. Nous négligerons aussi, comme précédemment, la question des mots composés ou des locutions.

La troisième catégorie de relations, celle à laquelle nous allons consacrer les prochains développements, est constituée par les relations entre significations. Elles déterminent, en définitive, la structure même de tous les contenus conceptuels présents dans les esprits.

Mais il faut aussi introduire ici, pour compléter le tableau précédent, qui a décrit trois relations de premier degré entre les formes des mots et leurs significations, une quatrième sorte de relation. Elle est de second degré, une relation de relations, et s'exprime dans la phrase : au cours du fonctionnement du discours, les relations entre significations interfèrent souvent avec les relations entre les formes correspondantes. C'est l'univers des jeux de mots, des lapsus, des confusions de sens. Un des schémas en est : si le mot M1 est fortement similaire au mot M2, et bien que la signification S1 de M1 ne soit pas fortement similaire à la signification S2 de M2, il advient de temps en temps que M1 active S2. Ce qui précède est, au plan descriptif, un schéma d'interférence cognitive. Nous reviendrons sur ces situations dans notre chapitre sur la compréhension, et nous essaierons de montrer qu'elles peuvent recevoir une explication prioritairement cognitive, différente de l'explication psychanalytique actuellement dominante. Ce qui complique encore, c'est indéniable, le schéma d'interférence cognitive que nous venons de présenter est que des effets émanant de l'affectivité du locuteur viennent souvent s'ajouter aux phénomènes cognitifs. L'explication psychanalytique de ces phénomènes est fondée sur eux de façon exclusive, mais il n'y a, très souvent, pas de bonne raison pour s'en tenir à eux.

Relations entre significations et relations entre concepts

Ce que nous allons considérer désormais à l'intérieur de ces quatre catégories de relations concernera exclusivement la troisième, les relations entre significations. On peut les regarder comme équivalentes aux relations entre concepts, pour autant qu'on désigne par ce dernier terme les concepts mentaux individuels. Ces relations interconceptuelles constituent comme nous l'avons dit, le tissu, la structure sémantique, de tout esprit humain, en tant que contenu conservé en lui à un moment donné de son histoire, dans sa mémoire à long terme dans notre description.

La conception qui est le plus directement en compétition avec celle-ci, et qui est prévalente dans la philosophie analytique, affirme plutôt que le contenu des esprits est constitué de croyances. Mais, si on laisse de côté les difficultés liées à la notion de <croire durablement que>, les contenus des croyances sont des propositions mentales, et ces dernières sont constituées de concepts. Il s'agit donc d'une compétition relativement faible.

Les relations interconceptuelles sont d'une très grande complexité. On peut chercher à les étudier sous différents angles : par exemple telles qu'elles existent chez un individu remarquable particulier, chez un auteur au travers des écrits qu'il a laissés, et c'est l'objet de l'histoire de la philosophie ou de l'histoire des idées, ou bien telles qu'elles se présentent dans une doctrine ou un ensemble de croyances répandues dans une société, et c'est l'affaire, à nouveau, de l'histoire des idées ou des mentalités, ou de la sociologie pour les idées contemporaines. On peut aussi chercher à les caractériser telles qu'elles se déploient dans une langue particulière donnée, et il s'agit alors de sémantique linguistique. On peut essayer de les simuler sur un ordinateur, pour un domaine déterminé, et c'est la tâche de l'intelligence artificielle et de son secteur de la « représentation des connaissances ». On peut enfin tenter de les décrire, dans leur généralité, telles qu'elles sont organisées dans un esprit/cerveau quelconque, ordinaire, en s'en tenant aux concepts les plus familiers : ce sera ici notre optique.

La question que nous allons nous poser est dès lors la suivante : existe-t-il, dans la structure conceptuelle des esprits humains, des régularités que l'on puisse essayer de dégager et de théoriser en utilisant une approche scientifique ? Les sciences cognitives, et notamment la psychologie cognitive, répondent affirmativement à cette question. Une première façon, raisonnablement simplifiée, de concevoir les relations interconceptuelles est de dire qu'elles constituent un réseau sémantique. Ce type de modèle est compatible avec d'autres sortes de conceptualisations, que nous examinerons plus tard, celles qui font appel à des structures intraconceptuelles, schémas ou composants sémantiques.

Avant d'entrer dans une description des réseaux sémantiques, nous devons en relativiser l'exposé. Pendant une longue période, les travaux sur les représentations cognitives en mémoire sémantique se sont focalisés sur les représentations des objets et des individus, et de leurs propriétés[2]. Dans la période suivante, celle qui est en cours, l'intérêt s'est élargi à la représentation des événements et des actions, ainsi que des situations : nous en parlerons ultérieurement.

Les mots « objet » et « individu » doivent être pris, dans ce contexte, dans leur signification la plus large, et ils incluent les êtres vivants, animaux et végétaux : nous utiliserons dans un instant comme exemples les représentations de <cheval>, <mammifère>, <animal>, etc. La représentation des personnes ne sera pas directement traitée, mais les résultats les plus généraux que nous mentionnerons sont utilisés aujourd'hui, avec une bonne validité, dans des recherches en psychologie sociale cognitive : il y a de bonnes raisons de penser que les représentations des personnes et des ensembles de personnes en société fonctionnent, *grosso modo*, de la même façon que les représentations d'objets et d'individus.

Les représentations d'objets sont typiquement désignées par des noms communs. Mais une importante fraction de ces derniers désigne diverses sortes d'entités qui ne sont pas des objets : certaines sont assez fortement abstraites comme <chaleur>, <nation>, etc., d'autres désignent des événements ou des actions, comme <choc>, <départ>, etc. Nous en tirerons argument, plus bas, pour dire que le schéma de représentation qui s'applique primitivement aux objets peut, sans difficulté cognitive, être étendu à d'autres sortes d'entités. Le problème de la correspondance, visiblement incomplète, entre une certaine classe linguistique, ou « partie du discours », ici celle des noms communs, et un ensemble de représentations définies par leur contenu cognitif, ici les représentations d'objets, est un vieux problème, assez difficile : il l'est d'autant plus que les différentes langues de la planète ont adopté à son égard des options différentes. Toutefois l'existence de représentations d'objets paraît bien être universelle. Les recherches dont nous allons faire état maintenant sont ainsi celles qui, explicitement ou implicitement, ont utilisé les noms communs comme prototypes des mots, en tant que désignateurs de catégories d'objets.

Les réseaux sémantiques

De façon générale, un réseau est un objet de pensée, c'est-à-dire une structure représentative rationnelle, qui comporte un ensemble d'unités, les « nœuds » du réseau, et un ensemble d'« arcs », ou « liens », qui joignent certaines d'entre elles. Pour tout couple de nœuds, on doit stipuler si les nœuds sont « reliés par » ou « non reliés par » un arc, c'est-à-dire par une relation préalablement définie. Dans certains cas on utilisera aussi une relation graduée, « peu, moyennement, fortement, etc., relié à ».

Dans un réseau sémantique les nœuds représentent (théoriquement, c'est-à-dire rationnellement) des unités sémantiques, significations de mots ou concepts, qui sont elles-mêmes des représentations, naturelles ou rationnelles, suivant le cas. Il s'agit donc de représentation de représentations. Dans les développements qui suivent, nous nous en tiendrons, sauf quand nous le préciserons, à des représentations sémantiques mentales. Par contraste, dans l'usage le plus habituel des informaticiens spécialistes de la « représentation des connaissances » (c'est-à-dire à l'exclusion des cas où ils modélisent explicitement un fonctionnement mental, ce qui est rare), les nœuds représentent (rationnellement) des représentations rationnelles.

Les nœuds peuvent être reliés par diverses sortes d'arcs, mais tous ceux-ci sont supposés être aussi de nature sémantique : nous devrons nous demander laquelle. Nous ne devrons jamais perdre de vue ce qu'on doit appeler la « sémantique des réseaux sémantiques ». L'idée de « représentation de représentations » présentée au paragraphe précédent en était une illustration. Mais cette question concerne de façon plus aiguë les arcs. Tout utilisateur d'un réseau sémantique doit toujours se demander, non seulement « qu'y représentent les nœuds ? », question qui peut recevoir une réponse assez simple, mais aussi : « qu'y représentent les arcs ? », question sensiblement plus difficile.

La notion de réseau sémantique est apparue à la fin des années 1960, pour l'essentiel à partir des idées théoriques et des travaux expérimentaux de Collins et Quillian (1969, 1970), et de la théorisation révisée présentée par Collins et Loftus (1975)[3]. L'article de Collins et Quillian en 1969 associait un psychologue et un informaticien. Il a été souvent décrit, mais il mérite encore de constituer le point de départ d'une présentation des problèmes. Nous le ferons en deux temps.

L'article reposait d'abord sur une conception des relations entre significations de mots, ou entre concepts, qui est parfaitement illustrée par les « arbres » taxinomiques, représentations idéales d'une classification à plusieurs niveaux. L'arbre contenant la suite animal/oiseau/canari représentée sur la figure 1 en est l'exemple célèbre.

La figure 1 est supposée représenter – avec de l'encre sur du papier, c'est-à-dire au second degré – des représentations sémantiques, ou des concepts mentaux, présents dans la mémoire à long terme de tout locuteur. Cette représentation forme une arborescence, un réseau hiérarchisé, dont les nœuds portent l'indication des concepts. La figure 1 ne contient pas, pour simplifier, l'indication des formes de mots auxquelles ces concepts sont associés – « animal », « oiseau », « canari », en français, les mots correspondants dans les autres langues – ni l'autre type de liaison qui joint, « oiseau » – <oiseau>, mais le lecteur peut aisément les rajouter.

L'essentiel se trouve ici dans les liaisons existant entre représentations sémantiques : elles sont figurées dans le réseau par les arcs qui relient les nœuds. Il s'agit d'une relation depuis longtemps bien connue sous divers noms par le langage ordinaire, et dont des conceptualisations plus élaborées ont été données par la logique, les mathématiques, la linguistique ou la psychologie : « est une sorte de », « est une espèce de », « est une sous-classe de », « est une sous-catégorie de », « est un hyponyme de », « est un sous-ensemble de ». En allant de haut en bas, on aurait trouvé les relations converses : « est une super-classe de », « est un super-ordonné de », « inclut », « subsume », etc. Les relations particulières de la figure 1 sont exprimées par les phrases : 1. « un canari est un oiseau » (équivalente à « tous les canaris sont des oiseaux » ou, en langage logique, à l'inférence « pour tout x, si x est un

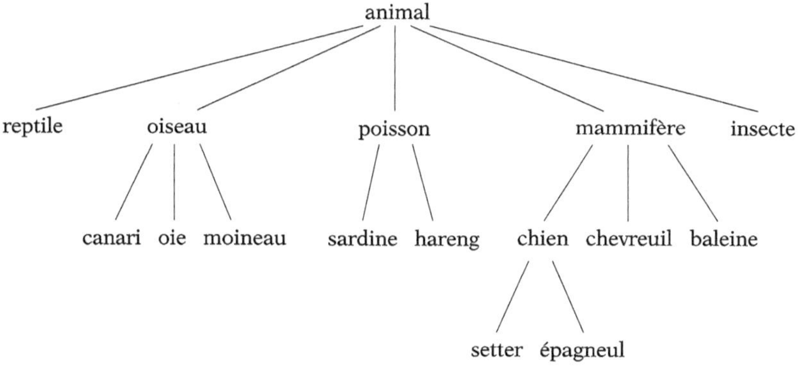

Figure 1. – Figuration d'une hiérarchie simple de concepts. (Ici et dans la suite, nous employons « figuration » plutôt que « représentation » pour bien marquer la distinction entre les *représentations graphiques physiques*, que sont nos figures, et les *représentations mentales*, que les premières ont pour rôle de représenter au second degré.)

canari, alors il est un oiseau », puis par 2. « un oiseau est un animal », et enfin par 3. « un canari est un animal ».

Collins et Quillian supposèrent que cette sorte d'organisation constituait une structure essentielle de la mémoire sémantique. Pour le vérifier, ils donnèrent une forme interrogative à des phrases du genre de celles qui viennent d'être citées en 1., 2., 3., et ils les utilisèrent dans une tâche de « vérification cognitive ». Après les avoir mélangées à des phrases fausses telles que « un lapin est un poisson », ils demandèrent aux participants à leur expérience de leur répondre par « oui » ou par « non », c'est-à-dire par « vrai » ou par « faux », en appuyant sur un bouton. La technique expérimentale consistait à mesurer les temps de réponse.

L'hypothèse cognitive était que la tâche susciterait dans l'esprit des participants une opération de vérification interne de leurs connaissances, qui les obligerait à une exploration de leur mémoire sémantique, et qui conduirait à un « oui » seulement quand une correspondance serait trouvée. L'hypothèse méthodologique était que la mesure des temps de réponse fournirait une information fiable sur les processus et les structures de représentation concernées : cette hypothèse a fourni ensuite la source de multiples autres expériences.

Une hypothèse expérimentale supplémentaire des auteurs était que l'activité mentale engagée pour la vérification des phrases incluait une forme de raisonnement implicite, une inférence permettant de franchir des niveaux dans le réseau. La question la plus simple qu'on puisse poser aux participants sur les concepts de la figure 1 était évidemment : 4. « un canari est un canari ». La prédiction expérimentale de Collins et Quillian était que la réponse à cette question serait la plus courte puisque l'activité de comparaison y serait la plus simple[4], et qu'ensuite les temps de réponses aux questions 1., 2., 3. dépendraient de l'éloignement entre les concepts dans le réseau sémantique. Pour répondre « oui » à la phrase « un canari est un animal », il faut aller de la représentation <canari> à la représentation <animal> à l'intérieur du réseau, ce que l'on peut supposer être plus long que d'aller de <canari> à <oiseau>. Il faut en effet, par hypothèse, passer par le niveau <oiseau>, et utiliser une suite d'inférences implicites selon lesquelles « un canari est un oiseau », « un oiseau est un animal », donc « un canari est un animal ». Collins et Quillian trouvèrent que les temps de réponse à leurs questions étaient ordonnés de façon conforme à leurs prédictions expérimentales.

On peut douter que ces résultats corroborent l'idée qu'un raisonnement implicite est sous-jacent aux décisions sur les concepts. La difficulté s'accroît lorsqu'il faut expliquer la comparaison entre deux concepts de même niveau, des co-hyponymes comme <moineau> et <pinson> et supposer qu'elle se fait par des inférences qui exigent le recours à leur super-ordonné <oiseau>. Un bon nombre d'expériences, que nous n'exposerons pas, ont été réalisées postérieurement à celles de Collins et Quillian : elles ont permis de montrer que plusieurs autres relations autres que celles invoquées ici jouent un rôle dans la mémoire sémantique, et d'enrichir beaucoup nos idées à son sujet.

La technique chronométrique

Les expériences de Collins et Quillian illustrent bien la fécondité de la technique chronométrique pour explorer la structure des représentations. Ces temps de réponse sont, comme dans beaucoup d'autres situations, l'expression comportementale du temps de traitement interne de l'information cognitive concernée. Il est plus long de traiter mentalement la phrase 3 ci-dessus que la phrase 1. Mais on peut les analyser davantage. Les temps de traitement comportent nécessairement une phase initiale, durant laquelle le participant perçoit la phrase et la comprend. Ils comportent aussi une phase finale, durant laquelle le participant envoie et exécute la commande motrice d'appuyer sur le bouton approprié. Il est permis de penser que ces phases sont, aux variations statistiques près, à peu près constantes. Ces deux phases encadrent ainsi une phase centrale, et c'est celle-ci qui varie dans l'expérience en fonction de la question posée, c'est-à-dire de l'élaboration cognitive qu'exige la réponse.

Que cette activité d'élaboration soit ou non une inférence, elle dépend de la structure des représentations cognitives en mémoire, dont la figure 1 présente une illustration graphique. Les comparaisons entre concepts, que requiert l'expression « est-un », dépendent de la proximité entre représentations sémantiques, et cette proximité dépend à son tour des relations naturelles organisées en réseau. Ces relations sont celles qui apparaissent de façon rationnelle, ou logique, comme « appartenance » et « inclusion », et que l'on peut simuler dans une mémoire d'ordinateur. La description y ajoute la notion d'organisation arborescente, et de hiérarchie des concepts, que l'on retrouve dans toutes les taxinomies régulières.

Les propriétés des objets

Une autre notion tient une grande place dans la conception de Collins et Quillian : celle de propriété des objets, et de rattachement cognitif de ces propriétés aux différents niveaux de la hiérarchie des catégories.

Dans l'exemple ci-dessus, il existe une propriété partagée, <avoir de la peau>, que l'on peut attacher à toute la catégorie des animaux. Par contraste, la propriété <peut voler> ne peut l'être qu'à la catégorie des oiseaux, et la propriété <est jaune> l'est spécifiquement à celle des canaris. Par « attachement cognitif » il faut entendre un fait de la connaissance ordinaire : tous les locuteurs savent que la propriété P appartient à tous les membres de la catégorie C, à la façon dont la propriété « pouvoir voler » appartient, en principe, aux oiseaux.

On remarquera au passage à quel point ces mots « appartenir » et « propriété », qui ne sont que des métaphores, même s'ils sont bien ancrés dans nos esprits, demeurent en définitive cognitivement mystérieux. C'est pourtant cette façon de penser les concepts qui sert à justifier que la psychologie cognitive appelle souvent « connaissances » les contenus de la mémoire sémantique : l'existence des fantômes est, aux yeux des personnes raisonnables, une croyance fausse. Donc, dirait une certaine analyse (celle prônée par les philosophes néopositivistes), si les fantômes n'existent pas, on ne voit pas comment ils pourraient porter un suaire, ou des chaînes. Et néanmoins les propriétés <porter un suaire> ou <des chaînes> font bel et bien partie de la connaissance que nous avons du contenu du concept de <fantôme> traditionnel. Elles le font d'une façon qui ne diffère pas cognitivement de la façon dont <peut voler> fait partie de la connaissance que nous avons du contenu du concept <oiseau>.

Collins et Quillian ont émis, et testé expérimentalement, une hypothèse qui spécifie la relation concept/propriété qui précède : les propriétés seraient rattachées, dans la connaissance, au plus haut niveau possible dans la hiérarchie des concepts ou catégories. Un argument en est qu'il ne serait pas cognitivement économique d'associer une propriété, séparément à chacune des sous-catégories d'une catégorie. Par exemple d'associer <peut voler> de façon séparée et répétitive à tous les concepts de sortes d'oiseaux. Mieux vaut l'associer aux oiseaux en général, et attacher, par exemple aux canaris, leurs seules propriétés spécifiques, telle <est jaune>.

Cette hypothèse a été mise à l'épreuve expérimentalement de la même façon que précédemment, au moyen de temps de vérification. On suppose qu'une question portant sur une propriété d'un individu (membre d'une catégorie) comme « un canari peut voler ? » suscite, elle aussi, une séquence d'inférences implicites. Le système de traitement du participant à l'expérience engage un raisonnement implicite du type : « si c'est un canari, c'est un oiseau », « or un oiseau peut voler », et peut conclure : « donc un canari peut voler ». C'est alors qu'il répond « oui ». On peut calculer *a priori* comment le nombre de petites inférences ainsi supposées devrait varier en fonction du nombre de « pas » à franchir d'un niveau à un autre dans l'arbre des concepts, et prédire à partir de là comment les temps de réponse devraient être ordonnés.

Qu'en est-il des résultats expérimentaux, et de leur postérité ? Ceux de Collins et Quillian ont été favorables : les temps observés par eux furent en effet compatibles avec les idées qu'ils présentaient. Mais de nombreux travaux postérieurs, que nous ne décrirons pas, ont montré que les principales parmi ces idées ne résistaient pas à la recherche expérimentale approfondie.

On doit dire d'abord, et l'expérimentation a sur ce point confirmé l'analyse, que l'organisation d'un domaine conceptuel en une vaste arborescence, comme celle qui apparaît sur la figure 1 à propos des êtres vivants, n'a aucun caractère de généralité. D'autres critères de conceptualisation apportent bien souvent des modifications. Par exemple elles introduisent, dans la taxinomie des animaux, les « animaux de basse-cour », dans lesquels sont réunis des presque oiseaux qui ne volent pas beaucoup, comme la poule et ses poussins, et de vrais mammifères comme le lapin. Il est clair que des propriétés fonctionnelles, celles qu'exprime « peuvent être facilement élevés et consommés », sont ici prépondérantes : nous y reviendrons quand nous parlerons des traits sémantiques ou des verbes. Les taxinomies individuelles peuvent dépendre aussi d'autres rapports, moins utilitaires, entretenus par les catégories concernées avec les êtres humains : par exemple, pour les catégories d'animaux, ceux qui sont réputés sacrés ou ceux qui sont tabous. Ne restent guère en définitive, parmi les domaines qui autorisent des taxinomies approximativement arborescentes, que les végétaux, les liens de parenté, au demeurant variables selon les sociétés, des domaines spécialisés comme les objets fabriqués (les outils traditionnels du menuisier ou du cordonnier, aujourd'hui peut-être les objets matériels de l'informatique).

Il est de fait, cependant, que des efforts de rationalisation portent depuis très longtemps sur de nombreux concepts, relevant des domaines les plus divers, et que les résultats en passent peu à peu dans la culture générale.

L'idée d'emboîtement des catégories les unes dans les autres a été exprimée sous forme rationnelle et logique depuis longtemps, et notamment depuis Aristote. Les relations entre concepts et propriétés peuvent trouver leur place dans ce que l'on a appelé, assez généreusement, la « loi » de Port-Royal [5], selon laquelle la « compréhension » des concepts (les propriétés qui leur sont attachées) croît à mesure que décroît leur extension (les ensembles d'éléments auxquels ils s'appliquent). La même relation a été rationalisée de façon mathématique dans les notions d'<ensemble>, d'<inclusion> et d'<appartenance>, et elle est exploitée de façon informatique dans divers domaines de « représentation des connaissances ». La notion de <classification taxinomique>, que diverses sciences utilisent lorsque le réel leur en donne la possibilité, relève aussi de ce mode de conceptualisation des choses et des concepts rationnels destinés à les refléter : la recherche de classifications délibérées et systématiques est une caractéristique de la pensée rationnelle et de la science, et elle pénètre et remanie largement la mémoire sémantique des individus par l'intermédiaire de l'enseignement. Celui-ci, quand il est conceptuel, et on souhaiterait qu'il le soit toujours, consiste à transmettre des ensembles de concepts, parfois organisés en classifications, parfois bien structurés de façon implicite, c'est-à-dire à donner aux élèves ou étudiants l'occasion de transformer une mémoire sémantique où règne initialement un assez grand désordre des critères de classification en une organisation conceptuelle mieux réglée. Davantage encore pourrait être fait en cette direction. Mais la rationalisation des concepts doit procéder d'une connaissance exacte de la réalité des concepts naturels.

L'économie cognitive dans l'organisation des concepts

Les expériences postérieures à celles de Collins et Quillian (1969) n'ont pas corroboré leur idée que le rattachement des propriétés associées à un concept se faisait au plus haut niveau possible. On peut s'arrêter un instant sur ce point : il illustre bien la nécessité de distinguer entre organisation conceptuelle naturelle et organisation rationnelle.

La plupart des systèmes informatiques, notamment ceux qui sont basés sur des connaissances, mettent en œuvre le principe décrit plus haut, celui de l'économie cognitive. Stocker les propriétés au plus haut niveau dans un ensemble de « types », qui renvoient à des concepts, est une économie : cela permet de stocker à moindre coût. Ce principe s'appelle « héritage » : il est utilisé strictement dans les bases de données sur ordinateur qui renferment des représentations correspondant à des concepts : les représentations y sont stockées de façon hiérarchisée, et les informations concernant les propriétés sont attachées au niveau le plus élevé possible de la hiérarchie. Elles peuvent alors être récupérées pour les niveaux inférieurs, lorsqu'on en a besoin, par inférences et héritage, les nœuds inférieurs héritant des propriétés des nœuds placés au-dessus d'eux, comme on l'a vu chez Collins et Quillian.

La nature fait-elle des économies, dans le cerveau ou ailleurs ? Sa façon de gérer la vie semble plutôt, parfois, singulièrement dispendieuse, et l'esprit/cerveau peu soumis à un principe d'économie. Les modèles actuels de l'organisation conceptuelle ne retiennent pas le principe d'économie. Un dernier point, lié au précédent, concerne, dans le modèle de Collins et Quillian, l'hypothèse que la vérification conceptuelle se fait par inférences. C'est à la suite des critiques dirigées, avec des arguments expérimentaux, contre ce premier modèle que Collins et Loftus ont été conduits à l'abandonner et à proposer, en 1975, une meilleure explication que celle des inférences de type logique pour modéliser le passage de concept à concept à l'intérieur de la mémoire sémantique. Nous allons y revenir bientôt.

Général/spécifique et abstrait/concret

Ce qui demeure de la première théorie de Collins et Quillian est l'importance de la dimension qui va du spécifique au général dans la mémoire sémantique. Il s'agit là d'une véritable dimension, comportant une multiplicité de degrés, ou niveaux, « du moins général au plus général » ou « du plus spécifique au moins spécifique ». Les arbres conceptuels de large étendue comme celui illustré sur la figure 1, ou les structures en treillis de Galois qu'on pourrait à juste titre souhaiter leur substituer [6], comportent plusieurs niveaux, et on pourrait leur en ajouter d'autres. Mais souvent, parmi les concepts définis qui sont en mémoire, et parmi les mots qui expriment ces concepts, il n'existe que deux niveaux : la relation entre un plus spécifique et un plus général n'en est pas moins présente.

Nous avons présenté plus haut le processus de catégorisation, c'est-à-dire la mise en œuvre de la relation « est-un », appliquée à une occurrence. Ce que montre la structure en réseau que nous venons de rencontrer, c'est l'importance de la relation entre concepts spécifiques et concepts généraux. La mise en rapport d'un concept plus spécifique, S, et d'un concept plus général, G – dont les schémas logiques sont « les S sont des G », ou « ce x, qui est un S, est donc un G » – est une opération qui a lieu, de façon instantanée, à chaque pas du déroulement des activités cognitives. Cette opération ne peut s'effectuer que sur la base de relations conceptuelles qui lui préexistent dans la mémoire sémantique. La meilleure explication qu'on peut en donner est, à nouveau, celle qui repose sur une comparaison du contenu de S et du contenu de G, dans une tentative d'appariement. Si celui-ci réussit (« une mésange est un oiseau »), une acceptation lui est donnée, s'il échoue (« une mésange est un poisson »), il est rejeté.

Les exemples que nous venons de présenter peuvent paraître triviaux. Mais ce processus s'applique aussi bien à toutes les sortes de concepts mentaux. Les contenus de la mémoire sémantique ne sont pas uniquement des « connaissances », beaucoup sont des croyances. Quelqu'un peut croire que « les S sont des G », c'est-à-dire avoir cette relation sémantique dans son esprit, alors qu'un observateur extérieur sait qu'elle est, objectivement, très douteuse ou fausse. Cela vaut souvent pour des concepts qui sont mal circonscrits ou inadéquats. Le processus n'en fonctionne pas moins selon le même schéma : ce sont les contenus de la mémoire sémantique (les croyances dont sont faits les concepts) qui déterminent les jugements de catégorisation.

Les conséquences en sont particulièrement visibles pour les concepts du domaine social : un nombre considérable de conflits humains naissent du fait que « A croit que tous les S sont des G », alors que cette croyance, qui appartient à l'organisation conceptuelle de A, est contestable ou fausse (selon des critères rationnels).

La dimension de « spécificité/généralité » qui lie les concepts peut aussi être exprimée en termes de « concrétude/abstraction ». On doit alors donner à ces deux mots une signification rigoureuse, différente de celle qui est assez répandue dans l'usage commun : « concret » est souvent entendu comme signifiant « proche de la perception », visible ou audible, alors qu'« abstrait » par contraste, qualifie des entités « éloignées de la perception », et par voie de conséquence, « difficile à imaginer (à "imager", dans le vocabulaire cognitif), et donc à concevoir ». Dans l'utilisation adoptée ici, l'opposition entre le « concret » et l'« abstrait » est, à nouveau, susceptible de degrés. Il n'est pas rationnel de distinguer simplement « les mots concrets » et « les mots abstraits », encore moins *a fortiori* « les concepts abstraits » et « les concepts concrets », puisque, par nature, tout concept est abstrait.

Dans une gradation en degrés d'abstraction, « le plus concret » caractérise la représentation d'un individu ou d'un objet particulier (« Médor », « Victor Hugo », « cette tulipe »), et les degrés successifs d'abstraction suivent à partir de là, pour le dernier exemple, une suite d'emboîtements qui vont aux tulipes en général, aux fleurs, aux végétaux, aux « objets » naturels, etc.

Mais cette gradation est la même pour des entités non perceptibles : elle s'applique, en partant de « ce rectangle », aux rectangles en général, aux parallélogrammes, aux quadrilatères, aux figures géométriques bidimensionnelles, etc., tous concepts qui sont de plus en plus abstraits sans changer de nature. De tels degrés s'appliquent aussi aux êtres humains, pour lesquels l'individuation différenciatrice, que marquent les noms propres, est la plus sensible à l'esprit : « Jeanne », les élèves du CM2, les fillettes, les enfants, les Français, les êtres humains, etc., sont des concepts de plus en plus abstraits. Il est inutile d'ajouter que les conceptualisations sont extrêmement variables d'une personne à l'autre. Chaque personne a son propre emboîtement de concepts, qui constitue sa conceptualisation générale du monde et de la société, et son maniement de l'abstraction ; mais c'est une loi générale de la psychologie cognitive que tout esprit a des concepts rangés selon des degrés d'abstraction.

La logique traditionnelle avait montré depuis longtemps, à sa façon, que la dimension <concret/abstrait> ainsi conçue est corrélée à la dimension <spécifique/général> : plus le contenu d'une représentation est spécifique, et plus il est concret, ou, de façon converse, plus une représentation est générale, plus elle est abstraite. Cette corrélation est clairement une reformulation de la « loi de Port-Royal ». Celle-ci est ainsi ramenée de son statut de principe logique à celui de loi psychologique naturelle.

Il convient de s'arrêter un instant sur ce qui devrait être « les plus abstraites » de toutes les représentations. Si on monte aussi haut qu'on le peut dans la hiérarchie des concepts, que trouve-t-on ? C'est une question controversée, et qui fait aujourd'hui l'objet de recherches complexes. La réponse que nous proposerons est la suivante : on trouve des « hypercatégories », qui sont à la fois abstraites au plus haut degré et générales au plus haut degré. Des exemples en sont <entité>, <individu>, <chose>, <objet> ou, sur un autre registre <événement>, <procès>, <action>, <état>. Nous examinerons plus bas quel usage on peut faire de ces hypercatégories, pour y ranger les concepts.

Réseaux sémantiques mentaux et réseaux sémantiques sur machine

La structure de « réseau sémantique » est une description abstraite, hypothétique, de la façon dont les significations de mots sont liées entre elles et organisées à l'intérieur de notre esprit. Il existe plusieurs sortes de réseaux sémantiques, dont nous allons parler, et qui sont toutes des membres de la grande famille des réseaux en général. Dans la présentation inspirée de Collins et Quillian qui précède, l'organisation en réseau sémantique a été vue sous un angle psychologique largement inspiré de la logique, que nous avons nous-même réinterprétée psychologiquement. L'accent y était mis sur deux relations principales, celle qu'expriment les expressions « est une espèce de », qui est fortement apparentée à l'inclusion logique, et « a comme propriété », qui l'est moins. Ils privilégiaient ainsi un mode de traitement supposé de ces relations, qui était également très apparenté à la logique, le traitement par inférences. C'est pour fonder la possibilité d'une explication par ce mode de traitement que le modèle de Collins et Quillian a été conçu.

Mais la structure de « réseau sémantique » ainsi mise en œuvre n'est elle-même, on l'a rappelé, qu'un cas particulier de celle de « réseau » en général. Il est utile d'analyser celle-ci en ses deux composants : les « nœuds » et les « arcs » (ou « liaisons », ou « liens ») qui les relient. L'usage de cette structure s'est en effet divisé en deux avec l'évolution des sciences cognitives : d'un côté, la psychologie cognitive a continué à étudier le lexique mental, expérimentalement et au moyen de modèles, en s'appuyant sur une théorie suivant laquelle la mémoire sémantique peut en effet être conçue comme constituée d'unités sémantiques, les concepts mentaux ou significations de mots, reliées entre elles par des relations interconceptuelles, elles-mêmes aussi de nature cognitive-mentale. La recherche a alors montré que les relations présentées par Collins et Quillian ne sont pas les seules possibles. Nous allons y revenir dans un instant.

Mais parallèlement, les spécialistes en informatique, dans sa partie « intelligence artificielle », et particulièrement ceux de sa sous-discipline de « représentation des connaissances », ont largement utilisé la structure de réseau sémantique comme un outil, qui s'est révélé extrêmement efficace, pour organiser les bases de données lexicales ou de représentations nécessaires aux systèmes de traitement automatique du langage. Parmi les tâches impliquant de la parole et du langage qui peuvent être réalisées sur ordinateur, les plus complexes sont celles qui impliquent un traitement sémantique, une interprétation, qui simule de plus ou moins près la compréhension humaine. Les systèmes informatiques destinés à accomplir ces tâches comportent nécessairement un dictionnaire, et l'organisation générale de celui-ci doit, tout aussi nécessairement, être semblable à celle du lexique mental : mais « semblable » n'est pas « identique ». Ces bases de connaissances lexicales sont tout naturellement composées, d'une part, de formes de mots susceptibles d'être reconnues – ce dont se contentent les systèmes les plus simples – et, d'autre part, de « significations », c'est-à-dire en l'occurrence de « connaissances » – que certains chercheurs tentent d'étendre en « croyances » – associées à chacune des entrées du dictionnaire. Ce sont ces données qui sont destinées aux traitements sémantiques. Elles doivent être reliées entre elles en mémoire de machine d'une manière qui permette à celle-ci de réaliser, à partir de la structure ainsi formée, les traitements requis par le programme. Comme un ordinateur peut remarquablement bien réaliser des inférences, c'est en fonction de celles-ci que sont organisées les connaissances dans la mémoire de l'ordinateur. Le faire sous forme de réseau sémantique est, dans une optique symbolique, une solution efficace et économique, et c'est celle qui est très souvent adoptée : elle permet notamment l'héritage de propriétés. Il existe une parenté directe entre ces réseaux sémantiques sur machine et les réseaux sémantiques mentaux à la Collins et Quillian, et pour cause : les hypothèses de ces auteurs étaient inspirées par une conceptualisation de type logico-informatique.

Mais cette démarche est foncièrement rationnelle : elle est normale si elle est fondée sur les buts que se donnent les informaticiens élaborateurs de systèmes intelligents. Elle ne nous assure de rien quant à la structure réelle des sémantiques naturelles, structure qui dépend conjointement de ce qui a été lentement construit dans nos cerveaux par l'évolution, en l'absence de tout plan, et par les apprentissages individuels au cours de la vie. Ceux-ci dépendent eux-mêmes à la fois des régularités physiques et écologiques inscrites dans nos environnements communs, et des circonstances individuelles vécues par chacun. Une démarche rationnelle fondée sur la logique peut certes suggérer des hypothèses, et permettre la modélisation, mais, sur le point qui nous occupe, d'autres sortes de réseaux sémantiques sont également envisageables : nous allons en examiner quelques-uns. Mais nous commencerons par introduire les deux processus qui entrent en concurrence avec celui d'inférence, c'est-à-dire de traitement quasi logique : ceux d'activation et de propagation de l'activation.

Les réseaux sémantiques
et la notion de « proximité sémantique »

En 1975, Collins et Loftus présentèrent de nouvelles idées sur la mémoire sémantique, et notamment sur celle de <réseau sémantique>, qui servent encore de référence générale pour les modèles actuels. Les conceptions mises en avant par Collins et Quillian avaient suscité, nous l'avons dit, un certain nombre d'objections, appuyées par des faits expérimentaux, contraires aux prédictions de ces auteurs. La principale victime en fut l'hypothèse que la mémoire sémantique possède une organisation générale de type hiérarchique. Ce que Collins et Loftus en conservèrent fut l'idée d'un réseau composé de nœuds conceptuels reliés par des arcs. Mais ceux-ci représentaient désormais la distance (ou proximité) sémantique entre les concepts, et ils portaient une valeur exprimant théoriquement cette relation sémantique. Celle-ci a été, au cours des années, estimée empiriquement de différentes façons.

Une première sorte de situation expérimentale est celle dans laquelle on fait estimer directement, de façon intuitive, la distance sémantique entre deux mots. On demande alors de répondre à une question telle que : « Indiquez quel degré de parenté vous ressentez entre les significations des mots M et N. » On peut utiliser aussi bien les mots ordinaires de « ressemblance », de « distance » ou de « proximité », qui sont bien compris par les participants à l'expérience, et ne sont pas distingués par eux. On fournit une échelle, de 1 à 7 ou de 1 à 9, avec une indication des correspondances entre nombres et degrés. Les participants répondent sans difficulté à de telles questions, et ils sont capables d'exprimer par une note leur sentiment concernant ces proximités. Il existe un raisonnable degré d'accord entre les participants sur ces estimations, non toujours en valeur absolue, mais sur leur ordre. Ainsi jugera-t-on que « docteur » est sémantiquement très proche de « médecin » (il en est même synonyme dans certains contextes), que « chirurgien » en est modérément proche, qu'« infirmier » en est un peu plus éloigné, qu'« hôpital » ou « ambulance » le sont encore un peu davantage, tandis qu'« autobus » et beaucoup d'autres mots en sont très éloignés. C'est ce degré de parenté intuitive des significations que nous exprimons dans le langage courant, souvent de façon un peu floue, au moyen d'expressions telles que : « ce métier a un rapport étroit avec celui de… ». Nous sommes là dans le champ très général de l'« analogie » sémantique, mais la stabilité statistique de ces estimations montre que nous avons tous une connaissance implicite des proximités sémantiques dans notre lexique mental. Les questions expérimentales posées ont pour objet de les rendre explicites.

Une autre technique, plus indirecte, a consisté à faire produire des « exemplaires » – en fait des sous-catégories – d'une catégorie donnée, par exemple celle des outils. On peut considérer que le plus souvent nommé (par exemple <marteau>) désigne le concept le plus proche de la catégorie. Mais il est admis aujourd'hui que cette technique saisit plutôt le concept le plus « typique » de sa catégorie, c'est-à-dire une autre caractéristique des relations entre représentations, celle de « typicité », sur laquelle nous reviendrons. Dans la perspective de Collins et Loftus, la distance sémantique entre deux représentations de même niveau (<marteau> et <tenailles>) vient de leur appartenance à une catégorie superordonnée. <Marteau> est sémantiquement plus proche de <tenailles> que de <pioche>, et encore plus éloigné de <casserole>, parce que les deux premiers appartiennent à la même sous-catégorie des <outils d'atelier>, le troisième appartenant à la sous-catégorie des <outils de chantier> et le quatrième à la sous-catégorie des <ustensiles de cuisine>. Cette interprétation diffère d'une autre, peut-être préférée aujourd'hui, qui attribue la proximité sémantique à l'existence de « propriétés partagées » ou mieux de « traits sémantiques partagés ».

Ce qu'on peut retenir de ce qui précède, c'est que la notion de « proximité sémantique » permet d'exploiter celle de <réseau sémantique>, en continuant à considérer que la mémoire sémantique est structurée en nœuds conceptuels, reliés par des arcs, ceux-ci étant dotés d'une valeur qui exprime la force de la liaison. Cette dernière peut alors être pensée en termes de connexion neuronale, comme nous le montrerons plus bas à la suite de Cree, McRae et McNorgan (1999).

L'activation et sa propagation

Deux autres idées essentielles ont été en même temps présentées par Collins et Loftus : celles concernant l'activation des représentations, et sa propagation. Les nœuds conceptuels d'un réseau sémantique peuvent être considérés comme changeant d'état dans le temps. Ils sont, soit dans un état de repos, non actif, soit dans un état actif, ou activé ; dans ce second cas, leur niveau d'activation peut être plus ou moins élevé. De surcroît, cette activation, présente dans un nœud à un moment donné, est susceptible d'activer un nœud voisin, c'est-à-dire de se diffuser, d'abord jusqu'aux nœuds les plus proches du nœud originel, puis, éventuellement, de proche en proche, aux autres nœuds voisins de ceux-ci. Cette diffusion de l'activation, plutôt appelée aujourd'hui « propagation », s'effectue entre deux nœuds en fonction de la force de la liaison qui les relie. Des hypothèses supplémentaires, mais non nécessaires, ont aussi été émises : par exemple que le temps de propagation entre deux nœuds est fonction de leur proximité sémantique. Elles ont été mises en doute, et non corroborées par l'expérience. Mais le schéma théorique général, celui d'un réseau sémantique servant de support organisé à de l'activation et à sa propagation, demeure solide. Il se retrouve dans une très importante famille de modèles récents, les modèles connexionnistes (« réseaux neuronaux ») dont nous parlerons plus bas. Il est également compatible avec une autre famille de modèles, ceux qui reposent sur l'idée de « trait sémantique » que nous examinerons également plus bas.

Le grand mérite des modèles d'activation est de comporter ou de permettre une analogie forte avec les conceptions neurobiologiques. Un certain nombre de faits postérieurs se sont trouvés justifier cette façon de voir. Il faut toutefois la manier avec circonspection.

L'activation est un phénomène neuronal bien établi : un neurone peut être dans un état de repos ou dans un état activé, et la neurobiologie est en mesure de nous dire en détail, sur la base d'observations objectives, en quoi consistent les phénomènes électriques et chimiques qui constituent cette activité de neurones isolés. Nous savons que les neurones sont interconnectés entre eux, de façon extrêmement complexe, dans une structure en réseau matériel, reposant sur l'existence des liaisons synaptiques, et que l'activation circule à l'intérieur de ce réseau cérébral.

En parallèle à cette description de la structure microscopique du tissu cérébral, les techniques d'imagerie cérébrale fonctionnelle, en pleine expansion, apportent aussi des données fiables sur les phénomènes macroscopiques d'activation. Elles permettent de montrer quelles régions cérébrales sont actives à un moment donné et, au laboratoire, comment cette activité est concomitante de la réalisation de tâches mentales déterminées. La meilleure stratégie à visée cognitive en cette matière est nécessairement mixte : elle consiste à recueillir des données d'imagerie cérébrale fonctionnelle chez des participants pendant qu'ils effectuent une activité expérimentale bien définie, dont il est indispensable qu'elle ait été bien analysée cognitivement à partir d'expérimentations antérieures.

Toutefois la résolution, aussi bien spatiale que temporelle, des phénomènes ainsi mis en évidence reste encore largement inférieure à celle des activités cognitives fines dont nous traitons ici. On n'est pas en mesure aujourd'hui de pouvoir dire : « voici une manifestation observable de l'activation de la représentation cérébrale qui correspond au mot "canari", et voici, juste après, une manifestation de l'activation des représentations cérébrales qui correspondent aux mots "oiseau", "animal", "jaune" ou "aile" (et *a fortiori* "ailes") ». Ces limitations sont-elles destinées à diminuer, voire à disparaître ? Diminuer, c'est très probable, disparaître, la question demeure ouverte.

Mais un problème fondamental demeure, que nous avons déjà mentionné : celui de l'identification des contenus des représentations étudiées. Comment savoir que telle sous-région ou configuration neuronale est celle qui est sous-jacente à telle signification de mot ? Le caractère probablement réparti (« distribué ») des configurations, leur variabilité interindividuelle, et les variations intra-individuelles des phénomènes, sont, à nouveau, des obstacles importants. Une dernière source de données sur le fonctionnement des concepts dans le cerveau réside dans les observations neuropsychologiques sur les détériorations sémantiques chez certains patients. Mais elles n'apportent pas pour l'instant de réponse aux questions que nous pouvons nous poser ici.

La relation entre « réseaux sémantiques » et réseaux réels dans le cerveau demeure donc une analogie. L'utilisation de l'expression « réseaux neuronaux » pour désigner une famille de modèles calculatoires, qui sont fondés sur la notion de « neurone formel », nous paraît donc à cet égard malheureuse : il est plus clair et non ambigu d'appeler ceux-ci des « modèles connexionnistes ». Néanmoins, en dépit de ces réserves, l'analogie entre, d'une part, les réseaux sémantiques, l'activation de leurs nœuds, la propagation de cette activation et, d'autre part, les données sur la structure cérébrale et le mode de fonctionnement neuronal, se trouve aujourd'hui suffisamment bien étayée pour que, tout en restant une analogie, elle soit un guide précieux de la recherche.

À quoi correspondent les arcs d'un réseau sémantique ?

Dans ce qui précède, nous avons voulu rappeler que l'on ne peut passer de façon simple d'un modèle, ou d'une famille de modèles, de type « réseau sémantique » à l'idée de réseau neuronal, même si l'on accepte comme hypothèse de travail que les nœuds des réseaux sémantiques sont vraisemblablement des configurations neuronales. Pourtant la notion de <nœud> est maintenant si bien installée en psychologie cognitive qu'un certain nombre d'auteurs en utilisent le vocabulaire de façon extensive : au lieu d'écrire « les concepts qui... », « les représentations cognitives qui... », « les significations de mots qui... », etc., sont tels ou tels, ils écrivent simplement « il existe des nœuds qui... ». Cette expression signifie alors : « quoi que ce soit qui constitue l'unité cognitive cachée derrière le mot "nœud", nous pouvons dire qu'elle entretient telle ou telle relation avec d'autres nœuds ».

Les modèles de réseaux sémantiques mettent donc l'accent sur les relations entre concepts. Mais à quoi correspondent les arcs d'un réseau sémantique ? Nous avons déjà rencontré deux réponses possibles à cette question : 1. celle qui recourt à des relations quasi logiques d'appartenance et de hiérarchie conceptuelle, avec l'attachement, également hiérarchisé, des propriétés aux objets, 2. celle qui repose plutôt sur des relations de proximité sémantique. Il existe d'autres réponses, que nous allons considérer maintenant.

Les relations sémantiques associatives et « l'association des idées » – La situation d'association libre

Une relation qui a le privilège d'une grande ancienneté dans la théorie psychologique est celle d'<association> : nous avons dit qu'elle se heurte à une grande hostilité dans tout un courant des sciences cognitives. Comme nous ne partageons pas cette malveillance, nous l'examinerons avec libéralisme (d'idées). Modernisée, la notion d'<association> permet en effet de construire des modèles qui entrent dans la famille des réseaux sémantiques, les modèles en « réseaux associatifs ».

La notion d'association est un héritage de la philosophie empiriste : elle a eu comme premier contenu l'association « des idées », entendue comme expérience interne des individus. C'est, tout simplement, l'observation banale que A « me fait penser » à B. Cette observation a donné naissance et vie aux théories associationnistes classiques, qui ont fleuri notamment dans la philosophie anglaise des XVIIe, XVIIIe et XIXe siècles (Locke, Hume, Stuart Mill, etc.), et un peu moins en France. Les théories « néo-associationnistes » d'aujourd'hui s'appuient sur des notions de base similaires, et sur des analogies fortes avec le mode de fonctionnement que nous attribuons au cerveau. Personne ne doute qu'il existe des associations d'idées dans l'esprit, ni des connexions dans le cerveau. Mais peut-on construire une théorie scientifique qui englobe les données correspondantes ?

L'« association des idées » constituait une description subjective de certains aspects du flux mental, spécifiquement d'une certaine sorte de succession entre deux états mentaux, auxquels on accède consciemment par l'introspection. Elle procède de la simple constatation que « l'idée (ou parfois l'image) de A, actuellement présente dans ma conscience, est immédiatement suivie par l'idée (ou l'image) de B ». Bien, mais pourquoi ? La succession elle-même reste le plus souvent mystérieuse pour le sujet, non consciente dans sa nature et ses origines. Et cela d'autant plus que le sujet ne remarque le plus souvent que les associations rares et inattendues, et nullement celles qui lui sont habituelles.

L'empirisme mental originel considérait cette succession comme une caractéristique essentielle de la conscience. Mais les années postérieures ont montré que ce n'est pas seulement une « idée » qui peut susciter une idée, que la mémoire subjective est tissée d'associations et qu'un rien peut les mettre en activité. Butez sur un pavé disjoint dans une cour, et cela vous évoque une petite madeleine, puis après elle, bribe par bribe, toute une enfance et toute une vie. À ce même moment vient Freud, et après lui Jung et de nombreux autres. Tous mettent au premier plan les associations, comme méthode et comme théorie. Puis, des sombres temps de la guerre, émergent Dada et les surréalistes. Ils sont, en littérature, en peinture, en musique, dans le ballet ou au cinéma, des générateurs véhéments d'associations qu'ils disent libres et même libérées ; ils les attribuent à une automaticité reconquise de leur pensée, mais dont on voit bien aujourd'hui qu'elle demeurait, en définitive, sous un contrôle assez serré de leur auteur. Et pourtant Proust, Freud, Satie *(Parade)*, Breton *(Les Champs magnétiques)*, et tout ce qui leur a succédé, ont contribué à faire surgir au grand jour, dans le champ des arts, le plus souvent avec jubilation, ce que nous allons décrire prosaïquement sous le nom de « réseaux associatifs ».

Il existe en effet une façon plus terre à terre de saisir l'activité associative. Elle s'inscrit dans une situation expérimentale d'« association libre », bien contrôlée elle aussi, et que l'on peut soigneusement standardiser. Elle consiste à présenter des mots isolés, qu'on appelle « inducteurs », aux participants à une expérience, en leur demandant d'y « répondre par le premier mot qui leur vient à l'esprit ». Il est possible de se servir d'inducteurs qui sont d'autres stimulus que des mots, par exemple des images représentant des objets, auxquels les participants doivent toujours fournir en réponse un mot unique.

C'est en réalité ce même schéma de situation qui est utilisé dans les séances ou les entretiens de psychanalyse, de psychiatrie, de psychothérapie, ou de psychologie clinique. On n'y demande que très rarement de répondre de façon standardisée à une liste de mots inducteurs par un mot unique. On encourage plutôt à la production d'associations continues, de phrases, de fragments de discours, de morceaux de récit, qu'on peut ensuite interpréter, si le psychanalyste est de bonne composition. Les récits de rêves, dont on ne croit plus guère qu'ils soient par eux-mêmes des révélateurs fiables des désirs, peuvent utilement jouer le rôle d'inducteurs, et évoquer par association des souvenirs ou des pensées significatives. D'autres situations cliniques, comme celles créées par les tests projectifs, sont aussi des situations associatives, avec des inducteurs qui peuvent être des dessins sans signification initiale (dans le Rorschach), ou diverses sortes d'images de caractère représentatif, par exemple celles qui figurent des scènes caractéristiques de la vie ordinaire.

Ce que montre bien ce rapprochement entre les situations expérimentales standardisées et les très diverses situations cliniques d'« association libre », c'est, au-delà des querelles d'écoles, la similarité de base profonde entre les procédures, et aussi entre les objectifs et les démarches. Dans tous les cas, on suscite par consigne un comportement verbal, la production de mots ou de phrases en réponse à des inducteurs, et on en attend des matériaux : à partir de ceux-ci on pourra faire, avec risque, une exploration des contenus que l'on suppose présents dans l'esprit du sujet, cachés dans ce que nous avons caractérisé comme sa mémoire épisodique ou sémantique. L'observateur psychologue ou psychiatre tente par ce moyen de remonter, d'une façon bien représentative de la démarche abductive, depuis les réponses verbales qu'il a recueillies, vers les contenus mentaux. Il y est conduit par le chemin des liaisons associatives : si le sujet parle de B lorsqu'il est confronté à A, *a fortiori* de façon répétée, il faut bien penser qu'il existe dans son esprit une association entre la représentation de B et la représentation de A.

La théorie des réseaux sémantiques associatifs systématise ces idées : mais elle suppose qu'en plus, et à la base des associations contingentes, épisodiques, il existe dans l'esprit des associations structurelles, sémantiques, conceptuelles. Là où l'exploration clinique est surtout orientée vers la recherche des contenus individuels de la mémoire autobiographique, et souvent vers celle des composantes affectives qu'ils comportent, comme conséquence des événements vécus par le sujet, le psychologue de la cognition d'orientation expérimentale ne peut manquer de demander : comment pourrait-on explorer les contenus mentaux individuels autrement que de façon aveugle, et parfois anecdotique, si on n'a pas une bonne théorie générale des contenus mentaux et de leurs liaisons associatives ? L'approche de Freud est, à cet égard, très insuffisante.

Ce que dit la théorie cognitive des associations, c'est d'abord qu'il existe dans la mémoire de chacun des myriades de représentations, dont certaines sont facilement accessibles, et d'autres cachées à leur possesseur, souterraines, implicites au sens cognitif du mot. Certaines de ces représentations sont liées par une connexion, et c'est cela qui constitue une liaison associative. Celle-ci est un état de la mémoire à long terme à un moment donné, plus précisément une fraction de l'état total de cette mémoire à ce moment. Si maintenant on active l'une des représentations, par exemple par le biais de la simple présentation d'un stimulus quelconque, d'un mot ou d'une phrase, l'activation qui a été produite sur cette représentation transite à l'insu de tous, y compris de son possesseur, le long de la liaison associative qui la relie à une autre représentation. Cela produit l'activation de cette dernière, avec plus ou moins de force, et plus ou moins d'ampleur : ce peut être une image mentale, un mot, la représentation d'une scène. Si on a introduit une consigne de verbalisation, quelle qu'elle soit, au laboratoire ou dans le cabinet du clinicien, le ou les mots qui correspondent à cette seconde représentation seront émis. Assez souvent, ce qui en apparaîtra à l'extérieur, et même à l'intérieur, pourra sembler fortuit. Il n'en est rien. L'hypothèse abductive est que, à l'origine de ce que l'on observe à la sortie, il existe une liaison sous-jacente. C'est elle qui est ramenée au jour par la parole associative, à la façon dont une ligne jetée à l'eau n'importe où semble ramener n'importe quoi. Mais la ligne, en vérité, ramène ce qu'il y a.

On voit qu'il existe ainsi, à l'égard de la notion d'association, des points communs profonds entre la psychanalyse, la doctrine surréaliste, et la version qu'en donne la psychologie cognitive. Mais les théories diffèrent largement, et la pratique aussi : c'est par l'exploration expérimentale que la psychologie cognitive vise à atteindre les liaisons associatives, au moyen de situations bien systématisées, dont l'association libre est un exemple privilégié : ces situations sont destinées à ratisser des données qui puissent permettre de décrire les contenus, en même temps que la structure, de la mémoire sémantique.

Les principales données sur les associations verbales

Les résultats publiés sur les réponses d'association verbale recueillies expérimentalement concernent toujours des groupes de participants, et non un individu unique. Elles fournissent ce qu'on appelle des « normes d'association », le mot « norme » n'ayant ici aucun contenu normatif : la variabilité fait aussi partie de la norme. On dispose aujourd'hui, dans plusieurs langues importantes, de normes associatives établies sur de larges groupes de participants pour des ensembles de mots inducteurs (par exemple, en français, Rossi, 2004 [7]). Ce sont des données statistiques, dotées pour chaque mot inducteur d'une large variabilité, et d'une distribution de fréquences des réponses. Mais, ici comme souvent, le fait majeur est que la variabilité laisse apparaître sa trame, qui est une stabilité statistique des réponses et de leurs fréquences. Cette stabilité est à la fois intra- et interindividuelle : si on répète l'expérience sur des groupes différents de participants, pourvu qu'ils appartiennent à une même population, on retrouve, en moyenne, les mêmes réponses et les mêmes fréquences. Nous consacrerons plus bas des développements importants aux phénomènes de variabilité et de « plasticité », pour expliquer la façon dont celle-ci se superpose toujours, en matière de cognition et de langage, à la stabilité.

Chacune des réponses données au mot inducteur est, on l'a dit, caractérisée par la fréquence avec laquelle elle a été produite. Ce qui est généralement retenu, à partir de la masse des données recueillies, c'est la réponse associative la plus fréquente, dite « primaire » : par exemple « chaise » est la réponse primaire à « table ». Les fréquences d'association observées « inducteur → réponse » sont théorisées sous le nom de « force associative », expression qui désigne donc la relation inférée « concept correspondant au mot inducteur ⇒ concept correspondant au mot réponse ». Les fréquences observées, relevées sur un échantillon de participants, sont aussi supposées rendre manifeste une liaison cognitive, celle qui existe, dans la mémoire lexicale d'un participant standard, entre une représentation mentale, activée directement par le mot inducteur durant l'expérience, et la représentation mentale qui lui est associée le plus fortement, qui s'exprime alors par la réponse. Si, pour le mot « table », la fréquence de la réponse « chaise » dans le groupe de participants est plus élevée que la fréquence de la réponse « multiplication » c'est parce que la liaison associative <table ⇒ chaise> est, en moyenne, plus forte dans les mémoires des participants que la liaison <table ⇒ multiplication>. Les données expérimentales constituent ainsi un indicateur de cette réalité mentale cachée. Les nombreuses expériences dérivées qui reposent sur ce schéma corroborent sa validité générale.

C'est sur cette base qu'on peut se former l'idée d'un réseau sémantique associatif (figure 2).

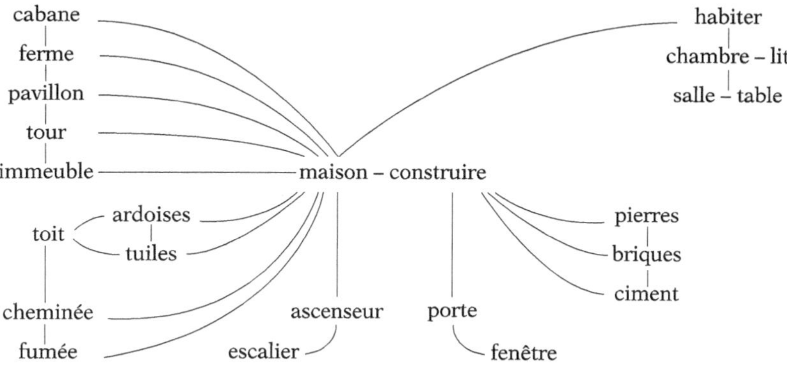

Figure 2. – Figuration d'un fragment de réseau sémantique associatif centré autour du concept de « maison ». Les liaisons sont figurées par des liens dont la signification est indifférenciée, c'est-à-dire correspond à la seule relation cognitive « est associé à » ou « a un rapport (quelconque) avec ».

Comme précédemment, toutes les significations de mots du lexique mental d'un individu, ou tous ses concepts, en constituent les nœuds, qui sont vus comme situés dans un espace abstrait (non anatomique). Entre eux existent des arcs, qui représentent la relation « est associé à ». Ces arcs portent une valeur, qui ne représente plus la proximité sémantique, mais la « force associative », telle qu'elle a été précédemment définie. Un pas de plus dans l'interprétation consiste à dire que cette force correspond à la perméabilité des connexions cérébrales correspondantes, celles qui lient, par leurs synapses, les substrats neuronaux sous-jacents aux concepts et aux représentations de mots en cause. Cette interprétation de type causal est à plusieurs étages dans le raisonnement abductif : association-observée ← association-dans-la-mémoire-sémantique ← connexion-neuronale. Elle est purement théorique, mais très plausible, pourvu que les connexions neuronales y soient vues comme fonctionnelles, et réparties, et non comme dépendant de proximités anatomiques.

Quelques ombres au tableau

Un tel tableau théorique, il est vrai, simplifie quelque peu les données. Nous allons mentionner brièvement quelques difficultés, qui ne ruinent pas la théorie, mais contraignent à la rendre plus complexe.

La première est l'absence de symétrie dans les liaisons observées : ce n'est pas parce que le mot A suscite comme réponse le mot B que le mot B suscitera le mot A, ou s'il le fait, ce ne sera pas avec la même fréquence. Il faut donc considérer deux liaisons entre eux, l'une A⇒B et l'autre B⇒A, avec des forces associatives distinctes.

En second lieu, il n'est pas possible de composer des forces associatives comme on pourrait rêver de le faire. À partir des forces associatives A⇒B et B⇒C, on ne peut calculer de façon fiable la force A⇒C.

Enfin une dernière question, qui est d'ailleurs commune à tous les indices cognitifs fondés sur la fréquence, tient au mode de calcul de la force associative. Dans la pratique, celle-ci est tirée de données collectives, c'est-à-dire de fréquences comptées sur de larges groupes de locuteurs. On en infère de façon théorique qu'elles correspondent à des associations chez un locuteur individuel, qui est une sorte de locuteur moyen à l'intérieur de la communauté linguistique et sociale concernée.

En dépit de ces diverses sortes de difficulté, toutefois, les données associatives se sont montrées à l'usage extrêmement solides, et corrélées à beaucoup d'autres phénomènes cognitifs. L'un des plus caractéristiques est celui d'amorçage associatif, de même nature que celui d'amorçage sémantique que nous avons précédemment décrit. Si on demande à des participants à une expérience de décider si un stimulus C est ou non un mot (décision lexicale), et que C est effectivement un mot, la réponse « oui » qui lui sera donnée sera plus rapide lorsque C est précédé par A, auquel il est fortement *associé* (sémantiquement ou par simple contiguïté) que s'il est précédé par B, auquel il est faiblement ou pas du tout associé – ce degré d'association ayant été déterminé par ailleurs.

En bref, les données associatives, et les idées d'association et de force associative dans la mémoire sémantique des locuteurs, sont extrêmement robustes et productives.

Les types d'associations
et les associations idiosyncratiques

Les expériences d'association libre dont nous avons parlé jusqu'ici comportent surtout des noms en qualité de mots inducteurs, et donc, de façon majoritaire, des noms comme réponses : il existe en effet, trouvent les expérimentateurs, une tendance à répondre à un mot d'une certaine classe grammaticale par un mot de la même classe grammaticale. Dans la plupart des expériences, les noms employés comme inducteurs ont été, sous l'angle sémantique, des désignateurs d'objets (au sens large) : la relation mot d'une classe grammaticale → mot de la même classe grammaticale dont on vient de parler est donc peut-être une relation d'une catégorie sémantique vers une même catégorie sémantique. Quoi qu'il en soit, même en s'en tenant essentiellement aux noms, il apparaît nettement qu'il existe plusieurs *types* d'associations, et donc que le mot « association » recouvre plusieurs sortes de liaisons à l'intérieur de la mémoire des locuteurs.

Les philosophes associationnistes l'avaient déjà observé : Hume, notamment, a distingué trois grandes catégories d'associations : par contiguïté, par ressemblance et par causalité. Si on regarde de près les associations expérimentales, on en trouve davantage. Une grande catégorie repose sur la forme des mots : on y trouve des relations de similarité entre la forme de l'inducteur et celle de son associé (par exemple « chapeau » → « château »), ou des relations de succession usuelle, dites « syntagmatiques », des mots dans la langue, comme celles qu'on trouve dans des expressions (« cheval » → « vapeur »).

La plupart des associations que l'on observe, toutefois, sont sémantiques : mais on doit aussi y distinguer différents types de liaison. Certaines se font d'un concept vers un concept superordonné (« cheval » → « animal »), ou d'un superordonné à un infra-ordonné, ou hyponyme (« animal » → « cheval »), ou d'un concept à un autre de même niveau dans un arbre conceptuel (« cerise » → « fraise ») : on parle de « co-hyponymie » à ce propos. Mais on trouve communément aussi des associations qui vont d'un concept de catégorie d'objets à un concept de propriété de ces objets (« rhinocéros » → « corne »), ou qui vont dans le sens inverse (« corne » → « vache »), d'autres qui vont d'un concept de catégorie d'objets à un concept d'une autre catégorie d'objets qui coexistent avec les premiers dans une situation

(« table » → « chaise » ou « cuiller » → « fourchette »), ou d'un concept de catégorie à celui d'une catégorie sémantiquement voisine, toujours à l'intérieur d'une situation (« infirmier » → « hôpital » ou, pour des noms abstraits, « maladie » → « santé »). Dans le cas de noms abstraits désignant une propriété ou une qualité, on trouve souvent des associations qui vont d'un concept vers un concept opposé (« blanc » → « noir »), ou simplement contrasté (« blanc » → « gris »). Nous n'entrerons pas ici dans le détail de ces classifications [8].

Mais on peut considérer tous ces types d'associations comme « sémantiques » en un second sens, celui où elles reflètent divers aspects de la « structure générale de l'univers », et témoignent de ce que ces aspects ont été inscrits par apprentissage dans la mémoire sémantique des locuteurs. Il faut remarquer que certains des types que nous avons mentionnés rejoignent des relations rencontrées plus haut dans un cadre dit « logique », ou si l'on veut inspiré de la logique : c'est le cas de la super-ordination, de l'hyponymie ou de la co-hyponymie, de la possession de propriétés, pas si différentes en définitive de la parenté sémantique, de la similarité ou de l'analogie, de l'antonymie ou du contraste. L'idée que l'association mentale serait un processus simple et fruste ne se justifie donc pas.

Cela incite plutôt à regarder l'association comme une relation mentale extrêmement générale, dont d'autres sortes de relations, celles que nous avons citées en dernier, qui sont proprement cognitives et, au plus haut niveau, « logiques », seraient des espèces. Cette idée peut être appliquée aussi à des relations sémantiques dont nous parlerons plus bas et qui concernent les verbes (les événements et les actions) : par exemple les relations « a fréquemment pour agent » (pour sujet grammatical) ou « a fréquemment pour patient » (pour objet grammatical). Tout cela n'implique pas qu'on puisse faire sortir les relations logiques des relations associatives, en particulier en raison des propriétés de vérité et de nécessité qu'apportent les premières, mais cela montre leur parenté.

Avant de pouvoir porter un jugement général sur les types d'association, il faut aussi prendre en considération les associations sous leur forme la plus dispersée, qui font qu'elles n'entrent pas bien sous les types précédents. Il existe un très grand nombre d'associations idiosyncratiques, propres à une seule personne. Ce sont ces associations que la psychologie clinique ou la psychanalyse cherchent à identifier chez les sujets, à partir de techniques diverses et avec plus ou moins de bonheur. Elles sont parfois supposées permettre de remonter à des situations vécues par le patient, et s'être inscrites dans ce que la psychanalyse appelle son « inconscient », et nous sa mémoire implicite. Il est effectivement vraisemblable que ces associations idiosyncratiques, et même celles qu'on peut appeler « sporadiques », en ce qu'elles concernent un petit nombre d'individus, sont dues à des événements ou situations vécues individuelles. On peut de surcroît penser que celles-ci, qu'elles soient isolées ou quelque peu répétées, ont eu pour la personne concernée une charge affective importante.

La charge affective des associations

Nous serons aussi succinct sur la charge affective des associations entre représentations que nous l'avons été sur la charge affective des représentations elles-mêmes : les deux sont d'ailleurs étroitement liées. On peut prendre la question par le biais de l'acquisition : s'il est vrai que la contiguïté est une condition pour que se forme une association, et la répétition une condition pour qu'elle prenne de la force, l'existence d'un état affectif de niveau élevé au moment où a lieu la contiguïté facilite souvent une association qui ne se formerait pas autrement. Les situations de peur, par exemple, peuvent être la cause d'associations durables qui affectent les objets les plus divers, et font que la représentation de tel objet prend une forte charge affective, génératrice d'effroi. Les enfants émotifs acquièrent facilement de telles associations aléatoires, mais certains adultes aussi.

Ce mode d'acquisition des associations dans un contexte affectif fort est tout à fait assimilable à un conditionnement émotionnel. Mais il concerne bien des représentations, et non simplement des stimulus : le simple fait de penser à l'objet ou à la situation concernée suscite à nouveau, chez le sujet concerné, l'état de peur ou d'anxiété. Les psychothérapies comportementales et cognitives s'appuient sur ces idées pour mettre en œuvre chez les patients des techniques de déconditionnement et d'extinction, en faisant produire la représentation en cause et en faisant en sorte qu'elle soit progressivement ré-associée avec... rien. Les états émotionnels agréables constituent aussi des contextes facilitateurs pour les associations : la très célèbre madeleine de Proust relève visiblement de ce processus.

Tout permet de penser que les états émotionnels de niveau élevé, et *a fortiori* ceux qui sont intenses, produisent chez les individus une activation généralisée de la vigilance, c'est-à-dire un degré élevé d'attention non sélective, et que c'est sur cette base que se forment de nouvelles associations. Il est bien établi que le niveau d'activation au moment du stokage est un déterminant fort de la mise en mémoire incidente (involontaire). On peut comprendre alors que la valence affective soit stockée avec la trace en mémoire de l'événement ou de la situation. Celle-ci reste ainsi ultérieurement liée de façon implicite avec un ensemble d'autres contenus mémoriels, qui en sont ainsi devenus les associés. Si les situations de ce type sont récurrentes, alors l'effet de la répétition peut se combiner à celui du niveau de l'émotion : le résultat associatif produit par une multiplicité d'états émotionnels modérés peut être comparable à celui qui est produit en une seule fois par un état émotionnel intense.

Du point de vue cognitif les associations idiosyncratiques sont donc présumées dues à des rencontres plus ou moins accidentelles au cours de la vie des individus. Les associations qui se forment ainsi, au hasard des contiguïtés et des contextes affectifs, sont éminemment aléatoires, individualisées et variables. Elles font partie de la trame cognitive et cognitivo-affective qui fait l'individualité de chacun. Mais certaines d'entre elles s'éloignent à ce point de la variabilité statistique qu'elles peuvent être source, non seulement de bizarrerie, mais aussi de désagrément ou de souffrance.

Cela justifie donc la mise en œuvre à leur propos de la méthode abductive individualisée, dans son emploi clinique : « j'observe dans les paroles d'un sujet la présence d'une association verbale ou discursive très particulière, j'infère qu'elle est l'expression parlée d'une association interne entre deux représentations dans son esprit/mémoire ; je fais, le cas échéant, l'hypothèse qu'elle a été causée par un événement, ou une situation durable, vécu de façon idiosyncratique par ce sujet, et qui lui a conféré une forte charge affective, par l'intensité de l'événement ou la répétition de la situation. Je poursuis alors mon investigation pour savoir comment la représentation de cet épisode s'est installée dans la mémoire autobiographique de mon sujet, et comment, à l'intérieur de celle-ci, elle diffuse peut-être ses effets à d'autres représentations ou classes de représentations ».

Il n'y a, sur ces points, si l'on se place à un niveau suffisant de généralité conceptuelle, pas trop de distance entre une démarche en termes de psychologie cognitive et celle qui a été prônée par Freud et mise en œuvre par ses meilleurs continuateurs. La principale distance se trouve dans la rigueur de la démarche, l'exigence que se donne l'interprétation cognitive de respecter un cadre conceptuel bien rationalisé, de garder en toile de fond les résultats les plus généraux de la technique expérimentale des associations, et de manier avec précaution la notion de « refoulement », dont nous avons vu qu'elle est souvent exagérément extensible chez les partisans de l'inconscient freudien.

Associations et relations cognitives

Nous pouvons maintenant quitter les questions concernant les associations particulières, et revenir aux catégories générales d'associations. La liste que nous en avons produite n'est pas exhaustive et aucune classification générale ne repose sur des critères indiscutables. Toutefois, ces données suggèrent fortement que si nous raisonnons sur ce qui détermine les associations verbales observées, à savoir les associations-dans-la-tête des locuteurs, la limite est floue entre les liaisons de caractère purement idiosyncratique, c'est-à-dire dues à un hasard de l'existence d'un individu, et les associations dont on constate qu'elles sont soumises à des régularités, le plus souvent statistiques, mais parfois universelles.

Les régularités expérimentalement décelables, sous forme de fréquences d'associations, peuvent être rangées dans deux catégories : les unes sont systématiques en ce sens qu'on les rencontre chez la plupart des individus, et qu'elles se manifestent chez eux de façon fréquente, les autres relèvent du « toujours ». Les associations dotées d'une fréquence peuvent être présumées être dues à des co-occurrences objectives, elles-mêmes plus ou moins fréquentes dans l'environnement des individus : il faut, à nouveau, en distinguer deux sortes. Les premières sont des co-occurrences perceptives, dues à la coexistence d'objets ou de situations dans l'univers physique : l'association verbale « cuiller » → « fourchette » (indice de l'association mentale <cuiller> → <fourchette>) en est une bonne illustration. Les secondes sont des co-occurrences linguistiques, qui se produisent dans les phrases qui constituent le bain de langage environnant les individus en tant que locuteurs. Ces deux sortes de co-occurrences, distinctes en principe, vont souvent de pair, mais parfois non : on peut présumer que l'observation « hôpital » → « médecin » est due au double fait qu'on rencontre souvent des médecins dans les hôpitaux, et que l'on entend souvent parler de médecins et d'hôpital dans un même contexte linguistique. Les deux catégories de co-occurrences sont, en vérité, très difficiles à distinguer expérimentalement et, à notre connaissance, elles ne l'ont jamais été.

La charge affective de ces associations dotées de régularités statistiques est beaucoup plus faible que celle des associations idiosyncratiques précédemment considérées, parce que l'intervention même de la fréquence de coexistence annihile en partie les effets de l'affectivité, qui sont souvent accidentels : ce qui doit survenir fréquemment pour avoir un effet a moins de chance d'avoir fréquemment la même valeur affective pour tous. La fréquence joue ici un rôle général, si l'on peut dire, de « cognitivation » (ou de cognitivisation) des associations. Mais l'affectivité peut conserver un rôle important pour les co-occurrences qui en sont toujours ou fréquemment chargées : la psychanalyse fouille précisément à l'intérieur de ce domaine, qui contient les associations de caractère sexuel, celles qui touchent aux relations entre garçon et mère (l'« œdipe », ici laïcisé) ou plus généralement entre enfants et parents, et bien d'autres. L'« inconscient collectif » de Jung, si on le laïcise à son tour, touche visiblement à ce domaine des associations fréquemment affectives.

Une autre catégorie d'associations systématiques n'est pas attribuable à des effets de fréquence, soumises à des variations statistiques, mais relève du quantificateur universel de la logique classique, ce qu'exprime le mot « tous ». On y trouve les associations que les descriptions empiriques qualifient parfois, de façon assez lâche, d'associations logiques : ce sont celles qui lient toutes sortes de représentations par des relations cognitives, qui ne correspondent plus à rien d'accidentel, et peuvent quelquefois être par ailleurs logiquement nécessaires, c'est-à-dire « vraies dans tous les mondes possibles ». C'est ce qui se passe pour les relations qui lient les concepts les plus abstraits, empiriques ou construits : <avoir une somme des angles égale à deux droits> est une propriété logique nécessairement associée à <triangle>, mais <mortel> est aussi une propriété cognitive empirique nécessairement associée à <humain>, comme <qui a une (ou deux) corne(s) sur le museau> l'est à <rhinocéros>.

Dans ce qui précède, une propriété mathématique s'est trouvée mise dans la même relation constante avec une entité que des propriétés empiriques : cela n'implique pas que l'on néglige la distinction entre l'empirique et le rationnel, mais plutôt que l'on accepte que celle-ci est, psychologiquement, de degré.

La ligne de démarcation en matière d'association – démarcation sur laquelle nous reviendrons – passe visiblement entre une opération mentale/cérébrale hyper-générale, et à ce titre fondamentale, que l'on peut expliciter verbalement comme « A me fait penser à B » (théoriquement : l'activation de la représentation A cause l'activation de la représentation B). Ce phénomène est le noyau même de l'activité associative, et aussi des mises en relation mentales plus spécifiques, telles que <P est une propriété de E> ou <A est un concept super-ordonné à B>. Les progrès de la cognition rationnelle ont fait qu'un certain nombre de ces relations ont été bien conceptualisées, et que leurs caractères sont aujourd'hui réglés par la logique : au premier rang se trouvent les relations de catégorisation (logiquement : d'appartenance), de super-ordination ou d'infra-ordination (logiquement : d'inclusion), de rangement dans une taxinomie, de dualité entité/propriété. L'idée défendue ici est que, dans une perspective cognitive, il existe une continuité entre la relation conceptuelle <pivoine> ⇒ <fleur>, qui s'actualise par les mots correspondants dans une expérience d'association libre, et la relation conceptuelle <rectangle> ⇒ <parallélépipède> ⇒ <quadrilatère>, ou PROPRIÉTÉ DE <rectangle> ⇒ <angle droit>, que manipule la géométrie dans des schémas logiques.

Réseaux étiquetés et réseaux augmentés

Nous avons distingué plus haut divers types de liaisons, c'est-à-dire d'arcs, qui sont supposés exister entre les concepts, les nœuds du réseau, et nous avons commencé à spécifier ces liaisons. Plusieurs séries d'observations conduisent à aller plus loin dans cette voie. Nous mentionnerons une tentative qui ne nous semble pas très heureuse, et une autre qui paraît au contraire très intéressante.

La première tentative consiste à proposer une notion de « réseau étiqueté ». On entend par là des réseaux qui sont semblables aux précédents en ce qui concerne les nœuds, porteurs de concepts différents, mais dont les arcs, au lieu d'être tous identiques, sont eux aussi identifiés de façon qualitative, en l'occurrence sémantique. Chacun des arcs porte alors une « étiquette » particulière, qui désigne alors aussi un concept : on parle d'« arcs étiquetés » ou de « liaisons étiquetées ». Ces réseaux, ou les graphes qui en sont des parties, ont été utilisés notamment pour représenter le sens de phrases, comme cela est montré sur la figure 3.

a

heurter

camion ——————⟶ voiture

b

a heurté

le camion ——————⟶ la voiture

Figure 3. – Deux façons très critiquables de figurer la liaison Sujet-Verbe-Objet (redéfinie plus bas comme Agent-Action-Patient) dans une conceptualisation en réseau sémantique. Le sens de phrase illustré ici est extrêmement simple : « le camion a heurté la voiture ». La faiblesse principale consiste à placer le verbe sur un arc du micro-réseau. De surcroît, la version présentée en a ne fournit aucune indication sur le moment de l'événement (véhiculé par le temps du verbe), ni sur la détermination des objets désignés par les noms (détermination qui est véhiculée par les articles).

Cela concerne notamment, comme dans notre exemple, les phrases de structure grammaticale Nom-Verbe-Nom, ou plus précisément Sujet-Verbe-Objet : les significations des noms y sont placées sur les nœuds, et celle du verbe sur l'arc qui les lie. La figure 3 montre un graphe représentant le sens de la phrase simple : « le camion a heurté une voiture ». On doit compliquer ce graphe si l'on veut en outre spécifier que c'est la voiture qui a heurté le camion, et non l'inverse. Il faut alors ajouter une catégorie d'étiquettes qui porteront les rôles participatifs, sémantiques[9], joués par les deux objets : en l'occurrence celui d'Agent (volontaire ou involontaire) et celui de Patient. La figure 4 montre le graphe qui en découle. Si la phrase est un tant soit peu plus complexe, le graphe devra le devenir aussi : la figure 5 représente le sens de : « mon père m'a envoyé une lettre ».

Les figures 6 et 7 présentent des exemples de tentatives faites pour conceptualiser sous forme de graphes, des entités cognitives encore plus complexes.

Cet usage des réseaux étiquetés a pour inconvénient sa complexité, rapidement incontrôlable, et le fait que celle-ci ne nous conduit pas à une tellement meilleure compréhension des phénomènes. Un second inconvénient, qu'illustrent les exemples que nous avons donnés, est que ces graphes peuvent constituer, à

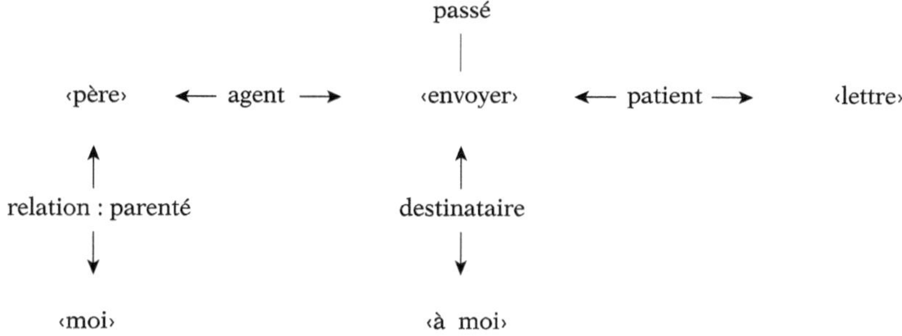

Figure 4. – Figuration du sens de la phrase : « mon père m'a envoyé une lettre ». Elle fait apparaître diverses représentations sémantiques et conceptuelles inexprimées, correspondant aux relations : agent, patient, destinataire, parenté.

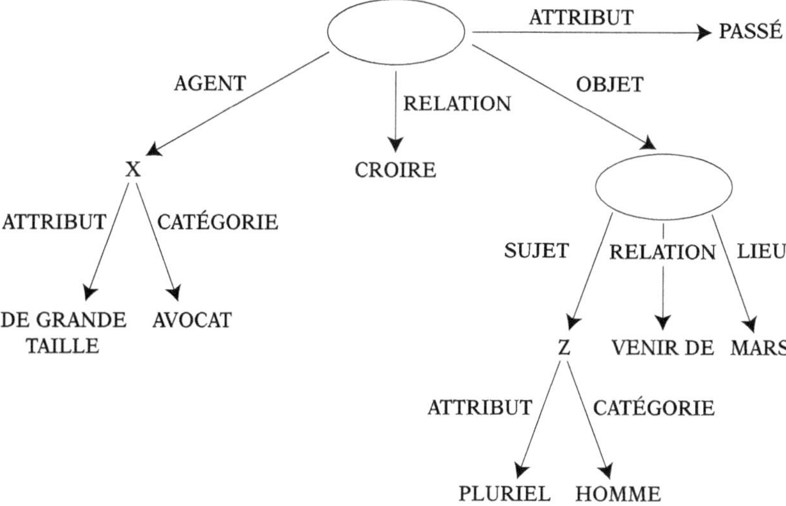

Figure 5. – Figuration du sens d'une phrase comportant un enchâssement par « que » (« attitude propositionnelle ») : « le grand (de grande taille) avocat croyait que l'homme (l'espèce humaine) est venu de Mars ». D'après Anderson, 1983, p. 72.

la rigueur, des représentations graphiques de représentations occurrences, c'est-à-dire du sens de phrases : il semblerait peu commode d'essayer par ce moyen de représenter le contenu d'une mémoire à long terme. Aussi ces modèles n'ont-ils pas connu un grand succès.

Une autre direction de recherche, en cours actuellement, nous semble beaucoup plus prometteuse : c'est celle des « réseaux augmentés ». Nous en parlerons plus en détail lorsque nous examinerons un domaine différent de la mémoire sémantique, celui de la sémantique des verbes.

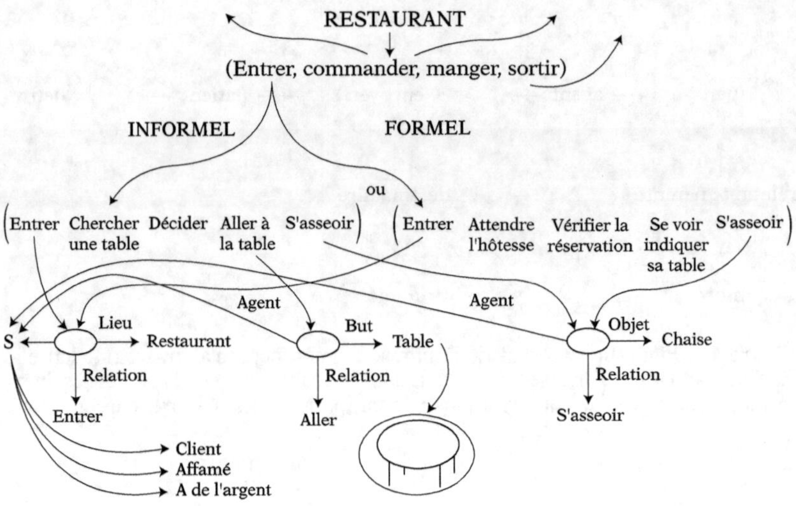

Figure 6. – Figuration d'une représentation du scénario (ou script) <aller au restaurant> avec certaines des actions successives qu'elle comporte. La représentation totale d'<aller au restaurant> comprend la séquence d'actions : <entrer> <commander> <manger> <sortir>. La figure ci-dessus développe les sous-actions incluses dans la première action, <entrer> selon qu'il s'agit d'une sortie au restaurant informelle (à gauche) ou formelle (à droite). D'après Anderson, 1983, figuration elle-même reprise de Schank et Abelson, 1977.

Les systèmes connexionnistes

Nous avons dans les pages précédentes exploré assez largement le domaine des modèles de réseaux sémantiques. Nous allons examiner maintenant une famille de modèles beaucoup plus large que ceux-là, celle des systèmes connexionnistes. Les deux types de modèles sont apparentés, et les réseaux sémantiques devraient pouvoir, en principe, être à terme intégrés dans des modèles connexionnistes, eux-mêmes également sémantiques.

La différence que nous devons considérer ici comme fondamentale est que, dans les réseaux sémantiques, on considère que les concepts sont les représentations sémantiques de base, chacun d'eux formant un tout en lui-même, alors que, dans les systèmes connexionnistes, les unités de base sont des éléments plus analytiques, conçus sur la base d'une analogie neuronale : ce sont, comme nous le verrons dans un instant, des « neurones formels » ou des patterns de neurones, « pattern » signifiant ici « petit ensemble structuré ».

Un nombre relativement important de chercheurs travaillent actuellement sur les systèmes connexionnistes : ils viennent d'horizons très divers, informatique, mathématiques et physique (avec des emprunts à la thermodynamique), psychologues, linguistes, etc. Mais extrêmement peu le font dans une optique sémantique. Cette optique était pourtant bien, initialement, celle de David Rumelhart qui, avec J. McClelland, a été le concepteur d'un des premiers, des plus importants et des plus influents parmi les systèmes connexionnistes, celui qu'ils ont dénommé PDP (« parallel distributed processing », « traitement parallèle et réparti ») [10]. « Parallèle » indique, dans cette expression, que plusieurs activités cognitives peuvent avoir lieu en même temps : l'introduction de cette notion a été très importante et elle a marqué historiquement la rupture entre ces nouveaux modèles et la génération des modèles antérieurs, qui reposaient tous sur l'idée exclusive d'activités « sérielles », c'est-à-dire successives. « Réparti » a constitué aussi une idée neuve, puisque l'hypothèse portée par ce mot est que les neurones, ou les sous-ensembles neuronaux, qui concourent à une activité peuvent parfaitement se trouver dans des localisations anatomiquement distantes.

Les travaux sur les systèmes connexionnistes sont indéniablement aujourd'hui vigoureux et féconds, mais on peut dire aussi que ce champ de recherche exerce parfois une véritable fascination. Elle est certainement due à ce qu'il offre la possibilité, en un sens décisive, de calculer « de » la cognition : cet avantage a son revers, qui est que les concepteurs de systèmes connexionnistes sont parfois plus intéressés par le calcul que par la cognition.

Ce développement se fait sous une multiplicité de désignations : celle de « néo-connexionnisme » rappelle leur filiation ancienne, et la notion majeure sur laquelle ils reposent, celle de « connexion » ; « connexionnisme », tout court, que nous adoptons ici, va dans le même sens. On peut aussi utiliser de façon équivalente les termes de « réseaux », qui spécifie leur contenu, de « systèmes », qui est général, mais accentue plutôt leur côté pratique, ou de « modèles », qui explicite leur nature hypothétique. On peut en revanche être réticent à l'égard de l'expression de « réseaux neuronaux », pourtant largement répandue, qui peut être génératrice de confusion et même trompeuse : nombre de neurobiologistes la récusent, et nous l'éviterons aussi. Le connexionnisme repose certes sur une *analogie* neuronale qui est certainement fondée et probablement puissante, mais ce n'est qu'une analogie. « Réseaux neuronaux » suggère abusivement qu'on s'occupe de neurones et de neurobiologie alors qu'on traite le plus souvent d'élaborations calculatoires et mathématiques. Il n'y a pas d'identité entre des réseaux de neurones formels, comme ceux dont il s'agit ici, et les réseaux de neurones réels qui sont dans les cerveaux, que cette modélisation n'atteint pas. D'autres désignations, comme celle, déjà citée, de « modèles parallèles et répartis » (ou « distribués »), ou celle de « modèles à attracteurs », dont nous reparlerons, sont plus techniques.

En bref, les modèles connexionnistes sont basés eux aussi sur la structure générale de réseau, constituée de nœuds reliés par des arcs. La fiction sous-jacente est que les nœuds y représentent des neurones, qui sont dès lors qualifiés de « formels ». Les arcs représentent des connexions neuronales, et ont les synapses comme réalité sous-jacente. Chacun porte une valeur, son « poids », qui est censé correspondre à la force de la connexion, à la « perméabilité » des synapses. L'information, conçue comme activation, affecte les nœuds et circule sur les arcs. Dans les réseaux connexionnistes plus élaborés, notamment ceux qui touchent à la sémantique, sur lesquels nous allons focaliser notre propos, les nœuds conceptuels ne sont pas conçus comme des neurones simples, mais comme des unités cognitives représentatives, qui sont vues alors comme sous-tendues par des patterns, des sous-ensembles de neurones répartis. Leur état d'activation à un instant donné dépend de l'activation d'une multiplicité de petites unités, qui échangent cette activation de manière interactive.

Cette idée est évidemment centrale dans l'analogie avec le fonctionnement cérébral. L'influx nerveux chemine en effet entre les neurones par le franchissement des synapses, à l'intérieur d'une masse neuronale qui a une structure de réseau. Chaque neurone activé active ensuite ses voisins et est activé par eux. C'est ce mode de fonctionnement qui est simulé dans les réseaux connexionnistes au travers de la notion de neurone formel, celui-ci étant conçu comme une unité abstraite qui peut, elle aussi, être activée. En vertu de certaines règles que nous n'examinerons pas ici, elle transmet alors cette activation à ses voisines tout en recevant d'elles les effets de leur propre activation. La connexion, par les arcs le long desquels s'effectue cette transmission, peut être modifiée au cours du temps en vertu de règles, dont le choix varie selon les sortes de systèmes.

On peut illustrer ce fonctionnement par le phénomène de reconnaissance : ce que nous appelons, à un certain niveau d'analyse, « reconnaître un stimulus », et le « catégoriser en tant que tel ou tel », est considéré dans le modèle comme déterminé, au niveau d'analyse plus élémentaire que fournit la théorie connexionniste, par l'activation dispersée (« répartie » ou « distribuée ») de nombreux neurones formels, constituant une configuration fonctionnelle appropriée. C'est bien ce qui est aussi supposé se produire dans le cerveau au niveau neuronal vrai, par activation de neurones répartis en divers points du cerveau. Dans ce contexte, percevoir un oiseau, ou accéder à la signification <oiseau> à partir du mot « oiseau », repose de façon sous-jacente sur l'activité, largement désordonnée mais soumise à des régularités, d'un ensemble flou et probablement variable de neurones. Ce dispositif se substitue théoriquement à la fonction que nous avons appelée plus haut « apparier » ou, si l'on veut, il la réalise. Il faut ajouter toutefois que ce mode de fonctionnement n'a jamais été observé sous cette forme, dans le détail et de façon directe ; mais il est aujourd'hui le plus compatible avec les données neurobiologiques, le plus plausible, et c'est lui qui est simulé par les modèles connexionnistes.

Le considérable avantage général des systèmes connexionnistes est qu'ils permettent de gérer, de façon unifiée, précise et calculatoire, cette structure de modélisation en réseau. C'est cette possibilité de calculer de nombreuses caractéristiques du réseau qui constitue, si elle est utilisée avec discernement, un grand progrès. En même temps, ce type de modélisation incite à faire l'économie du questionnement sur : « comment se passent les phénomènes fins ? » puisque c'est le réseau qui assure, moyennant des règles générales, la gestion, déterministe ou statistique, des phénomènes. Grâce à la possibilité de les installer sur ordinateur, et donc d'utiliser des algorithmes hypothétiquement bien choisis, les systèmes connexionnistes permettent de calculer de façon précise, dans des conditions définies, les valeurs numériques de paramètres choisis appartenant au système en cause, et leur évolution dans le temps.

L'orientation connexionniste donne lieu en réalité à deux sortes d'utilisations, assez différentes : la première relève de l'ingénierie, et constitue une forme particulière d'intelligence artificielle, destinée à réaliser sur ordinateur un certain nombre de tâches cognitives difficiles : la principale est justement la reconnaissance d'entités complexes. La seconde utilisation relève, elle, de la recherche, sous forme de modélisation d'activités cognitives internes.

La première orientation est ainsi essentiellement pratique, et son critère de réussite est que le système accomplisse assez bien,

bien, ou très bien, par comparaison avec un opérateur humain, les tâches que son concepteur lui a assignées. Cette orientation a trouvé de particulières réussites dans le domaine des apprentissages cognitifs de reconnaissance/catégorisation. Le système, dans ce cas, contient des règles, qui y ont été introduites par son concepteur, grâce auxquelles il configure progressivement le réseau, c'est-à-dire modifie le poids des connexions en vue de son utilisation future adéquate : pour l'essentiel, déterminer correctement que « ceci est un X ». Cette modification se fait au fur et à mesure de l'utilisation concrète du système, en fonction de ses réussites et de ses erreurs. L'exigence imposée au système est que les cibles cognitives qui lui ont été fixées au départ soient reconnues aussi exactement que possible, c'est-à-dire avec des proportions de fausses reconnaissances (réponse « oui » au lieu de « non ») et d'omissions (réponse « non » au lieu de « oui ») aussi faibles que possible. La plus familière des règles adoptées dans les systèmes connexionnistes est celle de Hebb, du nom d'un psychophysiologiste des années 1960. Des systèmes sur ordinateur basés sur ces principes se sont révélés efficaces dans la reconnaissance de formes visuelles appartenant à une certaine classe d'objets, dans le diagnostic médical, ou d'autres sortes de diagnostic, dans la reconnaissance de sons de parole (phonèmes, syllabes, ou mots) à l'intérieur d'un système plus ou moins automatisé, par exemple la réponse à des requêtes téléphoniques, ou en préalable à la « compréhension » automatique de fragments de langage. Une rivalité de bon aloi s'exerce entre les systèmes connexionnistes existants, ou en cours de développement : il existe même des compétitions internationales qui s'efforcent de l'arbitrer.

Au-delà de leur réussite pratique, les résultats obtenus par de tels systèmes peuvent susciter des hypothèses de caractère fondamental. Mais ils ne peuvent conduire de façon simple à des connaissances. La raison en est bien connue : ce n'est pas parce que la mise en œuvre de tels ou tels algorithmes ou procédures a permis de produire des comportements de la machine semblables à des comportements humains qu'on peut en conclure que le fonctionnement mental est le même, en général ou dans le détail, que celui du système concerné.

L'orientation vers la description fondamentale en matière de systèmes connexionnistes

La seconde utilisation des systèmes connexionnistes, orientée vers la recherche, vise, elle, une simulation et non une simple réalisation pratique. Elle s'exprime donc en termes de « modèles ». Elle part d'hypothèses théoriques, quelle qu'en soit l'origine, sur le fonctionnement interne du système cognitif humain, et repose sur une démarche bien connue, elle aussi : élaborer un modèle explicitement destiné à reproduire ce fonctionnement sur ordinateur, et ensuite tenter de le valider par l'expérimentation. L'objectif est alors que les performances du modèle soient le plus similaires possibles aux performances humaines – mais il convient de dire comment : l'avantage de la modélisation connexionniste est ici qu'elle permet de faire des prédictions quantitatives beaucoup plus précises que celles qui peuvent être énoncées avec des mots.

Cette démarche permise par la simulation connexionniste lui est, en vérité, commune avec tous les modèles mathématiques, et il en a existé de diverses sortes dans l'histoire de la recherche psychologique ou cognitive au cours des dernières décennies : les modèles probabilistes (stochastiques) de l'apprentissage connurent en leur temps un grand engouement. On peut voir que les modèles connexionnistes possèdent les avantages et les inconvénients communs de la démarche. Il arrive que l'on utilise un modèle pour retrouver par le calcul et « prédire rétrospectivement », en quelque sorte, des données observées déjà existantes, celles qui ont été recueillies antérieurement dans une expérience qui était *a priori* indépendante du modèle. Cette façon de faire n'est pas à rejeter, mais on ne peut pas s'en contenter. On doit lui préférer celle où on prédit pour de vrai, dans le futur plutôt que dans le passé, des résultats qui seront obtenus dans des conditions nouvelles, au moyen d'une expérience ou d'une série d'expériences appropriées.

Dans l'un et l'autre cas, toutefois, on devra en fin de compte confronter, pour les paramètres choisis, les valeurs fournies par le calcul dans le modèle avec les valeurs observées expérimentalement. Si les unes et les autres sont suffisamment proches, que pourra-t-on en conclure ? La maxime énoncée plus haut reste valable. On ne pourra affirmer que le modèle qu'on a ainsi testé est « le » modèle valide qui « explique » les phénomènes, mais seulement qu'il est « compatible avec » ce qu'on sait d'eux. Dans une épistémologie positiviste, on parlera seulement de compatibilité avec les données ; mais on peut aussi, au-delà, parler de compatibilité avec la représentation hypothétique qu'on se faisait du fonctionnement cognitif. La compétition des modèles aide alors à se rapprocher d'une explication.

Un des inconvénients qui grèvent la démarche tient à la complexité de ce fonctionnement cognitif. Il ne peut le plus souvent être modélisé que de façon partielle : cela oblige souvent à ne prendre en charge dans les modèles qu'un petit nombre de paramètres, et à y laisser des paramètres « libres », pour lesquels on ne dispose d'aucune donnée empirique sûre. On fixe alors plus ou moins arbitrairement leur valeur, pour pouvoir concentrer l'étude sur les autres paramètres. Nous présenterons plus bas un exemple qui s'est efforcé de dépasser, au moins provisoirement, cette contrainte.

Les systèmes connexionnistes ont donné lieu à diverses contestations, aussi bien dans leurs visées pratiques qu'à propos de leur apport théorique. Sur les premières, ils sont entrés en compétition avec les systèmes issus de l'intelligence artificielle classique, qui est essentiellement symbolique, c'est-à-dire fondée sur la manipulation de symboles représentatifs « formels » (à sémantique pauvre). Mais les succès obtenus, en prenant comme référence le critère d'efficacité, font que le connexionnisme est aujourd'hui généralement préféré à l'intelligence artificielle symbolique.

Les jugements sont plus compliqués sur le terrain théorique, et le débat continue, pour ne pas dire qu'il fait rage. Une discussion assez âpre a opposé, voici quelques années, Fodor et Pylyshyn (1988)[11], partisans des théories rationalistes (au sens de : antiempiristes et nativistes) à ceux du connexionnisme. Plus récemment[12], Fodor écrit à nouveau : « De ce point de vue, le connexionnisme est la forme dégénérée de l'empirisme selon lequel l'association demeure la relation causale de base entre les entités mentales particulières, alors que les pensées n'ont ni structures ni constituants » (p. 181, note). Et plus loin, dans le style tranchant qui lui est propre : « [l'option des] réseaux connexionnistes est tout simplement vouée à l'échec », puis : « Ce doit être la pure et simple énormité de leur incompétence qui les rend si populaires » (p. 82).

Ce qui est au cœur du débat est le statut des formes logiques dans le fonctionnement causal des processus mentaux, et la difficulté des systèmes connexionnistes à rendre compte des raisonnements logiques classiques. Ces questions font effectivement problème et ne sont pas souvent posées par les concepteurs de systèmes. Un des reproches fondamentaux que Fodor adresse aux systèmes connexionnistes, en général, est qu'ils sont incapables de prendre en compte les « structures et constituants » des représentations (conçues par lui comme attitudes propositionnelles). Ce reproche peut être considéré comme non fondé dans sa généralité puisque, comme nous l'avons vu plus haut, on peut très bien concevoir des systèmes qui comportent des sous-réseaux, entre lesquels peuvent alors s'établir des relations de niveau supérieur, y compris (pour l'instant potentiellement, il faut en convenir) certaines qui simuleraient des relations de type logique. Nous rencontrerons dans ce qui suit, notamment dans un instant à propos de l'amorçage sémantique, et dans le chapitre suivant à propos de la compréhension du langage, des questions particulières liées à ce débat. Nous nous en tenons à l'idée que les modèles connexionnistes ont obtenu de réels succès et que, associés avec l'expérimentation, ils continuent à être extrêmement prometteurs, plutôt qu'*a priori* « voués à l'échec ».

L'ordinateur a ses propres contraintes, celles d'un mode de fonctionnement physique, extrêmement éloigné de celui, physico-biologique, du cerveau humain. À mesure que, au fil des années depuis les débuts de l'intelligence artificielle, on est entré plus profondément dans le détail des problèmes, les différences sont devenues mieux perceptibles. Mais l'orientation « symbolique », fondée sur l'analogie du fonctionnement mental naturel avec la logique, a aussi ses inconvénients. La grande force des modèles connexionnistes est justement de simuler sur ordinateur un mode de fonctionnement mental et de représentation qui est lui-même fondé sur des principes neurobiologiques. Nous garderons, sur ce point, la position prise partout dans cet ouvrage : il n'existe pas d'opposition vraie entre l'approche « symbolique » (c'est-à-dire hyper-abstraite), qui met l'accent, à un niveau proche du langage explicite, sur le caractère représentatif et référentiel des représentations, et une approche connexionniste qui, fondée sur les principes de la causalité neurobiologique, met l'accent sur les propriétés intrinsèques, dans les esprits/cerveaux, des processus et des représentations.

La simulation connexionniste
du phénomène d'amorçage sémantique

Nous ne sommes pas entré dans le détail de la modélisation connexionniste, et nous nous sommes borné à en présenter quelques linéaments notionnels, ceux qui sont nécessaires pour aborder les questions intéressantes pour la mémoire sémantique. Comme nous l'avons dit, peu de recherches connexionnistes ont été jusqu'à présent consacrées à la sémantique. La simulation connexionniste du phénomène d'amorçage sémantique est l'une d'elles : elle a été présentée par Cree, McRae et McNorgan [13] (1999) dans le cadre des modèles connexionnistes « à attracteurs ». Nous allons en présenter les grandes lignes.

L'amorçage sémantique est observable à partir de mesures de temps : au laboratoire le temps nécessaire à la décision « mot/non-mot » est plus court si le mot concerné, la cible, a été présenté juste après un premier mot, l'amorce, auquel il est sémantiquement lié (« infirmier-médecin ») que s'il suit un mot dont il est sémantiquement éloigné (« autobus-médecin »). Ce résultat indique que la durée du traitement interne qui conduit à la décision dans l'esprit/cerveau du participant est plus courte dans le premier cas : un modèle de simulation adéquat devra donc porter lui aussi sur des temps de fonctionnement (ou leurs équivalents) internes dans le système, pour les phénomènes qui simulent l'opération de décision. C'est ce qui a été tenté à partir de modèles à attracteurs.

On appelle « réseaux connexionnistes à attracteurs » une classe de modèles qui portent essentiellement sur le traitement court d'information, plutôt que sur les apprentissages mentionnés précédemment. Ils sont, comme les autres, de type parallèle et réparti, dynamiques, interactifs et cycliques, mais les représentations y sont considérées une fois qu'elles ont été apprises. Elles sont modélisées, comme toujours, sous forme de patterns d'unités élémentaires réparties. Dans l'exemple que nous allons présenter, ce n'est pas tant l'aspect neuronal de ces unités qui sera mis en avant – cet aspect subsiste en tout état de cause – mais leur contenu sémantique. Le facteur déterminant étudié dans ce cas sera la relation de *proximité sémantique* d'une représentation avec d'autres représentations : pour cela on supposera que toutes les représentations mises en jeu dans le système, et dans les expériences associées, sont « composées de » parties. Celles-ci sont des unités représentatives plus « petites » que les précédentes, et c'est le fait que deux représentations ont en commun un nombre plus ou moins grand d'unités élémentaires qui fait leur similarité sémantique. Nous examinerons plus bas de façon plus complète la question des traits sémantiques, qui repose sur la même hypothèse, mais on peut s'en tenir ici à la dualité entre représentation d'objets et représentation de propriétés telle que nous l'avons considérée plus haut. On regardera alors une représentation d'objet (par exemple <corbeau>) comme un pattern d'unités élémentaires dont chacune porte une propriété telle que <noir>, <a des ailes>, etc. Les idées sur la similarité sémantique qui en découlent sont, elles aussi, apparentées à celles que nous avons présentées plus haut. Mais cette fois, à l'intérieur d'un réseau à attracteurs, le pattern d'unités peut être représenté mathématiquement comme un état stable dans un espace multidimensionnel.

Un traitement cognitif concernant une telle représentation peut alors être modélisé comme une suite d'états successifs d'activation au cours du temps – un temps bref, comme on l'a dit, c'est-à-dire moins d'une seconde. L'objectif est d'essayer de calculer dynamiquement le cours temporel de ces états. Cela s'applique, par exemple, à l'évolution de la signification d'un mot lorsque celle-ci est activée à partir de l'entrée dans le système de la forme orthographique du mot. On considère alors que les unités élémentaires qui constituent la représentation sémantique sont activées chacune pour son compte, et qu'elles interagissent, c'est-à-dire que chacune reçoit de l'information de ses voisines et leur en envoie. Par ces échanges, l'état d'activation de chaque unité évolue dans le temps : chacune remet à jour son niveau de façon répétée, en fonction de l'information venue des autres unités. Mais ce processus n'est pas très long : il dure seulement jusqu'à un moment où les échanges cessent de modifier le pattern d'activation. Le réseau a alors atteint un état stable, et c'est le pattern d'activation correspondant qui est appelé un « attracteur ». Celui-ci est environné par un ensemble d'autres états, concernant les représentations qui sont reliées à la précédente, ensemble qui est appelé son « bassin d'attraction ». Ainsi, après l'arrivée d'un stimulus, le réseau s'installe finalement dans son état attracteur, à l'intérieur de ce bassin, et il y demeure aussi longtemps qu'aucune nouvelle entrée (input) n'intervient pour le modifier. L'apprentissage, qui se développe sur le plus long terme, a pour effet de « sculpter », en quelque sorte, l'espace multidimensionnel des états pour former des bassins d'attraction corrects : c'est-à-dire tels que le réseau puisse s'y installer, pour chaque entrée, dans un état stable bien adapté.

Le travail de Cree, McRae et McNorgan [14] illustre très bien la façon dont la modélisation et l'expérimentation peuvent être associées pour faire progresser les connaissances : il s'appuie en effet sur des données recueillies précédemment par des membres du même laboratoire [15], et sur des données nouvelles qu'ils ont recueillies eux-mêmes. Ils ont comme hypothèse l'idée, déjà mentionnée plus haut, que la facilitation observée dans l'amorçage sémantique est due au fait que les représentations sémantiques correspondant au mot amorce et au mot cible partagent un certain nombre d'unités élémentaires, parmi celles qui les composent. Si l'amorce est liée à la cible par ce partage – comme ce devrait être le cas pour « infirmier-médecin » – les unités sémantiques de la seconde représentation sont déjà, pour une certaine proportion d'entre elles, dans leur état correct dans l'esprit/cerveau du participant à l'expérience lorsque le second mot la cible, lui est présenté, et que cette représentation doit alors être activée et « calculée ». Ce n'est pas le cas quand l'amorce est sans relation avec la cible – comme ce devrait être le cas pour « autobus-médecin ». On reconnaît dans cette hypothèse une réinterprétation connexionniste de l'explication dominante du phénomène. Dans le réseau conçu par les auteurs, les unités sémantiques correspondent à des propriétés qui peuvent être verbalisées, comme <a des ailes>, pour <oiseau>, ou <utilisé pour la charpente> pour <bois>. Elles l'ont été dans l'expérience de McRae, de Sa, et Seidenberg qui a précédé. Les auteurs soulignent que l'utilisation de normes de réponses produites par des sujets est un pas important dans la modélisation parce que, comme il ressort de cette expérience, l'ampleur du phénomène d'amorçage dépend du degré de similarité entre les représentations concernées. Or celui-ci dépend à son tour, par hypothèse, de la proportion de propriétés que ces représentations ont en commun. C'est une relation que ne pouvaient atteindre les modèles antérieurs, qui n'avaient pas mis l'accent sur ce degré de similarité des représentations, et en avaient fait un paramètre libre.

Trois simulations utilisant le même modèle à attracteurs, dans le détail duquel nous n'entrerons pas ici, ont été réalisées par Cree, McRae et McNorgan, et elles ont servi de guide pour la réalisation d'expériences supplémentaires. L'ensemble du travail apporte un support convaincant à l'hypothèse du rôle joué dans l'amorçage par le partage d'unités sémantiques. Il a également permis d'éclaircir le rôle de la typicité, celui des associations libres, et celui de la structure hiérarchique des concepts. On en retiendra notamment, sur ce dernier point, que les résultats atteints autorisent à considérer comme secondaire l'appartenance des concepts à une structure hiérarchique, telle qu'elle avait été mise en avant par Collins et Quillian (1969) et par Collins et Loftus (1975). Cette appartenance peut très bien, en réalité, être réinterprétée en termes d'unités sémantiques partagées. Ainsi, comme les auteurs le disent en conclusion, les réseaux par attracteurs fournissent une explication assez naturelle des principaux phénomènes de comportement associés à l'amorçage par similarité sémantique.

Des représentations d'objets, d'individus et d'entités aux représentations d'événements et d'actions

Les modèles en réseaux sémantiques ont d'abord cherché à décrire les concepts et relations entre concepts qui concernent les objets, les individus et les entités diverses réductibles au même schéma. On développe aujourd'hui des hypothèses cognitives sur la structure de ces catégories mentales dans la mémoire, sur celle des catégories grammaticales (noms et d'adjectifs) qui semblent leur correspondre et sur le support cérébral qu'on peut imaginer pour ces catégories. La notion de schéma cognitif aide à mieux comprendre ces structures : elle rejoint des questions théoriques essentielles sur l'origine des concepts, innée, acquise, ou mixte. En même temps se développent des recherches nouvelles sur la sémantique des verbes, conçus comme porteurs des représentations d'événements et d'actions. Elles incluent l'étude des relations entre ces dernières sortes de représentations et celles qui y « participent », au premier chef leurs agents et patients. Elles renouvellent complètement la problématique, empruntée à la syntaxe, de la structure sujet-verbe-objet. Elles autorisent de surcroît une vision nouvelle de la flexibilité des concepts, qu'illustre particulièrement leur usage dans la métaphore.

Les recherches que nous venons d'exposer, concernaient le lexique mental, la mémoire sémantique et les concepts. Elles ont illustré une tendance lourde, déjà mentionnée plus haut, qui a affecté le champ des sciences cognitives : pendant de longues années elles sont restées concentrées sur les concepts, qui sont exprimés par des noms et, corrélativement, par des adjectifs. Ce sont les mots relevant de ces deux classes grammaticales qui en ont constitué le centre.

C'est une idée assez largement reçue que les noms sont, de façon générale et ultime, des désignateurs de choses ou d'individus, et les adjectifs des désignateurs de propriétés. Cette projection des classes grammaticales, linguistiquement bien définissables et identifiables, sur des catégories sémantiques qui le sont beaucoup moins, suscite à juste titre quelques perplexités. Une approche cognitive autorise à présenter quelques conjectures plausibles sur cette question.

La correspondance entre classes grammaticales et hyper-catégories sémantiques : les effets de la typicité

Nous avons brièvement présenté plus haut le terme d'« hypercatégorie » comme désignant celles des catégories qui sont à la fois les plus abstraites et les plus générales. Nous en avons notamment cité comme exemples : <objet> ou <chose>, <individu>, <entité>. Nous allons défendre l'idée que les concepts et catégories ordinaires, ceux qui se trouvent au niveau cognitif moyen le plus usuel, se rangent de façon naturelle sous, ou dans, ces hyper-catégories. Cela ne signifie pas que celles-ci soient clairement conceptualisées, et désignées de façon stable, par tous les locuteurs. Ce qui caractérise les hyper-catégories, c'est au contraire d'être le plus souvent floues : les locuteurs ne manient pas facilement les concepts qui devraient les cristalliser ni les mots qui devraient les exprimer. Cet état de fait est précisément dû à leur caractère hautement abstrait et général. Le contenu de ces hypercatégories demeure donc en partie implicite : cela ne les empêche pas d'avoir un rôle important dans la cognition.

Il est possible de ranger dans une même hyper-catégorie les représentations en mémoire d'êtres vivants de diverses sortes (y compris les êtres humains), et les représentations des choses. Cela tient à ce que les unes et les autres partagent un certain nombre de propriétés cognitives fondamentales, dérivées de la perception, touchant l'espace et le temps, la permanence et le changement. Ce sont essentiellement le fait d'occuper une petite fraction de l'espace, avec une forme et un contour déterminés (le couple « figure/fond » des gestaltistes), d'être repérables de façon compacte et relativement invariante lors du mouvement, d'être dotées d'une constance perceptive et d'une permanence à long terme dans le temps (une permanence de type piagétien), et corrélativement de pouvoir être touchées, de résister à la pression manuelle, de pouvoir être parfois prises et manipulées, et enfin de pouvoir être modifiées et affectées par des actions de diverses sortes. Ces propriétés générales, qui ne sont liées entre elles que par des corrélations plus ou moins fortes, rendent pourtant les êtres vivants et les choses individualisables, catégorisables, et parfois dénombrables. Toutes ces représentations peuvent ainsi être regroupées dans une hyper-catégorie qu'on peut appeler celle d'<objet> (cognitif). On peut présumer alors que c'est cette hyper-catégorie qui fournit le cadre dans lequel s'inscrivent les concepts portés par des noms, ce qu'on appelait naguère des « substantifs ». Cette appellation est une survivance des temps où la métaphysique contenait des « substances » : ce qui leur est substitué ici, c'est une façon de voir cognitive, représentationnelle, fondée sur la concordance entre un certain nombre de propriétés objectives et réelles des choses et la façon dont l'esprit/cerveau les saisit et les pense. « Adjectif », de son côté, recouvre une catégorie de mots qui expriment des représentations fondées sur une autre sorte d'abstraction, portant sur ce qu'il y a de commun entre les individus ou entre les choses, leurs propriétés. C'est dans cette perspective que les adjectifs sont ultimement des désignateurs de propriétés, durables ou momentanées. Nous reviendrons dans notre chapitre consacré aux composants (ou traits) sémantiques sur la distinction qu'il convient de maintenir entre propriétés des choses, et représentations de ces propriétés.

Les deux correspondances générales qui précèdent, celle concernant les noms et celle concernant les adjectifs, ne sont réellement tenables que si elles sont modulées par une théorie de la typicité. Mais celle-ci, réciproquement, est justement ce qui contribue à justifier ces généralisations. Dans les deux phrases qui les expriment, il convient ainsi d'ajouter « typiquement » : que les noms désignent typiquement des ensembles de choses et d'individus, et que les adjectifs désignent typiquement des ensembles de propriétés, ou d'états occurrences de propriétés, devient alors une conjecture assez solide. Comme nous le verrons dans un instant, il est également possible de dire de façon semblable que les verbes désignent typiquement des ensembles d'événements, de procès, d'actions ou d'états temporels. Ce qu'ajoute opportunément la théorie de la typicité c'est que, si les correspondances ainsi énoncées ont un caractère général, celui qu'exprime l'expression « la plupart des », elles n'ont pas pour autant un caractère

universel, celui qu'exprimerait le mot « tous ». Mais cette régularité par « la plupart » est elle-même une régularité par « tous » :
tout le monde, tout le temps, fonctionne cognitivement sous la loi
de la typicité.

Quelques autres noms et concepts

Il ne manque pas, il est vrai, de noms qui ne désignent pas des
choses ni des individus. C'est notamment le cas des noms qui sont
souvent qualifiés d'« abstraits » – en vérité « hautement abstraits »,
puisque même un concept exprimé par un nom dit « concret » est
le produit d'une abstraction.

Les noms hautement abstraits sont souvent dus à des nominalisations d'adjectifs ou de verbes, comme « blancheur » ou
« adresse ». On voit aisément qu'après une première abstraction,
qui a produit un concept comme <blanc> ou <adroit>, c'est une
autre abstraction, de second degré, qui conduit à <blancheur> ou
à <envoi>. Ces derniers concepts, et leurs désignations, ont l'avantage cognitif de donner accès à des phrases ou à des pensées qui
sont des formulations linguistiques abrégées.

On sait bien quels sont les risques conceptuels qui découlent
de cette possibilité que fournit l'abstraction : dans le registre
noble, c'est celui du réalisme platonicien, pour lequel, à l'inverse
de la position exposée plus haut, les propriétés des objets sont supposées dériver de leur participation à des entités plus hautement
abstraites, <blanc> découlant ontologiquement de <la blancheur>
au lieu que <la blancheur> soit abstraite cognitivement à partir de
<blanc>.

Mais les risques sont plus grands encore dans l'usage populaire qui est parfois fait des mots abstraits, lorsqu'on les regarde
comme des désignateurs d'entités hypostasiées ou réifiées. On y
trouve notamment les nominalisations d'adjectifs, parfois ennoblies par l'adjonction d'une majuscule : la Vérité, la Justice, le Mal,
le Bien, la Vertu, dont on retrouve les survivances encore
aujourd'hui dans les discours religieux ou politiques, fondamentalistes et bushistes. Cet usage ne conduit pas seulement à diverses
sortes de langues de bois mais aussi à de dangereuses dérives de la
pensée. Mais si on les regarde d'un œil froid, on voit bien que
ces dérives sont elles-mêmes des manifestations d'une tendance
naturelle, inhérente à la pensée humaine insuffisamment

élaborée : celle qui consiste à penser des représentations abstraites dans l'hyper-catégorie d'objet ou d'entité personnalisée.

L'examen approfondi des abstractions par la pensée rationnelle est une des tâches essentielles de la philosophie. C'est la démarche que s'est explicitement fixée la philosophie analytique. Sans qu'on puisse dire que cette dernière et la sémantique psychologique soient près de se rejoindre, du moins peut-on considérer que l'une et l'autre se développent de façon proche sur un terrain commun, celui où se trouve aussi la sémantique générative. Nous laisserons de côté l'analyse des concepts qui se situent à un niveau d'abstraction élevé ou très élevé, qui sont proprement des concepts philosophiques. Nous voudrions seulement essayer de montrer, à partir de l'exemple de deux domaines traités superficiellement, que la sémantique psychologique a vocation à s'occuper aussi de concepts abstraits.

Le premier domaine est celui des représentations mythiques et religieuses. Il est intéressant de chercher le rôle qu'y joue l'hyper-catégorie d'individu. Le concept générique de <divinité>, que celle-ci soit animale, fonctionnelle ou para-humaine, en relève largement. Les anthropologues nous indiquent que la représentation des dieux ou divinités a été longtemps déterminée par des catégories animales et cosmologiques (le dieu-bœuf, ou serpent, le dieu du soleil, la déesse de la lune, le dieu du tonnerre, des mers, ou des volcans, etc.), puis, sans doute postérieurement, par les fonctions sociales qui leur étaient dévolues (le dieu de la guerre, celui de la navigation, celui du commerce, la déesse de la beauté, etc.). Les saints chrétiens ont hérité de cette répartition des fonctions.

Il semble que ces représentations religieuses se soient cognitivement épurées, et centrées sur la représentation humaine, dans le monothéisme : elles ont perdu un grand nombre de leurs propriétés contingentes terrestres. On peut, nous semble-t-il, trouver attrayante l'hypothèse de Régis Debray[1], selon laquelle la représentation et le concept de dieu unique s'est construit par un processus d'abstraction progressive, de caractère historique, favorisé par des conditions particulières de vie et de culte chez des populations soumises au nomadisme dans le désert. La représentation de Dieu telle qu'elle s'est élaborée dans les religions monothéistes possède toujours une série de propriétés propres qui sont typiquement humaines. Cette représentation s'est perpétuée au long des siècles, n'évoluant qu'assez peu chez les croyants ordinaires, sans doute en raison de l'attachement à la structure de récit, avec sa concrétude personnalisée telle qu'on la trouve dans les livres fondateurs. La théologie et la philosophie l'ont rendue plus abstraite, mais sans lui ôter son lot de caractéristiques typiques. Il ne suffit pas de dire de la représentation de Dieu qu'elle est à l'image de l'homme, comme on l'a souvent répété après Feuerbach[2] : il faut savoir de quelle sous-catégorie des hommes (« homo »). La représentation d'un dieu-personne a été pourvue de caractéristiques qui sont hautement typiques de la représentation que les croyants cognitivement dominants avaient ou ont d'eux-mêmes. Yahvé, le Dieu des chrétiens ou Allah ont été et sont pensés spontanément comme une personne de sexe ou genre mâle, de couleur blanche ou peu colorée, appartenant au troisième âge, de rôle paternel, et de statut et nom de « Seigneur ». Cette représentation du Dieu-personne est assez largement dépouillée de tout attribut corporel. Mais elle contient une psychologie : dans ses versions populaires celle-ci est riche de sentiments et d'émotions, de la colère à l'autoritarisme ou à l'amour et, de façon non rare, de lubies, préférences ou refus alimentaires arbitraires, rites divers. En tant que Dieu-homme (masculin), Dieu est célibataire[3], volontiers misogyne, mais présent dans une structure familiale : chez les chrétiens c'est celle d'un <père> personnel, associé dans le concept de la Trinité à la représentation de son fils. Même si on en regarde la version rationaliste, on trouve une psychologie de Dieu : elle est hautement cognitive[4], avec un poids important et une aspiration à la rationalité, définie par référence à la pensée mathématique. Tous ces traits, présents dans les représentations de Dieu, sont empruntés au concept <humain>, mais non sous sa forme hyper-abstraite[5] : ils sont hautement typiques d'un homme socialement déterminé. L'idée d'un Dieu (unique)-femme n'existe pas, et le Dieu nègre ne se rencontre qu'une fois, au cinéma. Pour un regard d'aujourd'hui, cognitivement incorrect, les propriétés attribuées à Dieu dans la représentation que les hommes s'en forgent dérivent directement de la façon dont se sont élaborés les concepts d'<individu>, de <personne> et d'<homme (typique)>.

À bonne distance du précédent, il existe un tout autre domaine de la pensée humaine dans lequel on peut retrouver aussi des réalisations, très différentes, des hyper-catégories de <chose> et d'<individu> : c'est le domaine de la science. Les concepts y ont été laborieusement soumis aux exigences de la rationalité et confrontés aux données de faits : on y retrouve pourtant les mêmes hyper-catégories, superposées comme cadres généraux sur de nombreuses sortes de contenus, certains fort éloignés de la perception. Le langage, d'ailleurs, en témoigne : diverses sciences s'interrogent sur leurs « objets », mathématiques (géométriques ou numériques), cosmiques (étoiles ou galaxies), chimiques (supramolécules), microphysiques (les diverses catégories de particules). Certes les concepts désignés par ces mots font référence à la possession de propriétés fort différentes de celles des objets ordinaires. Mais il est clair que la métaphore mise en œuvre ici, celle que crée l'utilisation du mot « objet », n'est rendue possible que si l'on en conserve quelques propriétés, les plus générales : celles d'entité identifiable, de propriétés différenciables, et de catégorisation possible. Leur caractère extrêmement contraignant se manifeste de façon cognitivement bouleversante lorsqu'il devient nécessaire de les modifier.

On ne le voit nulle part mieux que pour les concepts de la mécanique quantique : pour l'individu ordinaire, fût-il cultivé, plusieurs d'entre eux sont des concepts inconcevables. Une partie des difficultés inhérentes à ce domaine vient de ce qu'il ne peut être décrit qu'au travers de mathématiques avancées. Mais, pour autant qu'on puisse en juger de l'extérieur[6], le plus intéressant sous l'angle cognitif pourrait bien être ailleurs : dans la difficulté à penser ces entités dans les hyper-concepts familiers. La difficulté des concepts quantiques, par exemple ceux qui tournent autour de la notion de <décohérence>, ne semble pas résider dans le besoin d'ajouter des propriétés nouvelles à des cadres conceptuels préexistants, comme c'est le cas dans la plupart des apprentissages. Elle se trouve plutôt dans la nécessité de supprimer certains hyper-concepts, par un effort de son esprit, un certain nombre de propriétés qui ont toujours été pensées comme leur étant essentielles, et même consubstantielles, en ce qu'elles en constituent le cœur même. C'est le cas, par exemple, pour l'hyper-concept d'<objet>, de la propriété de <n'être qu'à un seul endroit à un même instant>, ou de <ne pas être simultanément dans deux états sémantiquement opposés> (<vivant> et <mort> dans l'apologue du chat de Schrödinger), ou encore, pour un objet macroscopique, de <ne pas avoir une probabilité non nulle de s'annihiler soudainement>. La nécessité de renoncer à de telles propriétés, profondément ancrées par tous nos apprentissages à l'extrême sommet de la cognition, est sans doute ce qui fait la spécificité de ces concepts de la physique quantique.

On pourrait adjoindre aux considérations qui précèdent celles qui concernent les acceptions que les dictionnaires qualifient d'« abstraites » du mot « objet » : « objet de discours », « objet de pensée », « objet de pitié », « objet d'un litige », à quoi on peut ajouter « objet (grammatical) d'un verbe ». Mais ces acceptions du mot renvoient à des significations et des concepts qui appartiennent à un sous-ensemble explicitement très différent de ceux évoqués plus haut. Nous n'en parlerons donc pas ici.

Ce que nous avons dit dans cette section, à titre simplement indicatif, était destiné à suggérer que l'étude des concepts les plus banals et les plus modestes, ceux que nous avons examinés et qui sont portés par des noms et des adjectifs comme « canari », « tulipe », ou « rouge », peut préparer à une analyse de concepts plus abstraits, réputés plus nobles. Les conclusions de l'expérimentation sur les mots les plus communs peuvent aussi servir pour l'analyse de mots plus huppés. Ce que nous avons voulu particulièrement mettre en relief dans ce qui précède, c'est le rôle de la typicité des propriétés ou des traits dans le contenu de concepts très abstraits, ici ceux qu'on peut regrouper sous les hyper-catégories d'<individu> et d'<objet>. Nous avons tenté de montrer que ces contenus se retrouvent aussi, en dehors des concepts ordinaires et familiers de la pensée commune, dans des concepts beaucoup plus élaborés, ceux dont les religions, la philosophie ou les sciences nous offrent des exemples, chacun à sa manière.

Une base neurocognitive pour les hyper-catégories d'objets et d'individus

Nous avons traité les représentations d'objets et d'individus, à quoi nous avons adjoint celles des entités, comme entrant dans une très grande catégorie, une hyper-catégorie. On pourrait se demander comment elles sont subdivisées, à l'intérieur de cette hyper-catégorie : la catégorisation familière est celle qui y distingue des « objets » vivants, et des objets non vivants. Parmi les premiers on peut mettre ensemble ceux qui sont animés, les catégories d'animaux, définis par leurs critères ordinaires (et non zoologiques), et ceux qui sont inanimés, les végétaux. Parmi les seconds on peut aussi supposer qu'il existe une distinction entre les objets fabriqués, qui sont en principe caractérisés par leurs propriétés fonctionnelles, plutôt que par leur forme, leur couleur, ou leurs autres caractères perceptifs, et les autres objets.

Il existe une catégorie de données concrètes qui peut apporter un peu de lumière sur cette question, sans l'éclairer complètement. Ce sont les observations neuropsychologiques sur les déficits spécifiques à une catégorie de concepts : ils touchent essentiellement le langage, mais dans sa composante conceptuelle. Warrington et ses collaborateurs [7] ont montré les premiers, et on a confirmé par la suite, que certains patients atteints de formes particulières d'aphasie perdent de façon sélective le maniement de certaines catégories de concepts bien spécifiques : les animaux, les plantes, les objets manufacturés. Ils ne peuvent pas du tout, ou difficilement, les nommer, les reconnaître, les définir, etc. Certains patients perdent l'une de ces catégories, ou plusieurs, et pas les autres, certains autres patients perdent les autres et pas les unes [8], ce qui constitue une double dissociation. Il s'agit de très vastes catégories, et on n'a jamais observé de déficits portant sur des catégories plus restreintes (par exemple la perte des oiseaux, mais pas des poissons). Ces données sont aussi les seules qui apportent une indication qu'il existe une base neuro-anatomique pour des catégories conceptuelles.

Le caractère limité de ces observations tient à la rareté des patients de ce type, à l'efficacité encore imparfaite des techniques qui leur ont été appliquées jusqu'ici, et à la restriction des investigations : ainsi n'est-ce que de façon récente que l'on s'intéresse aussi aux verbes. L'interprétation de ces données fait problème, et plusieurs hypothèses explicatives en ont été proposées. Celle que propose Caramazza (2002) accorde une grande importance à la corrélation entre les propriétés des objets : par exemple, observe-t-il, les objets qui sont faits de certaines sortes de matière (par leur texture, leur couleur, leur substance) ont des formes particulières, des odeurs particulières, ils sont capables de certaines sortes particulières de mouvements, et susceptibles d'être trouvés dans des sortes d'environnements bien déterminés. Caramazza considère comme très plausible une causalité de type darwinien pour l'émergence de ce support neuro-anatomique : la pression évolutive a pu conduire les cerveaux humains à sélectionner ces catégories de représentations, centrales pour la vie humaine, à privilégier leurs modes de stockage et leurs traitements cognitifs, et à leur assigner pour cela une base neuro-anatomique spécifique, dans laquelle les grandes catégories se trouveraient alors localement séparées.

Le statut cognitif des hyper-catégories d'objet et d'individu : hyper-catégories et schémas

Nous devons, pour en finir sur ce point, nous interroger plus longuement sur le statut cognitif des hyper-catégories d'objet et d'individu. Plusieurs sortes de considérations peuvent être regroupées à cet effet. Certaines viennent d'être présentées : elles ont montré sous différents éclairages comment les esprits humains tendent à couler de multiples concepts à l'intérieur de ces hyper-catégories. C'est de là d'ailleurs que découlent les concepts de multiples sortes d'entités, qui sont des chosifications représentatives génératrices de concepts qui ne représentent pas vraiment des objets.

Cette tendance cognitive a aussi une incidence sur l'idée même que l'on se fait de ce qu'est un concept, sur le « concept de concept ». De façon spécifique, c'est par rapport à cette tendance qu'on peut juger le mini-fait d'histoire des sciences relevé plus haut : la préférence a été très longtemps donnée, en philosophie sémantique et en psychologie, à l'étude de concepts d'individus et de choses, et à leurs « propriétés », un terme que nous critiquerons plus bas. De cela les types les plus courants de réseaux sémantiques fournissent une assez bonne illustration. On pourrait rattacher à la même tendance la préférence qui a prévalu jusqu'à une période récente, en sémantique linguistique, à étudier les significations de noms (ou accessoirement d'adjectifs) plutôt que, par exemple, les significations de verbes. Le succès de la notion généralisée d'<objet> se retrouve aussi, en informatique, dans le développement des « langages-objets » – « objet » étant ici une entité informatique, à laquelle est associé un contenu doté de propriétés, et à quoi sont associées des procédures.

Plus simplement, la question fondamentale de la sémantique traditionnelle est, depuis toujours, celle des rapports entre « les mots et les choses ». La conception classique du <concept> qui dérive de ce questionnement a été ainsi élaborée à partir des significations de noms et d'adjectifs. Un <concept> était typiquement pensé comme un concept porté par un nom : les notions méta-conceptuelles d'« extension » et d'« intension » (ou « compréhension ») d'un concept, la seconde étant liée plus ou moins étroitement à celle de « possession de propriétés », en ont été dérivées. Cela ne les infirme pas, et nous allons prochainement examiner des concepts portés par les verbes auxquels on peut les appliquer. Mais il nous faudra pour cela reconsidérer quelque peu ce « concept de concept » et les notions qui lui sont liées.

L'hyper-catégorie d'objet, telle que nous la rencontrons en étudiant la sémantique des concepts ordinaires, pour l'essentiel chez les adultes, est visiblement une seule et même chose que le schéma[9], ou le schème, d'objet, tel qu'il est étudié dans d'autres sous-domaines de la psychologie, notamment en psychologie du développement. C'est un des points sur lesquels la contribution de Piaget a été essentielle[10] : ce qui, pour lui, fonde et garantit la représentation des objets, c'est la permanence, et on ne peut que le suivre sur ce terrain. Les travaux postérieurs [11] ont modifié un peu la conception qu'il en a donnée, mais ils ont bien confirmé que la permanence en est un facteur déterminant. Ils ont aussi montré, entre autres choses, que le développement des représentations d'objets se fait, dans ce cadre, par enrichissement et augmentation de leur précision.

> Les conditions de réalisation du schéma d'objet sont visiblement données par la structure et le fonctionnement du cerveau lui-même. Sans entrer dans les détails, on peut rappeler quelques grandes catégories de faits qui le confirment. Ainsi en est-il de la capacité psychologique, ancrée dans la physiologie, d'effectuer la ségrégation entre figure et fond. Celle-ci repose notamment sur la discrimination des contours : y contribuent fortement les activités neuronales qui accentuent les contrastes d'activation cérébrale entre les cellules qui réagissent aux points situés d'un côté d'un contour et celles qui réagissent aux points situés de l'autre côté. Ce traitement très basique des contours, qui contribue dans la perception à l'identification d'un objet, est une base de sa conceptualisation. Dans le même ordre d'idées se trouvent tous les processus de constance perceptive, constance de forme, de taille, d'éclairement, de couleur. Par le fonctionnement de ces processus, qui effectuent les corrections internes requises, un stimulus physique, qui varie en fonction de ces diverses caractéristiques, est perçu comme constant, inchangé en lui-même alors que son apparence change.
> S'ajoute à cela que les cerveaux de nombreuses espèces ont des détecteurs de mouvement, des dispositifs neuronaux, plus ou moins perfectionnés, qui leur permettent de réagir cognitivement à un mouvement, et parfois déclenchent un de leurs comportements. Ces dispositifs peuvent concerner des patterns mal différenciés, ou qui cessent de l'être dès qu'ils se mettent en mouvement : c'est la perception de bas niveau du « n'importe quoi qui bouge », ce sur quoi tirent les chasseurs pressés. Mais ils contribuent aussi à l'identification des objets : un objet est cette fraction du champ visuel ou auditif (et même olfactif pour certaines espèces) qui, au cours du mouvement, se meut comme un tout. Visuellement, par exemple, toutes les parties d'un objet mouvant restent liées, même si leur apparence change, et cela garantit son caractère compact et individualisé, en contraste avec le fond qui demeure fixe. Ces constances et ces différences fonctionnent aussi quand l'observateur manipule un objet, ou qu'il se déplace par rapport à lui, par exemple en en faisant le tour. C'est assurément sur la base de telles capacités élémentaires que se développe le schéma d'objet et celui, apparenté, d'individu.

Dans cette façon de voir, ce schéma a une multiplicité de racines innées perceptives, et il s'y ajoute peut-être un cadre pré-conceptuel. Mais ce sont les apprentissages qui permettent de le spécifier, et de le différencier en de nombreuses représentations de catégories, en leur adjoignant des informations supplémentaires. Celles-ci sont fournies par les représentations de propriétés, après qu'elles ont été extraites des variations de l'environnement. La mise en mémoire des représentations de catégories ainsi construites, sous forme de concepts, permet leur conservation et leur utilisation ultérieure. C'est sans doute grâce à cette contribution conjointe d'une information innée et d'une information acquise que les humains deviennent au cours de leur vie capables de reconnaître, non seulement les objets qui leur furent, il y a bien longtemps, utiles dans leur brousse originelle, ou ceux qui leur sont utiles aujourd'hui, mais aussi les nombreux objets artificiels ou pseudo-objets qu'ils ont coulés dans ce schéma. C'est cette interaction qui permet la formation des représentations conceptuelles.

Innéité des schémas et apprentissage des concepts

On peut prolonger cette analyse cognitive en la portant sur un autre terrain : celui de l'innéité et de l'apprentissage. C'est une idée séduisante, on l'a vu, qu'il puisse exister dans les esprits/cerveaux un bagage inné, essentiel, qui serve de base à toute l'organisation conceptuelle. C'est une façon de voir apparentée que Chomsky[12] a développée sous le nom de « grammaire universelle ». Elle a été relayée par Fodor, sous la forme d'un innéisme généralisé appliqué aux concepts (repris de Descartes). Il existe deux objections majeures à cette conception : la première est que, s'il existe des caractéristiques grammaticales universelles, ce qui semble bien établi empiriquement, elles sont pour l'essentiel liées à, et sans doute dérivées de, certaines autres caractéristiques universelles qui sont sémantiques : en premier lieu les schémas cognitifs que nous sommes en train de décrire sous le nom d'« hyper-catégories ». La seconde objection est que la dépendance des concepts des individus à l'égard de leurs environnements, matériel, social et de connaissances, est une autre donnée empirique, aussi largement documentée que la précédente. S'il existe bien, comme c'est probable, une base innée de la cognition, elle est sans doute une capacité d'accueil, très générale et très restreinte. Les meilleurs candidats en sont, outre les cadres représentationnels de l'espace et du temps, le petit nombre de catégories hyper-générales que nous avons citées, en premier lieu celles d'<objet> (ou de <chose>), d'<individu>, et de <propriété>, puis celle de <relation>, et ensuite celles d'<événement> et d'<action>, dont nous allons parler, à quoi il faudrait certainement ajouter celle de <causalité>.

Cette analyse superpose donc la notion de catégorie hyper-générale, telle qu'on la trouve en sémantique psychologique, et celle de schéma cognitif, présente dans l'étude du développement cognitif. Dans la première approche, il s'agit des plus générales et des plus abstraites dans la hiérarchie des représentations. Elles contiennent peu d'information propre, mais cette information est présente, entièrement ou partiellement, dans toutes les catégories qui lui sont subordonnées. Pour <objet>, cette information est contenue dans toutes les représentations des « vrais objets », et elle l'est encore partiellement dans les représentations qui sont de « faux objets », c'est-à-dire dans les concepts (comme <entité>) qui sont formés à l'image des objets. Dans une théorie sémantique qui fait appel à la notion de <composant sémantique> (ou de <trait sémantique>), on dira que cette information consiste en traits sémantiques, qui représentent des propriétés d'objets, et que ces traits sont présents dans une multiplicité de concepts.

Dans une optique d'étude du développement individuel, on a de bonnes raisons de penser que cette information, ou ces composants, sont présents à la naissance, sous forme d'esquisses, ou d'embryons représentationnels. Ils sont alors indifférenciés, mais préparés à accueillir l'information empirique que fournira la perception, puis à mettre celle-ci en mémoire à long terme par apprentissage, et à former ainsi progressivement dans ces cadres des représentations durables différenciées et des concepts.

Ce que nous appelons ainsi l'« information saisie perceptivement au cours de la vie » est ce que la philosophie empiriste appelait « les données de l'expérience ». Considérer qu'elle ne s'établit pas sur une *tabula rasa*, mais vient s'unir, par apprentissage, à l'information hyper-générale *a priori* qui est présente dans des schémas cognitifs innés est une forme de kantisme moderne. Le contenu des représentations et des concepts y est vu comme faiblement inné, et largement appris. Il nous semble qu'un tel néo-kantisme sémantique est bien compatible avec les résultats expérimentaux, plus, sans doute, que ne l'est la conception très innéiste de Chomsky et de Fodor.

Une vision darwino-kantienne

Dans le prolongement de cette façon de voir se trouve alors l'idée que les schémas cognitifs innés pourraient avoir été construits dans les esprits/cerveaux humains, au cours du temps long, par une évolution de type darwinien. Nous avons présenté ailleurs [13] cette hypothèse générale, quelque peu spéculative, mais plausible. Elle repose sur l'observation que l'univers matériel comporte un certain nombre de structures, physiques et biologiques, qui se trouvent à la même échelle que l'individu humain. Ce sont, en bref, ceux des objets naturels qui ne sont ni très grands ni très petits, les individus, animaux et végétaux, les événements macroscopiques. À de tout autres échelles, cosmologiques ou micro-physiques, existent aussi dans l'univers des myriades d'autres structures et d'autres événements. Mais ceux-là sont inatteignables par la cognition ordinaire. La reconnaissance et la représentation des parties de la structure de l'univers qui sont à l'échelle humaine sous la forme d'objets ordinaires, d'individus, d'entités, d'événements, d'actions, a été pour notre espèce une condition de sa survie et de son expansion.

Si on regarde la cognition sous cet angle, on peut aisément se convaincre que les entités qui devaient être primordialement reconnaissables, pour un *homo* primitif en cours d'évolution, devaient être quelques objets ou végétaux à valeur biologique majeure, et aussi, comme pour la totalité des espèces animales suffisamment évoluées, les congénères, les proies, et les prédateurs, avec les signaux ou traces diverses qu'ils produisent ou laissent derrière eux, et qui permettent de les identifier. La recherche éthologique a amplement montré que l'équipement cognitif des organismes animaux comporte une capacité de reconnaître dans leur environnement des stimulus ou patterns spécifiques, variables et plus ou moins perfectionnés selon les espèces. Cette capacité à reconnaître est directement reliée aux comportements, également spécifiques, que l'on appelle « instinctifs ». La caractéristique de ceux-ci est d'être très largement pré-programmés, avec des modulations dérivées dues aux apprentissages : ces comportements sont déclenchés ou contrôlés par des stimulus ou patterns spécifiques de l'espèce. La reconnaissance des lieux, fondement des capacités d'orientation dans l'espace, est relativement développée dans ces espèces, mais la reconnaissance généralisée d'objets physiques sans valeur biologique, et la capacité d'apprendre à les reconnaître, y est nulle ou extrêmement pauvre. Elle ne commence à prendre de l'importance que chez les singes, et particulièrement les anthropoïdes.

Ce qui, par opposition, caractérise l'espèce humaine, c'est une contribution très faible, par rapport aux autres espèces animales, des comportements véritablement instinctifs. Ce qui s'y substitue, ce sont des motivations à large spectre, que les théories psychologiques peu rigoureuses qualifient d'ailleurs d'« instincts ». Les objets visés par ces motivations avant apprentissage sont assez peu différenciés. Dans le domaine alimentaire, ils sont variés, en raison du caractère omnivore de la consommation humaine : en revanche les goûts et dégoûts, les habitudes et les tabous alimentaires sont largement appris. La sexualité humaine comporte aussi une gamme extrêmement large et disparate de comportements, d'attirances ou de rejets. Les formes humaines de l'agressivité ne sont pas moins variées, y compris à l'égard des « semblables » humains, souvent jugés des « différents » ou des « ennemis » : elles culminent dans cette invention humaine, exceptionnelle dans la nature, et qui concourt si fort au « propre de l'homme », la guerre.

Tout concourt à montrer que l'évolution du cerveau humain s'est faite, dans ses motivations adaptées à la survie et à la domination, en direction d'une grande indifférenciation cognitive. Il s'est développé corrélativement une capacité d'une très grande ampleur et d'une très grande généralité à la pure reconnaissance des objets, des individus et des entités diverses, qui déborde considérablement celle des stimulus ou patterns biologiquement utiles. Quel intérêt biologique peuvent bien avoir, pour une femme ou un homme, la capacité à distinguer un rectangle d'un parallélogramme, la lettre « i » de la lettre « u », un muon d'un gluon, ou un Courbet d'un Delacroix ? L'évolution a visiblement doté le cerveau humain de capacités de base d'un autre type, les schémas cognitifs généraux. Grâce à l'information peu spécifique qui s'y trouve stockée de façon innée, elle a rendu possible la reconnaissance de myriades de catégories de choses, d'individus, de propriétés, d'actions, d'événements, etc. Mais cette reconnaissance ne peut fonctionner qu'une fois que ces schémas initiaux ont été spécifiés, c'est-à-dire emplis d'information additionnelle, et monnayés en représentations conceptuelles différenciées.

Cela apparaît bien si l'on compare les capacités de reconnaissance, à âge comparable, à la naissance ou chez les sujets jeunes, en allant des mammifères les moins évolués aux singes, puis aux anthropoïdes, puis à l'homme : loin que ces capacités initiales deviennent de plus en plus précises, elles sont au contraire de moins en moins telles. Les travaux récents sur la cognition du bébé ont certes montré que celui-ci est capable de distinguer beaucoup plus de stimulus qu'on ne le pensait auparavant, notamment parmi ceux qui auront plus tard un caractère linguistique. Mais cela n'efface pas l'incapacité du bébé humain, de l'être humain dans son état initial, à survivre dans un environnement non protégé, alors que la plupart des bébés mammifères de même âge sont très précocement adaptés à leur environnement. Ce que l'évolution a fourni en compensation de ces faiblesses premières en matière de capacités perceptives, cognitives et motrices, comme une contrepartie de l'affaiblissement de la spécificité, c'est son contraire la généralité, jointe à un développement prodigieux des capacités d'apprentissage. Les capacités que les recherches récentes ont mises en évidence chez le bébé, par exemple en matière de discrimination phonologique, ont précisément ce caractère non spécifique et préparatoire par rapport aux acquisitions à venir.

Cette façon de voir est assez éloignée des théories dans lesquelles on accorde un rôle essentiel à l'innéité cognitive. L'idée que nous défendons est, sous ce rapport, largement anti-innéiste : s'il existe bien, en effet, un héritage inné inscrit dans le cerveau, il est d'abord une préfiguration de ce qui se développera par la suite comme une multiplicité de représentations et de concepts, qui s'inscriront dans ces grandes catégories perceptives et conceptuelles.

Il est alors compréhensible que conjointement, lorsque la capacité de langage s'est développée dans les cerveaux humains durant l'évolution, les significations de mots se soient, en quelque sorte, nichées dans ces schémas cognitifs, et qu'elles aient fait émerger des désignations de choses, d'individus, de propriétés, de relations, d'événements, d'actions. Et secondairement des parties du discours correspondantes, des noms, des adjectifs, des prépositions, des verbes, avec une certaine variabilité inter-langues.

Cela peut sembler une question hautement spéculative que de se demander, non seulement si l'évolution a développé dans l'esprit des premiers hominidés un certain nombre de schémas cognitifs pour y loger leurs représentations et leurs ébauches de concepts, mais encore quels étaient au juste ces schémas. La question n'est, toutefois, pas dénuée d'intérêt. Nous avons précédemment employé l'expression mixte de « représentation des objets et des individus ». Elle marque une incertitude. Le schéma d'objet comme réceptacle est, comme on l'a dit, assez largement reconnu sous diverses formes par beaucoup d'auteurs. La question est de savoir quelle place tient, par rapport à lui, le schéma d'être vivant. On peut, comme nous l'avons fait, observer que les êtres vivants sont, sous plusieurs angles, des « objets » en ce qu'ils partagent de nombreuses caractéristiques avec les objets inanimés. Mais, dans l'hypothèse d'un développement cognitif darwinien, lequel de ces deux schémas pourrait-il avoir eu priorité ?

On peut se demander quels objets physiques inanimés, à dimension humaine, étaient présents dans l'environnement naturel des premiers hominidés. Ils devaient être rares, quelques rochers ou cailloux, ces derniers peut-être assez tôt « prometteurs d'outils », puis des formes spatiales géographiques, des monts, des vallées, des rivières, des rivages, des baies et des caps, des lieux, en général. S'y ajoutaient certainement des « objets » perceptibles dans le ciel, le soleil, la lune et les étoiles. Mais rien de tout cela n'est biologiquement essentiel, au point de mériter que l'évolution construise un schéma pour ces réalités. Beaucoup plus importants sont les êtres vivants, qu'ils soient inanimés, les végétaux, ou animés, les animaux. Pour ces derniers l'existence des dispositifs cérébraux de détection du mouvement que nous avons mentionnés témoigne de cette importance. Nous sommes donc enclins à penser qu'un schéma perceptif et cognitif dévolu à l'identification des individus vivants, plutôt qu'à des objets au sens fort de ce terme pourrait avoir contribué, chez les premiers hominidés, à l'émergence d'un schéma d'objet.

De façon un peu plus concrète, on peut se demander, par exemple, quelle représentation de type conceptuel les hominidés nos ancêtres pouvaient bien avoir des choses avec lesquelles ils coexistaient et interagissaient : les objets naturels, immobiles, ne pouvaient guère être que les rochers ou les cailloux, ou les objets géographiques évoqués plus haut, et les objets artificiels étaient rares. Se distinguaient d'eux les objets mobiles, les animaux, les événements météorologiques, et le feu. C'est une question, spéculative mais non dénuée d'intérêt, qu'on peut se poser devant le lieu-dit Menez-Dregan [14] : il s'agit d'un site paléolithique, qui fut habité par des individus du type *homo erectus*, environ 500 000 ans avant notre ère, et sur lequel on a retrouvé les plus anciennes traces de feu anthropique en Europe, traces datées d'à peu près – 360 000 ans. Pour avoir maîtrisé le feu, ces hommes non encore *sapientes* devaient bien l'avoir représenté et catégorisé dans leurs cerveaux. Quelques données existent pour une période qui n'est pas tellement plus tardive : les remarquables travaux menés sous la direction d'Henri de Lumley à la grotte du Lazaret, et publiés tout récemment [15], témoignent qu'on peut attribuer aux prénéandertaliens du pléistocène (environ – 160 000 ans) qui y ont séjourné un niveau cognitif relativement élevé.

Il n'est donc pas illégitime de se demander comment les préhommes de Menez-Dregan se représentaient le feu ou, plus subtilement, comment nous pouvons nous représenter la façon dont ils se le représentaient. Peut-être pas par concepts, mais sans doute, néanmoins, à travers des relations entre cette représentation et d'autres représentations. Était-ce comme une espèce particulière d'un genre, par exemple une sorte d'être vivant, voire d'animal dévorant, ou comme un « élément » de l'univers, au même titre que, bien plus tard, l'eau ou la terre, ou encore comme une entité unique, *sui generis* ? Et faisaient-ils une quelconque distinction entre ce feu qu'ils avaient « apprivoisé », alors qu'aucun animal ne l'était encore, semble-t-il, et le feu « sauvage » qu'ils rencontraient ailleurs ? Même si les réponses à ces questions ne peuvent aujourd'hui qu'être purement spéculatives, elles méritent d'être posées, justement pour mettre cette spéculation à l'épreuve de la réflexion, puisqu'il est douteux que des données suffisantes puissent quelque jour leur apporter des réponses un peu solides.

On peut, en tout cas, en faisant un grand saut dans le temps, voir à partir des représentations graphiques d'animaux dans les grottes ornées, à quel point certaines catégories d'animaux tenaient une place privilégiée dans la cognition de nos ancêtres, et par là quelle importance y avait la typicité de ces représentations.

Le cerveau pré-humain a nécessairement été doté très tôt de cette capacité extraordinaire qu'est la possibilité de catégoriser de façon flexible. C'est seulement à cette condition que les hommes ont pu créer des outils, et commencer à modifier leur environnement immédiat. Il leur fallait « voir » dans un objet perçu sélectivement autre chose que ce qu'il était : dans tel caillou un futur outil ou une future arme, dans telle branche un bâton susceptible d'être utile, dans telle grotte non seulement un abri (cela, l'ours le sait aussi), mais un possible lieu de vie ou de magie, et dans un faisceau de tiges la possibilité d'un toit. Et très tôt aussi, nous l'avons vu, l'esprit/cerveau a été capable de discerner, dans la perception effrayante de l'incendie, le feu qui peut être apprivoisé.

C'est cette capacité essentielle de la cognition humaine, négliger mentalement, et modifier par la pensée, une ou plusieurs valeurs d'attribut qui semblent intrinsèques dans la représentation d'un objet, qui constitue ce que la psychologie ordinaire appelle l'« imagination ». C'est cette plasticité de la cognition, sa possibilité de n'être pas irréductiblement contrainte par le donné externe, qui fonde la créativité dans la représentation. Notre cousin chimpanzé se montre déjà assez doué à cet égard, mais c'est sans doute la puissance multipliée de cette capacité cognitive de base qui a permis aux hominidés, puis aux hommes, de passer de l'objet naturel à l'outil, à l'objet artificiel, et finalement de créer la civilisation. C'est elle que nous retrouverons, à des lieues cognitives de ce qui précède, dans la métaphore.

Nous admettons bien volontiers que beaucoup de ces vues sont un peu risquées, mais nous les utiliserons néanmoins ci-dessous comme un cadre dans lequel on peut insérer utilement d'autres analyses sémantiques.

L'étape contemporaine du développement cognitif humain et la vision apportée par les sciences

Si l'évolution a légué aux êtres humains une façon de penser le monde, la science leur en a récemment forgé une autre. Hommes, dit-elle, l'univers n'est pas ce que vous croyez. Il est fait en réalité de particules et de quarks, d'atomes et de molécules, avec des probabilités partout, souvent de valeurs infinitésimales, et d'immenses masses de matière que nous appelons des galaxies. Et s'il est bien vrai que cet univers héberge sur l'astre Terre des êtres vivants et même pensants, des animaux et des humains, leur réalité est celle d'agrégats organisés de cellules et d'organes, et, d'une certaine façon, de simples excroissances véhiculant la véritable réalité biologique, celle des gènes. Les individus les plus évolués sont mus par un gros paquet mou de myriades de neurones dans leur boîte crânienne. Quant aux « événements » macroscopiques que vous croyez percevoir et dont parle votre discours de chaque jour, il est plus raisonnable de les analyser en « phénomènes » et « relations entre phénomènes », relations dont seules les plus régulières méritent d'être retenues, et mises en équations pour accéder à la dignité de « lois ». En un mot, toutes ces autres pièces constitutives de l'univers, celles que les sciences scrutent et modélisent, sont plus réelles que celles que votre cognition darwinienne vous autorise à voir et à conceptualiser.

Tout cela est presque vrai. Et pourtant, chose qui devrait être surprenante pour l'homme de la rue, qui souvent se figure le contraire, le physicien de la mécanique quantique, le chimiste inorganique ou le neurobiologiste cellulaire, paraissent bien, lorsqu'on les rencontre hors du laboratoire, voir, penser et parler, avec un parfait naturel, en termes d'objets, d'individus, de propriétés et de relations ordinaires, d'événements et d'actions macroscopiques, communs à tous. Ils fonctionnent cognitivement comme tout le monde.

Dans la vie de tous les jours, le regard perceptif et conceptuel que ces personnes portent sur le monde se coule dans les cadres cognitifs ordinaires. Cela montre bien à quel point ceux-ci sont puissants et résistent, dans la vie quotidienne, à l'autre conception, celle de la science, et à quel point ils obligent celle-ci à cohabiter avec eux. Cela n'empêche pas ces chercheurs de fonctionner autrement dans leur activité scientifique de laboratoire : il suffit, mais il faut, qu'ils commutent, selon leur volonté et leurs besoins, une grille conceptuelle en une autre grille conceptuelle, inévitablement locale. Le meilleur des spécialistes en un domaine n'est pas en mesure de penser scientifiquement le domaine de son voisin d'un étage ou d'un bâtiment différent. C'est bien cette possibilité de commutation d'une conceptualisation à une autre qui caractérise la pensée scientifique. Mais ce qui peut être commun aux deux, c'est la rationalité.

On peut résumer les idées que nous venons de présenter en parlant d'une hypothèse du « grand découpage », « grand » étant dans ce contexte un équivalent de « fondamental » et d'« essentiel », mais aussi de « grossier » ou d'« approximatif ». C'est une autre façon de parler du darwino-kantisme, reformulé dans une perspective cognitive. Selon cette hypothèse, la structure sémantique des esprits humains, innée et universelle, comporte de façon initiale, et ensuite de façon constante, des cadres représentatifs généraux qui déterminent leur façon de percevoir l'univers, de le penser, et d'en parler.

Nous allons dans un instant illustrer ces idées par des données un peu plus concrètes, concernant les significations de verbes. Mais on peut, en transition, prolonger la vision antérieure en suggérant que l'évolution n'a pas inventé seulement les hyper-représentations dont nous avons parlé, mais aussi celles d'événement et d'action, et de situation. Le découpage de l'univers en choses, individus, et propriétés, qu'expriment le mieux les noms et les adjectifs, est essentiellement basé sur la permanence. Il extrait, à partir des variations multiples et incessantes de l'univers, une certaine sorte d'invariants, dans les cadres que l'esprit/cerveau lui fournit.

Mais ce découpage doit être complété et compensé : d'autres invariances existent aussi dans l'univers. Ce sont, si l'on peut dire, des invariances de variation, identifiables par la répétition. Les choses et les individus varient temporellement de mille façons multiples, mais elles ont aussi des façons de varier qui se reproduisent, et sont donc partiellement constantes. La reconnaissance, comme processus essentiel de l'activité cognitive, et dont la fonction est de comparer le présent perçu avec le passé stocké en mémoire, est capable de reconnaître également le retour plus ou moins fréquent de cette deuxième sorte de variations. <Tomber> en est un exemple, représentable et conceptualisable. Une considérable multiplicité de choses de l'univers tombent, et elles peuvent le faire de différentes façons. Mais aussi d'autres choses sont remarquables par le fait qu'elles ne tombent pas. Ce sont ces invariances, avec leurs négations ou différences, qui sont conceptualisées dans les hyper-représentations d'<événement> et d'<action>, qui s'expriment typiquement par l'intermédiaire des verbes. Leur cristallisation dans des significations de mots-verbes est ce qui leur permet d'être ensuite mises en œuvre dans des phrases, à partir desquelles les locuteurs reconstituent des représentations de situations et d'événements, comme nous allons essayer de le montrer.

La signification des verbes

Dans la dernière période[16] une attention croissante s'est portée sur la sémantique des verbes. Ces recherches ont été et sont menées conjointement en logique[17], en philosophie du langage, en linguistique[18] et en psychologie cognitive[19]. D'une certaine façon elles renouvellent notre conception même de ce qu'est un <concept>, en nous forçant à prendre au sérieux l'idée qu'une signification de verbe est un concept, au même titre qu'une signification de nom ou d'adjectif, mais avec une structure conceptuelle différente.

Le défi est alors de rendre compte des concepts portés par des verbes, comme « casser » ou « poursuivre », dans le même cadre que des concepts portés par des noms ou adjectifs, « fleur », « carré » ou « jaune ». Et ce serait pour cela pure maladresse que de vouloir remplacer les verbes par des noms, déverbaux ou non, par exemple les concepts de <casser> ou de <poursuivre> par ceux de <bris> ou de <poursuite>. Au demeurant, en français, les verbes sont loin d'avoir tous un homologue nominal[20].

Nous allons consacrer un long développement à cette question de la sémantique des verbes, en l'envisageant sous un angle inchangé : considérer ce qui se trouve, dans les mémoires sémantiques des locuteurs, « derrière » les verbes. Il s'agit donc de développer à leur propos une idée fondamentale : il existe des représentations mentales spécifiques, qui s'expriment par les verbes lors de la production du discours, ou qui sont produites à partir d'eux dans l'activité de compréhension. Nous poserons alors la question : Quels sont la nature et le contenu de ces représentations ?

Nous ne présenterons pas un tableau général de la sémantique des verbes. Nous nous en tiendrons à une esquisse, mais qui sera considérée comme représentative. Elle sera focalisée sur quelques classes privilégiées de verbes, ceux qui sont utilisés dans les phrases les plus typiques : les verbes d'événements ou d'actions. Cette analyse nous aidera d'abord à élargir la conception des réseaux sémantiques tels que nous l'avons considérée jusqu'ici, pour aboutir à des réseaux sémantiques plus complexes, les « réseaux sémantiques augmentés ». Elle nous conduira aussi à passer à d'autres modes de description des significations et des concepts que ceux qui entrent dans les réseaux. Ce seront les descriptions qui ont été annoncées au début de ce chapitre : celles qui se font en termes de « schémas cognitifs » et de « composants (ou traits) sémantiques ».

Comment aborder l'examen des significations de verbes ?

Les significations de verbes sont de contenu extrêmement varié, et même hétéroclite, en sorte qu'il est très difficile de les ramener à un type, ou à un petit nombre de types communs à tous. Les classifications systématiques réalisées dans une perspective de sémantique linguistique [21] ou psycholinguistique [22] montrent la très grande diversité, on pourrait dire l'émiettement, de ce secteur du lexique. Nous procéderons donc dans ce qui suit à une considérable simplification, en essayant de conserver les caractéristiques sémantiques des verbes qui nous paraissent les plus fondamentales. La première sous-classe qui nous intéressera sera celle des verbes désignant, ou dénotant, des événements. Nous lui rattacherons celle des verbes de procès, qui ne se distinguent des précédents que par la durée de ce qui est représenté. Parmi tous ces verbes nous considérerons essentiellement ceux qui dénotent un changement, ou une transition et qui sont dits de ce fait

« transitionnels ». Un exemple en est « brunir », pris dans son utilisation intransitive, comme dans la phrase : « Béatrice a beaucoup bruni cet été. » Cela indique qu'elle a changé de coloration de peau, et est passée de la couleur « peu brune » à « plus brune ».

La seconde sous-classe que nous analyserons sera celle des verbes d'action. Deux exemples en sont « remplir » ou « casser ». On pourrait considérer ces verbes comme constituant une sous-classe de ceux d'événements, mais une différence les en sépare : la présence d'une représentation d'une cause du changement. « Remplir », c'est causer un changement par lequel quelque chose qui était vide (ou non complètement plein) devient plein ; « casser », c'est causer un changement par lequel quelque chose qui était intact devient divisé en plusieurs morceaux. Nous ferons donc porter l'analyse sur les verbes de cette sorte, dits « causatifs », qui dénotent un changement causé, et plus spécialement sur ceux qui sont dits « résultatifs », qui incluent à leur premier plan une représentation du résultat du changement (pour « remplir », c'est « être plein »). Nous laisserons de côté d'assez nombreuses autres sous-catégories de verbes, sur lesquelles l'accord est moins bon jusqu'ici : par exemple les verbes dits « d'activité », dont « mâcher » est un exemple, qui dénotent une conduite dont le caractère causal et le résultat ne sont pas mis au premier plan.

À côté des classifications sémantiques il existe pour les verbes une classification grammaticale, dont les critères sont différents. Les termes « intransitif » et « transitif » prennent en compte une caractéristique générale, la possession ou non d'un complément d'objet. Les verbes intransitifs apparaissent dans des phrases qui ont une structure syntaxique Sujet/Verbe (SV, comme : « Béatrice a bruni »), les verbes transitifs dans des phrases qui ont, à la voix active, une structure syntaxique Sujet/Verbe/Objet (SVO : « Roger a cassé la tasse »). Ces structures syntaxiques peuvent être caractérisées de façon distributionnelle, ou formelle, et elles l'ont été abondamment dans la linguistique récente centrée sur la syntaxe. Des recherches en cours[23] tentent d'établir comment il est possible de faire correspondre les caractéristiques syntaxiques et sémantiques des verbes. Nous défendrons ici l'idée, plutôt minoritaire en linguistique (mais de moins en moins), que l'interprétation sémantique est plus « profonde », c'est-à-dire cognitivement plus fondamentale, et donc plus adéquate, que la description syntaxique. Avant de présenter une analyse des significations de verbes appartenant aux sous-catégories que nous avons choisies, nous allons faire un détour, de caractère très abstrait, dans le domaine des significations de verbes en général.

Une conceptualisation hyper-abstraite des événements

Une façon de conceptualiser la structure sémantique d'<événement> (en y incluant celles, qui lui sont subordonnées, de <procès> et d'<action>) est d'essayer d'en donner la « forme logique », qui peut s'exprimer dans le « langage des prédicats » (utilisé ici sans quantificateur). Elle est très abstraite, mais très satisfaisante d'un point de vue rationnel.

Le langage des prédicats est souvent donné comme étant une pure et simple « écriture », de caractère « formel ». Dans la mesure où on l'applique à la sémantique, c'est-à-dire à des contenus, il nous semble préférable de parler de conceptualisation hyper-abstraite. « Hyper-abstrait » a naturellement pour corrélat « hyper-général ». Cette expression indique que la notation en langage des prédicats n'est pas vide de contenu, mais seulement sémantiquement pauvre. C'est cet appauvrissement sans suppression que procure l'usage des lettres par lesquelles on remplace formellement tous les mots d'une certaine catégorie ou sous-catégorie : la notation est, par choix théorique, « formalisée », plutôt que proprement « formelle ». Dans cette conceptualisation, les verbes intransitifs sont placés traditionnellement (à tort, on va le voir) dans la catégorie des prédicats « à une place », ou « unaires » : on les écrit donc P (x), où P note le prédicat verbe, et x l'ensemble de ses sujets (ou agents) possibles. On peut tout aussi bien écrire V (x) en convenant que V, moins abstrait que P, représente ceux des prédicats unaires qui sont des verbes intransitifs.

Dans une analyse en termes de « forme logique », chacun de ces prédicats fait référence à un ensemble d'événements possibles, au sens de « réellement possibles dans l'univers ». « Réellement possible » s'oppose ici à « pensé comme possible », dont nous allons parler. Par exemple, le verbe « tomber », converti en TOMBER (x), a pour référence tous les événements, réels ou possibles, dans lesquels quelqu'un ou quelque chose tombe : cet ensemble constitue, dans cette théorie logique, l'*extension* du concept qu'exprime le verbe. Cette extension est identique en nature à celle d'un nom comme « pomme », qui est l'ensemble de toutes les pommes réelles ou réellement possibles.

Mais on peut également, et c'est ici notre option, adopter

plutôt une sémantique psychologique. On dira alors que la signification de V, en tant qu'elle est un contenu mental dans l'esprit des locuteurs, est un ensemble de représentations possibles d'événements, et en outre de représentations possibles d'événements possibles. Dans notre exemple, la signification de « tomber », ou de TOMBER (x), pour un locuteur, est constituée par l'ensemble de toutes les représentations, chez ce locuteur, dans lesquelles quelqu'un ou quelque chose est perçu ou pensé comme tombant. « Dans lesquelles » (à l'intérieur de la phrase qui précède) renvoie bien à des « représentations d'événements », et c'est seulement par cet intermédiaire, qu'il renvoie à « des événements réels (représentés) ».

Par généralisation, la signification linguistique de « tomber », ou de TOMBER (x), qui vaut pour tous les locuteurs francophones, est constituée par l'ensemble de toutes les représentations, chez tous ces locuteurs, dans lesquelles quelqu'un ou quelque chose est perçu ou pensé comme tombant. Il est peut-être plus facile dans ce cas de dire que, par l'intermédiaire de toutes ces représentations, il est fait référence à tous les événements réels ou réellement possibles correspondants. Cela est plus facile en raison des lois naturelles d'apprentissage linguistique qui régularisent cette correspondance entre le réel et sa représentation.

Quelles sont les représentations notées ici par x ?

Nous devons maintenant, en second lieu, nous préoccuper de ce que représente le x de P (x), ou de V (x), c'est-à-dire de l'argument du prédicat. Dans la conception standard, x « représente » (« note » dans nos termes) un « parcours » sur un second ensemble, qui n'est défini que de façon abstraite. C'est l'ensemble des choses ou des individus qui sont susceptibles de V-er, dans notre exemple de tomber. Pour une sémantique psychologique[24] x note l'ensemble de toutes les représentations mentales des choses ou individus dont le locuteur sait, ou croit, qu'elles peuvent tomber. Par regroupement[25], on peut dire que x correspond à toutes les représentations de sous-catégories, que le locuteur a dans son esprit, et dont il pense qu'elles regroupent des choses ou individus susceptibles de tomber.

On peut présenter cette idée plus concrètement. Supposons que l'on demande expérimentalement à des sujets (par exemple au lecteur lui-même : 1. « donnez-moi quelques exemples de choses qui peuvent tomber », puis 2. « donnez-moi quelques exemples de choses qui ne peuvent pas tomber ». On pourrait dire aussi, en passant par une fiction de grammaire : 1. « donnez-moi quelques exemples de noms qui peuvent normalement être des sujets du verbe "tomber" », puis 2. « donnez-moi quelques exemples de noms qui ne peuvent normalement pas être des sujets du verbe "tomber" ». Nous observerons alors que ces sujets n'auront aucune peine à répondre à ces questions, même s'il est vrai que la ligne de démarcation entre 1. et 2. ne sera pas pour eux parfaitement nette.

La situation expérimentale décrite ici n'est, à première vue, qu'une extension de celle d'association verbale libre présentée plus haut. Il semble bien toutefois que la liaison existant en mémoire entre un verbe (transitif) et son objet soit plus forte que celle existant entre un verbe et son sujet. Rossi a trouvé, dans une épreuve d'association libre, que les réponses données à des verbes transitifs sont pour plus de 40 % des noms pouvant servir d'objets pour le verbe, alors qu'elles ne sont qu'environ 6 % à être de possibles sujets. Des résultats supplémentaires ont été récemment recueillis par Pariollaud et Cordier [26].

La différence avec l'association libre apportée par la procédure que nous avons décrite – et que nous réutiliserons plus bas à propos des patients – vient de ce que la consigne introduit une sélection conceptuelle sur la production des réponses. Probablement, pour accomplir sa tâche, le participant fouille dans sa mémoire, y trouve des mots auxquels le verbe « le fait penser », donc qui en sont des associés mentaux. Mais certains de ceux-ci ne correspondent pas à la condition stipulée par la consigne : ils doivent donc les rejeter, pour ne garder à l'écriture que les sujets possibles du verbe.

Ce que cette procédure expérimentale rend bien manifeste, c'est que tout locuteur a dans son esprit une représentation, un peu floue, mais parfaitement réelle et explicitable, de CE qui peut tomber ou ne peut pas tomber. C'est une forme de connaissance, implicite, mais qu'on peut présumer universelle, d'une composante de la signification de « tomber ». La figure 7a illustre cela.

L'expérience fait en outre apparaître concrètement des réponses catégorielles : (peuvent tomber) des catégories de choses usuelles (des chaises, des verres, des stylos, etc.), de gros objets (des avions, des météorites, etc.), animaux (des chevaux de course, des éléphants, etc.), humains (des alpinistes, des skieurs, des pratiquants de roller, etc.), et aussi parfois des individus particuliers, dont la représentation est très personnalisée et l'importance très élevée pour chaque participant déterminé (par exemple « ma petite fille de 7 ans quand elle fait du vélo »). Pour l'essentiel, cette procédure met donc au jour un ensemble de sous-catégories de représentations, un ensemble indéniablement un peu hétéroclite et imparfaitement défini, mais qui peut être décrit statistiquement : on constate que les fréquences de réponses ont, au travers des variations interindividuelles, une réelle stabilité.

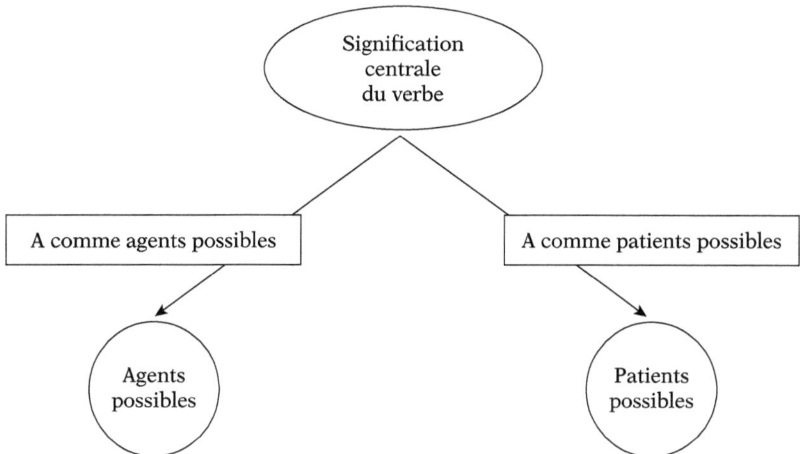

Figure 7. – Figuration de la signification extensionnelle d'un verbe transitif. Elle est extensionnelle en ce qu'elle fait apparaître les deux ensembles de représentations correspondant aux agents possibles et patients possibles du verbe. Les flèches figurent les liaisons mentales : « a comme agents possibles » et « a comme patients possibles » (voir le texte).

Le fait cognitif majeur est ainsi que tout le monde a dans sa tête un ensemble représentatif des « tombants possibles », depuis les plus typiques jusqu'aux plus rares. Le fait expérimental correspondant est que l'ensemble de ces ensembles individuels est objectivable, et descriptible. La théorie dit que ces représentations font partie de la signification du verbe « tomber », ou du concept <tomber>. La recherche expérimentale actuelle, après McRae *et al.* (1997, *op. cit.*) ou Ferretti *et al* (2001, *op. cit.*), continue à explorer ces questions de plus près.

Une idée qui découle immédiatement de ce qui précède, et que nous exploiterons dans notre chapitre sur la compréhension, est la suivante : pour former dans son esprit une phrase mentale particulière (par exemple que : « la chaise est tombée »), et tout aussi bien pour émettre cette phrase, ou pour la comprendre sous forme orale ou écrite, une même opération est toujours nécessaire. Elle consiste dans tous les cas à « remplacer » le x de V (x) (ou à l'« instancier ») par une représentation déterminée d'objet ou d'individu, dans notre exemple la représentation de <la chaise>. Nous montrerons qu'il s'agit en fait d'une activation en mémoire. Par anticipation, et en en réservant l'explication détaillée au prochain chapitre, nous pouvons dire que la compréhension de la phrase « la chaise est tombée » implique 4 opérations majeures : 1. activer la signification du mot « tomber » (nous en négligeons ici le caractère conjugué et le temps), 2. activer la signification de « chaise » – nous négligeons également l'article « la » ; 3. juger (implicitement) que la chaise fait bien partie des objets connus en mémoire comme susceptibles de tomber, 4. assembler cognitivement les représentations de <chaise> et de <tomber>. Ce qui nous intéresse ici est le point 3. Il prend acte de ce que, pour comprendre la phrase « la chaise est tombée » il faut impérativement que, dans la mémoire sémantique à long terme du compreneur, la représentation de <chaise> fasse partie de l'ensemble des représentations d'entités susceptibles de tomber, en d'autres termes soit congruent avec la signification complète de « tomber ». S'il n'en est pas ainsi, et si la phrase comporte un mot qui renvoie à une entité étrangère à cet ensemble (par exemple dans : « la mer est tombée »), la phrase paraîtra *a priori* dépourvue de sens. Si le mot utilisé est seulement marginal par rapport à cet ensemble (par exemple dans : « la décision est tombée »), alors la phrase sera comprise, et sera dite métaphorique. À la rigueur, si le contexte le permet, et grâce à un traitement additionnel, « la mer est tombée » pourra même entrer dans cette catégorie.

Un retour sur l'extension du verbe : la notation de Davidson

Nous revenons maintenant sur le prédicat lui-même, le P de P(x). Nous avons dit plus haut que les prédicats formalisés de verbes qui relèvent de ce type, donc les V dansV (x), ne sont pas vraiment à une place. Pourquoi ? C'est Davidson (1993) qui a montré, de façon convaincante et profonde, que cette analyse traditionnelle de la forme logique des verbes désignateurs d'événements, et la notation qui en découle, ne sont pas satisfaisantes. Il convient, en réalité, d'en donner une analyse plus raffinée, en utilisant une notation formelle (pour nous hyper-abstraite) qui comporte deux places d'arguments : P (e, x).

Par e se trouve alors noté explicitement l'ensemble des événements groupés (subsumés) sous le prédicat, ensemble qu'on a caractérisé plus haut : par exemple, l'ensemble des événements dans lesquels quelque chose tombe. Une phrase (en l'occurrence une proposition) exemplifiant ce dernier schéma, comme dans : « la chaise est tombée », devra dès lors être paraphrasée de la façon suivante : « il s'est produit un événement particulier E (E instanciant la variable e et représentant un élément particulier de l'ensemble des e, par exemple des <tomber>[27] (ou des <chutes>)... » La suite de la paraphrase restera inchangée par rapport à l'analyse traditionnelle : l'événement E aura comme participant un A, un exemplaire particulier de l'ensemble des x (des choses qui peuvent tomber ; dans notre exemple, A = « la chaise »).

Cette analyse de la « forme logique » (ou, pour nous, de la structure sémantique hyper-abstraite) des verbes d'événements, telle qu'elle a été fournie par Davidson, présente à nos yeux un considérable avantage. Peut-être les lecteurs qui abhorrent le formalisme la jugeront-ils de façon péjorative « trop purement formelle », et se demanderont-ils : quel avantage y a-t-il à remplacer une écriture P (x) par une écriture P (e, x) pour noter les verbes intransitifs ? Cet avantage se manifeste d'abord dans une différence cognitive importante, que l'analyse de Davidson fait ressortir, entre les prédicats du type des « verbes intransitifs », comme « tomber », qui sont faussement unaires, et d'autres sortes de prédicats, par exemple ceux qu'expriment des adjectifs comme « bleu » (ou BLEU (x)), qui sont, eux, vraiment des prédicats à une place. Les premiers sont issus d'une généralisation sur les représentations d'événements (ils s'appliquent à tout événement, qui advient toujours à une entité), alors que les seconds sont issus d'une généralisation sur les propriétés (ils s'appliquent à toute possession par une entité quelconque d'une certaine propriété). Ajoutons que l'analyse de Davidson se généralise aisément aux verbes transitifs, de forme V (x, y), – comme « casser » – qui prennent alors la forme V (e, x, y).

L'analyse logique de Davidson présente à nos yeux un avantage supplémentaire, dont on se doute que nous l'apprécions : elle se révèle parfaitement compatible avec une interprétation en termes de psychologie cognitive. Elle permet en effet d'appliquer au traitement cognitif qui conduit à la représentation des événements par un esprit/cerveau la notion de <catégorisation> telle que nous l'avons décrite plus haut dans le chapitre que nous lui avons consacré.

Ce que nous avions montré c'est, en bref, qu'un esprit/cerveau identifie toujours un objet particulier (une pomme) au travers de l'opération « est-un » : ce processus de catégorisation se produit aussi bien chez un sujet qui perçoit directement la pomme que chez celui à qui, dans le discours, on parle d'une pomme. La pomme, perçue ou dont on parle, est alors toujours traitée par l'esprit/cerveau comme <un exemplaire de la catégorie des "pommes">. La raison que nous en avons donnée est que cet esprit/cerveau possède dans sa mémoire sémantique une représentation catégorielle, le concept de <pomme>. Celui-ci englobe ses sous-catégories (<reinette>, <canada>), et il renvoie à ses super-ordonnés (<fruit> ou <chose>), mais avant tout il est l'instrument du traitement cognitif de toutes les pommes particulières.

Or cette façon de concevoir la catégorisation, développée à propos des catégories d'objets, se généralise très bien aux catégories d'événements, portées par les verbes, et à celles qui leur sont apparentées, par exemple les actions : on peut donc dire qu'un esprit/cerveau identifie et catégorise un événement particulier de la même manière qu'il le fait d'une pomme particulière, perçue ou dont on lui parle. Il forme de façon immédiate et automatique une représentation de cet événement, qui est une occurrence mentale de l'ensemble potentiellement infini des représentations d'événements dont il a, dans sa mémoire sémantique, un concept. Voir quelque chose qui tombe, c'est bien <voir un certain événement qui est celui de quelque chose qui tombe>, et qui se distingue de <voir quelque chose qui heurte quelque chose>. C'est-à-dire insérer l'information brute qui entre par les yeux dans l'information mémorielle qu'on a dans la tête, celle où se trouve stocké tout le savoir qu'on a de ce que c'est que <tomber>. Le petit enfant apprend cela très tôt : « A fait poum », dit-il dès qu'il a un mot approximatif à sa disposition. Il apprend peu après que toutes ces représentations se disent, en français, « tomber », ou autrement dans une autre langue. Mais l'acquisition du langage par l'enfant est, avant celle des mots, celle des représentations qui les supportent. Elle repose d'abord, pour les verbes familiers de la langue, sur un apprentissage abstractif, en rapport avec la perception, et, seulement en second lieu, sur l'apprentissage des dénominations. Nous n'en dirons pas davantage sur cette question controversée du développement du langage et des concepts.

Ce qui est central ici, c'est que l'opération de catégorisation, c'est-à-dire de jugement implicite de type <est-un>, est aussi importante pour les événements, et par voie de conséquence pour les verbes, qu'elle l'est pour les choses et individus, et donc pour les noms. L'esprit catégorise les événements, et toutes leurs sous-catégories, exactement de la même façon qu'il catégorise les objets et les individus, en les rapportant à des représentations conceptuelles présentes en lui, dans sa mémoire sémantique. Pour <tomber> comme pour <pomme>, cela se fait toujours par l'appariement à une représentation catégorielle, ou conceptuelle, présente en mémoire à long terme, d'un petit paquet d'information entrante, perceptive ou verbale.

On peut, on l'a dit, généraliser cela dans le même cadre théorique à des catégories cognitives apparentées, celles des <procès> (des événements lents), des <actions>, des <états>, des <relations>. Les actions, par exemple, peuvent être à cet égard regardées comme une sous-catégorie des événements : ceux pour lesquels existe, et peut être retrouvée en mémoire, l'information qu'ils ont une cause. Cette information est présente, explicitement ou le plus souvent implicitement, dans la signification même des verbes d'action, par exemple « casser » ou « remplir ». Alors que les verbes désignateurs d'événements ont typiquement[28] un participant unique, celui auquel advient l'événement, les verbes d'action en ont typiquement deux : le premier, qui a le plus fréquemment un statut de cause, est porté par l'agent, c'est-à-dire dans les phrases actives par le sujet grammatical. Le second, qui représente ce qui subit l'action, est porté par le patient, et exprimé grammaticalement par l'objet direct. Le verbe « renverser » et la phrase « Paul a renversé la chaise » fournissent de nouveaux exemples de cette structure.

Nous allons donc considérer la signification mentale des verbes d'événements, grammaticalement intransitifs, à partir de cette analyse qui y fait apparaître deux parties : 1. le « cœur », qui contient un ensemble de représentations mentales d'événements, l'extension (psychologisée) du concept ; 2. un ensemble satellite des représentations, celles des entités qui subissent les événements considérés ou y participent. De la même façon, la signification mentale des verbes d'action, grammaticalement transitifs, sera considérée[29] comme constituée de trois parties représentatives : 1. le cœur, qui contient l'ensemble des représentations d'actions, l'extension psychologisée du concept ; puis deux satellites : 2. un ensemble de représentations pour les entités qui peuvent effectuer cette action (celles des « agents possibles » de l'action considérée), et 3. un ensemble de représentations pour les entités qui peuvent subir cette action (représentations des « patients possibles » ou « thèmes possibles » de l'action considérée). La Figure 7, présentée plus haut, a illustré cela.
Les structures syntaxiques Sujet/Verbe et Sujet/Verbe/Objet sont, d'après cette analyse, des modalités dérivées. Elles assurent la traduction des contenus sémantiques mentaux en constructions linguistiques. Elles permettent aux locuteurs des langues concernées (et notamment du français) de construire des phrases qui portent de la représentation. Ces phrases sont de l'information physique, auditive ou visuelle, donc non mentale en elle-même, mais qui possède la

propriété de véhiculer, en plus, de l'information sémantique. Elles le font en causant dans les cerveaux des récepteurs la formation de représentations déterminées. C'est au récepteur qu'il revient, pour comprendre la phrase, de construire par l'activité de son cerveau la représentation sémantique d'événement ou d'action que l'énonciateur lui destine. Nous décrirons plus en détail les modalités de cette construction dans notre chapitre 8 consacré à la compréhension.

Les verbes comme expression dans la langue des représentations d'événements et d'actions

Nous pouvons maintenant revenir à une analyse à éclairage multiple, faite dans le fil des considérations précédentes. Sous l'éclairage syntaxique, les phrases que nous prendrons en considération ont pour noyau l'une ou l'autre des structures Sujet-Verbe (SV, « l'arbre est tombé »), ou Sujet-Verbe-Objet (SVO, « le vent a renversé l'arbre »).

Sous un éclairage sémantique, la représentation sémantique profonde et générale de l'événement décrit par SV est que : <il est advenu V à S>. Dans notre exemple : l'événement <tomber> est advenu à la chose représentée <arbre>. Le mot « arbre », qui désigne ce à quoi l'événement est advenu, est placé en position de sujet. Dans le cas de SVO, illustré par « le vent a renversé l'arbre », la représentation sémantique profonde est : <S a fait V à O>. Pour des verbes « causatifs résultatifs » comme « renverser », « a fait » peut être redéployé en : <a fait quelque chose qui a causé>.

On peut être plus précis, et plus compliqué. Dans la représentation totale portée par la phrase SVO, se trouvent trois constituants représentationnels : une représentation de chose ou d'individu, <S> (ici du <vent>), une représentation du fait qu'elle a causé un événement <V> (ici de <renverser>) à la représentation de chose <O> (l'<arbre>). On est obligé de bien distinguer <S>, <V>, <O>, qui sont des représentations (inobservables) dans l'esprit de celle qui parle ou de celui qui comprend, puis S, V, O, qui sont des caractérisation syntaxiques des mots (observables) dans la phrase, et finalement un certain vent, un certain renversement et un certain arbre, qui sont, si la phrase est vraie, des entités du monde réel. C'est donc une interaction à trois joueurs qui se déroule dans cette affaire, et non une relation à deux, comme c'est le cas dans la sémantique vériconditionnelle, où les représentations mentales <S>, <V>, <O> sont cachées sous le tapis sous le prétexte qu'elles sont inobservables.

Par voie de conséquence, la production ou la compréhension de phrases ne consistent pas fondamentalement, en l'occurrence, à « remplir une case vide », ou à « substituer une constante à une variable » (bien qu'on puisse dire les choses de cette façon [30]), mais bien plutôt à actualiser des possibles mentaux ou, si l'on veut, à sélectionner une occurrence parmi ceux-ci. Les représentations en mémoire des arguments possibles des verbes font intégralement partie, d'après cette façon de voir, des connaissances lexicales des locuteurs. Dire cela n'est pas incompatible avec les notions de <place d'arguments dans des prédicats>, ou de <rôles sémantiques> (actanciels, casuels, thématiques ou participatifs) [31] d'agent et de patient dans les phrases, pourvu qu'on considère celles-ci comme des notions hyper-abstraites, superposées à des contenus, et non comme des réalités formelles.

Le noyau des phrases est souvent entouré d'informations satellites, qui sont portées par des compléments. L'hypothèse sur laquelle travaille actuellement la psychologie cognitive est que, même en l'absence d'information dans la phrase qui fasse explicitement référence aux circonstances, une phrase est toujours interprétée dans le cadre d'une représentation mentale de situation, et que les circonstances sont toujours présentes, c'est-à-dire représentées, à l'arrière-plan de cette situation.

On peut essayer d'introduire encore un autre éclairage. Aux supputations darwino-kantiennes présentées plus haut, on ajoutera alors que, dans la période où l'évolution installait le langage chez les pré-humains, puis chez les humains actuels, il avait certainement comme une de ses principales fonctions l'information sur les situations du monde extérieur, dont le compte rendu et le récit sont les formes de discours les plus hautement typiques. Le récit permet à un locuteur, témoin d'un événement, de le décrire à un de ses semblables qui n'y a pas assisté. Une telle capacité devrait avoir constitué un bénéfice biologique capital pour les hominiens et les hommes, en étendant considérablement, au travers de l'échange social, les possibilités de collecte d'information, et donc le caractère bien adapté des interactions avec l'environnement.

Pierre Janet avait relevé, dans le contexte de sa propre psychologie, et dans le cadre de la mémoire, cette importance de la conduite de récit. Ce qu'on peut y ajouter ici c'est que le récit, en tant que moyen d'information qui annule l'éloignement et l'absence, constitue un formidable avantage darwinien.

On peut en voir un témoignage, tardif dans l'évolution humaine, mais néanmoins très intéressant, dans la sémantique de la communication par signes, dont les anthropologues estiment avoir trouvé des traces durables. Leroi-Gourhan et d'autres chercheurs après lui[32] jugent vraisemblable que les représentations de mains, avec des doigts apparemment repliés, qu'on a trouvées dans certaines grottes ornées en Europe de l'Ouest et sous des formes différentes au Yucatan, aient été la transposition sur les parois de symboles gestuels qu'échangeaient les chasseurs de l'époque néolithique. Ces gestes pourraient avoir été faits pendant la chasse, pour rendre compte silencieusement de façon codée de la présence de diverses espèces d'animaux. On peut présumer que cette information était donnée à des compagnons qui ne pouvaient voir ces animaux. Si cette conjecture est fondée, on a bien là une information sur les patients d'une action (« j'ai vu un X », ou « venez chasser un X »). Il s'agirait alors d'un récit minimal, dont le verbe (désignant l'action) restait alors implicite. Les dessins d'animaux sur les parois des grottes seraient alors aussi, dans la même optique, les patients sémantiques d'actions dont nous ignorons la nature : les dessinateurs-communicateurs du néolithique n'énoncent que les objets directs de leurs verbes, et ils nous laissent dans la perplexité quant à ces verbes eux-mêmes.

Quoi qu'il en soit, ces indices nous laissent présumer que le langage parlé s'est bien construit sur ce même schéma, agent-action-patient[33], et avec une utilité fonctionnelle bien supérieure aux signes : une de ses fonctions majeures devait être de rapporter des faits, et ainsi d'informer sur des situations absentes. Quelles qu'en aient été les modalités premières, la conduite de récit devrait avoir eu pour l'évolution humaine une valeur de survie considérable. Mais elle peut aussi avoir eu une autre valeur, celle du plaisir intrinsèque qu'elle peut procurer. Dès que l'écriture a commencé à envahir la culture humaine, ce qu'elle nous a laissé comme traces historiques ne se limite pas à des écrits utilitaires : elle raconte. Et ses récits témoignent de l'existence de récits oraux bien plus anciens, qui lui ont certainement préexisté.

Toutes ces considérations, à première vue spéculatives et éloignées de la psychologie ou de la linguistique, sont néanmoins bien compatibles avec l'idée que les verbes, et les concepts qu'ils portent, sont *faits pour* stocker, dans la mémoire humaine, des représentations qui sont typiquement celles d'événements et d'actions, de caractère répétitif et fréquent, que les apprentissages abstractifs ont cristallisés en concepts.

Fréquence et typicité dans les significations de verbes

De larges effets de typicité se manifestent dans les conceptualisations d'événements et d'actions. Pour certaines catégories d'actions, il existe des agents qui en sont typiques, et également des patients typiques (Ferretti *et al.*, 2001, *op. cit.*) : parfois il existe une interaction entre les deux. C'est ce qui se passe pour « ouvrir » : *ce* qui ouvre est typiquement, en général, *celle* qui ouvre ou *celui* qui ouvre, c'est-à-dire un être humain. Cela est extrêmement probable s'il s'agit d'« ouvrir une porte », mais ce l'est encore davantage s'il s'agit d'« ouvrir une boîte de conserve ». La spécification du patient modifie dans ce dernier cas la typicité de l'agent. Mais il existe aussi des agents, ou des patients, moins typiques : dans le cas d'« ouvrir une porte », il se peut que l'agent soit un animal, ou le vent, ou une clé.

Ces remarques, qui peuvent sembler évidentes et futiles, sont cognitivement importantes. Elles conduisent à des analyses assez différentes de celles, classiques en linguistique ou en logique, qui sont basées sur des notions hyper-abstraïtes : nous ne les discuterons pas ici, et il suffira de dire que ce sont celles de « rôle thématique », « rôle casuel », ou « actant », dans le premier cas, celle d'« argument d'un prédicat » dans le second. La notion, également abstraite, de « participant » est beaucoup plus fortement ancrée dans la sémantique.

La tendance des théories d'inspiration logique ou syntaxique est de renvoyer les attributions de « rôles » de cette sorte à la performance, et de chercher à définir un petit nombre de catégories de rôles. Ce nombre est d'ailleurs variable selon les auteurs. Nous raisonnerons dans la suite à partir des rôles les moins contestables, ceux d'agent et de patient, pour les verbes transitifs (en position de sujet et d'objet grammatical dans les phrases actives), et celui d'instrument.

Par contraste avec ces théories, les recherches en psychologie cognitive partent d'une hypothèse fondamentale : *les agents et patients possibles d'un verbe (transitif), avec leur contenu qualitatif, et leur distribution statistique, font partie de la signification de ce verbe.* Ils appartiennent à la représentation portée par ce verbe, et ils existent à cet égard sous forme de *compétence* et de *connaissances*. Concrètement, tous les locuteurs savent, avec une bonne validité, qui ou quoi est susceptible d'ouvrir (les agents possibles), et qui ou quoi est susceptible d'être ouvert (les patients possibles), et cela en fonction des contextes. Les figures 7, plus haut, 8, page suivante, et 9, p. 295, résument cette structure. La figure 8, en particulier, fait apparaître les sous-ensembles d'individus qui sont de possibles chasseurs, et de possibles chassés.

À partir de là, on peut commencer à voir comment se fait, lors de la compréhension d'une phrase, l'attribution à un verbe d'un nom en qualité d'agent et d'un autre nom en qualité de patient. Mais il vaut mieux dire, même si c'est bien lourd, « l'attribution de la représentation véhiculée par le nom N1 et de la représentation véhiculée par le nom N2, dans leurs rôles respectifs pertinents, à la représentation d'action véhiculée par le verbe S ». Cette attribution, par exemple au cours de la compréhension d'une phrase, est certes une affaire de performance, mais elle est fondée sur une compétence sémantique spécifique antérieure.

Ces relations entre la signification d'un verbe et la représentation de ses participants possibles obéissent à des *régularités*, qui relèvent comme on l'a dit des connaissances des locuteurs. Les agents et patients, par exemple, comme cela apparaît bien sur la figure 8, appartiennent à des catégories ou sous-catégories. Nous en avons donné un exemple plus haut avec l'idée que les agents possibles d'« ouvrir » sont typiquement des êtres humains, et moins typiquement des animaux, des choses ou des entités naturelles. Plus généralement, les verbes transitifs, qui dénotent typiquement des actions, ont typiquement comme agents des êtres humains ou, pour le moins, des êtres animés. Cela aussi, les locuteurs le savent, mais implicitement. Cela se traduit par le fait que, dans les phrases qu'ils produisent ou celles qu'ils comprennent, ils tendent à attribuer préférentiellement ces contenus aux agents de ces verbes, et donc à leurs sujets grammaticaux dans des phrases actives. De façon similaire, la représentation qui est attribuée au patient d'un verbe transitif [34] est, préférentiellement et typiquement, celle d'un objet physique ou, pour le moins, d'un être inanimé. Il faut une analyse expérimentale pour le montrer, mais Cordier et J. François [35] ont apporté une série de données de cette sorte, à l'appui de cette façon de voir. C'est dans ce même cadre que les verbes transitifs sont eux-mêmes vus comme portant typiquement, en dépit d'un certain nombre d'exemples minoritaires, des représentations d'actions. Les analyses linguistiques de caractère non cognitif, ou purement syntaxiques, passent à côté de ces faits.

L'usage, dans ce qui précède, des mots « typiquement » ou « typicité » mérite d'être à nouveau précisé, en raison de l'importance de ces notions en psychologie cognitive. On sait depuis les

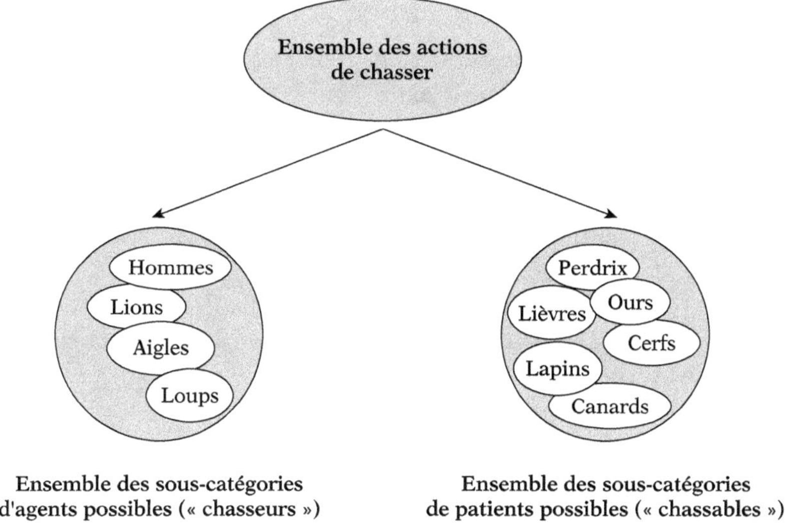

Figure 8. – Figuration complémentaire de la signification d'un verbe transitif : ici « chasser » (acception 1). Les petites ellipses figurent les représentations mentales de certaines des sous-catégories (sous-ensembles) qui font partie des agents possibles et patients possibles du verbe.

travaux de Rosch et d'autres chercheurs [36] que la « typicité » (appelée aussi « typicalité ») est une propriété naturelle des concepts. Elle exprime en quelque sorte, dans un cadre rationnel et scientifique, ce que nous avons appelé ci-dessus « normalement », et qu'on désigne aussi comme « représentativité » : les roses sont des fleurs typiques. Cette notion a été appliquée jusqu'ici essentiellement aux catégories d'individus, d'objets et d'entités, dans le schéma « a est-un C ». La question est alors : quelles sont les sous-catégories qui sont cognitivement *privilégiées*, plus représentatives que les autres, à l'intérieur d'une catégorie ? Et de façon plus complexe, comment se distribuent en fréquence les représentations des sous-catégories d'individus ou d'objets dans les catégories auxquelles ils appartiennent ? Ce sont des questions qui font bien ressortir à quel point les représentations conceptuelles sont approximatives, plutôt que rationnelles. Pour trouver une représentation qui soit un reflet non approximatif de l'univers, c'est-à-dire qui soit construite avec rigueur et qui s'efforce à la validité, c'est vers les concepts de la science qu'il faut regarder, et non vers ceux de la pensée commune.

La notion de typicité permet de décrire le double fait, très important, qu'il existe des régularités cognitives structurelles dans les significations et leurs références, et que ces régularités sont souvent antilogiques. Ce dernier mot désigne le contraste suivant : dans un concept rationnel, dont l'extension correspond à une classe, toutes les sous-classes sont *de façon égale* des sous-classes de la classe ; cette caractéristique (qui est une *condition* de la logique, au travers de relations invariantes telles que « est un élément de », « est un sous-ensemble de ») n'est pas réalisée dans les concepts naturels ordinaires. La typicité et son caractère graduel [37] rendent compte de cela.

Les recherches actuelles sur la sémantique des verbes tendent à montrer que la notion de typicité s'applique très bien à la signification des verbes. D'abord, certes, au noyau de cette signification : c'est dans cette optique qu'on peut dire que les verbes sont typiquement une classe de mots qui font référence à des *événements* de l'univers, ou à des *actions*, et que les verbes transitifs sont typiquement des mots qui font référence à des actions au cours desquelles *quelqu'un* (ou moins typiquement quelque chose) *fait subir un changement à quelque chose* (ou moins typiquement à quelqu'un). Le premier participant est typiquement l'agent, et le second le patient ; un événement est typiquement un changement, et une action est typiquement un changement affectant un patient, causé par un agent : tout cela définit les verbes causatifs – par exemple « ouvrir », « briser », etc. – comme hautement représentatifs, typiques, des verbes d'action, eux-mêmes très représentatifs des verbes dits (grammaticalement) « transitifs ». Cette caractérisation par la typicité n'empêche nullement qu'il puisse exister des verbes, et notamment des verbes transitifs, qui n'entrent pas dans ces régularités. Mais l'utilisation de la notion de typicité permet d'y voir plus clair dans la sémantique des verbes, et d'aller beaucoup plus loin qu'on ne le peut dans une conceptualisation purement abstraite, fondée sur la relation formelle prédicat-arguments ou sur des relations purement syntaxiques. Dans cette façon de voir, il faut accepter de considérer la syntaxe comme dépendante de la sémantique, et non l'inverse.

Ce sont de telles relations qui s'expriment, dans des registres différents, dans la triade syntaxique sujet grammatical/verbe transitif/objet grammatical, dans la triade sémantique agent/action/patient, ou dans la triade physique cause/événement/conséquence. Il n'existe certes pas de correspondance terme à terme, de corrélation parfaite, entre les événements ou les actions physiques dans le monde réel, accompagnées des régularités qui les affectent, et les contenus des représentations que s'en font communément les esprits/cerveaux humains. C'était ce qui avait déjà été observé à propos des noms : il n'y a pas davantage de correspondance parfaite entre les réalités objectives, les représentations cognitives que s'en forment les individus et les significations des mots que leur fournit à ce propos leur langue usuelle. De façon semblable il n'existe pas de parfaite correspondance entre les structures syntaxiques mises en œuvre par les diverses langues dans les phrases qu'elles permettent de former, et la sémantique de ces structures. Mais il existe des liaisons statistiques, qui comportent des régularités fortes dans leurs distributions (statistiques). C'est cette sorte de correspondance, imparfaite, qu'exprime souvent l'adverbe « normalement » ou l'expression « en général », et que la typicité aide à saisir : ce sont massivement les fréquences qui déterminent la norme.

Si on voulait entrer un peu plus dans le détail, on pourrait dire que ces effets sont, pour les verbes, déterminés essentiellement par trois grandes catégories de facteurs : 1. les fréquences statistiques avec lesquelles, *dans le monde réel*, les locuteurs rencontrent telles ou telles relations – telle action, par exemple <ouvrir>, a « normalement » une cause, cette cause est « normalement » un individu humain, et celui-ci accomplit « normalement » cette action de façon intentionnelle ; 2. le degré d'*attention particulière* que les esprits/cerveaux portent, dans un certain contexte, à certains de ces aspects des relations dans l'univers – l'attention de la vie ordinaire n'est pas dirigée vers les mêmes aspects que celle requise par l'art ou par les sciences : par exemple, la relation entre « eau » et « baigner » n'est pas la même pour celui qui soigne son bébé, celui qui est en vacances et celui qui s'intéresse à l'origine de la vie ; 3. les fréquences avec lesquelles, *dans le discours*, les caractéristiques en question sont liées : si nous essayons de dénombrer, dans un très vaste ensemble de phrases, les *fréquences de mises en relations* d'un verbe avec ses sujets et objets grammaticaux, nous verrons qu'ils désignent presque toujours des humains. Ce que prétend la psychologie cognitive, c'est que le cerveau humain « détecte », implicitement bien sûr, toutes ces fréquences, génératrices de régularités, et qu'il construit ses concepts de verbes et ses connaissances sémantiques en conséquence.

Une mise en corrélation de données expérimentales avec des données statistiques tirées de textes

Pour illustrer un peu plus concrètement les idées qui précèdent, nous décrirons une ou deux tentatives pour les tester expérimentalement. Nous le ferons en nous limitant aux relations existant entre la signification d'un verbe transitif, plus précisément le noyau dur de cette signification (la signification du dictionnaire), et la représentation de ses patients. Le raisonnement qui les concerne est généralisable aux agents du verbe et à ses autres participants.

Nous partirons à nouveau d'un exemple particulier, cette fois celui du verbe « baigner », qui a été utilisé parmi d'autres dans une étude mixte, expérimentale et linguistique. Ce verbe a été présenté à un groupe de participants d'une expérience [38] similaire à celle décrite plus haut, mais où la consigne concernait le complément d'objet, et non le sujet. Elle disait, en résumé : « Nous vous demandons d'écrire sur ce carnet deux noms qui peuvent être employés, de façon usuelle, comme compléments d'objet direct (COD) de ce verbe. Vous écrirez ensuite quatre autres noms qui pourraient à la rigueur être aussi employés comme compléments d'objet direct, et d'autres qui ne pourraient en aucun cas être employés comme compléments d'objet direct du verbe. » On demandait aux participants d'indiquer, après chaque complément d'objet possible qu'ils avaient écrit, et en utilisant un nombre de 1 à 9, le degré de difficulté avec lequel ils pouvaient lier mentalement ce nom à ce verbe. Cette partie de la procédure fournissait ainsi des « valeurs du degré d'associabilité » entre les verbes et leurs patients possibles.

De la totalité des réponses recueillies, nous extrayons ici à titre d'exemples 5 noms qui ont été effectivement donnés par les participants en qualité de COD usuels (sémantiquement, de patients) pour « baigner » : « chien, bébé, enfant, personne, animal ». Les 5 noms suivants ont été donnés en tant que COD pouvant être un peu moins facilement associés à « baigner » : « légume, pomme, corps, frère, feuille ». Beaucoup d'autres réponses (par exemple « chat ») furent jugées être encore moins bien associables au verbe, avec des degrés divers. D'autres encore (par exemple « chaleur ») furent produites, mais déclarées inacceptables comme COD de ce verbe.

Les données obtenues dans l'expérience ainsi décrite ont été exploitées de façon extra-expérimentale. À partir d'elles on a pu établir, pour chaque verbe, une liste de leurs patients possibles, avec leurs fréquences, pour ce groupe de participants. On peut admettre, comme il est habituel, que ce groupe est un échantillon raisonnablement représentatif des locuteurs français en général. Les fréquences ainsi observées sont alors prises comme une approximation de ce que les locuteurs français, dans leur ensemble, ont dans leur esprit concernant ces verbes et leurs patients.

On peut alors faire l'hypothèse principale suivante : ces contenus mentaux dépendent de ce que ces locuteurs ont 1. vu et compris durant leur vie dans le monde *réel*, 2. entendu, lu et compris dans leur environnement *linguistique*, avec ses régularités, également durant leur vie. Dans ce second cas, les fréquences moyennes de production des mots au laboratoire devraient être corrélées avec la probabilité générale d'apparition de ces mots, dans tout l'environnement linguistique français, en qualité de patient de « leur » verbe. Si « bébé » a été donné par les participants à l'expérience comme un meilleur COD que « légume » pour le verbe « baigner », c'est parce que « bébé » apparaît plus souvent que « légume » en qualité de patient de « baigner » dans l'usage habituel du langage. Ces probabilités de liaisons entre ce verbe-ci et ces patients-ci devraient pouvoir être retrouvées dans l'énorme ensemble des textes écrits produits par des locuteurs français : on doit pouvoir les retrouver soit en position de COD du verbe, quand celui-ci est, à l'actif, soit en position de sujet du verbe, quand il est au passif, soit comme nom déterminé par le participe passé passif du verbe, dans un groupe nom + participe. Pour vérifier cela, on a ratissé une vaste base de textes bien connue, représentative de la langue française écrite : Frantext, qui contient 149,9 millions de mots [39]. On a alors cherché si les liaisons entre verbes et noms patients possibles, produites au laboratoire, avec leurs fréquences observées, se retrouvent dans ces textes réels, sous forme de co-occurrences entre le verbe considéré et les noms ainsi recueillis. On a donc exploré Frantext par ordinateur, au moyen d'un système logiciel approprié. Le résultat est le suivant : les couples verbe/patients *possibles*, avec leurs différences de fréquences, tels qu'on les avait initialement observés dans l'expérience, *se retrouvent dans les textes*, sous forme de co-occurrences verbe/patients *réels*, avec des fréquences similaires. Il existe ainsi une liaison statistique, pour tous ces couples verbe/nom, entre les régularités trouvées au laboratoire dans les réponses de nos sujets étudiants et celles présentes dans des textes écrits par un vaste ensemble d'auteurs.

On peut, il faut le dire, interpréter ces résultats de deux façons : mais elles sont compatibles entre elles. La première, déjà évoquée, consiste à dire que les fréquences de co-occurrence existant dans les textes doivent être semblables aux fréquences homologues qui se trouvent dans le discours oral, et que ces fréquences linguistiques sont un déterminant causal, par l'intermédiaire de l'apprentissage, des régularités mentales trouvées dans l'expérience. Par extension, elles sont la cause (partielle) des liaisons qui existent dans la mémoire sémantique des locuteurs français entre leurs représentations des verbes et leurs représentations des patients de ces verbes. « Cause partielle » signifie ici qu'il faudrait pouvoir aussi prendre en compte les régularités existant dans le monde réel. Mais tenter de savoir combien de fois, sur la terre, les gens qui baignent baignent

plutôt leur bébé que leurs légumes est hors de la portée de la psychologie cognitive. L'écologie, peut-être, un jour...
La seconde interprétation est réciproque, mais complémentaire de la précédente : elle dit que les auteurs des textes de Frantext, y compris Victor Hugo, Zola, Maupassant, et bien d'autres, avaient eux aussi dans leurs augustes têtes des liaisons entre les représentations de leurs verbes et les représentations des patients de leurs verbes, qui étaient semblables à celles de nos participants étudiants. Et que c'est cette petite fraction de la structure sémantique de leurs esprits qui les a conduits à écrire des textes comme ils les ont écrits.
Il faut ajouter que les raisonnements qui précèdent s'appuient sur des régularités statistiques, des moyennes. Celles-ci devraient naturellement être corrigées, si on s'intéressait à la compréhension d'une phrase particulière, pour laquelle il faudrait notamment tenir compte des effets de contexte.

Mais au total, et pour en revenir à des réalités plus terre à terre, c'est la connaissance partagée des couplages de cette sorte, telle qu'elle est cristallisée dans des liaisons sémantiques présentes dans la mémoire sémantique de chacun, qui nous rend capables d'assembler et de comprendre une modeste phrase comme : « Julie a noué son lacet », qui nous empêche de comprendre : « Julie a noué son cartable », et qui nous fait difficulté pour : « Julie nœud lacet ». Le deuxième exemple est généralement qualifié d'anomalie sémantique, et on dira qu'il est (sans doute) référentiellement faux (sauf effort d'imagination), alors que le troisième sera souvent vu comme une anomalie syntaxique. La conception développée ici est bien à dominance sémantique : elle est « faiblement syntaxique » (ou « à syntaxe sémantifiée »). On verra aisément comment la fameuse phrase de Chomsky dans laquelle « des idées vertes dorment furieusement » devrait être réinterprétée pour être intégrée dans une telle conceptualisation théorique.
On pourrait trouver des données d'une autre sorte, dont l'explication pourrait être convergente avec celle-là, chez certains aphasiques, qui produisent des énoncés anormaux de ce genre. On pourrait en trouver aussi chez des enfants ou des adultes, qui peuvent faire des erreurs sémantiques relevant de cette explication. Pour ne rien dire de certains textes confus. Un compreneur ordinaire motivé peut surmonter certaines de ces anomalies dans des phrases qu'il a entendues : il peut leur chercher un sens, et leur en trouver un. Cette question nous renvoie à celle des métaphores, sur lesquelles nous allons revenir.

Les relations entre les verbes et leurs agents ou patients : l'utilisation de la technique d'amorçage

Une autre façon de mettre ces idées à l'épreuve repose sur de plus pures techniques de laboratoire. Ferretti, McRae et Hatherell (2001), McRae, Ferretti, et Amyote (1997), ont utilisé pour cela la technique d'amorçage sémantique, précédemment décrite.

> Le principe de leurs expériences consiste à mesurer le temps de décision sur un nom dans deux conditions : celle où ce nom est précédé par un verbe qui le prend normalement comme patient le plus typique (par exemple : « arrêter-cambrioleur »), celle où il est présenté après un verbe sans rapport avec lui. McRae *et al.* ont montré que la décision lexicale est plus rapide dans le premier cas : c'est une démonstration expérimentale du fait que la présentation d'un verbe est capable d'amorcer la représentation de son patient le plus typique. Un tel raccourcissement est observé aussi, mais moins fortement, pour des noms qui sont des agents ou des instruments typiques des verbes. Autrement dit, si l'on s'en tient à l'interprétation standard de l'amorçage, lorsqu'un verbe apparaît sous les yeux d'un locuteur, non seulement il active dans l'esprit/cerveau du locuteur sa propre signification, mais il active aussi en outre, par avance, il pré-active, la représentation de son patient possible prototypique. On doit présumer que cela se produit par propagation neuronale, que l'activation, partant de la représentation sémantique du verbe, suit les voies neurales qui la relient à celle de ses patients dans le réseau sémantique (et neuronal) correspondant.
> L'idée qu'il existe une liaison *mentale* permanente entre la représentation des verbes et celle de leurs participants est ainsi bien corroborée par les données du laboratoire.

Cette hypothèse peut aussi être appliquée au discours naturel ordinaire. On dira alors que :

> dans le flux d'information produit par une phrase SVO entendue ou lue – on suppose que les mots apparaissent dans cet ordre – la perception du verbe, à l'instant t, pré-active la représentation de ses patients possibles, en fonction de leur degré de typicité. Lorsque le patient réel se présente, à l'instant t+i, sa compréhension en est normalement facilitée. Il n'existe pas encore de données confirmant ce fonctionnement sur le vif, mais il peut être considéré de façon hautement plausible comme jouant un rôle important dans le processus général de compréhension, tel que nous le décrirons dans le prochain

chapitre. On peut imaginer des sous-processus complémentaires dans le cas où l'ordre des mots est différent.

Un modèle des relations verbe-patients dans une structure de réseau sémantique

On peut se demander maintenant comment on pourrait interpréter théoriquement ces divers résultats, différents, mais convergents, et quel est le modèle cognitif qui est le mieux susceptible de les accueillir.

Une analyse externe des relations entre les verbes et leurs participants sémantiques peut s'exprimer de la façon suivante : les noms produits par les participants de l'expérience de Declercq, Le Ny et Monnier décrite ci-dessus, en qualité de COD possibles des verbes, sont le fruit d'associations verbales dans l'esprit des locuteurs. On peut parler d'un « degré variable d'association » (ou, mieux, d'« associabilité »), entre les noms et les verbes. C'est évidemment un type particulier d'association puisque le nom est associé au verbe en qualité de patient possible, ce qui se distingue bien de l'association en qualité d'agent possible, en qualité d'instrument possible, etc. Cela conduit à une modélisation assez sophistiquée, qui passe par un réseau sémantique. Rumelhart et Levin (1975)[40] en avaient donné un avant-goût, mais sans la spécificité introduite depuis.

On peut imaginer un espace, peut-être multidimensionnel, dans lequel toutes les représentations de tous les mots appartenant au lexique mental d'un locuteur, quelle que soit leur classe grammaticale, sont présentes. Certaines de ces représentations sont reliées entre elles, pour l'instant deux à deux, par des *liens*, comme précédemment. La figure 8 en montre une toute petite partie. Aux sortes de liens que nous avons déjà mentionnées, on doit maintenant ajouter une autre sorte : ceux-ci relient les verbes transitifs et les noms qui sont leurs agents ou patients possibles. Ce sont des liens verbe → nom, qui sont étiquetés : ils portent l'étiquette <peut avoir comme patient> ou <peut avoir comme patient>. Chomsky utilise à ce propos le mot « sélectionner » : « le verbe V sélectionne (entre autres) le nom N ». On pourrait dire aussi : « le nom N_j est associable au verbe V_i en qualité de patient ». Cela permettrait d'ajouter que chaque lien verbe-particulier → nom-particulier porte une valeur, qui exprime le « degré d'associabilité » entre les deux, c'est-à-dire le degré de facilité avec laquelle le nom en question peut être émis, ou compris, en qualité de patient du verbe en question. Ainsi dira-t-on qu'il y a un lien doté d'une valeur forte, qui part de <baigner> et pointe vers <bébé>, un lien de valeur plus faible qui va du même verbe <baigner> vers <légume>, et sans doute pas de lien du tout (ou même un lien inhibiteur) entre <baigner> et <chat>.

Cette modélisation dans un réseau sémantique des relations entre un verbe et ses patients possibles rend bien compte de ce qui est présent dans l'esprit des locuteurs, et elle est cohérente. Elle entre dans la catégorie des réseaux sémantiques augmentés, évoqués précédemment.

Il est de fait que le réseau sémantique ainsi décrit devient passablement compliqué. Il est potentiellement installable sur un ordinateur, au moins pour un domaine particulier du lexique, pourvu qu'un chercheur spécialisé en « représentation des connaissances » s'y attache. Ce serait un lourd travail, mais qui serait certainement très utile à l'intérieur d'un système sophistiqué de compréhension automatique du discours. Un tel réseau sémantique serait assez difficile à construire par un chercheur, et il est sans doute assez difficile à comprendre et à penser par un lecteur de ce texte. Et pourtant il existe de bonnes raisons de croire que nos esprits sont structurés de cette façon, ou de façon peu différente ! Tous ces liens, les esprits les contiennent en eux. Et leurs précurseurs sont déjà bien présents, même s'ils n'ont pas encore acquis toute leur richesse, chez un enfant de 2 ans. Devrait-on déclarer, en invoquant l'argument de complexité, que des auteurs comme Chomsky et Fodor ont avancé en faveur de l'innéité de la syntaxe ou des concepts, que l'origine de cette structure sémantique ne peut être qu'innée ? Nous pensons au contraire que la considération de cette complexité-là affaiblit beaucoup la portée générale de l'argument de la complexité en faveur de l'innéité.

On peut faire, à propos de l'idée du réseau sémantique complexe que nous avons évoqué quatre nouvelles observations. En premier lieu, qu'il possède, cette fois encore, une bonne plausibilité en termes de neurobiologie conceptuelle. Il n'est pas absurde de penser que les supports neuronaux des représentations sémantiques de verbes, quelle que soit leur nature, sont reliés de cette façon, à savoir répartie et graduée, aux supports neuronaux des représentations sémantiques des noms appropriés. L'idée du réseau sémantique complexe est, sous ce rapport, une modélisation équivalente à celle présentée dans notre figure 8 : dans cette dernière, tous les liens « est un agent de » ou « est un patient de » étaient ramassés en un seul pour chaque catégorie, et tous les nœuds regroupés en deux ensembles. La modélisation en réseau sémantique développe et particularise cela, et elle a l'avantage d'être mieux acceptable par analogie, avec une conception neurocérébrale. Mais il n'existe aucune donnée d'observation la confirmant.

La deuxième observation concerne la multiplication inévitable des types de liens qu'engendre cette modélisation : nous avons dit qu'elle nous mène rapidement très loin en matière de complexité de la modélisation. Et pourtant nous n'avons considéré que les liens deux à deux. Or il est clair que, dans la réalité sémantique, les liens peuvent aller par trois : « N_p est un meilleur patient possible de V lorsque l'agent de celui-ci est N_a » ; par exemple <bébé> est un meilleur patient possible de <baigner> s'il existe une relation sémantique (parenté ou familiarité) entre l'agent et le patient. Ou encore : la nature du patient modifie la signification d'un verbe parmi plusieurs acceptions (un exemple étant « l'Océan Atlantique baigne les côtes de Vendée »). Ces relations conditionnelles et contextuelles compliquent encore la modélisation. Mais elles sont certainement présentes en qualité de connaissances dans l'esprit des locuteurs.

La troisième remarque est que les liens mentaux ainsi tissés autour du verbe doivent inévitablement inclure la représentation des circonstants : des relations verbe → temps-possibles, verbe → lieux-possibles, verbe → manières-possibles, etc. Nous semblons alors être submergés par le nombre de liens à prendre en considération. La notion cognitive récente de <représentation de situation> vise à donner une issue synthétique à ces questions. Nous en dirons quelques mots plus bas.

Une quatrième observation, sur laquelle nous reviendrons aussi ultérieurement, concerne la réversibilité des relations. À tous les liens dont nous venons de parler, qui partent du verbe, et pointent vers des noms, on doit en effet ajouter une série d'autres liens, structurellement symétriques, qui partent des noms, et pointent vers des verbes qui leur sont associés sous diverses sortes de relations, par exemple <bébé → baigner> (au sens de « un bébé est un individu qui est susceptible d'être baigné »), ou <tache → effacer> (au sens de « une tache est quelque chose qui est susceptible d'être effacée ». On aurait ainsi, dans le réseau, une autre classe de liens, partant cette fois des noms N, et non plus des verbes V, qui pointeraient vers des verbes, et non plus vers des noms. Ils auraient comme forme N → V, avec une étiquette sur la flèche, et comme valeur « est un patient possible du verbe V », et non plus « prend le nom N comme patient possible ». Et ainsi de suite pour les autres participants ou rôles. L'usage du passif permet de rebaptiser le lien précédent concernant N : « est susceptible d'être V-é ».

On pourrait penser que nous nous complaisons ici dans la complication : il n'en est rien. Le type de lien que nous venons de caractériser est donné dans la langue.

C'est le dispositif linguistique qui est offert, en français (et dans d'autres langues après le latin), par le moyen du suffixe « -able » (ou « -ible »). « Buvable », « transportable », « cassable », « définissable [41] », etc., qualifient des noms et, au-delà, des représentations, pour autant que celles-ci sont liées, en tant que patients possibles, à une représentation sémantique de verbe. Remarquons, une fois de plus, que cette relation n'est présente lexicalement dans la langue que de façon dérivée et sporadique : elle a encore et toujours une origine sémantique, et concerne primitivement des représentations. Le suffixe « -able » est la marque linguistique de surface par laquelle s'exprime une caractéristique de la représentation portée par le nom. Il exprime ce que l'on appelle communément une « propriété » des objets, mais une sorte particulière de propriété, celle qu'on appelle propriété « fonctionnelle [42] ». Celle-ci est souvent remarqu...able par les négations auxquelles elle donne lieu : « cette eau est imbuvable », « ce verre est incassable », « ce bonheur est inexprimable », « cette phrase est incompréhensible ». Les mots en « -able » sont, en principe, fixés dans le lexique, le dictionnaire faisant foi du fait qu'ils sont lexicalement accept...ables. Mais le dispositif de suffixation correspondant est encore productif, et des néologismes formés selon ce schéma – par exemple « lexicalisable », « mémorisable », « activable », etc., qui sont sans-papiers mais que nous utilisons – sont aisément compréhensibles bien qu'ils n'aient pas droit de cité officiel. L'existence même pour un verbe de cette possibilité à deux étages, « est susceptible de générer un adjectif en -able », est une indication du fait que le concept complexe « est un patient possible de » fonctionne de façon naturelle dans l'organisation sémantique des locuteurs.

Nous reviendrons sur cette question quand nous parlerons des traits sémantiques et des propriétés. Nous nous contenterons ici de marquer que dans ce domaine, comme plus haut, le lien peut être conditionnel et contextualisé. L'entité désignée est souvent du type : « N est V-able, pourvu que... » Ainsi, le couple « transportable » *vs* « non transportable » ne qualifie pas une propriété fonctionnelle absolue des objets. Il relève de questions comme : « qu'est-ce que vous avez comme moyen de transport ? » ou « quel est l'état de vos vertèbres ? ». La location d'une camionnette transforme l'intransportable en transportable.

La congruence sémantique

La conclusion générale qui ressort de ces analyses est qu'il existe en mémoire sémantique, entre les représentations et les concepts, des relations cognitives spécifiques, autres que la simple association élémentaire, et même que les relations de super-ordination/hyponymie, d'arborescence ou de hiérarchie conceptuelle, ou encore de similarité. Nous les avons surtout illustrées ci-dessus au moyen de la relation verbe/patient, mais nous en avons exhibé d'autres, la relation agent/verbe, verbe/instrument, verbe et autres participants (de localisation, de temporalité, de causation, etc.).

Nous avons indiqué au passage que ces relations, ou les liens qui les modélisent, sont graduées. Nous allons parler à ce propos de « degré de congruence sémantique[43] » entre un verbe et ses partipants.

Cette notion est assez facile à comprendre intuitivement, et à saisir expérimentalement. Nous en avons donné une illustration plus haut à propos du verbe « baigner » : la consigne expérimentale, rappelons-le, prescrivait aux participants à l'expérience d'indiquer, après chaque complément d'objet possible qui avait été produit par eux, un nombre de 1 à 9 exprimant le « degré de difficulté » avec lequel chacun pouvait lier mentalement ce nom à ce verbe. On obtenait donc un jugement gradué sur la façon dont deux unités a et b « vont bien ensemble », à la façon des Beatles : « Michelle, ma belle, sont deux mots qui vont très bien ensemble ». Ce vers renvoie d'abord à une congruence phonétique. Mais la chanson suggère aussi que ce sont la représentation de Michelle et celle de la beauté qui sont congruentes, cette fois de façon représentationnelle. Au-delà de l'anecdote, c'est cette sorte de relation que vise la notion de <congruence sémantique>. Elle est présente de façon élémentaire dans la qualification simple, qu'expriment bien des assemblages de mots comme « pomme verte », ou « pomme rouge », qui sont congruents, mais qu'expriment mal « pomme violette », « idée verte » ou « dormir furieusement ». La conceptualisation logique traite ces assemblages en termes de propositions vraies ou fausses, mais on peut penser que c'est une conceptualisation partielle, et insuffisante. Les exemples présentés font ressortir, une fois de plus, que sous les mots qui « vont (ou ne vont pas) bien ensemble » existent des représentations mentales, même si, au-delà d'elles, se trouvent en général des réalités physiques ou personnelles. Déterminer comment fonctionne cette congruence sémantique dans les esprits, tel est dès lors notre propos. Nous en traiterons en nous appuyant à nouveau princi-palement sur la congruence sémantique entre une action et son patient (c'est-à-dire, en surface, entre un verbe transitif et son complément d'objet), mais nous le ferons en gardant à l'esprit les généralisations qui peuvent en être tirées.

La congruence sémantique peut recevoir une description en extension – il s'agit de l'extension logique ou conceptuelle – et une autre en « intension », c'est-à-dire en termes de traits (ou composants) sémantiques, comme nous le verrons plus bas. Nous présentons une illustration de cette description en extension sur les figures 9 et 10[44].

Signification de VERBE

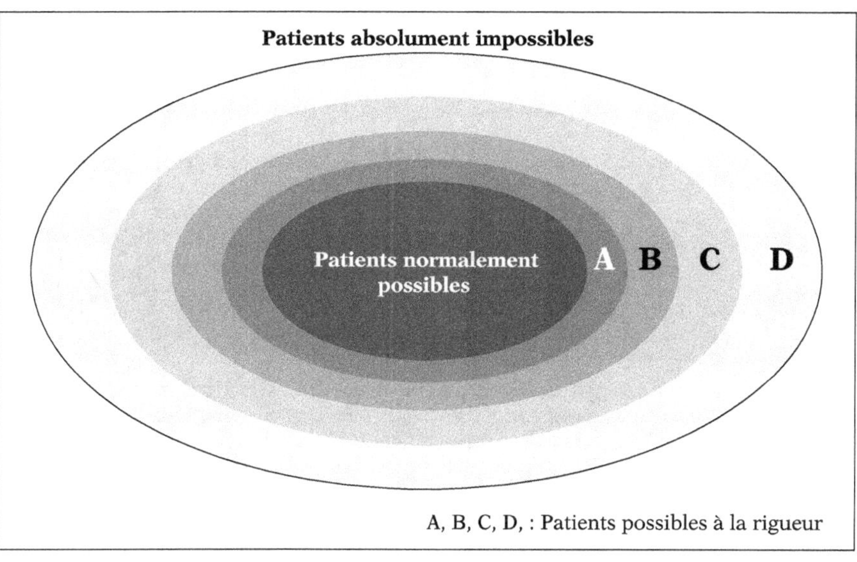

Figure 9. – Figuration du caractère sémantiquement flexible des patients associés à la représentation mentale d'un verbe. Elle fait apparaître sous forme de cou-ronne les représentations mentales des patients d'un verbe transitif. Ils sont clas-sifiés en : 1. patients normalement possibles, 2. patients « possibles à la rigueur » (ici avec quatre anneaux de possibilité décroissante, A, B, C, D), 3. noms absolu-ment impossibles (à penser en qualité de patients).

'assassiner'

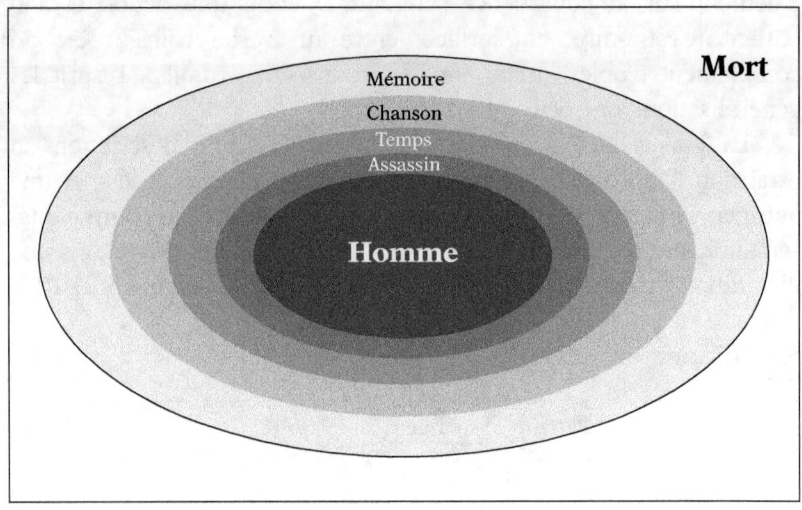

Figure 10. – Figuration complémentaire du caractère sémantiquement flexible des patients associés à la représentation mentale d'un verbe : ici des exemples concernant le concept « assassiner ». Ils font apparaître, au centre, un nom patient pris parmi ceux qui sont jugés normalement possibles (« homme »), dans la couronne quatre de ceux qui sont, à différents degrés, jugés possibles à la rigueur (« assassin », « temps », « chanson », « mémoire ») et à la périphérie un nom jugé impossible en qualité de patient (« mort »). Ces données sont un petit échantillon de celles qui ont été recueillies expérimentalement sur un groupe de participants par C. Declercq et J.-F. Le Ny (non publié). On peut y voir que « assassiner un assassin » est, pour les participants, hautement possible à la rigueur (référence probable à la vengeance), « assassiner le temps » l'est à un moindre degré (sans doute par analogie avec « tuer le temps »). On se trouve ensuite dans une zone de franches métaphores (« assassiner une chanson », « assassiner la mémoire »). « Assassiner un mort » est un cas typique d'impossibilité.

On retrouve ici, dans l'ellipse centrale, une figuration de l'ensemble des *patients possibles normaux* d'un verbe transitif, tels qu'ils sont supposés être présents dans la mémoire sémantique des locuteurs. Par exemple, pour « baigner », nous savons tous quels sont tous les objets ou individus qui peuvent être baignés, qui se regroupent en sous-catégories : bébés, chiens, enfants, etc. Ces connaissances font partie de la signification de « baigner ». La figure ne représente pas les sous-catégories, pour des raisons de simplicité (voir figure 8).

Ce qui se trouve ajouté à cela, c'est une figuration des ensembles de représentations mentales *périphériques*, celles qui peuvent être associées à celle du verbe en tant que patients possibles, mais « pas très possibles », et avec une certaine difficulté. Nous les appelons des « patients possibles à la rigueur ». Ils peuvent être ordonnés : la difficulté pour un locuteur à les considérer comme des patients possibles s'accroît lorsque l'on s'éloigne du centre cognitif typique, et cela est montré sur la figure. Ces représentations mentales sont supposées appartenir à des ensembles qui sont figurés comme des anneaux concentriques entourant l'ellipse centrale. Ces anneaux correspondent aux notes, de 1 à 8 (ici regroupées 2 par 2 pour simplifier), que les participants ont attribuées dans l'expérience aux noms « qui pourraient à la rigueur être, eux aussi, employés comme compléments d'objet direct du verbe ». Chacun de ces anneaux représente ainsi un ensemble, plus précisément un sous-ensemble de tous ces noms, et il est caractérisé par son degré d'associabilité avec le verbe. Le « degré de congruence sémantique » est la notion théorique qui correspond à ce degré d'associabilité observé.

La figure 10, et l'idée qui lui est sous-jacente, sont ainsi supposées représenter ce qui existe dans la tête de tous les gens qui savent le français. On peut l'exprimer de la façon suivante : *l'ensemble des représentations d'objets ou individus qui peuvent participer en tant que patients à une action déterminée n'est pas strictement circonscrit*. Il comporte une zone périphérique, que l'on peut appeler une « couronne », et dans laquelle règnent des degrés décroissants de congruence sémantique.

Trois remarques peuvent être faites à ce propos. 1. La structure de cet ensemble a une forte parenté avec ce qui est désigné, et théorisé, comme « ensemble flou ». Mais ce n'est pas un ensemble flou au sens de la théorie correspondante. 2. L'existence d'une telle « couronne » externe ne caractérise pas seulement les patients de verbes, mais tous les concepts ordinaires en général (à l'exclusion, en principe, des concepts scientifiquement définis). 3. Les degrés décroissants de congruence sémantique, qui sont figurés sur la figure 10 comme discontinus (en « anneaux ») doivent plutôt être pensés comme continus. Nous ne pouvons développer ces trois remarques, car cela nous entraînerait trop loin.

La congruence sémantique comme support de la métaphore

Une autre famille d'hypothèses est directement liée à la précédente : c'est que l'existence des métaphores, leur force, leur qualité, leur valeur innovatrice, dépendent de la congruence sémantique fixée en mémoire. Pour illustrer cette idée, nous demeurerons une fois de plus dans le champ des relations entre verbe et patient (et entre les représentations correspondantes).

Il existe des métaphores centrées sur les verbes. Elles sont, en général, moins citées et moins étudiées que celles qui naissent de la rencontre entre deux noms (« le général Pinochet était un boucher »), ou d'un nom et d'un adjectif (« l'homme était visqueux »). Deux exemples de métaphores centrées sur les verbes, et particulièrement sur la liaison verbe-patient, sont : « le paysan a apprivoisé sa terre », et « le cycliste buvait le vent ». L'interprétation théorique que nous en avons donnée avec C. Franquart-Declercq [45] repose sur les trois idées suivantes : 1. (c'est l'idée présentée et illustrée ci-dessus) il existe dans la mémoire à long terme des locuteurs une liaison sémantique plus ou moins forte entre les (significations de) verbes et les (significations de) noms qui sont leurs patients possibles ; le « degré de congruence sémantique » est une désignation de la force de cette relation ; 2. lorsqu'un locuteur invente une métaphore (centrée sur le verbe), il énonce un verbe, puis il lui donne comme patient dans sa phrase (comme COD) un nom qui a avec lui une faible congruence sémantique ; il va puiser ce patient, dans son esprit, à l'intérieur d'un des anneaux périphériques figurés sur la figure 10 ; plus l'anneau dans lequel il puise est éloigné du centre, plus la métaphore qu'il produit paraîtra neuve, originale, puis étrange, et finalement inacceptable ; 3. lorsqu'un autre locuteur reçoit et se voit offrir à comprendre une métaphore (du type de celles qui viennent d'être décrites), il doit assembler, dans son esprit, les significations du verbe et du nom qui lui est associé ; la difficulté et le temps mis à réaliser et réussir cette tentative de compréhension, mais aussi la nouveauté et le plaisir qu'elle produit, dépendent, eux aussi, de l'anneau dans lequel a été puisé le nom [46].

Cette façon de voir est entièrement généralisable aux métaphores reposant sur les relations agent-verbe, verbe-instrument, nom-nom ou nom-adjectif.

Un retour aux réseaux sémantiques et un au revoir amical à cette modélisation

On pourrait, idéalement, traduire en termes de « réseau sémantique » la modélisation de la congruence sémantique qui vient d'être présentée, et illustrée sur la figure 10. Cette modélisation a été donnée sur cette figure en termes de « relations entre des ensembles et sous-ensembles de représentations ». On pourrait parler, à ce propos, d'« extensions représentationnelles » des patients possibles.

Pour traduire cela en termes de réseaux sémantiques, il suffit idéalement de se donner un réseau avec des liens verbes → patients-possibles, ainsi qu'on l'a montré précédemment, et d'attribuer des valeurs de congruence aux différents liens. Cette fois encore nous ne développerons pas ici cette solution, qui conduit en vérité à un modèle très complexe.

La maniabilité cognitive des modèles est une de leurs qualités importantes, et même essentielles. Des modèles complexes au point de devenir peu maniables par un esprit humain peuvent aujourd'hui sans trop de peine être mis sur ordinateur aux fins de calcul. L'ordinateur calcule divinement bien. Mais lorsque le modèle se complexifie exagérément, la cognition du chercheur ne le suit plus. Sans faire preuve d'un scepticisme de mauvais aloi, assez répandu mais injustifié, à l'égard de l'intelligence artificielle, il faut bien convenir qu'elle n'a pas jusqu'ici apporté les résultats qu'elle promettait. Lancer des calculs lourds sur des valeurs numériques dont il n'était pas sûr *a priori* qu'elles étaient conceptuellement bien définies et construites est prendre un risque peu rentable. Les chercheurs confirmés en ce domaine sont généralement beaucoup plus prudents. Mais au total, la conceptualisation en termes de réseaux sémantiques, appuyée sur les techniques correspondantes, peut fournir une bonne approximation de la structure du tissu conceptuel, au moins dans des domaines raisonnablement définis. C'est pourquoi nous l'avons exposée assez largement, même si on doit encore l'enrichir.

Une raison importante de cette limitation tient sans doute à ce qu'on utilise alors un concept de concept qui reste trop pauvre : le concept y est conçu comme une entité *unitaire et indécomposée*, sinon indécomposable. Pour progresser, il nous paraît qu'il faut au contraire décomposer les concepts, c'est-à-dire les analyser : la conceptualisation en termes de schémas sémantiques en a été un début. Nous irons désormais au-delà pour introduire l'idée de décomposition des concepts en unités cognitives plus petites, les « traits sémantiques ». Cette conceptualisation, avec les modélisations qu'elle permet, n'entre pas en contradiction avec celles qui précèdent : si elles sont bien construites, les idées de concept en tant que réalité sémantique unitaire, homologue d'un mot, et de concept comme ensemble organisé de traits sémantiques, sont susceptibles d'être traduites l'une dans l'autre, et sont alors mutuellement compatibles.

La notion de trait sémantique

*Les modèles en réseaux sémantiques étaient, à l'origine, sur-
tout focalisés sur les relations externes entre concepts. Une théorie
différente, mais qui peut en être complémentaire, met l'accent sur
la composition interne de ces concepts : c'est la théorie des traits
sémantiques. Elle est partagée entre la linguistique et la psychologie cognitive. Dans le cadre de cette dernière, on peut attribuer aux
traits sémantiques une réalité représentationnelle : ils sont des fragments de représentation. Cette façon de voir permet de réinterpréter
des notions cognitives antérieures comme celles de hiérarchies
conceptuelles ou de similarité sémantique, et un phénomène essentiel
comme l'amorçage sémantique. Elle aide à mieux concevoir la flexibilité sémantique et la nature cognitive des métaphores.*

Nous venons de remettre en question l'idée, que nous avions
précédemment adoptée de façon provisoire, selon laquelle la signification d'un mot est l'unité cognitive de base, que non seulement elle est bien identifiable et relativement stable, mais aussi
qu'elle constitue un tout indécomposable. Nous n'allons conserver
qu'une partie de cette idée, celle qui stipule qu'une signification
de mot, un concept mental, est bien, en effet, une unité cognitive : elle entre en composition avec d'autres unités de sens de
même sorte, d'autres significations de mots, par l'intermédiaire de
structures grammaticales, pour former des unités cognitives de
type supérieur, les propositions et le sens des phrases. On peut
considérer que le sens des unités supérieures, par exemple le sens

d'une phrase, peut être « calculé », de façon complexe, mais déterminée, à partir de celui des unités inférieures, significations de mots et relations grammaticales. Ce qui précède définit une certaine version du principe de compositionnalité[1], qui s'applique prioritairement aux formules logiques. Ce principe est une exigence pour les langages logiques. La question de savoir dans quelle mesure[2] il s'applique aux langues naturelles est une question qui relève de la recherche empirique. Nous reviendrons brièvement sur cette question au chapitre 8.

Il est sans doute préférable, sous l'angle psychologique, de considérer plutôt le symétrique de l'idée de composition, à savoir celle de *décomposition*. On dira alors que ces représentations mentales que sont les significations de mots, et au-delà les sens de phrases, sont décomposables, parfois intuitivement et parfois seulement de façon théorique, en des unités cognitives plus « petites », les traits sémantiques. Ceux-ci peuvent correspondre à des composants lexicaux de l'énoncé, des mots (ou des expressions) qu'il contient, mais ils peuvent correspondre tout aussi bien à des relations sémantiques qui les relient, dont l'expression est souvent grammaticale.

Soit la phrase : « il y a un chien noir dans le jardin », la représentation qu'un locuteur se forme à l'issue de la compréhension de cette phrase contient des représentations de <chien>, de <noir> (associée à la précédente), mais aussi de la relation topologique <être dans> et en plus du jardin, de ses arbres et de ses massifs, dont le locuteur connait la présence dans le jardin, et dont la représentation sera introduite par son esprit à partir de celle du jardin, etc. Une théorie du sens doit prendre en compte tous ces faits. Nous y reviendrons plus en détail dans notre prochain chapitre.

Il ne nous suffira donc pas de dire que la phrase, en tant que forme linguistique, et son sens, en tant qu'entité logique, sont décomposables en des unités plus petites de même nature, linguistique ou logique, mais que c'est le sens lui-même, en tant que réalité mentale dans l'esprit du compreneur, qui l'est aussi à sa manière, et que cette décomposabilité-là déborde celle des composants linguistiques.

Considérons d'abord une première question : les significations de mots, les concepts, sont-ils décomposables ? Si oui, en quoi et comment ? Ces questions font actuellement l'objet de désaccords. Un certain nombre de chercheurs répondent affirmativement à la question de la décomposabilité sémantique des éléments lexicaux.

Ils relèvent de domaines distincts : linguistique, psychologie cognitive, représentation des connaissances au sein de l'intelligence artificielle, philosophie du langage. Ils sont mus par des préoccupations différentes, et théorisent de façon variée la notion à laquelle ils aboutissent. Ils la désignent aussi par des noms ou expressions diverses, « traits sémantiques », « composants sémantiques », « sèmes », etc. Nous nous en tiendrons ici[3] à la première de ces expressions. En face de ces chercheurs s'en trouvent d'autres, qui sont opposés à cette notion, et d'autres encore qui la traitent avec circonspection ou indifférence, parce qu'ils la jugent trop incertaine ou sans intérêt. Fodor, qui a été jadis avec Katz[4] un défenseur d'une des versions du concept, en est devenu ensuite un opposant direct[5].

Nous allons défendre ici la réponse affirmative à la question de la décomposabilité, en essayant de montrer deux choses : 1. que la notion de <trait sémantique> est aujourd'hui bien assise sur des faits solides, 2. qu'elle permet (et, probablement, permet seule) de résoudre rationnellement et élégamment plusieurs problèmes cognitifs d'importance majeure : 2. 1. celui de la complexité du contenu des significations et des concepts, mais d'une complexité qui laisse subsister l'existence en eux d'invariants sémantiques ; 2. 2. celui de la variabilité entre individus et entre langues naturelles des significations de mots ; 2. 3. celui de la variabilité des significations de mots au cours de leurs multiples emplois, en fonction de leurs contextes ; cela recouvre l'ambiguïté, c'est-à-dire l'existence d'acceptions distinctes pour un même mot, mais aussi la polysémie[6] fine ; cette forme de variabilité repose sur la distinction nécessaire entre « significations types » et « significations occurrences » ; 2. 4. celui de la formation de concepts nouveaux au moyen du langage, donc de concepts qui ne sont pas extraits de la perception et de la connaissance directe de l'univers, mais forgés par assemblage de mots préexistants ; 2. 5. celui de la plasticité des significations et des concepts, qui trouve son achèvement dans la métaphore, et qui est corrélative de son apparent opposé, la recherche de rigueur dans les significations et les concepts, cette rigueur trouvant son achèvement dans la pensée rationnelle et logique. À l'arrière-fond de tous ces problèmes se trouve celui de la compréhension mutuelle suffisante entre les locuteurs.

Si nous défendons la notion de trait sémantique, c'est donc que nous la jugeons à la fois raisonnablement bien fondée, sous l'angle scientifique, et extrêmement productive et explicative, au plan épistémique. Nous essaierons aussi de plaider que, si un certain nombre d'auteurs rejettent la notion de trait sémantique, c'est qu'ils la conçoivent de façon inadéquate : nous prendrons donc un peu de temps pour dire ce que *ne sont pas* les traits sémantiques.

Les traits sémantiques comme « composants » : qu'est-ce que « décomposer » ?

Nous rencontrons ici une question qui a, conceptuellement, quelque analogie avec celles qu'ont rencontrées, au cours du dernier siècle et demi, la chimie et la physique – la première avant la seconde – et auxquelles elles ont répondu, non sans tâtonnements, par les notions de molécule, d'atome et de particule, jusqu'à leurs versions d'aujourd'hui. Par certains côtés l'analogie vaut aussi pour la biologie, avec la notion de « réduction conceptuelle » du biologique au chimique et de l'hérédité à la notion de gène.

Ces analogies sont, bien sûr, quelque peu superficielles, mais le caractère redoutable de la question ne l'est pas. Les physiciens et les chimistes d'une part, les biologistes de l'autre, ont maintenant une idée assez claire de ce que signifie, pour la matière ou le vivant, des expressions comme « est composée de » ou « est décomposable en ». Ce qu'on peut en retenir, au plan le plus général, c'est que décomposer, ou analyser, une parcelle de matière en molécules, atomes, particules, etc., ou un organe en cellules puis aussi en molécules, est une tout autre chose que « couper » cette parcelle en tout petits morceaux. L'atomisme du passé lointain (celui de Démocrite ou d'Épicure) ne dépassait guère cette idée de <couper> : mais les conceptions actuelles des relations entre noyaux et particules dans un atome ou dans une molécule n'ont plus rien à voir avec cela. La tâche des sciences cognitives est probablement aussi différente de l'intuition du découpage que l'a été celle des sciences physiques : certes il est au premier abord facile de découper une phrase de surface en mots et en relations, et pas trop difficile ensuite (mais pas trop facile non plus) d'imaginer sur le même modèle comment on peut décomposer le sens de la phrase en des significations lexicales et des relations grammatico-sémantiques entre elles. Mais que deviennent « décomposer en », ou « décomposabilité », lorsqu'on veut les appliquer à des entités inobservables comme des significations de mots ?

La conception défendue ici recouvre en premier lieu l'idée que les « traits sémantiques » sont, eux aussi, des unités sémantiques de nature mentale, dont la caractéristique première est d'être données seulement comme produit d'une activité mentale de décomposition sémantique de mots. C'est en ce sens, mais en celui-là seulement, que ce sont des unités qu'on peut dire plus « petites » que les significations de mots.

Pour les représentations sémantiques lexicales, les significations de mots ou les concepts, être ainsi « décomposables » est donc synonyme d'être « analysables » : les produits de cette analyse sont des *éléments de représentation*. Ceux-ci sont liés à l'intérieur des concepts par des relations cognitives, qui ont elles-mêmes une identité définie. Ce sont celles que nous avons rencontrées plus haut dans notre description des schémas. Dire que les traits sémantiques sont des éléments de représentation implique qu'ils sont soumis à des régularités de fonctionnement qui sont pour l'essentiel les mêmes que pour les représentations plus « grandes ». Par exemple, ils sont conservés en mémoire à long terme, et activables en mémoire de travail.

Cette façon de voir se distingue de celle qui considère les traits sémantiques comme des composants premiers ou primitifs, dont les significations de mots seraient dès lors des *composés* : cette autre idée présuppose qu'il y aurait une antériorité, de nature ou de temps, des composants par rapport aux composés. Il n'y a aucune raison de voir les choses ainsi. Le mot « componentiel » (ou « compositionnel ») appliqué aux théories en traits [7] a précisément l'inconvénient de suggérer cela : les théories en traits devraient plutôt être qualifiées de « décompositionnelles ».

« Analysable » indique seulement une possibilité d'être analysé. Encore faut-il savoir par qui : par le locuteur ordinaire ou par un spécialiste ? La réalisation de cette possibilité doit être mise en rapport avec l'importante distinction qui existe entre « représentations explicites », verbalisables, et « représentations implicites », non verbalisables. Les traits sémantiques peuvent, nous l'avons dit, être ou ne pas être verbalisables : en fait ils sont, le plus souvent, non explicites dans la mémoire sémantique des locuteurs, et la relation entre la signification d'un mot et les éléments de signification qui la composent (les traits sémantiques) ne leur est pas transparente.

Chacun de nous éprouve, intuitivement, qu'il n'a d'un grand nombre de mots de son lexique qu'une connaissance implicite. Nous sommes capables d'interpréter ces mots à peu près correctement lorsqu'ils apparaissent dans une phrase, ou de les utiliser à bon escient dans notre discours. Mais l'existence de fortes diffé-rences interindividuelles en la matière fait varier la capacité des uns ou des autres à comprendre exactement une phrase ou un texte un peu complexes, ou à exprimer précisément ce qu'ils veulent dire. À cela s'ajoute que, pour tous, le lexique mental est extrêmement stratifié : il contient des mots et des significations de familiarité variable, celle-ci étant corrélée avec la fréquence de ces mots dans l'environnement linguistique de chacun.

Bien que les locuteurs aient une connaissance variable et souvent imparfaite de la signification des mots de leur langue, particulièrement des moins fréquents et des moins familiers, il est remarquable de voir qu'ils ont tous aussi une connaissance assez exacte de leur propre degré de connaissance, même si elle est approximative et demeure généralement, elle aussi, implicite. L'expérimentation permet de le mettre en évidence. Si on demande aux participants à une expérience de répondre par une note – par exemple entre 1 et 7 – à la question suivante : « dites si vous connaissez très bien, bien, assez bien, assez mal, mal, très mal, pas du tout, la signification des mots que nous allons vous présenter », on observe[8] que ces sujets se prêtent sans difficulté à cette tâche, alors même qu'ils ont du mal à définir beaucoup de ces mots. Qui plus est, cette classification par eux-mêmes de leur connaissance des mots est corrélée à d'autres variables, et elle a une bonne valeur prédictive pour d'autres tâches cognitives apparemment sans rapport avec elle, par exemple une décision lexicale sur les mots utilisés.

Mais juger si l'on connaît bien ou mal la signification d'un mot est, nous l'avons noté, une tâche tout autre que de la rendre explicite, de « définir » le mot en utilisant d'autres mots, comme le font les dictionnaires, ou de le paraphraser. C'est une chose que de connaître de façon implicite la signification d'un mot, suffisamment pour pouvoir l'utiliser dans la compréhension ou la production, c'en est une autre, assez proche, de savoir intuitivement qu'on possède cette connaissance, c'en est une troisième de pouvoir expliciter, si on vous le demande, le contenu de la signification du mot. Mais c'en est encore une quatrième que de pouvoir établir, par l'analyse linguistique et psycholinguistique, de quels traits sémantiques systématisés on pense pouvoir le créditer. Cette dernière tâche n'est pas normalement accessible au locuteur lui-même, au point qu'il est parfois étonné lorsqu'on développe devant lui le résultat d'une telle analyse, c'est-à-dire qu'on lui exhibe le contenu d'une de ses *propres* significations ; mais il tombe généralement d'accord avec cette analyse.

Quelques exemples de traits sémantiques

Nous avons souvent utilisé dans notre enseignement l'exemple suivant, qui concerne les significations des prépositions « au-dessous de », « sous », « au-dessus de » et « sur », ainsi que leurs différences. Considérons simplement les deux dernières : toutes les choses qui sont sur une autre sont aussi au-dessus d'elle, mais l'inverse n'est pas vrai. En termes abstraits, « sur » fait référence à un ensemble de situations qui est inclus dans l'ensemble plus vaste des situations décrites au moyen d'« au-dessus de ». Une différence sémantique notable les distingue : « sur » véhicule une information que n'a pas « au-dessus de ». C'est que l'objet A, qui est sur B, touche l'objet B. « La lampe est sur la table » exprime une localisation relative différente de « la lampe est au-dessus de la table ». On le voit bien par le fait que toute phrase ultérieure qui ne correspondrait pas à la représentation décrite par l'une ou l'autre de ces phrases sera choquante, et semblera comporter une contradiction. Si on dit : « la lampe était sur la table et Jean passa la main au-dessous d'elle », c'est de la magie. Nous dirons donc que l'information « qui touche » fait, sauf avis contraire, partie intégrante de la signification de « sur », mais non de celle d'« au-dessus de ». Cette information est stockée dans la mémoire sémantique des locuteurs comme une « partie » de cette signification de « sur ». Elle en est un trait sémantique.

On devrait dire aussi que cette information stockée en mémoire est une micro-connaissance lexicale qui est directement liée à la connaissance générale de l'univers qu'ont les locuteurs. L'expérience intuitive que ceux-ci ont de la gravitation, et qu'ils avaient bien avant Newton, est qu'elle tend, si rien ne s'y oppose, à appliquer les objets contre le support au-dessus duquel ils se trouvent. Il ne se produit rien de symétrique pour les représentations portées par « au-dessous de » et « sous » : ceux-ci sont beaucoup plus proches de la synonymie – encore que le second soit normalement[9] préféré en cas de contact ou de proximité.

On peut, pour fixer les idées, présenter trois autres exemples, qui permettront d'illustrer la notion de <trait sémantique>. Le premier est bien connu pour avoir été introduit en sémantique linguistique par Pottier[10]. Il concerne la classe des sièges : celle-ci s'organise autour de la possession d'un certain nombre de caractéristiques secondaires, avoir des pieds, un dossier, des accoudoirs, un certain nombre de places, etc., qui s'ajoutent à la caractéristique principale, posséder une surface plane, située à distance convenable du sol, permettant de s'asseoir. Ainsi, ce qui distingue la signification du mot « tabouret » de celle de « chaise », c'est que le second porte la représentation d'un objet qui possède un dossier. De même, l'emploi de « fauteuil » porte la représentation que l'objet a, en surplus, des accoudoirs. Les différences ainsi véhiculées par les mots correspondent ici à des différences matérielles dans les objets concernés, et les mots expriment dans la langue la façon dont ces objets sont représentés de façon partagée dans l'esprit des locuteurs. On saisit mieux la nature proprement cognitive de ces oppositions sémantiques si on les considère dans des emplois métaphoriques ou de « comme si » : un locuteur (et particulièrement un enfant) désignera parfois un rocher de forme appropriée sur lequel il peut s'asseoir en le qualifiant de « siège », de « tabouret », de « chaise » ou de « fauteuil ». Il le fera en fonction de la présence, dans ce que la psychologie commune appelle son « imagination », de caractéristiques représentées qui ne sont pas de vrais dossiers ni de vrais accoudoirs, mais des formes analogues à ceux-ci. Il négligera en même temps dans cette situation l'absence d'autres caractéristiques, par exemple de pieds. Nous reviendrons plus bas sur la plasticité qui affecte l'activation des traits sémantiques.

Les exemples de Pottier présentent quelques particularités. En premier lieu, les différences mentionnées sont facilement identifiables par la perception, et bien disponibles dans la représentation, par exemple dans une image mentale des objets. Elles sont faciles à exprimer par la langue, puisque celle-ci dispose des mots appropriés, « dossier » ou « accoudoirs » : il n'en est pas toujours ainsi. En second lieu les traits sémantiques qui ont été cités sont conceptualisés comme des « propriétés », de type « parties de », des objets visés : tous les traits sémantiques ne sont pas de cette nature, comme on l'a déja vu à propos de « sur ». Mais nous verrons plus bas que les représentations de propriétés constituent un large sous-ensemble des traits.

On peut présenter, par contraste, un exemple un peu différent, celui du petit ensemble de mots qui qualifient, en français, la fatigue d'un individu : « fatigué », « las », « fourbu », « éreinté », « épuisé, « harassé », « claqué », « crevé », « lessivé », « flapi », « vanné », « recru » (redoublé ou non par « de fatigue »), et quelques autres encore, familiers ou argotiques. Nous n'en présenterons pas une analyse systématique, mais nous en ferons ressortir simplement le fait suivant : si certains de ces mots peuvent être considérés comme étant des synonymes véritables, d'autres se distinguent par des différences et des « nuances » (selon un terme qui est lui-même métaphorique par relation avec la perception, visuelle ou sonore). Ces différences peuvent toucher la signification dénotative en tant qu'elle renvoie à un état objectif ressenti – notamment en ce qui concerne le degré de fatigue – ou être une expression encore plus subjective de cet état, avec des connotations ou des métaphores. Mais tous les locuteurs français ont une connaissance plus ou moins claire de ces nuances de signification. Et si l'on cherche à donner une traduction de ces mots dans d'autres langues, on voit aisément que les correspondances y seront souvent différentes. C'est une bonne explication théorique que d'attribuer ces différences, intra-langue et inter-langues, à la présence ou à l'absence de traits sémantiques dans l'esprit des locuteurs.

Une quatrième illustration, que nous développerons un peu davantage sans vouloir être exhaustifs [11], concerne la catégorie des verbes de déplacement provoqué : ils dénotent communément les changement de lieu d'un objet, causés par l'action d'un agent. Quelques exemples en sont : « apporter », « emporter », « amener », « emmener », « envoyer », « expédier », « lancer », « jeter », « catapulter », etc. Nous pouvons reprendre ici le mode d'analyse des verbes présenté plus haut pour la notion de « schéma ». Par exemple, la phrase : « Marie a apporté un livre à Paul » dénote un événement [12] qui est un changement, causé par Marie, du lieu d'un livre, en direction de Paul. Ces verbes sont évidemment apparentés aux verbes de simple mouvement (Abrahamson, 1975 ; Miller, 1972), qui dénotent un déplacement de l'agent seul : « aller », « venir », « bouger », « marcher », « courir », « nager, « marcher », « voler », etc. Dans la phrase ci-dessus, le livre est bel et bien « allé » de quelque part jusqu'à Paul ; mais il y a été aidé. Les verbes de mouvement, qui sont intransitifs, sont sémantiquement plus simples que ceux de déplacement provoqué. Ils ont un schéma abstrait de type P (x), où x désigne ce qui se déplace. Les verbes de déplacement provoqué sont transitifs, et ils ont pour schéma P (x, y), où x désigne l'agent et y le patient, l'objet déplacé. Ce schéma abstrait peut être spécifié sous la forme : <x cause un déplacement de y> ou, plus en détail : <x cause que y, qui

était dans un lieu initial Li, change de localisation pour être désormais dans un lieu final Lf>.

Si on décrivait cette signification dans un schéma semblable à celui invoqué ci-dessus, on ferait apparaître à nouveau plusieurs pièces de contenu qui sont extrêmement générales : <causer> (ou <provoquer>) et <changer>, puis immédiatement sous ce dernier, et dépendant de lui, l'attribut sur lequel se fait le changement, à savoir ici la <localisation>, avec ses deux valeurs, le <lieu initial> et le <lieu final>. On peut utiliser ce même type de schéma pour d'autres verbes de changement. Le tableau ci-dessous présente une analyse, par décomposition systématisée, de la signification du verbe « nouer », lorsqu'il est inséré dans une phrase simple telle que : « Julie a noué son lacet. » Cet exemple est choisi pour montrer que les composants en sont représentationnels, plutôt que nécessairement linguistiques.

un agent A (<Julie>)
  fait (quelque chose)
(<des mouvements des doigts, des mains et des avant-bras>)

qui cause

un changement

affectant un patient P (<lacet>)

changement portant sur un attribut Att
(attribut non lexicalisé)

depuis un état initial : <non noué>
                        (= <à un seul brin>, <lisse>)

vers un état terminal : <porteur d'un nœud>
(= <entrelacé d'une façon déterminée avec un autre brin>).

Une analyse en traits sémantiques représentationnels pour le verbe <nouer> (dans la phrase « Julie a noué son lacet »)

Cette sorte d'analyse (avec diverses variantes) est maintenant assez généralement acceptée : la nôtre est équivalente à celle donnée, en sémantique linguistique, par les principaux auteurs français [13] qui ont travaillé sur la classification des verbes. Elle justifie le fait que <nouer> soit qualifié de verbe « causatif résultatif ». Les circonstances du changement peuvent en outre être spécifiées de deux façons : 1. par de l'information présente dans la phrase elle-même, en principe sous forme de complément, c'est le cas du destinataire, « à Paul » dans la phrase « Marie a apporté un livre à Paul » ; 2. dans le verbe lui-même. Ce second cas est directement pertinent pour l'analyse en traits des verbes.

> La phrase aurait pu être : « Marie a envoyé, ou expédié, ou lancé un livre à Paul. » Par ces 3 phrases, on aurait spécifié des « comment ? » différents pour le mode de déplacement du livre, et d'action de Marie. Différents mais possédant en commun une fraction de représentation : dans ces trois cas, Marie elle-même ne s'est pas déplacée. Les trois verbes « envoyer », « expédier », « lancer » dénotent donc un déplacement du patient *non accompagné* par l'agent, à la différence de « apporter », qui dénote un déplacement *accompagné*. On peut avoir d'autres sortes de spécifications : par exemple celle qui exprime la fraction de représentation « qui se déplace par lui-même ». Celle-ci se trouve présente dans la phrase : « Marie a amené son frère à Paul. » Si l'on disait : « Marie a apporté son frère à Paul », on signifierait que le frère ne s'est pas déplacé par lui-même, et on suggérerait donc, avec ou sans d'autres informations concordantes fournies par le contexte, que c'est un bébé.

Comme les précédents, les derniers exemples montrent que la signification d'un mot comporte des « parties ». Dans le cas des verbes de déplacement provoqué, ce sont les informations : <(le patient) est accompagné (ou non) par l'agent>, ou <(le patient) se déplace (ou non) par ses propres moyens>. D'autres informations internes auraient pu tout aussi bien être mentionnées : celles, par exemple, bien connues des spécialistes, qui font la différence entre l'<approche> (« venir », apporter »), ou l'<éloignement> (« aller », « emporter »). Dans la signification totale des verbes de déplacement provoqué, ces fragments de signification s'ajoutent diversement, à ceux identifiés plus haut, et que l'on peut considérer comme centraux : <causer>, <changer>, <localisation>. Ils le font à l'intérieur d'un schéma conceptuel, c'est-à-dire d'une structure cognitive, semblable à celle qu'on a décrite plus haut : certains fragments sémantiques sont centraux et généraux, comme les derniers cités, d'autres sont spécifiques, comme ceux mis en évidence précédemment. Ce qui nous importe ici, c'est que ces fragments identifiables qu'on peut reconnaître dans les significations de mots illustrent bien ce qu'on peut appeler des « traits sémantiques ».

La recherche des traits sémantiques et de leur rôle

Les développements qui précèdent étaient destinés à montrer par l'exemple ce que sont, pour la présente théorie, les traits sémantiques.

Le désaccord sur cette notion semble suggérer que la première question qui mérite d'être posée est bien : 1. existe-t-il des traits sémantiques ? Et que la seconde est alors : 2. si des traits sémantiques existent, comment sont-ils constitués ? En réalité, comme pour tout concept théorique en science, ce questionnement peut avantageusement être inversé : 1. comment concevez-vous la nature des traits sémantiques ? 2. ce concept étant construit et défini, existe-t-il des réalités telles que celles que vous venez de caractériser ? La seconde question a une implication cognitive forte : si vous avez mal caractérisé ce que vous visez – c'est-à-dire, dans le cas présent, si vous avez construit un concept inadéquat des traits sémantiques – attendez-vous à ce qu'on vous dise que cela ne correspond pas à ce qu'on observe, et donc ne peut pas exister.

Nous avons présenté naguère (Le Ny, 1979) une conceptualisation hypothétique des traits sémantiques – alors dénommés « sèmes ». Nous pensons qu'elle n'a pas reçu de démenti sérieux, et qu'elle a, au contraire, été raisonnablement corroborée durant les vingt-quatre ans de recherches psycholinguistiques et linguistiques empiriques qui ont suivi.

Une analyse en traits sémantiques porte sur un secteur du lexique plutôt que sur un ou quelques mots particuliers. C'est une tâche lourde et complexe parce qu'elle comporte trois exigences, qui ne peuvent être satisfaites que par des phases de recherche distinctes [14].

1. Il faut d'abord faire une analyse réflexive cohérente portant sur le domaine sémantique considéré. La meilleure façon de caractériser initialement les traits sémantiques ne peut être donnée qu'en termes de sémantique linguistique, par la recherche des différences et des oppositions dans le lexique qui font que les significations de différents mots peuvent être distinguées. Cette recherche se confond largement avec l'établissement de classifications dans le vocabulaire. Le point important est que les résultats de cette analyse réflexive, qui repose sur l'intuition d'un, ou d'un petit nombre de chercheur(s) expert(s), ne peuvent être considérés

que comme un ensemble d'hypothèses : ils ne constituent qu'une explicitation, par un chercheur individuel, des traits qu'il suppose être présents dans les significations de mots du domaine. 2. Il faut alors réaliser une validation empirique élargie, de préférence expérimentale, sur un échantillon suffisant de locuteurs. Elle a pour objectif de déterminer si les locuteurs ordinaires, et non seulement des linguistes ou des psycholinguistes, ont réellement dans leur esprit, et acceptent dans leurs jugements, les traits présumés, tels qu'ils ont été trouvés à l'issue de la phase 1. Si oui, il faut alors intégrer ces résultats dans une théorie, propre au domaine ou générale, qui puisse recouvrir l'ensemble des analyses de traits sémantiques dans divers domaines. L'absence de consensus théorique sur l'existence des traits sémantiques n'est pas, dans cette optique, rédhibitoire à la mise œuvre de recherches empiriques, puisque la notion elle-même est alors utilisée sous forme hypothétique.

Nous pouvons maintenant exposer dans la même modalité conjecturale le contenu de cette notion : si les traits sémantiques existaient, qu'est-ce qu'ils seraient ?

On peut avec profit les concevoir comme des « pièces représentationnelles », stockées en mémoire sémantique à long terme « dans » la signification totale du mot. « Dans » signifie ici : en association forte, soumise à des règles cognitives de fonctionnement, avec d'autres pièces représentationnelles, pour former une unité sémantique. Dans le cas des mots qui ont des référents physiques stables, et assez simples, comme c'est le cas pour les sièges, l'association des traits sémantiques reflète dans la mémoire l'association physique des parties des objets. Pour d'autres domaines, comme celui des verbes de déplacement provoqués, elle reflète la façon dont les classes d'événements ou d'actions sont liées à certaines de leurs circonstances, dans les diverses conduites humaines. Dans cette façon de voir ce sont les oppositions, c'est-à-dire les différenciations habituelles, produites par les interactions cognitives des individus avec les objets, les événements ou les actions, et mises en mémoire, qui forment la base des traits sémantiques. Leur conjonction dans un schéma structuré, et leur association avec une forme de mot, en fait une signification de mot. Certains mots peuvent correspondre à un certain faisceau de traits, et d'autres mots, voisins, à un faisceau légèrement différent de traits. Cette conception cognitive est en plein accord avec les principes essentiels des théories structurales en linguistique.

On peut dire alors, de façon à première vue équivalente à ce qui précède, que les traits sont stockés en mémoire sous forme de connaissances générales durables. Il faut ajouter alors que les connaissances qui forment ainsi le contenu des significations sont de plusieurs sortes. Comme on l'a vu, certaines concernent directement le monde réel : par exemple, les locuteurs savent depuis leur prime enfance que certaines entités de l'univers, typiquement les objets, ne se déplacent que si ce déplacement est causé physiquement par une autre sorte d'entité, typiquement un être humain, mais parfois aussi une autre force. Cette connaissance, de caractère moyennement spécifique, est incluse dans une autre, plus générale, qui concerne tous les changements : c'est cette dernière qui détermine la représentation généralisée des rôles sémantiques d'<agent> et de <patient> d'une action. C'est ce type de connaissance qui est inscrit, par exemple, dans le concept <apporter>.

Les locuteurs ont aussi des connaissances plus spécifiques concernant les modalités d'un déplacement provoqué : par exemple, un agent ne cause pas de la même façon le déplacement d'un patient selon que celui-ci est mobile par lui-même (être humain ou animal) ou qu'il est inanimé. C'est cette différence qui est inscrite dans l'opposition entre les verbes <apporter> et <amener>. Ils savent encore que l'agent, le déplaceur, peut ou non accompagner le déplacé : l'absence de cet accompagnement est inscrite dans <envoyer>, et une spécification supplémentaire du mode d'envoi l'est dans <expédier>. On pourrait dire que toutes ces distinctions, qui renvoient à des caractéristiques de l'univers et des actions, en ont été extraites, ou abstraites, de la même manière que celles qui sont représentées dans les concepts d'objets. Cela montre que les traits sémantiques, vus sous l'angle cognitif, sont de même nature que les concepts ; ils sont, en quelque sorte, des micro-concepts cachés dans les concepts. Ils ne donnent pas nécessairement lieu à un concept entier, explicite et bien individualisé, et doté d'un mot pour lui tout seul. Ils peuvent accéder à ce statut mais, en général, ils sont logés à titre de parties de signification à l'intérieur de concepts plus large.

Ces connaissances sémantiques sur le monde se trouvent naturellement associées à des connaissances sur la langue, par l'association concept-forme. L'enfant apprend très tôt deux choses en matière de lexique : « comment ça s'appelle, ce que je vois là », et « qu'est-ce que ça désigne, ou qu'est-ce que ça veut dire, ce que j'entends là ». S'il veut parler d'un individu qui cause physiquement le déplacement d'un objet vers un autre individu en se déplaçant lui-même, il apprend que ça s'appelle, en français, « apporter », et qu'il doit utiliser ce mot dans cette situation. Et il apprend aussi implicitement qu'à chaque fois que son interlocuteur utilise « apporter » devant lui, cela correspond au fait que l'agent du déplacement de l'objet se déplace aussi. Il apprend ainsi de façon implicite la distinction, en traits sémantiques, qui sépare « apporter » d'« emporter » ou d'« envoyer » : le Père Noël n'envoie pas les cadeaux, il se déplace en personne.

Traits et connaissances

« Connaissance » est un mot un peu hardi pour qualifier de façon générale les traits sémantiques : la notion de <connaissance> recouvre en effet la propriété <vrai>. Or tous les traits ne sont pas vrais au sens de <reflets adéquats du réel>. Comme l'ont montré il y a longtemps Whorf et Sapir les concepts sont aussi un reflet de la société dans laquelle vivent les locuteurs. La connaissance des significations de mots qu'acquièrent les enfants, et que conservent le plus souvent les adultes, est un mixte de connaissance directe du monde et d'intériorisation des représentations que s'en font les personnes de leur entourage. L'acquisition des concepts ne se fait pas par simple association brute du mot à la chose, mais par une analyse cognitive continue, implicite, portant de façon interactive sur les entrées perceptives et sur celles qui viennent du discours et qui sont traitées par l'intermédiaire de la compréhension. C'est cette double analyse qui produit les différenciations dont dérivent les traits sémantiques.

C'est une conjecture prometteuse, bien qu'elle n'ait pas jusqu'ici été mise à l'épreuve, que la représentation sémantique construite à partir d'une phrase, et du discours en général, soit comme les concepts constituée d'un ensemble structuré de traits. L'enfant, et postérieurement l'adulte, doit en extraire les ensembles plus petits qui forment les concepts, et les relier aux formes qui leur correspondent. Considérons la phrase : « Julie a noué ses lacets », en contraste avec celle utilisée plus haut, et qui contenait « son ». Il est permis de penser qu'elle contient un ensemble de traits semblables à ceux de la précédente, à la différence que la valeur <un> du trait de nombre (ou mieux de quotité) associée à <lacet> y a été remplacée par la valeur <deux> (ou <plusieurs>). Dans son acquisition du langage, l'enfant doit apprendre à interpréter le contraste sonore de « son »/« ses » comme un contraste sémantique sur ces valeurs <un>/<plusieurs> du trait de quotité. Dans cette façon de voir, la production de phrases à partir de mots et de dispositifs grammaticaux est un processus qui brasse les traits sémantiques, les sépare et les recompose, de façon très flexible, un peu analogue sans doute à la façon dont l'hérédité sexuée sépare, brasse et recompose les ensembles de gènes présents chez les individus.

Nombre de ces recompositions fournissent des représentations qui n'ont pas d'homologue dans le réel, et qui sont purement imaginaires, mythiques ou idéologiques. Les traits sémantiques, si on les conçoit comme étant de nature représentationnelle, peuvent donc, comme toutes les représentations, être adéquats ou inadéquats, et donner lieu à des pensées fausses aussi bien qu'à des pensées vraies. C'est pourquoi nous continuerons à parler à leur propos de « fragments de représentations » plutôt que de « connaissances ». Mais le tissu cognitif dans lequel les uns et les autres sont taillés est bien le même. Cela n'empêche pas que cette analyse mentaliste demeure compatible avec les analyses linguistiques qui, sous diverses appellations, font usage de la notion de <trait sémantique> ; il y faut toutefois que celle-ci soit gardée contre les caractéristiques superflues dont nous allons parler dans la prochaine section.

Deux autres catégories de faits nous permettent de mieux cerner la notion de <trait sémantique> : les différences de significations entre des mots appartenant à des langues différentes et les différences de significations de mots entre des locuteurs parlant une même langue.

Les comparaisons de vocabulaire entre les langues ont amplement fait ressortir leurs différences, problème ou triomphe des traducteurs. L'équivalence entre les mots qui désignent des objets ou des événements très concrets, directement perceptibles, pourvu qu'ils fassent partie de l'environnement des uns et des autres, est généralement grande. Le problème se pose pour des concepts un peu plus abstraits : un certain nombre de ces mots ne se laisse pas porter facilement d'une langue à l'autre, et les équivalences apparentes sont souvent trompeuses. Il semble bien qu'on puisse aussi rendre compte de ces « nuances » de signification en termes de traits sémantiques.

Mais les différences sémantiques entre locuteurs d'une même langue peuvent être plus gênantes encore. Certaines, il est vrai, sont inoffensives, comme celle qui concerne l'usage de certains verbes de déplacement provoqué : de nombreux francophones disent sans remords : « je t'amènerai ton livre demain », plutôt que « je t'apporterai », manifestant par là que leur système lexical ne prend pas en compte de façon fine le trait <qui se déplace par lui-même>, qui distingue « apporter » et « amener ». De nombreux autres exemples [15] pourraient être pris sur ce terrain.

Mais d'autres différences sont plus sérieuses : elles se manifestent sous forme d'indistinction des concepts. Elles sont à l'origine de nombreux malentendus lors de discussions : ceux-ci pourraient être levés si les interlocuteurs convenaient que « ce que tu appelles "M" n'est pas tout à fait ce que j'appelle "M" », que la différence n'est que d'un simple trait sémantique, mais que c'est cette petite différence conceptuelle qui fait une grande différence polémique. Le vocabulaire politique et économique est riche de ces confusions, et on en trouvera aisément des exemples. Elles peuvent d'ailleurs être instrumentalisées, et l'usage des euphémismes ou des habiletés lexicales est fréquent : le mot « réforme », par exemple, censé signifier une « amélioration apportée dans le domaine moral et social », un changement en mieux, est volontiers utilisé aujourd'hui pour aider à faire passer des changements en plus mal pour le grand nombre.

Nous ne pouvons examiner ici ces différents points, mais ils illustrent la possibilité d'analyser les significations à différents niveaux de finesse, selon différents « grains » de décomposition conceptuelle : on peut alors considérer les traits sémantiques comme en étant la granulation ultime. Les différences lexicales entre locuteurs peuvent dans cette optique être attribuées à deux grandes sortes de causes : 1. Les locuteurs disposent des mêmes traits en mémoire, mais ils les regroupent ou les utilisent différemment. Ce qui est généralement appelé « connotation » et qui repose souvent sur une liaison associative implicite, peut être analysé de cette façon. 2. Certains des locuteurs n'ont pas élaboré les différenciations cognitives les plus fines, et les traits correspondants, et ils sont dès lors dans l'incapacité de faire certaines distinctions indispensables entre des concepts.

On trouve abondamment, dans l'analyse littéraire des grandes œuvres, des mises en évidence d'aspects des significations, propres à un auteur ou à une période, qui peuvent profiter de l'usage de la notion de trait sémantique.

Ce que ne sont pas les traits sémantiques

Si l'on veut caractériser rationnellement la notion de <trait sémantique> dans un cadre de pensée cognitif, on est conduit à en écarter un certain nombre de propriétés qui lui ont été prêtées par divers auteurs. Lui attribuer ces propriétés de façon injustifiée aurait comme conséquence, nous l'avons dit, d'en obscurcir le contenu ; on est alors condamné à en contester l'existence. S'il est vrai qu'on n'est pas aujourd'hui capable d'affirmer avec certitude ce que sont, au juste, les traits sémantiques, on peut dire ce qu'ils ne sont pas, ou plutôt ce qu'il n'y a pas de bonne raison de penser qu'ils sont.

Ainsi n'existe-t-il pas d'argument solide, ni théorique ni empirique, permettant de considérer les traits sémantiques comme des unités discrètes, manipulables de façon combinatoire. Vouloir être capable de les combiner est une exigence des conceptions computationnelles, ce qui conduit à concevoir les traits sémantiques sur le modèle des symboles cognitifs, eux-mêmes conçus d'après les symboles logiques. Mais il est tout aussi vraisemblable que les traits sont plutôt des éléments différenciateurs, et qu'ils dépendent des différenciations sémantiques que les locuteurs ont appris à réaliser au cours de leur vie, c'est-à-dire de leurs habitudes et de leurs capacités cognitives. S'il en est bien ainsi, il est probable que les traits sémantiques sont hétérogènes, et largement variables entre les individus et les langues.

Il découle aussi de ce qui précède qu'il n'y a nulle raison de conjecturer, dans une langue, ou chez un locuteur individuel, l'existence d'une liste fermée de traits sémantiques. L'idée qu'il existe un nombre indéterminé de traits sémantiques, variable selon les langues et selon les locuteurs, est certes computationnellement inconfortable, mais elle est probablement plus proche de la réalité.

C'est aussi pourquoi on doit, nous semble-t-il, être prudent à l'égard des théories qui font appel à des composants ou à des traits *primitifs, universels* et, par voie de conséquence, *innés* (des « primitives » ou des « universaux »), à partir desquels seraient « construites » les significations plus complexes.

L'idée qu'il puisse exister un certain nombre de traits sémantiques de base, communs à toutes les langues et à tous les locuteurs, est certes une hypothèse viable, qui mérite d'être soumise à l'examen empirique. Elle a pour elle quelques arguments : de tels traits sémantiques innés, ou fondés sur des mécanismes d'apprentissage cognitif très précoces, sont une possibilité. Ce que nous avons dit plus haut des hyper-catégories sémantiques va dans ce sens : on peut les considérer alors comme des regroupements de différences assimilables à des traits.

En faveur de l'universalité se trouve ici aussi, à côté de cette première évidence [16] fondamentale que tous les locuteurs ont, pour l'essentiel, le même cerveau, celle qu'ils vivent, pour l'essentiel aussi, dans un même univers physique. Cela devrait donc conduire tous les locuteurs à forger des traits, des différenciations et des micro-représentations communes : celle qui fait partie de la signification de <sur>, ou celles qui entrent dans les représentations des déplacements provoqués en sont des exemples.

S'il existe bien des schémas darwino-kantiens, comme nous l'avons présumé plus haut, ceux d'<objet>, d'<événement>, ou de <relation>, certains des traits qui en forment le noyau pourraient être déterminés de façon innée : ainsi de la représentation de la <permanence>, ou de façon complémentaire du <changement>. Mais l'idée d'universalité doit, elle aussi, être traitée avec précaution : si l'on considère, par exemple, un trait accepté par beaucoup d'auteurs comme fondamental, celui de <causer>, on ne peut manquer de voir qu'il a un contenu assez différent selon les locuteurs. Il faut une certaine sophistication cognitive pour que <causer> renvoie à la représentation conceptuelle de la causalité naturelle, telle qu'elle est portée par la pensée scientifiques. Pour beaucoup d'autres locuteurs la causation a pour prototype les actions accomplies par un agent humain (l'« agentivité »), et pour d'autres encore elle renvoie à la présence universelle et permanente de la main de Dieu. Le trait <causer>, s'il existe véritablement, est donc lui-même sur-décomposable en micro-traits, qui dépendent pour partie du contexte social et idéologique des locuteurs.

À côté de cela, les différences dues à l'environnement physique, écologique, social ou personnel des locuteurs sont forcément à l'origine de nombreux autres traits sémantiques, dont certains sont codés dans les langues. Celles-ci conservent des oppositions largement sans objet, mais qui survivent aux conditions de leur élaboration : la plus évidente est la distinction masculin/féminin, qui régit encore dans le lexique et dans la grammaire une multitude d'objets et d'entités qui n'en ont que faire. On trouve même des gens qui croient que la masculinité/féminité est une caractéristique réelle, sémantique, de certaines choses et non simplement une caractéristique grammaticale (lexicale) largement arbitraire : <soleil> et <lune> échangent leur genre en passant du français à l'allemand. Quant aux langues qui disposent du neutre en tant que genre grammatical, elles ne le distribuent pas toujours de la meilleure façon.

On peut ajouter que la distinction homme/femme, lorsqu'elle est pertinente, est imprégnée par la typicité et la préférence généralisée qu'accordent la plupart des langues au genre masculin. La question des désignations de catégories professionnelles en est un exemple actuel.

Il est donc clair que les caractéristiques <primitif>, <universel>, <inné> – autant de traits *possibles* de certains traits – doivent être envisagées avec prudence : rien, en tout cas, ne justifie qu'on les attribue *a priori* aux traits sémantiques.

Une autre propriété, qui est prêtée aux traits sémantiques par un certain nombre de linguistes, doit également être regardée avec circonspection : c'est celle de « ne pas être susceptible de réalisation indépendante », c'est-à-dire en bref de ne pas être verbalisable. On peut comprendre que cette caractéristique soit retenue dans une conceptualisation linguistique, mais elle doit être vue différemment dans une conception mentaliste des traits sémantiques. Celle-ci permet de distinguer les micro-représentations mentales qui sont « présentes dans l'esprit », de celles qui sont « présentes dans la langue ». Leur relation est apparentée à celle qui lie, au niveau lexical, les concepts et les représentations des formes de mots : lorsqu'un nouveau concept se forme dans un esprit, par exemple dans le domaine littéraire, mais plus encore dans le domaine scientifique, il tend à « se chercher » un mot pour le représenter ; l'esprit qui le forme déploie alors une activité cognitive spécifique pour le nommer. Il en va autrement pour les traits sémantiques : dans une conception comme celle défendue ici, on admet parfaitement que certains traits ne soient pas verbalisables de façon indépendante, et que d'autres le soient : quand on dit, comme nous l'avons fait plus haut, que dans <apporter> on peut trouver <causer> et <changer>, on verbalise ce qui, antérieurement, n'était pas verbalisé : on explicite ce qui était implicite. Mais cette caractéristique ne fait pas nécessairement une différence fondamentale entre les traits. On a toutefois, en psychologie cognitive, introduit occasionnellement une distinction entre des traits « séparables », c'est-à-dire qui peuvent avoir une expression en dehors des ensembles auxquels ils appartiennent – <qui touche> serait l'un d'eux pour <sur> – et des traits « non séparables », difficiles ou impossibles à exprimer. Nous ne développerons pas ce point.

Une autre caractéristique qu'on n'a pas davantage de raison solide d'attribuer aux traits sémantiques est la nécessaire bivalence. Elle s'exprime dans diverses théories sous la notation +/– : les traits sémantiques sont conçus alors à la manière des traits phonologiques, et ils sont censés fonctionner par présence/ absence. Ainsi <tabouret> sera-t-il regardé comme une signification incluant un trait <dossier –>, et <chaise> comme une signification incluant <dossier +>. De façon analogue, <apporter> serait alors une signification contenant <accompagné-par-l'agent +>, et <envoyer> une signification avec <accompagné-par-l'agent –>.

Mais on peut opposer à cela une conception plus riche : elle consiste à faire entrer les traits dans un schéma qui existe indépendamment : celui des couples <attribut/valeurs d'attribut>. Un attribut, dans cette utilisation particulière du mot, est une structure conceptuelle qui a pour caractéristique essentielle de porter des valeurs. <Longueur>, <largeur>, <poids>, <vitesse>, <bonté>, etc., sont de tels attributs. Par rapport à eux, ou « sur » eux, peuvent être considérées certaines de leurs valeurs : <long/court>, <large/étroit>, <lourd/léger>, <rapide/lent>, <bon/méchant>, etc. On peut considérer que beaucoup de traits ont une structure d'attribut. Cette structure est applicable aux exemples que nous avons mentionnés, qui comportent des couples de valeur, <+/– dossier>, <+/– accompagné>, etc. Les attributs sont les supports conceptuels de ces couples de valeurs, dont une seule est réalisée dans la signification de mot qui est sous analyse.

Mais il existe des attributs qui ont une multiplicité de valeurs. Cela est bien visible si nous choisissons comme autre exemple d'attribut la couleur. Elle a une multiplicité de valeurs, que la perception est capable de saisir. Les diverses langues y découpent des tranches d'ampleur variable, auxquelles elles attribuent un nom : la variabilité des dénominations de couleurs entre les langues est depuis longtemps un thème de la linguistique comparée. Mais les attributs que nous avons mentionnés plus haut, de la <longueur> à la <bonté>, sont aussi porteurs conceptuellement d'une multiplicité de valeurs. Les langues mettent à la disposition de leurs utilisateurs divers dispositifs destinés à les exprimer, de mots comme « très », « peu », « moyennement », etc., aux comparatifs et superlatifs.

Nous ne discuterons pas ici la question très complexe des relations entre la structure attribut/valeurs-d'attributs et les traits sémantiques. Mais nous retiendrons l'idée qu'un attribut peut être bivalent ou plurivalent, et qu'il en est de même pour les traits sémantiques.

Les réticences successives que nous venons de marquer à l'égard de plusieurs caractéristiques souvent prêtées aux traits sémantiques, <originel>, <universel>, <inné>, <discret>, <en nombre limité>, <bivalent>, nous incitent à réaffirmer notre prudence à l'égard de la formulation usuelle : celle selon laquelle une signification de mot serait « composée » de traits, ce dont dérive l'appellation de théorie « componentielle ». « Composé de » est certainement trompeur si cette expression suggère que les traits sont premiers par rapport aux significations lexicales. L'idée qu'une signification de mot peut être *décomposée*, c'est-à-dire analysée, en traits sémantiques nous paraît de beaucoup préférable.

Certains modèles en réseau de type connexionniste, comme celui de Rumelhart et McClelland (1986), ont adopté le parti de considérer les traits comme correspondant aux nœuds des réseaux sémantiques : cette façon de modéliser les significations, qui conduit à supposer que les traits sémantiques ont une base neuronale, nous paraît en revanche parfaitement défendable, et même potentiellement très fructueuse. Il est un peu prématuré d'en juger au plan de la modélisation connexionniste, et encore davantage à celui de la neurobiologie, puisque les données empiriques sont rares dans le premier cas, et inexistantes dans le second. Mais cette voie de recherche mérite certainement d'être explorée.

Les traits sémantiques et la dualité objet/propriété

Nous allons revenir maintenant à l'analyse psycholinguistique et cognitive des concepts, et aux notions qu'elle utilise. Dans l'exposé que nous avons donné plus haut de la catégorisation et des réseaux sémantiques nous avons vu qu'on utilise très largement le terme et la notion de <propriété>, associée aux représentations d'objet : c'est un usage assez commun de dire « <canari> a pour propriété <est jaune> ». On veut signifier précisément par là, bien entendu, que la représentation des canaris contient une représentation de couleur, et que celle-ci est jaune. Cette affirmation diffère de celle selon laquelle les canaris réels ont une propriété physique réelle, qui les fait apparaître jaunes à notre perception. On voit mieux la différence si on dit que « <le petit poucet> a pour propriété <grand comme le pouce> ».

Comment peut-on situer la notion de <trait sémantique> par

rapport à celle de <propriété>, et les deux mots ne sont-ils pas de purs et simples synonymes ?

Une première observation est que les analyses en traits sémantiques ne s'appliquent pas seulement à des noms, c'est-à-dire à des individus et à des objets, mais aussi comme nous l'avons vu des verbes. La notion de <propriété> est mal adaptée pour ceux-ci. On peut ainsi considérer alors qu'il existe différentes catégories de traits, et que les « propriétés » dont parle la littérature psychologique consacrée aux objets relèvent d'une de ces catégories, parmi plusieurs autres : <jaune>, dans <canari>, est un trait sémantique d'une autre catégorie que <changer>, qu'on a trouvé dans <apporter>.

Mais le point important est que <jaune> est ici une réalité cognitive, une *représentation de propriété*, non la propriété elle-même. Elle illustre un fait capital : la représentation d'un objet ou d'une entité et les représentation de ses propriétés sont liées en mémoire par une véritable dualité. Nous avons vu que, dans une modélisation en termes de réseau sémantique, elles sont liées par des arcs de type « est une propriété de » ou, dans l'autre direction, de type « a pour propriété » : nous pouvons les traduire ici en « est un trait sémantique de » ou « a pour trait sémantique ». Ces relations sont représentationnelles, et elles peuvent avoir un plus ou moins grand degré de spécificité, en fonction de la fréquence d'appartenance correspondante : <a une trompe> est un trait sémantique de la représentation d'<éléphant> qui est pour celui-ci beaucoup plus spécifique que <a de la peau>. On peut exprimer la force de cette spécificité en termes statistiques. On observera, sans y insister, que cette analyse conduit à une réinterprétation empiriste de notions qui ont eu depuis l'Antiquité une grande importance en philosophie : depuis celles d'attributs constitutifs de l'« essence » d'un être, ou d'« accident », jusqu'à la distinction entre les jugements « synthétiques » ou « analytiques » et aux conceptions de Quine [17] sur l'analyticité.

Ce qui caractérise la dualité entre représentations d'objets et traits sémantiques dans l'activité mentale, ce sont les cheminements qu'elle permet dans les esprits : ceux-ci passent de façon rapide et automatique de l'activation d'une représentation d'objet, d'individu ou d'entité aux représentations de leurs propriétés, ou vice versa. C'est ce cheminement qui fonde l'activité cognitive, extrêmement importante, de faire référence à une représentation, considérée dans sa réalité mentale. Activer une représentation peut être suscité indifféremment dans le discours par un nom (propre ou commun) ou par une description : ainsi dans un texte pourra-t-on désigner ce dont on parle aussi bien en employant un nom commun (« les diplodocus ») que l'expression qui le décrit (« ces dinosaures à long cou et à queue très allongée »). Semblablement, pourra-t-on dire : « l'auteur d'*À la recherche du temps perdu* » ou « Marcel Proust » pour désigner verbalement la personne visée.

L'interprétation de cette équivalence par la psychologie cognitive renvoie à un fonctionnement mental : la possibilité qu'ont également le mot ou l'expression utilisés, d'activer de façon directe ou indirecte, en cheminant dans le réseau sémantique/neuronal de l'interlocuteur, la représentation qui est visée par l'émetteur. Cette possibilité est régie par deux catégories de conditions : celles qui peuvent être décrites dans des concepts linguistiques et logiques, et celles qui sont plus spécifiquement psychologiques. Pour que les expressions par description ou périphrase puissent cheminer, depuis la perception des mots jusqu'à leur cible dans l'esprit/cerveau du compreneur, il faut qu'y existent les liens appropriés entre les représentations des objets et les traits qui les caractérisent, c'est-à-dire les connaissances qu'y auront formées les apprentissages. Nous laissons à nouveau aux lecteurs intéressés par l'approche philosophique des problèmes le soin de repérer les parentés et les différences qu'entretient cette façon de voir avec des théories qui ont été amplement débattues en philosophie de l'esprit contemporaine à propos de la référence, des descriptions, de la synonymie, de l'usage des noms propres.

Ce que nous voudrions retenir sur cette question, c'est l'idée qu'il existe une dualité cognitive entre les représentations d'objets, d'individus ou d'entités, et les représentations de leurs propriétés. Cette idée d'une dualité cognitive renvoie directement à celle de décomposabilité des concepts d'objets en traits sémantiques : c'est elle qui se réalise lorsque, dans un esprit, le mot « canari » fait apparaître la représentation <petit oiseau jaune>, ou que symétriquement les mots « petit oiseau jaune dans une cage » font penser au mot « canari ». En bref, lorsque nous devons considérer, dans l'esprit/cerveau, une activation allant de la représentation du nom à celle de la description ou inversement.

Traits et propriétés : une distinction épistémologique

Il faut donc s'arrêter un peu davantage sur la distinction entre « propriétés » et « représentations de propriétés ». La seconde expression a pour inconvénient d'alourdir le discours, mais elle a en contrepartie l'avantage de garantir une bonne conceptualisation, et des progrès futurs sur ces questions en psychologie cognitive. Cette distinction s'inscrit dans celle, plus générale, qui s'impose en permanence entre le réel (visé) et la représentation du réel.

Les concepts ou significations de mots sont des représentations mentales, et ils ne peuvent donc être raisonnablement analysés qu'en des éléments qui soient de même nature, eux-mêmes représentationnels, c'est-à-dire mentaux. La phrase classique suivant laquelle « le concept de chien n'aboie pas » exprime très bien cette idée. Ce que contient le concept de <chien> n'est pas une réalité, les aboiements, mais une représentation de cette réalité, ou plus précisément de sa possibilité, que nous pouvons écrire : Représenté comme <(susceptible d') aboyer>.

La distinction entre <trait sémantique> et <propriété> a toute sa place dans une conception réaliste [18] de la connaissance, bien articulée à la visée scientifique. Celle-ci se souvient en permanence qu'il est essentiel de bien séparer, d'une part ce qui est « réel », les objets et les propriétés des objets, en tant que parties de la réalité, existant indépendamment de nos esprits, mais qui ne sont que visées par notre activité de connaissance, et d'autre part, ce qui est le résultat de cette activité, les représentations qui se trouvent dans nos esprits, qui peuvent asymptotiquement devenir de la connaissance empirique adéquate (« vraie »). Tout comme le sens commun, les tenants des ontologies réalistes de ce genre, mais aussi la plus grande part des chercheurs scientifiques, acceptent assez facilement cette idée que l'univers contient des « choses » réelles, et que celles-ci ont des propriétés réelles. Il n'est pas sûr, toutefois, que la distinction entre « les choses et leurs propriétés », en tant que visée de la connaissance, et « les représentations des choses et de leurs propriétés », en tant que produits actuels de la connaissance, soit toujours gardée au premier plan de la pensée. C'est bien l'objectif général de la science que d'élaborer des connaissances à propos des choses et de leurs propriétés en identifiant les secondes. Néanmoins la connaissance des propriétés réelles des choses n'est qu'un ensemble organisé de représentations de ces propriétés : de là vient leur caractère longuement approximatif, mais en même temps longuement améliorable. C'est justement cela qui garantit que les représentations scientifiques des propriétés des choses correspondent mieux aux propriétés réelles que les représentations de propriétés de la pensée commune.

La distinction entre « propriétés » et « traits sémantiques » se montre de façon particulièrement claire dans un sous-domaine particulier : celui de ces traits des objets que l'on qualifie parfois, en psychologie et en philosophie[19], de « propriétés fonctionnelles ». Nous allons arguer que cette expression devrait être réservée aux propriétés réelles que possèdent certains objets fabriqués, ou certains organismes considérés dans l'optique de la biologie darwinienne, et qu'elle devrait être bien distinguée de ce qu'on appelle « trait fonctionnel ».

On peut reprendre ici comme exemple celui de « transportable ». « Transporter » est un verbe transitif, qui a des patients, mais c'est la mise en relation complexe de la signification du verbe avec, d'une part, la représentation de ses patients possibles, et d'autre part celle des circonstances possibles, qui engendre sur ces patients un trait fonctionnel : ils sont transportables (ou non transportables), non seulement en vertu de leurs propriétés physiques propres, mais aussi des circonstances. On pourrait raisonner de la même façon à propos de « buvable », « cassable », « définissable », et beaucoup d'autres. Et voir d'une manière générale que les traits fonctionnels sont attribués aux objets, aux individus ou aux entités non seulement en fonction de *corrélations représentées* qu'ils sont supposés entretenir, avec d'autres traits (par exemple <lourd>, ou <volumineux> pour <transportable>), plus centraux et plus directement descriptifs des propriétés réelles, mais aussi en fonction des règles pragmatiques d'utilisation des choses.

Ces caractéristiques des traits fonctionnels éclairent certains aspects de la catégorisation et de la formation de concepts : les traits fonctionnels, avec leurs caractéristiques occasionnelles et subjectives, et les traits que nous avons appelés « centraux » ou « descriptifs » (hautement représentatifs de la réalité des choses) sont fréquemment mélangés dans les contenus sémantiques des catégories et des concepts ordinaires. Un autre exemple simple en est la classification usuelle des animaux : elle prend en compte des critères occasionnels[20] divers, qui engendrent les idées d'animaux <de basse-cour>, <de ferme>, <de boucherie>, <gibier>, <migrateurs bons à chasser>, etc., à côté des critères proprement réalistes, ceux qui sont seuls utilisés par les classifications zoologiques. Nous sommes évidemment ici au seuil d'un domaine de pensée dans lequel nous n'entrerons pas parce qu'il est trop vaste et trop complexe : celui de la catégorisation des hommes. Des traits évaluatifs comme <bon> et <mauvais>, <beau> et <laid>, <gentil> et <méchant>, et beaucoup d'autres sont le produit d'une interaction entre des représentations plus ou moins réalistes et la façon particulière dont le sujet les utilise.

La distinction entre les propriétés (visées par la connaissance, et donc par la vérification) et les <représentations de propriétés> est ainsi une exigence fondamentale. Elle se trouve au cœur même de l'épistémologie : la science est une vaste tentative pour accéder à une représentation adéquate des propriétés des choses, qui doit écarter leurs traits inadéquats. Cette distinction permet d'opposer les traits propres à la représentation ordinaire, mélanges de vérité, d'approximation, de considérations pragmatiques et de fausseté pure et simple, et la détermination des propriétés des choses dans la connaissance scientifique. Cette façon de voir relativise la vérité de la représentation, mais elle permet aussi d'échapper à un relativisme radical : il est raisonnable de penser que « les choses », qui certes n'existent elles-mêmes qu'en vertu de la façon humaine de découper l'univers, ont néanmoins « en propre » des propriétés, et que, sur le long terme, la science s'en approche progressivement.

Traits sémantiques mentaux
et traits sémantiques linguistiques

Il nous faut considérer maintenant les modalités de l'existence linguistique des traits sémantiques : elles sont différentes de celles des traits psychologiques, mais compatibles avec elles. Ces traits linguistiques reposent sur la façon dont les différentes langues ont, au cours de leur histoire, incorporé dans leur vocabulaire les distinctions faites par les esprits/cerveaux humains, et ont créé les différences entre mots qu'elles offrent aux locuteurs pour leur usage. Il existe de nombreuses différences interlangues à cet égard : cette langue-ci dispose d'une expression spécifique pour tel trait, et celle-là n'en dispose pas. Ou celle-ci l'exprime de telle façon, et cette autre d'une autre façon, l'une par un nom ou un verbe spécialisés, l'autre par un adjectif ou un adverbe additionnels. L'une réalise ce trait dans son lexique, l'autre dans sa grammaire : que l'on compare, par exemple, les structures de cas et les prépositions, ou bien l'emploi des temps et des aspects, dans différentes langues indo-européennes. Il peut même exister des styles cognitifs particuliers incorporés aux langues ou à certains de leurs secteurs. Ainsi remarque-t-on parfois que telle langue est particulièrement riche dans une partie de son vocabulaire, dévolue à un domaine déterminé : les désignations de la neige par les Esquimaux, ou la concrétude des langues de civilisations rurales, sont des exemples souvent mentionnés.

On devrait donc penser que les traits sémantiques inscrits dans les langues ne constituent, sans doute, qu'un distillat déterminé par l'histoire de ceux qui sont présents dans les esprits : c'est une conclusion partielle qui, peut-être, ruine l'espoir de construire une théorie systématique et, qui sait, formelle, qui puisse épuiser par cette voie la sémantique des langues. Mais elle laisse intacte la possibilité de riches analyses conjointes, linguistiques et psychologiques, fondées sur la notion de <trait sémantique>.

Représentation des individus et des actions
dans la mémoire à long terme :
quelques données expérimentales

Nous avons examiné plus haut à partir de données expérimentales l'idée qu'il existe, dans les mémoires sémantiques, des liaisons cognitives, spécifiques et multiples, entre les représentations des actions et les représentations de ceux qui les accomplissent (leurs agents), ou de ce sur quoi elles s'exercent (leurs patients) : les locuteurs savent quelles entités sont susceptibles de <casser> (quelque chose), et lesquelles sont susceptibles d'<être cassées>. Une nouvelle idée qu'il faut maintenant examiner par la même voie, c'est que cette liaison se fait par l'intermédiaire des traits sémantiques.

Nous allons de nouveau nous en tenir aux verbes transitifs. La nouvelle idée, qui se trouve dans le prolongement de ce qui précède, peut être énoncée en termes abstraits de la façon suivante, qui exprime une corrélation : 1. « si un objet O est un Patient possible du verbe V, il possède d'autre part les traits sémantiques Ta, Tb, Tc, etc. ». On peut continuer à utiliser comme exemple le verbe V= « transporter », et imaginer les traits sémantiques que possède O, en tant qu'objet transporté. Probablement <pas trop lourd> et <pas trop volumineux>. « Trop » fait référence au moyen de transport.
On pourrait aussi exprimer une idée voisine en termes d'obligation, physique ou morale : 2. « Pour qu'un objet O puisse être V-é, il faut

qu'il soit Ta, Tb, ou Tc, etc. ». Ou encore, dans le champ du dis-cours : 3. « Pour pouvoir dire d'un objet O qu'il est ou a été V-é, il faut qu'il soit Ta, Tb, ou Tc, etc. » ou, mieux encore : 4. « Pour pou-voir dire d'un objet O qu'il est ou a été V-é, et être compris, il faut que l'interlocuteur sache que O est Ta, Tb, ou Tc, etc. » Nous laissons au lecteur le soin d'imaginer plus précisément ce que sont Ta, Tb, Tc, etc., pour d'autres verbes « transporter » : on verra que ces traits ne sont pas forcément aisément exprimables par le langage, mais qu'ils sont indéniablement représentationnels.

On peut raisonner sur la même idée de façon plus concrète et psy-cholinguistique. C'est ce qu'ont fait récemment dans une série d'expériences, McRae, Ferretti et Amyote (1997), Ferretti, McRae et Hatherell (2001), un groupe de chercheurs que nous avons déjà cités [21] : ils ont mis expérimentalement à l'épreuve l'hypothèse que les contenus associés aux significations des verbes sont organisés en traits sémantiques. Ils ont pour cela utilisé à nouveau la technique de la décision lexicale. Rappelons ce que leurs résultats antérieurs avaient montré : des noms qui sont soit des agents possibles, soit des patients possibles, soit des instruments possibles d'un verbe, sont présentés juste après leur verbe dans une tâche de décision lexi-cale. Ils produisent une réponse « oui » – ils sont jugés être des mots – plus rapidement que des noms qui n'ont pas l'une de ces relations spécifiques avec le verbe. Dans la même optique, la nou-velle série d'expériences devait permettre de savoir si des traits sémantiques, attribuables aux significations de ces mêmes noms, produiraient le même effet. Par nécessité, il s'agissait naturellement de traits sémantiques dénommables.

Nous décrirons ici seulement l'expérience 3. de Ferretti, McRae et Hatherell. Dans une première phase de la recherche les auteurs avaient présenté à leurs participants une série de verbes : ils avaient choisi pour cela des verbes de relations sociales comme « consulter », « contrôler », « admirer », « sauver », etc., tous verbes qui prennent normalement des personnes comme agents ou patients. Les partici-pants devaient produire, pour chaque verbe, des mots indiquant « les caractéristiques de quelqu'un qui est... -é », avec le verbe mis au passif. Les auteurs donnent, comme exemple de leurs résultats, celui qui correspond au verbe « condamner » : 50 % de leurs participants indiquèrent que la caractéristique première d'une personne qui est condamnée est « coupable » (assurément les 50 % les plus optimistes parmi ces participants). Dans l'expérience 3, ces mots furent utilisés comme exprimant un trait sémantique des patients liés au verbe. Ils furent mélangés de façon planifiée à d'autres mots non liés au verbe, et tous furent utilisés comme cibles dans une tâche de déci-sion lexicale à l'intérieur d'un couple verbe-nom. Les auteurs présen-tèrent donc des couples tels que « condamner-coupable », et d'autres tels que « admirer-coupable » ou « consulter-coupable », avec une consigne qui demandait une décision mot/non-mot sur le second élé-ment du couple. Les résultats furent que les temps de décision étaient significativement plus courts dans le premier cas que dans les seconds. La conclusion théorique pouvait donc légitimement être la suivante : juste après qu'un verbe a été présenté à un locuteur, et dès que sa signification a été activée dans son esprit, elle active à son tour, automatiquement et de façon très rapide, des traits sémantiques dérivés, et notamment ceux qui appartiennent dans la mémoire sémantique du participant aux patients possibles du verbe. Lorsque le second mot du couple est présenté, et qu'il correspond à ce trait, il produit une décision raccourcie.

L'expérience 4 de la même série de recherches ne concernait pas directement les traits sémantiques. Mais elle permet de préciser comment les facteurs sémantique et syntaxique interviennent conjointement dans le fonctionnement de la signification. Les auteurs présentèrent cette fois, au lieu de simples couples de mots, des séquences composées d'une petite phrase tronquée contenant un verbe, et sa continuation par un mot désignant soit un de ses agents, soit un de ses patients. Des exemples en sont : « she was arrested by the/cop » (« elle fut arrêtée par le/policier ») opposé à « she arrested the/cop » (« elle arrêta le/policier ») [22]. Le résultat fut que la réponse était plus courte dans le premier cas que dans le second. Cela démontre que le fonctionnement cognitif de l'esprit/cerveau des locuteurs est sensible, de façon fine et extrêmement rapide (en quelques centaines de millisecondes), à la fois au contenu des mots qui étaient associés au verbe, et à la relation de ce contenu avec celui du verbe. Cette relation tient au rôle thématique, sémantique (agent ou patient), mais aussi grammatical (sujet ou objet) de ces éléments de la phrase.

Certes, on aurait pu assez facilement présumer de façon intuitive, à la simple lecture des exemples ci-dessus, de l'importance de ces caractéristiques structurales. Mais ce qu'apportent de surcroît les recherches de ce genre, c'est une connaissance objective, scientifiquement argumentée, et plus aiguë, concernant la question : « Comment ces caractéristiques fonctionnent-elles dans l'esprit/cerveau ? »

Le fonctionnement des traits :
types et occurrences sémantiques

Les résultats expérimentaux qui précèdent illustrent un autre avantage considérable qu'apporte la notion de <trait sémantique> telle que nous l'avons présentée : elle permet d'expliquer des observations familières par la façon dont les traits *fonctionnent*. Même si les expériences que nous avons rapportées n'atteignent les traits sémantiques qu'au travers de mots, elles montrent qu'ils ne sont pas seulement des unités de la langue. Elles indiquent aussi qu'ils ne sont pas non plus, simplement, des unités à long terme dans la mémoire du même nom de chaque locuteur. Ils sont en outre des unités *dynamiques*, actualisables en tant qu'*événements* mentaux occurrences dans le fonctionnement de la compréhension ou de la production du discours.

Nous avions jusqu'ici, en effet, présenté les traits sémantiques comme des micro-représentations durables, des unités présentes dans la mémoire sémantique des locuteurs, à titre de composants implicites des significations de mots. Cette façon de voir est directement compatible avec celles élaborées par la linguistique.

Mais la théorie de l'activation permet d'ajouter à cela plusieurs autres idées. La première est que les traits sont susceptibles d'être activés, ce qui fait qu'ils deviennent une partie de l'état dans lequel se trouve la mémoire de travail, à chaque fois que le mot concerné est entendu ou lu, notamment au cours de la compréhension d'une phrase. Il faut concevoir alors l'activation de la signification d'un mot comme l'activation du « paquet » de traits qui la constitue. Les traits sémantiques ainsi activés deviennent alors de façon dynamique les composants actifs de la représentation en cours, celle qui constitue le sens de la phrase. La compréhension de : « Marie a apporté un livre à Paul » inclut une double activation du trait <se déplacer>, l'un affecté à Marie, l'autre au livre. On peut le montrer par une expérience de pensée qui repose sur une technique linguistique classique et simple : faire précéder ou suivre la phrase en cause par d'autres phrases qui nieraient les assertions portées par ces traits. Par exemple « ... et elle est restée chez elle », ou « ... et le livre est resté chez elle » ; ce n'est qu'au prix d'acrobaties cognitives qu'on pourrait à la rigueur interpréter les couples de phrases ainsi formés.

On peut alors faire appel à une seconde idée, essentielle, empruntée à celles qui ont été précédemment présentées : *les traits sémantiques, lorsqu'ils sont ainsi activés, peuvent l'être plus ou moins*. À chaque moment, il existe un degré particulier d'activation pour chacun des traits sémantiques, comme nous avons dit précédemment qu'il en existe pour les significations unitaires de mots.

Cette conception dynamique du fonctionnement des traits engendre certes ses propres problèmes. Elle implique l'obligation d'émettre des hypothèses détaillées sur le *comment* de ce fonctionnement, sur les facteurs qui déterminent ces différences dans les degrés d'activation, et de s'engager dans une mise à l'épreuve de ces hypothèses.

Elles sont presque certainement hétérogènes. Les unes

concernent la structure même des traits dans les significations à long terme, et leur plus ou moins grande capacité durable, ou rapidité, à être activés : on parle de plus ou moins grand « relief », ou « saillance », ou « activabilité », des traits : <jaune>, ou <souvent chante> sont plus saillants dans la représentation de <canari> que <possède un cœur>. Les autres hypothèses concernent les conditions relatives à la phrase elle-même : sa formulation, qui peut focaliser le traitement sur tel ou tel trait, son intonation, dans le cas d'une phrase parlée, les données pragmatiques contenues dans la situation d'énonciation, etc. Beaucoup de recherches sont en cours, ou restent à réaliser, pour énoncer avec précision de telles hypothèses et pour les mettre à l'épreuve.

Ce à quoi nous allons nous limiter ici est néanmoins essentiel : montrer que la double notion de <trait sémantique> et d'<activation momentanée> permet de bien conceptualiser les effets de variabilité des significations dus au contexte.

Il faut expliciter au départ une différence entre deux notions qui nous sont familières, celle de « *traits sémantiques types* », ceux dont nous avons parlé précédemment, et qui sont cristallisés dans la mémoire à long terme des individus en tant que composants de leurs concepts ou de leurs significations à long terme des mots, et celle d'*occurrences de traits sémantiques*, telles qu'elles se réalisent instant après instant lors de la compréhension ou de la production de la parole ou du discours.

Nous avons, dès nos chapitres initiaux, pris en compte l'opposition linguistique classique entre « type » et « occurrence », appliquée aux mots, et nous l'avons étendue. Nous avons montré que la distinction type/occurrence a une portée beaucoup plus vaste que celle d'origine, et qu'on peut l'utiliser avec un très grand profit en psychologie cognitive. Au regard de celle-ci les mots types ont un double mode d'existence : linguistique et psycholinguistique. Selon une première analyse, ils sont *offerts* par la langue – chacune des différentes langues ayant son offre propre, ainsi que nous l'avons vu plus haut – et ainsi proposés à l'apprentissage, puis à l'utilisation partagée de ses locuteurs : c'est sous cet angle qu'ils sont analysables en termes de traits sémantiques linguistiques. Selon l'autre analyse, ils ont un mode d'existence mentale, cognitive : ils sont réalisés dans l'esprit/cerveau des locuteurs en tant que représentations de formes de mots, et en tant que significations de mots ou concepts, dans leur lexique et leur mémoire sémantique. Sous cet angle aussi, ils sont analysables, psychologiquement cette fois, en traits sémantiques.

Les considérer sous ce second angle rend possible, de surcroît, d'expliquer, d'une façon qui nous semble convaincante et élégante, la variabilité des significations dans l'utilisation des mots. On peut introduire d'abord la notion d'<état sémantique occurrence>. C'est un petit état, ou si l'on veut un événement puisqu'on peut le considérer comme très court, de l'esprit/cerveau d'un locuteur. Cet état ou événement est causé, dans le cours d'une activité de compréhension d'un énoncé, par un événement externe, par exemple l'apparition d'un mot dans le flux de la parole, suivi par sa perception et par l'activation en mémoire de travail de sa signification. Des états sémantiques occurrences se produisent aussi, mais c'est un peu plus complexe, au cours de la production de parole, par exemple quand un mot « vient à l'esprit » du locuteur (le plus souvent implicitement) avant qu'il le prononce. On peut sans doute aisément s'accorder sur l'idée que deux états sémantiques occurrences à différents moments du temps chez un même individu ne sont jamais strictement identiques, et *a fortiori* pour des individus différents.

Certains auteurs expriment cette idée de façon abrupte en disant qu'« un mot n'a jamais deux fois la même signification » : énoncé ainsi, c'est à la fois exact et faux. Le malentendu réside, une fois encore, dans l'expression « la même » : il est résolu par la distinction type/occurrence, si elle est bien conçue. La signification type, c'est-à-dire durable, d'un mot peut parfaitement rester « la même » – nonobstant ses autres sources de variabilité, intra- et inter-locuteurs – tout en gardant possible que ses significations occurrences soient différentes, mais avec une autre sorte de variabilité : cette dernière est ce qui la fait varier aux différents moments du temps, notamment en fonction des différents contextes, linguistiques ou pragmatiques. La question posée est, une fois de plus, de déterminer de façon précise ce qui reste le même et ce qui est différent. Dans le cas présent, les traits sémantiques s'offrent comme la bonne solution notionnelle du problème.

Si nous considérons, en effet, que 1. les traits sémantiques sont des fragments de représentation, 2. ils sont conservés en mémoire à long terme sous forme de paquets organisés, qui constituent les significations de mots ; si, en outre, 3. nous appliquons à cette notion de <trait sémantique> celle d'<activation momentanée>, nous pourrons préciser quelque peu notre conceptualisation antérieure. Nous avons dit jusqu'ici que, au cours du processus de compréhension [23], « l'apparition d'un mot dans une phrase en cours a pour premier effet l'activation de la forme de ce mot dans la mémoire de travail de l'auditeur, et pour second effet l'activation de la signification du mot ». Nous pouvons dire plus précisément désormais que cette apparition « a pour second effet l'activation en mémoire de travail du paquet des traits sémantiques qui constituent la signification du mot ». Il suit de là que le niveau d'activation peut être différent pour les différents traits, qu'il peut varier d'un état sémantique occurrence à un autre pour un même mot, être modifié par le contexte, et même varier au cours de la durée pourtant courte de la compréhension d'une phrase ou d'une suite de phrases.

Cette idée de variabilité, dans le temps (intra-locuteur) et *a fortiori* dans la communauté linguistique (inter-locuteurs), appliquée à l'activation momentanée des traits sémantiques est absolument essentielle. Les traits actifs peuvent l'être plus ou moins. À chaque instant du temps, durant une activité de compréhension, il existe un certain niveau d'activation de chacun des traits concernés, et ce niveau varie continûment.

On peut faire alors à nouveau une série d'hypothèses sur les facteurs qui déterminent ces différences des degrés d'activation : les uns concernent l'activabilité même des traits à l'intérieur des significations à long terme de mots, les autres dépendent des conditions qui affectent chaque phrase, en tant qu'événement psycholinguistique. Nous les avons déjà évoqués : la formulation, qui peut focaliser le traitement sur tel ou tel trait, ou en faire varier l'importance, l'intonation, dans le cas d'une phrase parlée, l'ordre des mots, les informations extérieures présentes dans la situation d'énonciation, etc.

Nous nous contenterons ici de consacrer à cette question quelques développements relativement simples. Nous rapporterons dans un premier temps quelques résultats expérimentaux qui s'y rapportent.

Des résultats expérimentaux sur la variabilité des traits sémantiques

Il y a quelques années déjà, Denis et Le Ny[24] ont demandé à leurs participants, dans l'expérience 1 d'une étude plus large, de lire des phrases décrivant de petites scènes.

Chacune des phrases comportait deux versions, mais les deux contenaient un même mot qui désignait un objet (par exemple « église »).

L'une des versions focalisait l'attention du lecteur sur une partie de l'objet en cause et l'autre version la focalisait sur une autre partie. Mais la partie d'objet concernée n'était jamais désignée explicitement. Les deux exemples suivants illustrent cette façon de procéder : « Chaque dimanche matin à l'église de Cormainville un mendiant était là, tendant la main vers les gens qui sortaient après la messe », ou bien : « Quand on arrivait à Cormainville, le premier bâtiment qu'on pouvait voir était l'église, dominant fièrement les toits du village. » Il est apparent que la première phrase focalisait l'attention sur le porche de l'église, et la seconde sur son clocher, mais sans jamais mentionner ni l'un ni l'autre.

Chaque participant lisait sur un écran l'une ou l'autre des versions de la phrase, et il était invité à d'abord simplement la comprendre. Juste après, on lui présentait sur l'écran un dessin qui illustrait l'une ou l'autre des parties de l'objet concerné, dans notre exemple soit un porche d'église soit un clocher, ou bien un objet complètement différent. La consigne lui prescrivait de répondre par « oui » ou par « non », en appuyant sur un bouton, à la question : « le dessin correspond-il à la phrase ? ». La variable expérimentale considérée était le temps de réponse, lorsque celle-ci était « oui ». Il fut trouvé par les auteurs que les réponses étaient toujours correctes, comme on pouvait s'y attendre, mais que les temps de réponse étaient significativement plus courts quand le dessin correspondait à la partie d'objet à laquelle on avait fait implicitement référence dans la phrase que dans le cas inverse. Donc à la partie qui avait été focalisée par le contexte donné au mot « église ». Ce résultat témoignait ainsi de ce que des traits de type <partie de>, pour un objet, avaient été différemment activés dans l'esprit des lecteurs selon que leur attention avait été ou non focalisée sur eux par le contexte d'un mot de la phrase. Ces traits mentaux étaient, dans le cas présent, potentiellement verbalisables (<porche> ↦ « porche » ou <clocher> ↦ « clocher »), mais ils n'avaient jamais été explicitement verbalisés dans l'expérience.

Une autre expérience caractéristique des variations dues au contexte a été réalisée à la même période par Glenberg, Meyer et Lindem [25].

Les auteurs présentèrent cette fois à deux groupes de participants de petites histoires, semblables d'un groupe à l'autre, mais différant par un détail. Ainsi, dans une des versions l'histoire contenait, à propos d'un sportif, la phrase : « il prit son sac et s'en alla » et dans l'autre : « il laissa son sac et s'en alla ». La question théorique était : qu'en est-il de la représentation engendrée par le mot « sac » dans ces deux cas ? L'hypothèse, telle que nous pouvons la reformuler ici, concernait le trait <transportable> de <sac>, et son actualisation en <transporté>, c'est-à-dire devenu <proche de>, par opposition à <loin de>, à l'égard du propriétaire du sac. La prédiction, pour cette histoire particulière, était la suivante : étant admis que le principal centre d'intérêt y était le personnage, la représentation du sac transporté devait être plus active dans la mémoire de travail des participants lorsqu'ils avaient lu la première phrase que lorsqu'ils avaient lu la seconde : l'objet devait être représenté comme resté proche du personnage dans le premier cas, et éloigné de lui dans le second.

La technique expérimentale était, ici aussi, celle du sondage : après chaque histoire on présentait le mot critique du texte (par exemple ici : « sac »), et on donnait pour consigne de répondre « oui » si ce mot se trouvait effectivement dans le texte. La réponse fut très généralement la bonne, c'est-à-dire « oui » dans les deux cas, mais les temps de réponse furent significativement plus courts pour les versions de la première sorte que pour celles de la seconde. Tout se passait donc comme si les participants avaient accordé à la représentation de l'objet (le sac) un degré d'activation plus élevé dans leur mémoire de travail s'il contenait maintenant le trait occurrence <proche> (du sportif) plutôt qu'<éloigné>. Cela montre que la représentation active dans l'esprit des participants au moment du sondage, donc à l'issue de la compréhension, n'était pas seulement une représentation contenant les personnages et les objets mentionnés dans le texte, mais aussi des traits les concernant, en l'occurrence une relation spatiale de voisinage entre eux.

D'autres expériences [26] ont apporté des résultats qui vont dans le même sens. Ce qui mérite d'en être retenu est que leurs résultats fournissent une possibilité d'explication rationnelle d'une multitude de phénomènes du même type, dès lors que l'on prend en compte l'interaction de phénomènes regroupés sous les deux notions fondamentales de <trait sémantique> et d'<activation variable d'instant en instant>. Les modèles interactifs connexionnistes, dont ceux dits « à attracteurs », permettent d'assez bien rendre compte de ces effets lorsqu'ils sont appliqués à la sémantique. En fait, très peu de travaux ont été jusqu'ici consacrés à ce domaine. Nous présenterons dans un instant le plus notable d'entre eux, le modèle élaboré par Cree, McRae et McNorgan [27] pour expliquer le phénomène d'amorçage sémantique.

La réinterprétation en termes de traits sémantiques des hiérarchies conceptuelles et de la similarité sémantique

L'utilisation de la notion de trait sémantique permet aussi de réinterpréter de façon satisfaisante pour l'esprit [28] deux notions classiques en logique et en théorie des concepts. Nous avons rappelé dans nos chapitres précédents qu'il existe une opposition, traditionnelle mais robuste, entre deux propriétés du concept, son extension, caractérisée comme l'ensemble des entités (pour nous des représentations d'entités) qui *tombent sous* le concept, et ce que l'on a longtemps appelé, après les logiciens de Port-Royal, la « compréhension » du concept, ou après Carnap, son « intension ». Autant la notion d'<extension> est claire, autant celles de <compréhension (logique)> ou d'<intension> le sont peu, parce qu'elles sont fluctuantes et mal assurées. Cela est essentiellement dû aux tentatives faites par de nombreux auteurs pour les faire échapper à une explication psychologique. Mais si pense que la « compréhension » ou l'« intension » désignent le « contenu » du concept, alors celui-ci doit être entendu de façon mentale, et on peut alors comprendre qu'il soit bien analysable en traits sémantiques. Un certain nombre de relations qui lient entre eux les concepts, ces relations interconceptuelles que nous avons décrites et étudiées plus haut en utilisant les modèles en réseaux sémantiques, peuvent alors être réinterprétées grâce à cette notion supplémentaire. Cela concerne ces relations qui sont souvent considérées comme « logiques » : les hiérarchies sémantiques, la super-ordination et l'infra-ordination des concepts, l'inclusion, et l'équivalent sémantique de la co-hyponymie.

L'idée centrale qui dirige cette réinterprétation est en fait relativement ancienne : elle remonte en fait à la *Logique de Port-Royal*. Elle consiste à dire qu'un concept S, super-ordonné à un autre concept I, peut être analysé comme comportant seulement une partie des traits de I. Pour nous en tenir à des exemples banals et bien connus, <animal> contient seulement une partie des traits d'<oiseau>, et celui-ci contient seulement une partie des traits de <canari>. En termes d'ensembles de traits, on dira que le super-ordonné S (<animal> par rapport à <oiseau>, ou <oiseau> par rapport à <canari>) contient un certain ensemble de traits (*a priori* indéterminé) : son infra-ordonné en contient davantage e + a. Cette façon de voir rejoint, bien sûr, celle qui était centrale dans les modèles de réseaux sémantiques hiérarchiques de Collins et Quillian ou Collins et Loftus, tels qu'ils ont été décrits précédemment. Mais on y abandonne, pour des raisons qui ont été exposées plus haut, la dénomination de « propriété » pour lui substituer celle de « représentation de propriété », en l'occurrence de « trait sémantique ». On retrouve par là également des idées traditionnelles, familières et banales, mais qui n'en sont pas pour autant fausses, sur les relations entre « le général » et « le spécifique ».

L'analyse en traits est beaucoup plus générale et productive que celles qui l'ont précédé. Elle s'applique parfaitement à des concepts autres que ceux d'objets ou d'individus – comme <animal>, <oiseau> ou <canari>. Elle rend compte, par exemple, des concepts qui sont exprimés par des verbes : par exemple, il existe un contenu, qu'on peut décrire en traits sémantiques, du concept <déplacer>. Il existe un autre contenu, apparenté au précédent, qui concerne le concept <envoyer> : ce dernier est analysable comme comportant les traits de <déplacer> plus quelques traits additionnels, qu'il n'est pas nécessaire de nommer ici à nouveau. Un troisième contenu, également apparenté aux précédents, concerne le concept <catapulter> : c'est l'ensemble de traits d'<envoyer> plus quelques traits additionnels ou, si l'on préfère, celui de <déplacer> plus beaucoup de traits additionnels, notamment celui concernant l'instrument <avec une catapulte>. Ce trait justifie les métaphores correspondant à « catapulter ».

Cette analyse, qui s'applique aux différents niveaux d'une hiérarchie conceptuelle, permet de retrouver la « loi de Port-Royal » : plus on s'élève dans la hiérarchie conceptuelle, moins on trouve de traits sémantiques. De façon converse, plus bas on descend dans la hiérarchie, éventuellement en créant de nouveaux concepts, exprimés par de nouveaux mots (par exemple « s'éventailler » pour « s'éventer avec un éventail [29] »), plus on doit ajouter de traits. De façon corrélative, les concepts d'un même niveau, ceux qui, dans la langue, sont exprimés par des co-hyponymes, ont pour contenu un « noyau » de traits communs, auxquels s'ajoutent des traits particuliers. Deux exemples en sont, à un niveau intermédiaire, <oiseau>, <poisson>, <reptile>, <mammifère>, etc., et, à un niveau situé plus bas, <canari>, <moineau>, <mouette>, <autruche>, etc.

Le point important est que toute cette organisation conceptuelle hiérarchique – ou si l'on veut toutes les organisations conceptuelles locales qui structurent des champs particuliers de la connaissance et de la pensée ordinaires, et corrélativement du vocabulaire des langues – n'est pas régie par des règles logiques : elle l'est par des lois ou des régularités naturelles, celles du fonctionnement cognitif. Celui-ci est mis en œuvre, dans une certaine mesure, sous des contraintes universelles, qui sont celles de la survie et de la vie pratique, mais aussi, pour le reste, en vertu de circonstances multiples, bien différentes des précédentes, qui sont sociales, langagières et individuelles, et pour une large part aléatoires.

Une confirmation en est donnée par un autre mode de relation inter-conceptuelle : la similarité sémantique (parfois appelée

« analogie [30] »). Celle-ci échappe largement à l'organisation hiérarchique. Pourtant elle se laisse aisément dissoudre dans une théorie des traits sémantiques. Deux concepts A et B, repérés comme sémantiquement similaires, sont, dans cette optique, analysables en 1. un noyau déterminé de traits communs, auquel s'ajoutent de part et d'autre 2. des traits spécifiques de A, et 3. des traits spécifiques de B. Si on raisonne en termes d'ensembles de traits, on dira que, pour chacun des concepts analogues A et B, il existe un ensemble de traits, et que ces deux ensembles comportent une intersection. Cette caractérisation de la similarité sémantique n'implique nullement que tous ces traits sémantiques doivent nécessairement être verbalisables et déterminés *a priori*. On peut se représenter intuitivement que <médecin> et <infirmier> ont des traits communs, et d'autres qui sont spécifiques à chacun. Dans le champ de la « représentation des connaissances » comme en psychologie cognitive, la simulation informatique peut utiliser cette conception pour rendre compte des relations de similarité ou d'analogie [31].

Une nouvelle analyse de l'amorçage sémantique : la similarité sémantique conçue comme intersection d'ensembles de traits

On peut appliquer cette façon de concevoir la similarité sémantique à des phénomènes qui semblent, à première vue, en être éloignés. C'est ce qu'ont fait Cree, McRae et McNorgan (1999), que nous avons déjà cités à propos du phénomène d'amorçage sémantique. Ils ont entrepris d'expliquer celui-ci en montrant expérimentalement que, s'il existe une interaction entre les significations de deux mots apparentés sémantiquement, elle est due à leur structure en traits. On peut s'y arrêter un peu plus en détail.

> Revenons encore une fois au résultat bien connu de nous : la suite de lettres « médecin », présentée au milieu d'autres mots ou de non-mots comme « bardonit », est jugée plus rapidement être un mot français lorsque « médecin » a été immédiatement précédé par « infirmier » que lorsqu'il l'a été par « autobus ». Dans l'interprétation restrictive du phénomène, on se contente de dire, plus ou moins intuitivement, que les représentations correspondant à « infirmier » et à « médecin » sont sémantiquement proches, et qu'elles sont topologiquement proches dans un réseau si on utilise un tel modèle, alors que celles qui correspondent à « autobus » et « médecin » sont

éloignées l'une de l'autre. Dans l'interprétation théorique dominante, la propagation de l'activation (préactivation) atteint plus rapidement <médecin> dans le premier cas que dans le second à cause de ce facteur de proximité.

Dans le modèle de Cree, McRae et McNorgan (1999), on applique la conception présentée ci-dessus, et on considère que les significations de deux mots apparentés sémantiquement (d'« infirmier » et de « médecin »), ont une partie commune, due aux traits sémantiques qu'elles partagent. Si on présente les deux mots successivement, une certaine proportion des traits sémantiques communs se trouvera déjà dans un état actif au moment où le second mot sera présenté, perçu et interprété par l'esprit/cerveau du participant. Dès lors, il faudra moins de temps à l'activation ainsi pré-établie pour arriver au seuil requis pour une décision « oui », c'est-à-dire au niveau où la représentation du second mot pourra être reconnue. Ce ne sera pas le cas lorsque le premier mot présenté (par exemple « autobus ») sera sans relation sémantique avec le second, et où, par conséquent, aucun trait de la représentation de celui-ci ne pourra être activé par avance. Les auteurs ont construit sur cette base un modèle connexionniste qui simule l'amorçage sémantique : une représentation informatique des mots et de leurs traits est introduite dans le système par apprentissage. Les mots et les traits sont ceux que ce groupe de chercheurs a utilisés ou déterminés dans des expériences antérieures. Trois simulations d'amorçage ont alors été faites à partir de ce réseau, les deux premières essayant de retrouver des résultats d'expériences antérieurement publiées (McRae et Boisvert, 1998), la dernière portant sur des résultats expérimentaux nouveaux. Le système connexionniste fait clairement apparaître des effets d'amorçage dans l'ordinateur semblables à ceux observés chez des sujets humains. Il fournit au surplus des résultats supplémentaires, dans le détail desquels nous ne pouvons pas entrer : il s'agit de l'effet d'une inversion des mots, et de la compétition entre deux explications de l'amorçage : celle que défendent les auteurs, par intersection d'ensembles de traits, et celle qui invoque la situation des concepts dans une hiérarchie conceptuelle – comme celle, à la Collins et Loftus, que nous avons décrite plus haut dans notre présentation des réseaux sémantiques hiérarchiques. En dépit de leur intérêt, nous ne parlerons pas de ces résultats complémentaires, et nous retiendrons seulement les idées centrales de la théorie et de la simulation.

L'amorçage sémantique est donc, dans ce cadre, conçu comme, et simulé par, une double activation : 1. celle du premier mot, en l'occurrence des traits de celui-ci, 2. celle du second mot, c'est-à-dire aussi de ses traits. S'il existe des traits communs aux deux mots, ce qui est déterminant, c'est l'activation des traits qui forment l'intersection des deux ensembles de traits. L'activation première, en activant ces traits communs, réalise ainsi une pré-activation, qui concerne une partie des traits du second mot. Dans le modèle de Cree, McRae et McNorgan, l'activation de ce second mot est ainsi rendue plus rapide. Si on applique ce modèle à des données réelles, on peut mettre en fonctionnement le système simulateur et, par ce moyen, en faire dériver des prédictions sur les temps de réponse réels.

En comparant ces prédictions aux résultats expérimentaux, les auteurs ont montré qu'il y a un bon accord entre la théorie et les données. Cela augmente beaucoup la vraisemblance des deux principales idées en débat : 1. que la similarité sémantique entre des mots réside en ce qu'ils possèdent des traits sémantiques communs ; 2. que si deux mots sont sémantiquement proches, l'activation de l'un pré-active l'autre.

Ces deux idées ont indéniablement une très grande importance générale pour la tentative d'expliquer scientifiquement le fonctionnement de l'esprit/cerveau au cours du traitement de la parole et du discours. Nous les utiliserons largement dans notre chapitre sur la compréhension du langage.

La plasticité des concepts : les traits et la latitude à l'égard des significations

Le langage et la pensée ont, rappelons-le, deux caractéristiques conjointes, antagonistes, en conflit permanent et inéluctable, mais aussi en constante complémentarité : la stabilité et la plasticité (ou flexibilité [32]). L'activité cognitive humaine peut agir sur elles : elle peut, en particulier, chercher à maximiser l'une ou l'autre. Vouloir une stabilité maximale des concepts pousse à la recherche de la rigueur conceptuelle et de la rationalité : c'est là que se situe le travail des logiciens ou des philosophes ; privilégier la plasticité peut conduire soit à l'inventivité et à ses bonheurs cognitifs, ceux que recherchent les poètes, soit au laisser-aller de la pensée et du discours, que pratiquent certains. Bien rares sont ceux qui ont su allier les deux exigences, mais le souvenir de Gaston Bachelard vient tout naturellement à l'esprit à ce propos.

Le rôle des traits sémantiques dans la plasticité du discours peut être illustré à partir du fonctionnement des verbes transitifs dont nous avons parlé plus haut. Nous avons montré que leur sont associés en mémoire, de façon très variable, les représentations de leurs patients possibles (ou agents possibles) : c'est une réinterprétation de l'idée de Chomsky, d'orientation syntaxique et d'expression métaphorique, selon laquelle les verbes « sélectionnent » leurs patients (et leurs agents). Nous avons montré aussi que cette donnée structurale peut être bien interprétée en parlant d'une plus ou moins grande congruence sémantique, dans l'esprit des locuteurs, entre la représentation mentale portée par un verbe et les représentations mentales portées par leurs patients ou agents possibles : les deux sortes de représentations ne « vont bien ensemble », dans la mémoire à long terme des locuteurs, qu'avec une force variable, et de façon particulière à chaque verbe.

Au lieu d'exprimer cette idée en termes d'unités lexicales, de congruence entre mots, ou mieux entre leurs significations, on peut la reformuler en termes de traits sémantiques. Les thèses et résultats expérimentaux de McRae, Ferretti et Amyote (1997) et de Ferretti, McRae et Hatherell (2001) vont dans ce sens : ils permettent de bien rendre compte des relations sémantiques « normales » entre les verbes et les noms.

Nous avons émis des hypothèses de même nature, mais plus analytiques, à propos des métaphores centrées sur les verbes (Le Ny et Franquart-Declercq, 2001, 2002). Au centre de ces hypothèses se trouve cette même idée que la signification des verbes transitifs contient des traits présupposés, qui génèrent des attentes au moment de leur utilisation : <verser> présuppose que le patient aura le trait <liquide>. Mais ce qu'il faut ajouter, c'est que ces traits sont flexibles, c'est-à-dire susceptibles de varier en degré d'activation, d'être sur-activés ou sous-activés, et même complètement inhibés, au moment de la compréhension.

> Nous pouvons revenir un instant de façon plus détaillée sur l'exemple que nous avons précédemment utilisé concernant les deux verbes « apporter » et « amener », qui font partie des verbes de déplacement provoqué. L'un et l'autre font référence à un déplacement dont le patient P est un objet, un individu ou une entité, et l'agent A un individu ; le déplacement se fait en direction d'un lieu, ou d'un individu, qui est la destination ou le destinataire D. Le schéma sémantique non formalisé en est : <A a apporté (ou amené) P à D.>
> La différence qui est prise en considération entre les deux verbes dans notre exemple concerne le mode présupposé de déplacement du patient. Celui-ci est censé ne pas se déplacer par ses propres moyens dans <apporter>, mais se déplacer lui-même dans <amener>. Les exemples en sont, d'une part : « je t'ai apporté un livre », d'autre part : « je t'ai amené mon frère », ou « je t'ai amené mon chien ». Si un locuteur dit : « je t'ai apporté mon frère », ou « je t'ai apporté mon chien », il va, de façon légère, à l'encontre de la présupposition, et il faut chercher une interprétation. Enfreindre « de façon légère » souligne ici que le locuteur n'enfreint ainsi qu'une présupposition sémantique non obligatoire, et non une interdiction.
> On peut alors raisonner de façon disjonctive sur les activités cognitives qui sont imposées au récepteur du message pour la

compréhension de ces phrases : 1. ou bien ce récepteur sait d'avance que le frère ou le chien sont petits, ou blessés, en tout cas incapables de se déplacer par eux-mêmes, et alors il acceptera et comprendra rapidement les phrases de façon ordinaire ; 2. ou bien le récepteur sait d'avance que le frère ou le chien sont grands, intacts, et capables de se déplacer par eux-mêmes, et il aura alors un sentiment d'incohérence sémantique, et un problème cognitif qu'il lui faudra résoudre ; il pourra répondre tout haut : « ah, bon, il est malade, ou blessé ! », objectivant ainsi sa surprise que l'émetteur soit allé contre la présupposition sur le trait pertinent du patient ; 3. si maintenant le récepteur, au moment de la compréhension de la phrase, ne sait rien du frère ou du chien, il inférera à partir de la signification du verbe que le patient ne s'est pas déplacé par lui-même, et qu'il possède donc un des traits (par exemple <petit>, ou <blessé>) corrélés avec cette incapacité.

La petite analyse ainsi présentée avait pour objectif d'illustrer plusieurs idées, certaines déjà évoquées : 1. La signification des verbes, ici « apporter » et « amener », mais cela vaut de façon générale, ne véhicule pas seulement une l'information centrale, concernant l'action dénotée par le verbe, avec ses modalités et ses circonstances générales, mais aussi, par présupposition, de l'information satellite concernant le patient[33] de cette action. Cette seconde information, comme la première, passe par l'intermédiaire de traits sémantiques. Le trait qui distingue « apporter » de « amener » distingue aussi « emporter » de « emmener », et il est présent dans deux acceptions de « envoyer » (le mot un « envoyé » ne s'applique pas à un objet) ; 2. Ce trait (plus précisément sa valeur) n'est pas une information contenue dans le cœur du verbe, mais une information présupposée, concernant le patient, et qui doit « normalement » être confirmée ; 3. La « norme » en question n'est pas rigoureusement obligatoire, et on peut sous certaines conditions s'y soustraire, sous réserve de non-contradiction. En outre cette norme est aussi régie par les habitudes linguistiques : de cela témoignent des utilisations non strictement correctes, déjà évoquées, comme : « je t'ai amené un livre ».

Aux trois remarques qui précèdent, nous pouvons ajouter deux autres, plus générales. 4. Nous avons raisonné sur un tout petit nombre d'exemples, mais ce qui précède pourrait très bien être transcrit en une description sémantique formalisée ; elle devrait faire un usage systématique de la notion abstraite de <traits présupposés par les verbes transitifs à l'égard de leurs patients>. 5. Mais ces exemples et leur analyse concrète ont aussi permis de montrer qu'une telle description sémantique formalisée, qui aurait certes son intérêt, n'aurait véritablement de validité qu'à la condition de faire référence à « ce qui se trouve et ce qui se passe dans l'esprit des locuteurs », autrement dit à leurs représentations sémantiques et à leurs processus cognitifs de traitement.

Les questions qui viennent d'être examinées sont représentatives des deux caractéristiques antagonistes que nous avons invoquées au début de cette section, la stabilité et la plasticité. Elles montrent que les contraintes sur les significations, et à travers elles sur les concepts, qui garantissent la stabilité du lexique et de la pensée, ne contraignent que jusqu'à un certain degré. Elles peuvent être transgressées.

Ce « peuvent » porte une double signification. D'une part, les contraintes sont ce qu'elles sont, elles sont données par la nature du langage, par la langue particulière dont elles relèvent, par les modalités du fonctionnement cognitif des locuteurs : il revient aux diverses sciences cognitives de chercher à les connaître et à les décrire. On voit alors que la *possibilité* et l'éventualité de leur transgression fait partie de leur nature même. « Peuvent » signifie aussi que le locuteur « est autorisé » dans certains cas, à transgresser les contraintes sémantiques : cela dépend entièrement, dans chaque cas, de la pression sociale qu'exerce la langue.

C'est seulement au XXe siècle qu'on s'est aperçu qu'il existe un « droit » de transgresser certaines règles de la langue, ou du moins qu'on pouvait prendre ce droit : c'était en toute impunité, ou presque. La seule sanction, la seule menace, le seul risque, qui est parfois inaperçu, s'exprime dans la maxime : « Si vous transgressez habilement la langue, vous serez un novateur, mais si vous la transgressez de façon trop importante, ou trop souvent, vous ne serez pas compris. »

La métaphore

La métaphore est hautement représentative de cet état de choses : la transaction nécessaire entre novation et transgression. Il faut évidemment y distinguer, comme à l'égard de la distinction entre des « sens propres » et des « sens figurés », le domaine des métaphores habituelles, figées, et celui des métaphores neuves.

Les premières n'attendent qu'une chose, être utilisées. Les points de vue du linguiste et du psychologue diffèrent légèrement à leur propos, sans s'opposer. Les linguistes s'en tiennent à l'usage, qui doit être collectif : c'est lui qui fait qu'une métaphore peut être

« lexicalisée », c'est-à-dire intégrée au vocabulaire d'une langue, après un cheminement plus ou moins long, jusqu'à sa ratification, que garantit le dictionnaire. En fait beaucoup des significations qui nous sont familières, et qui ont pignon sur rue, sont des métaphores d'origine très ancienne, qui circulent sans que nous prenions conscience de leur caractère. Pour les psychologues, leur statut doit être déterminé par référence à la mémoire lexicale des locuteurs individuels : la question discriminante est de savoir si un locuteur a déjà rencontré, fût-ce une fois, la métaphore en question, et s'il a une trace en mémoire de cette rencontre ; la fréquence avec laquelle il l'a rencontrée et traitée en est aussi un facteur essentiel.

Le problème véritablement intéressant, toutefois, est celui des métaphores neuves. Comme chacun sait, il en existe de bonnes et de mauvaises, des flamboyantes et des détestables. Mais indépendamment des jugements de valeur qu'on peut porter sur elles, les métaphores nouvelles ont aussi leur propre mode de fonctionnement, et elles méritent qu'on se demande quel il est. Mettre à plat le fonctionnement des métaphores est une tâche intéressante, mais ambivalente : imaginons (avec scepticisme) qu'elle mène jusqu'au point où un bon spécialiste de l'intelligence artificielle inventera une machine à produire sur demande des métaphores neuves ! La métaphore s'en trouverait regrettablement dépréciée, comme l'a été la rime par l'existence des dictionnaires de rimes.

Il existe aujourd'hui un grand nombre de recherches, linguistiques ou psychologiques, sur la métaphore : nous n'en ferons pas le tour[34]. Certaines d'entre elles utilisent la notion de <trait sémantique> pour rendre compte des processus qui assurent leur compréhension. Nous présenterons simplement quelques brèves remarques sur ce point, en relation avec cette notion.

L'idée générale en est que l'esprit/cerveau du compreneur néglige, c'est-à-dire n'active pas, ou même inhibe, dans la représentation sémantique que produit en mémoire de travail la phrase métaphorique, les traits sémantiques qui ne sont pas pertinents à l'égard du contexte linguistique ou pragmatique. De façon complémentaire, l'activation des traits pertinents est accrue, et ces traits sont mis en relief. Comprendre une métaphore banale comme « Benoît est un tigre » consistera dans cette perspective à inhiber, parmi tous les traits appartenant à Benoît, le trait <humain> et ceux qui lui sont corrélés, et à accentuer certains des traits qui font partie de la signification traditionnelle du mot « tigre » comme <agressif>, <dangereux> ou <cruel>. Si nous prenons comme second exemple une métaphore centrée sur le verbe, et plus neuve, comme : « le cycliste buvait le vent », nous pouvons appliquer la même sorte d'analyse. Il faut inhiber, dans la signification de <vent>, l'activation de traits comme <gazeux>, ainsi que ceux qui lui sont corrélés et, dans la signification de « boire », celle de traits comme <avaler (en direction de son estomac) le contenu de sa bouche>. Il faut conjointement rehausser le trait <fluide> (super-ordonné de <liquide>) du premier mot, et les traits <accueillir et faire passer dans sa bouche> du second. Le traitement cognitif correspondant est certainement complexe, et il est soumis à de nombreux facteurs de variation. Plusieurs travaux en cours tentent de valider et de préciser des hypothèse de cette sorte, et leurs conséquences. Sans préjuger de leurs résultats, on peut dire que les données actuellement disponibles sont bien compatibles avec ces hypothèses.

La compréhension des métaphores neuves est ainsi bien explicable si l'on admet à la fois : 1. que les significations des mots qu'elles comportent sont décomposables en traits sémantiques, et 2. que l'esprit du compreneur dispose d'une certaine latitude pour négliger/inhiber l'activation des traits actuellement non pertinents, tout en élevant le niveau d'activation des traits actuellement pertinents. Ces deux idées sont également essentielles pour expliquer l'interprétation des mots polysémiques, dont nous parlerons plus bas.

Le fonctionnement de la compréhension

On peut, sur la base des données rapportées dans les précédents chapitres, revenir plus précisément sur la question abordée au chapitre 2 : comment fonctionne la compréhension des énoncés ? La conception développée ici repose essentiellement sur l'idée de deux processus majeurs, l'activation des représentations sémantiques en mémoire de travail – précédée le cas échéant par un sous-processus de désambiguïsation –, et l'assemblage de ces représentations activées. Celui-ci s'effectue à l'intérieur d'un cadre cognitif plus vaste, celui de la représentation de situations. La compréhension d'énoncés inclut alors une large activité d'inférence, non consciente (implicite), par laquelle l'information nouvelle véhiculée par l'énoncé est intégrée à l'information ancienne présente en mémoire, sous condition de leur cohérence. L'inférence est une notion commune à la logique et à la psychologie cognitive. Celle-ci l'interprète de façon causale, comme cela apparaît en cours de compréhension dans les inférences prédictives : l'activation d'une représentation cause l'activation d'une autre représentation, et ce phénomène constitue la base de ce qu'on appelle « inférence ». On peut imaginer qu'il est aussi la base de la pensée.

Dans les chapitres précédents nous avons longuement examiné les conceptualisations qu'on peut se forger aujourd'hui, de façon plausible, dans le cadre de la psychologie à visée scientifique : en premier lieu celle des contenus de la mémoire sémantique. Ce qui se trouve « dans » cette mémoire, c'est de l'information recueillie au cours de la vie, et conservée de façon durable après un criblage personnel : des produits nés des rencontres, élaborations et abstractions que chaque esprit/cerveau a réalisés au cours de son existence, et qu'il a stockés pour le long terme sous forme de concepts. Nous avons considéré comme raisonnablement vraisemblable que cette mise en mémoire conceptuelle se fait à l'intérieur de grands cadres sémantiques innés, mais que ceux-ci doivent être emplis par apprentissage. Cela est cohérent avec l'idée que les contenus des concepts sont aussi des contenus de mémoire, comme tous les autres souvenirs, et qu'ils sont en relation permanente avec ce qui, dans ceux-ci, est entièrement autobiographique (épisodique). Ce qui fait leur spécificité, en tant que concepts, c'est leur caractère plus ou moins général et abstrait, la propriété d'« abstraction » (d'un concept) étant, comme nous l'avons dit, susceptible de degrés. Si on accepte en outre la théorie des traits sémantiques, ce qui précède s'applique aussi à ces derniers.

La fonction biologique que l'évolution a attribuée à cette information cognitive stockée est de pouvoir être réutilisée ensuite, dans chacun des présents successifs de son possesseur. Cela vaut notamment pour toutes les mises en œuvre des concepts qui se font par l'intermédiaire de la fonction de langage, qu'il s'agisse d'énonciation ou de compréhension.

Nous avons mis l'accent sur ce qui caractérise de façon essentielle cette information stockée : le fait qu'elle est, de façon naturelle, très organisée et structurée. Mais la culture, en tant que système d'interactions sociales, peut élever encore considérablement son degré de structuration. C'est ce degré justement, et dans le cas favorable la rationalisation qui en découle, qui la rend cognitivement utilisable de façon plus ou moins efficace. Nous n'avons évoqué qu'avec discrétion le cas défavorable : celui d'une source unique de régulation, qui conduit à la pensée unilatérale et fanatique des concepts.

Nous avons montré comment la réutilisation de cette information stockée inclut de façon essentielle, en qualité de passage obligé, le processus fondamental de recouvrement en mémoire, qui est une activation. Celle-ci est élective : elle porte sur celle-ci, ou sur celle-là, parmi les représentations présentes en mémoire à long terme, en fonction des contraintes du moment. Dans le langage, c'est le couple énoncé présent + situation présente. Cette activation comporte même, si on utilise la théorie des traits, un caractère super-électif, puisqu'elle fonctionne de façon microscopique, décompositionnelle, en affectant de façon différenciée les différents traits portés par les mots de l'énoncé, selon les exigences de leur contexte et de la situation.

Le langage est une faculté entièrement naturelle, mais sociale en vertu même de sa nature. Il est devenu historiquement, d'abord depuis l'écriture, puis depuis l'informatique, l'outil privilégié de la réutilisation de toute l'information conceptuelle sociale stockée en mémoire. Il s'est peu à peu substitué, pour les hommes des sociétés évoluées, aux habitudes et aux traditions liées aux habiletés motrices. Les sociétés avancées contemporaines, que les experts disent être « de communication », ne le sont pas essentiellement par les « tuyaux » que leur fournissent les techniques, mais par ce qui y transite, et aussi par les capacités qu'ont leurs utilisateurs à en extraire la meilleure part.

On peut se représenter idéalement l'ensemble total des contenus conceptuels qui se trouvent dans toutes les mémoires humaines, et l'ensemble des énoncés possibles qu'on peut produire et comprendre à partir d'eux. Celui-ci est bien potentiellement infini et indéfini, au sens de Chomsky, mais on devrait considérer alors la sémantique de ces énoncés plutôt que les régularités de leur syntaxe. Ce qui demeure commun à la conception chomskyenne et à celle adoptée ici, c'est que tous ces fragments de sens en nombre potentiellement infini, qui sont portés par les énoncés, peuvent être actualisés par les esprits/cerveaux au moyen d'un très faible nombre de processus mentaux, constants et universels. Le chapitre qui suit reprendra de façon plus détaillée l'examen des processus de compréhension, ébauché dans notre chapitre 2, en le nourrissant de ce qu'ont apporté nos chapitres intermédiaires.

L'activation de la signification des mots

Le processus de compréhension repose sur un traitement des éléments de l'énoncé qui s'effectue pas à pas, comme nous l'avons dit précédemment, mais aussi plus précisément par cycles répétitifs : ce caractère cyclique du traitement a été initialement développé par Kintsch[1]. C'est lui qui garantit le petit nombre et la simplicité relative des mécanismes de base par lesquels fonctionne de façon répétitive le processus total de compréhension. On peut résumer un cycle au moyen de trois verbes : activer, assembler, et recommencer ; les autres processus sont seconds par rapport à ceux-là.

Nous avons montré précédemment que l'activation s'applique d'abord à la signification d'un mot. Celle-ci est, en fait, l'événement terminal d'une petite séquence cognitive plus ou moins longue d'accès au lexique, que nous n'avons pas examinée en détail : on peut la décrire de façon générale comme une séquence perception/ reconnaissance de la forme du mot/activation de sa signification. Les deux premières phases de cette séquence, qui font l'objet de recherches intensives, nous ont peu concerné ici. Comme nous l'avons indiqué, elles peuvent être un peu différentes si l'on a affaire à une expression idiomatique plutôt qu'à un mot unique. Ce qui nous a intéressé davantage est la dernière phase de cette séquence, qui d'ailleurs chevauche sans doute les deux premières : l'activation de la signification du mot (ou le cas échéant de l'expression idiomatique).

La vitesse avec laquelle cette séquence à trois phases se déroule chez le compreneur d'un discours oral est forcément déterminée par le flux imposé que la parole du locuteur lui impose. Son débit au cours du temps a des retombées variables sur ce qui se passe en aval d'elle, c'est-à-dire sur la compréhension. On peut étudier ces effets en enregistrant de la parole sur un magnétophone, et en la présentant ensuite à une vitesse accélérée : la dégradation des performances de compréhension fournit une indication globale des perturbations cognitives qui sont ainsi causées. L'expérience montre que cette dégradation est nulle ou faible pour des accélérations légères ou modérées du débit : Françoise Sagan parlait vite. Mais l'auditeur reste alors dans les marges de sa réserve temporelle d'efficacité cognitive. Toutefois, au-dessus d'une certaine accélération la dégradation devient vite dramatique. L'audition de langues étrangères connues, mais mal maîtrisées, produit des effets du même genre : l'auditeur trouve fréquemment que le locuteur « parle plus vite que la normale ».

On voit mieux comment la prise d'information perceptive est régulée par ses effets d'aval lorsque la compréhension porte sur un texte écrit : c'est alors le lecteur lui-même qui dispose du contrôle du débit avec lequel il fait entrer en lui de l'information. Cette activité peut être étudiée par les enregistrements des mouvements des yeux. Ceux-ci sont fondés sur des sauts qui vont de chaque point de fixation au point de fixation suivant : ils peuvent être automatiques, dans la lecture ordinaire, ou devenir stratégiques en cas de difficulté. À ces mouvements vers l'avant se superposent le cas échéant des retours en arrière. Il existe un grand nombre d'études expérimentales portant sur les mouvements des yeux, tant au cours de la lecture que dans d'autres tâches : nous ne les examinerons pas ici[2]. Il nous suffira de dire que si la vitesse des mouvements des yeux et de leurs retours éventuels comporte un grand nombre de paramètres proprement perceptifs, elle est aussi commandée en définitive par un « débit sémantique central ». Celui-ci dépend, bien entendu, des capacités de lecture et de compréhension du lecteur et du degré de difficulté du texte ; mais, ceux-ci étant fixés, il dépend aussi du niveau d'exigence que le lecteur assigne à sa compréhension. La régulation de la vitesse de lecture possède une grande souplesse, exactement comme la compréhension de la parole orale dispose d'une certaine tolérance à l'égard de l'accélération. Mais on ne peut se bercer de l'illusion de pouvoir lire très vite et très bien : la nécessité d'un compromis entre la vitesse et l'exactitude est présente dans ce domaine comme elle l'est dans toutes les activités psychologiques qui impliquent une régulation du temps. Tout lecteur peut, s'il en décide ainsi, lire plus vite, dans certaines limites, mais à partir d'une certaine vitesse c'est inévitablement au prix d'un renoncement à ses normes de compréhension. Woody Allen l'a très bien illustré.

Si nous nous replaçons maintenant à l'instant où, pour un mot donné dans le flux oral ou de lecture, l'accès à sa signification, par activation de celle-ci vient d'être effectué, nous voyons qu'il est admis par tous les modèles de compréhension que cette signification s'installe pour quelque temps dans la mémoire de travail du compreneur. Elle y demeurera pendant un temps suffisant pour que s'effectuent sur elles les opérations suivantes du processus de compréhension.

Mais avant d'en venir à l'examen de ces opérations ultérieures nous devons examiner un point important : la façon complexe dont s'effectue parfois l'activation de la signification. Il s'agit de la désambiguïsation des mots ambigus.

La désambiguïsation

Les mots ambigus sont définis, ainsi que nous l'avons dit au chapitre 2, comme ceux qui ont deux acceptions disjointes[3] : l'exemple que nous avons cité est celui du nom « grève », mais on pourrait choisir aussi bien « bande », « bille », « charme », « réveil », etc. Les dictionnaires les traitent généralement, en prenant comme critère la possession d'étymologies distinctes, comme étant des couples de mots différents, ayant fortuitement la particularité d'être homographes/homophones.

Il existe d'autres sortes d'ambigüité de formes (par exemple « porte »), que nous laisserons ici de côté. Nous n'envisagerons pas davantage en ce point le cas des mots polysémiques, ceux qui possèdent une multiplicité de significations, souvent apparentées. Ils posent des problèmes complexes, jusqu'ici assez peu étudiés sous l'angle psychologique : mais on peut sans doute considérer que les données sur l'ambiguïté lexicale (deux significations disjointes) et son traitement psychologique, que nous allons rapporter, fournissent un modèle réduit acceptable pour l'explication de la polysémie (une multiplicité de significations qui se recouvrent), pourvu qu'on leur adjoigne une théorie des traits sémantiques.

Si on considère le statut des mots ambigus, ainsi que nous l'avons fait, à partir de leur mode de fonctionnement dans la mémoire lexicale des locuteurs, on se situe dans une optique très différente de celle des lexicologues. Les connaissances étymologiques du locuteur sont alors regardées comme de peu d'importance. Elles sont le plus souvent faibles, et de rôle nul dans la compréhension. L'essentiel est l'idée qu'il existe une représentation unique d'une forme phonique et/ou orthographique (ou deux représentations indifférenciables, ce qui revient au même), mais à laquelle deux significations sont associées. La psychologie cognitive accorde de l'importance à la *force* de l'association entre la forme du mot, M, et chacune de ses deux significations, M $\leftrightarrow$ S1 et M $\leftrightarrow$ S2. On peut exprimer cette force, figurée ici par la double flèche $\leftrightarrow$, en termes de fréquence ou de probabilité d'association dans un vaste ensemble d'énoncés. Pour certains mots (par exemple « bande ») les deux significations sont à peu près équilibrées statistiquement : le mot M, dans ses emplois, a aussi souvent la signification S1 que la signification S2. On doit alors présumer que, lors de la reconnaissance perceptive de M, S1 et S2 auront tendance à être également activées. Pour d'autres mots au contraire (par exemple « bille » ou « charme »), il existe, statistiquement, une signification dominante : le mot M a, dans ses emplois, souvent la signification S1 et rarement la signification S2. On doit alors présumer que dans un énoncé, après la reconnaissance perceptive de M, S1 aura tendance à être activée de façon préférentielle. Mais il faut à partir d'ici un peu compliquer les choses : ces fréquences ou probabilités sont conditionnelles. Dans le contexte C1 (par exemple celui qui comporte des enfants à l'école), c'est la signification S1 de « bille » qui domine, dans le contexte C2 (celui de bois vendu en forêt) c'est la signification S2 qui devient dominante.

Les mots ambigus posent ainsi *a priori* quelques problèmes à une théorie trop simple de l'activation dans le cours de la compréhension : comment, et à quel degré, les deux acceptions d'un mot ambigu sont-elles activées, à l'issue de la reconnaissance perceptive du mot ? Ne peuvent-elles entrer en concurrence ou en conflit ? De fait, c'est bien ce que l'on observe si l'on offre à comprendre au compreneur un énoncé qui maintient l'ambiguïté jusqu'à sa fin, par exemple : « vendredi, en Bretagne, j'ai dû traverser une longue grève ». L'observation témoigne, toutefois, que ces situations de doute sont rares et que les mots ambigus ne suscitent le plus souvent aucun problème cognitif : ils sont automatiquement désambiguïsés. Une théorie quasi darwinienne appliquée au développement historique des langues incite à penser que c'est peu étonnant : si ces mots ambigus créaient d'importants problèmes de compréhension, on imagine qu'ils auraient été éliminés de la langue. En fait le taux d'ambiguïté lexicale semble bien varier entre les langues.

Ce qui est remarquable, toutefois, et somme toute assez admirable, c'est que l'esprit/cerveau se soit doté de cette capacité de désambiguïser sans grande difficulté les mots ambigus. Certes les logiciens, depuis Frege, nous ont appris à devenir un peu moins tolérants à l'égard de notre tolérance de l'ambiguïté. Dans le langage ordinaire, la désambiguïsation se fait grâce à l'aide du contexte. La « longue grève » de la phrase citée ci-dessus se voit attribuer immédiatement ou l'une ou l'autre de ses deux significations dès qu'un contexte lui est donné, soit dans l'énoncé soit par la situation. C'est le cas, selon qu'on dit par exemple : « j'ai dû traverser une longue grève couverte d'algues » ou « j'ai dû traverser une longue grève des autocar ».

La désambiguïsation des mots ambigus par l'utilisation du contexte possède au plus haut degré trois des propriétés dont nous avons parlé dans notre chapitre 2 comme appartenant à la compréhension : elle est automatique, non consciente et involontaire. Nous n'ajoutons pas ici « irrépressible » pour une raison essentielle : on peut dé-désambiguïser un mot ambigu, c'est-à-dire suggérer, au moyen d'un contexte qui soit lui-même ambigu, sa seconde signification en même temps que la première. C'est une forme fréquente de jeu de mots, qui est supposée produire du plaisir cognitif. La suggestion, par un certain type de discours, de doubles sens dont l'un est érotique ou socialement incorrect met en œuvre ce mécanisme.

Un certain nombre de recherches expérimentales ont été conduites pour essayer de déterminer par quels mécanismes fins s'opère la désambiguïsation : elles sont assez sophistiquées[4] et nous ne les décrirons pas en détail. Le principe en est d'essayer de suivre le processus d'activation de façon dynamique, dizaine de millisecondes par dizaine de millisecondes, pour déterminer quelle(s) signification(s) d'un mot ambigu est (ou sont) active(s) à chacun des instants successifs qui suivent la présentation du mot.

Il existe deux conceptions rivales des processus de désambiguïsation : selon la première, lors de la reconnaissance de la forme du mot, les deux acceptions mentales sont toujours activées, très vite, puis, très vite également, celle que le contexte rend non pertinente est inhibée, ne laissant subsister que la signification pertinente. Ainsi, dans le cas de la phrase citée ci-dessus : « j'ai dû traverser une longue grève couverte d'algues », on considère que l'acception équivalente à <cessation d'activité> est, au tout début du traitement, activée en même temps que l'autre acception, puis qu'elle est inhibée.

Selon la seconde conception, ce tableau n'est vrai que dans une partie des cas : il vaut spécialement, et peut-être uniquement, lorsque les deux acceptions sont équilibrées. Au contraire, dans les cas où une des acceptions est dominante dans les structures de la mémoire, son activabilité (ou son accessibilité) est supérieure à celle de l'autre acception. C'est alors la première, et elle seule, qui est activée, et qui est maintenue si elle se révèle correcte à l'égard du contexte postérieur. C'est seulement en cas d'échec de cette acception dominante initiale que la seconde sera activée.

Trancher entre ces deux hypothèses n'est pas une chose que l'on puisse faire de façon intuitive, en lisant les phrases. On a recueilli des arguments expérimentaux en faveur de la première, mais aussi en soutien de la seconde. Il est d'ailleurs possible que d'autres facteurs, par exemple la force ou la position du contexte, antérieur ou postérieur, par rapport au mot ambigu joue aussi un rôle. La recherche se poursuit sur ces questions ; notre préférence va, comme on l'a vu, à la seconde conception.

Quoi qu'il en soit de ces problèmes, on peut maintenir l'idée que, à l'issue de la séquence d'activation initiale – celle-ci étant triple (perception + reconnaissance de la forme du mot + activation de sa signification) pour les mots ordinaires, ou quadruple (perception + reconnaissance de la forme du mot

+ désambiguïsation + activation de l'acception correcte), pour les mots ambigus – la signification appropriée d'un mot est présente dans la mémoire de travail du compreneur.

Il faut toutefois ajouter « sauf accident de compréhension ». Ceux-ci existent et suscitent souvent un grand intérêt. Mais on peut les interpréter dans le même cadre, et parler alors d'« activation accidentelle de significations inadéquates ». Certaines situations de ce genre sont banales, et peuvent relever de mauvaises perceptions ou de malentendus, comme en témoignent des expériences familières à tous.

Mais elles peuvent se rencontrer aussi dans ce que nous pourrions appeler des cas de « pathologie légère de la compréhension ». Ils rejoignent ce dont Freud a traité dans un tout autre cadre théorique, sous les rubriques de la « psychopathologie de la vie quotidienne » ou du « jeu de mots dans ses rapports avec l'inconscient », dont Lacan a repris la thématique. Un mode d'explication assez différent de ceux-là, que nous ne développerons pas, peut être adopté à cet égard : il est fondé sur les processus cognitifs et causaux généraux que nous avons décrits, auxquels il faut ajouter un processus additionnel d'inhibition. Ainsi certaines significations peuvent-elles être, chez des locuteurs particuliers, et en vertu de la charge affective qui leur est associée, soumises de façon non consciente à une sorte particulière d'inhibition, d'origine affective, due à ce qu'ils sont défendus ou déplaisants. L'activation peut alors se propager à un mot qui est voisin du précédent, soit sémantiquement, soit par sa forme. Un certain nombre de lapsus, générés lors de la production d'énoncés, sont explicables de cette façon, et des activations de significations erronées peuvent l'être aussi, sur le mode du « prendre un mot pour un autre ». Nous avons indiqué précédemment que l'inhibition affective de type freudien, qui est à la base de la notion d'« inconscient », ne peut suffire à fonder une explication générale : elle doit être bien articulée avec l'inhibition cognitive fine dont nous avons montré quelques exemples [5].

La prédication et le processus d'assemblage

C'est sur cette base générale de l'activation des significations que l'on peut aborder l'examen d'un autre processus cognitif majeur impliqué dans la compréhension : celui de la prédication, et de l'assemblage de significations ou de fragments de sens.

On appelle généralement « prédication » l'opération par laquelle un prédicat est affirmé (ou « asserté ») d'un terme. Dans la conceptualisation logique, les exemples traditionnels de prédication concernent des prédicats à une place, qui se présentent dans la langue comme des adjectifs ou des noms, par exemple « rouge » ou « tulipe », et qui sont utilisables dans des propositions élémentaires comme « la tulipe est rouge » ou « ceci est une tulipe ». On peut traiter dans le même schéma conceptuel des types de prédication plus complexes, qui mettent en jeu des prédicats à plusieurs places, notamment ceux qui sont exprimés par des verbes, comme « a rencontré » dans : « Jacques a rencontré Berthe ». « A rencontré » y est un prédicat occurrence, issu du prédicat type « rencontrer », qui fait référence à un événement ; « Jacques » et « Berthe » y sont les deux noms propres, désignateurs d'individus, dont ce verbe (et l'événement qu'il désigne) est prédiqué. La conceptualisation linguistique, qui distingue généralement des expressions référentielles et des expressions prédicatives peut se couler dans le même schéma. Les travaux sur la sémantique des verbes, dont nous avons donné un aperçu dans le précédent chapitre, permettent d'envisager l'opération de prédication de façon un peu plus spécifique, tout en augmentant sa généralité.

Notre objectif est ici de montrer qu'on peut, de façon pleinement compatible avec ce qui précède, re-conceptualiser les faits dans un cadre psychologique/cognitif, comme nous l'avons fait précédemment. La prédication est souvent désignée de façon neutre comme une « opération » – un mot que les logiciens, les linguistes ou les psychologues peuvent également bien utiliser, mais en lui donnant un contenu plus ou moins abstrait. Dans le cadre utilisé ici il s'agit d'une opération *mentale*, et nous devons donc nous demander plus précisément : quelle est la nature de l'activité mentale qui réalise la prédication, et qui en est, selon notre conjecture, le substrat naturel ?

Nous appellerons « assemblage » le processus qui en forme le cœur. C'est une activité cognitive de base, qui consiste à *mettre ensemble* dans l'esprit deux, ou plusieurs, pièces de signification, pour construire à partir d'elles une autre pièce de signification, plus ample que chacun de ses constituants, et plus riche en information : le sens d'une proposition atomique et, au-delà, d'une phrase. Ce processus de base est le centre de l'activité générale de *construire* (du sens). Ce qui a été dit précédemment de la structure sémantique des verbes en mémoire à long terme peut nous permettre de mieux voir comment fonctionne ce processus.

On peut revenir à la description logique de la prédication, qui est entièrement abstraite et dite « formelle ». Elle est entièrement acceptable par un psychologue de la cognition, pourvu qu'il soit autorisé à l'enrichir et à la re-naturaliser dans son propre cadre théorique, en termes de processus mentaux. Si nous partons d'un prédicat abstrait (d'une fonction propositionnelle) P (x) ou P (x, y), et de termes a et b, qui dénotent des « individus », prédiquer P de a (ou de a et b) consiste à exécuter l'opération qui les transforme en une proposition, P (a) ou P (a, b). On peut décrire cette opération de quatre, puis de cinq, façons différentes, qu'il est permis de regarder comme équivalentes, mais relevant de conceptualisations distinctes par leur degré et leur mode d'abstraction, et qui, de ce fait, éclairent différemment les faits.

Dans notre conceptualisation logique de départ, aujourd'hui standard, on s'exprime de façon « pauvre » (on pourrait dire « logico-béhavioriste », en pensant une fois encore à Quine). On dira qu'on « substitue » a, ou a et b, à x, ou à x et y, qui apparaissaient initialement comme des « marque-places » dans le prédicat formalisé P. Dans une autre façon de décrire cette même conceptualisation, on dira qu'on a substitué aux *variables* x ou y présentes dans les fonctions propositionnelles P (x) ou P (x, y) des *constantes*, a ou b, ou encore qu'on a « instancié » (ou « exemplifié ») x et y par a et b.

Dans une deuxième conceptualisation, qui relève de la linguistique, on dira que « prédiquer » consiste à construire une phrase (par exemple « Jacques a rencontré Berthe », ou « la tulipe est rouge »), ou parfois aussi bien un syntagme (« la tulipe rouge »), à partir de leurs unités linguistiques types. Une troisième conceptualisation permettra de parler en termes d'information : prédiquer consistera alors à fournir l'information supplémentaire nécessaire pour compléter les vides de P (/) ou P (,) et former un « paquet d'information », la proposition, plus riche informationnellement, que ses unités élémentaires. Il y a évidemment plus d'information stockée dans « pomme rouge » que dans « pomme » ou dans « rouge » (ou de façon équivalente une probabilité plus faible de rencontrer des pommes rouges que des pommes, ou des choses rouges, dans un univers approprié), et de façon semblable davantage d'information véhiculée dans « le chat a attrapé un mulot » que dans chacun de ses constituants.

Mais ce qui nous intéresse vraiment est la quatrième conceptualisation, celle qui nous permettra de réinterpréter l'opération de <prédiquer> dans le cadre de la psychologie cognitive. Elle est équivalente à celles qui précèdent, qui en constituent des variantes abstraites, ou même hyper-abstraites, mais elle en donne une description naturaliste. La notion d'<assemblage> présuppose en effet que la nature a rendu l'homme capable de construire mentalement une représentation composée à partir de deux représentations mentales élémentaires. Il est intéressant de se demander quels rares autres animaux savent faire quelque chose de semblable.

Une cinquième conceptualisation peut alors être associée à celle qui précède. Le processus d'« assembler », et les produits de cet assemblage, qui sont des représentations composées, mais aussi des morceaux de sens, ont nécessairement un substrat neurobiologique. On peut penser que la face neurobiologique de l'opération de prédication consiste à mettre en activité, de façon conjointe, des ensembles neuronaux qui pourraient être activés séparément. Aller en cette matière au-delà de considérations générales serait certes purement spéculatif : à notre connaissance, personne n'a même simplement émis d'hypothèse sur *la façon dont* peut se réaliser neurobiologiquement le fonctionnement conjoint des ensembles neuronaux correspondant à <tulipe> et à <rouge> dans le traitement de la phrase « la tulipe est rouge », par contraste avec les fonctionnements séparés correspondant respectivement à <tulipe> et <rouge>. C'est pourquoi on doit s'en tenir pour l'instant, et peut-être pour longtemps, à une conceptualisation de niveau psychologique.

L'assemblage est donc, sous ce rapport, le processus naturel élémentaire par lequel l'esprit/cerveau d'un locuteur, mis en présence d'un énoncé *lie mentalement* deux représentations. Mais cela ne peut se faire qu'à partir d'une représentation qui a la structure, et le contenu, d'un <prédicat>, et une ou des représentations qui ont une structure et un contenu d'individus, d'objets ou d'entités. Cette façon de *lier mentalement* est spécifique, largement différente, par nature, de la façon de lier qui forme les associations verbales classiques : le mot « assembler » exprime cette spécificité. La notion d'<assemblage> vise donc à conceptualiser de façon *causale* la façon dont se réalise, dans la mémoire de travail du compreneur, la composition de plusieurs représentations sémantiques dotées d'une structure.

Nous pouvons peut-être mieux caractériser cette spécificité : vu sous l'angle de sa fonctionnalité cognitive, l'assemblage est un processus de synthèse qui est un inverse, complémentaire, du processus d'abstraction, qui est, lui, analytique et qui implique un découpage, une séparation d'un petit morceau d'information mis ensuite dans un concept. On le voit bien si on considère la cognition animale, à l'intérieur de laquelle les processus associatifs sont souvent présents, mais dans laquelle seuls les chimpanzés, semble-t-il, sont capables d'assembler cognitivement, dans des limites assez étroites, des pièces de significations séparées, portées par des symboles physiques.

Ce que permet l'existence de l'abstraction dans la cognition humaine c'est d'analyser la perception syncrétique d'un objet qui se trouve être une tulipe rouge en : <c'est une tulipe> et <c'est rouge>. Et semblablement d'analyser une scène perçue en : <il y a un chat>, <il y a un mulot>, et <ce que le chat a fait au mulot, c'est l'attraper>. Ce qu'à partir de là permet la prédication c'est, dès lors qu'on dispose des concepts <tulipe> et <rouge>, de reconstruire, en présence ou en l'absence de tout donné perceptif, la représentation <tulipe rouge>. Et semblablement de construire, à partir de la phrase appropriée, la représentation du chat qui a attrapé un mulot. L'assemblage (la prédication) ré-unit ce que l'abstraction avait séparé.

Il faut pour cela, nous l'avons vu, que la signification d'un mot conserve en elle, même après qu'a opéré l'abstraction, la connaissance des assemblages *possibles*. La phrase « la tulipe est rouge » ne peut faire sens que parce que la représentation <tulipe>, que le compreneur a, dans son enfance, forgée par abstraction naturelle, en la séparant dans une certaine mesure de la représentation de la couleur, contient néanmoins de façon résiduelle le trait-attribut <a nécessairement une couleur> et parmi les valeurs de celle-ci le trait-valeur *<peut* être rouge>. De façon complémentaire, la représentation <rouge>, formée par la même abstraction naturelle, contient une représentation résiduelle de la grande multiplicité des choses qui *peuvent* être rouges, parmi lesquelles se trouve <tulipe>. Nous pourrions reprendre ici, en relation avec ce qui précède, tout ce que nous avons dit des contenus de relations verbe-patients ou verbe-agents : la signification <guérir> contient de façon annexe <malade> et <médecin>, et celle d'<attraper>, parmi beaucoup d'autres couples agent/patient, le couple <chat/souris (et apparentés)>.

Il faut alors ajouter que le concept de <prédicat> devrait, comme les concepts plus humbles que nous venons de citer, conserver en lui de façon résiduelle une trace de ce qui lui est potentiellement inhérent, et c'est ici celle d'un contenu. Dire que le prédicat est une réalité « formelle » ne correspond que de façon

rare aux faits de pensée qu'il est supposé décrire. Tant que
« formel » signifie « hyper-abstrait » (à contenu très faible mais
non nul), cela ne fait pas problème, mais cela en crée au-delà.

D'autres modes d'assemblage :
une récursivité sémantique plutôt que syntaxique

<Assembler> s'applique en première instance aux significa-
tions de mots, mais cela peut concerner aussi des contenus représentationnels qui ne sont pas portés par des mots. Le cas le plus
simple en est fourni par les marques morphologiques : dire « les
ouvrières sortaient de l'usine », c'est prédiquer l'action de <sortir>
de la représentation signifiée par le sujet grammatical de la
phrase, « ouvrières ». Or l'emploi de ce mot, au féminin pluriel,
équivaut à une incitation linguistique à une double prédication
mentale ultra-rapide. On peut expliciter le traitement implicite qui
se déroule alors dans l'esprit du compreneur en écrivant : <il y a
un " s", donc elles étaient plusieurs>, <il y a un "e", et donc ces
ouvriers étaient des femmes>. Il est inhabituel de parler de « prédiquer » pour cette double interprétation grammatico-sémantique
du pluriel et du féminin, mais il s'agit bien, comme pour les mots,
d'une séquence perception + reconnaissance des marques, suivies
d'une activation de leur signification (< plusieurs>, <femmes>), et
en un second temps d'un assemblage de ces parties de représentation au noyau de celle-ci (<qui travaille dans (cette) usine>).

On peut analyser de la même façon, au cours de la compréhension d'une phrase, l'affectation des rôles thématiques, sous leur
réalité sémantique. Elle comporte la reconnaissance, dans une
suite de mots, d'une relation conceptuelle familière : par exemple
de la relation <est un agent de> à propos d'un verbe et d'un nom
qui se trouve en position de lui servir de sujet. Dans la compréhension de la phrase « Jacques a salué Berthe », c'est la présence
de cette relation d'agentivité qui est reconnue, et ce rôle d'agent
attribué à <Jacques>. Que la présence de la relation, et l'affectation du rôle, soient inférés automatiquement à partir de la position des mots (<Jacques est avant le verbe, donc c'est Jacques qui
a salué>), comme c'est le cas en français, ou qu'elles le soient à
partir d'information morphologique, dans les langues à décli-
naison, ne change rien à l'affaire : l'inférence est automatique et
implicite, et ne contient naturellement pas – sauf chez un compreneur très lettré qui porterait son attention sur ce point – de

passage par un jugement grammatical tel que <"Jacques" est le sujet du verbe> ou <ce mot est au nominatif>.

Ce que nous avons tenté de montrer plus haut, à partir des recherches actuelles sur la sémantique des verbes, c'est que les représentations sémantiques qui sont présentes dans la mémoire à long terme des locuteurs, pour les unités lexicales de type <verbe>, sont des « pièces » sémantiques implicites mais réelles. Elles ne sont pas seulement dotées d'une structure actancielle ou thématique abstraite (la structure <agent-action-patient> pour les verbes transitifs typiques), mais également d'un contenu sémantique doté lui aussi d'une structure, la connaissance des deux ensembles de « possibles » (agents possibles et patients possibles) qui appartiennent à ces verbes.

On peut, à partir de là, se donner une représentation métaphorique et imagée du fonctionnement de l'assemblage en pensant aux jeux de puzzle complexe, à la Bartlebooth[6]. Les éléments de signification destinés à la compréhension sont comme des pièces de bois tendre, détourées, porteuses de découpages prédéterminés, et qu'il faut joindre en vertu des pleins et des vides complémentaires de leur contour. Pour chaque verbe transitif, par exemple, on dispose d'une pièce principale chantournée, qui correspond au noyau de sa signification, et d'un jeu de pièces accessoires, également découpées, qui sont des « candidates à l'assemblage avec la pièce verbe dans la position de patient ». C'est une partie de ce découpage qui permet, en vertu de sa forme, d'ajuster et d'assembler les deux pièces. La différence est que, au moyen d'un puzzle, on ne peut créer que des combinaisons préétablies, et rien de véritablement nouveau, alors que, avec du langage, on peut créer à l'infini.

Si on considère maintenant le « comment » du fonctionnement de ce processus d'assemblage, une bonne conjecture cognitive[7] en est qu'il comporte pour chaque couple de pièces, comme dans les jeux de patience, une première phase de tentative d'ajustement, avant qu'ait lieu l'assemblage définitif. Au moment où le processeur cognitif du compreneur vient de reconnaître un mot, et d'activer sa signification, il essaie d'ajuster cette pièce sémantique nouvelle à celles qui se trouvent déjà en mémoire de travail. S'il y parvient, c'est-à-dire s'il s'avère qu'elles sont congruentes, il les encastre. Mais cette séquence essayer/réussir devrait consommer du temps, et celui-ci être dépendant de la congruence sémantique entre les deux pièces. Les résultats des recherches actuelles sur le traitement des métaphores, notamment de celles qui sont centrées sur des verbes (« le paysan apprivoise la terre »), et qui prennent en compte les degrés variables de congruence que ces métaphores laissent apparaître, semblent aller dans ce sens.

Mais l'analyse psycholinguistique des textes littéraires apporte des arguments concordants. On peut estimer que c'est un degré très bas de congruence sémantique plutôt qu'une absence de grammaticalité qui se laisse voir dans la célèbre phrase de Chomsky dans laquelle « des idées vertes dorment furieusement ». Ces idées vertes n'y font rien de pis que celles qui ont inspiré des assemblages hardis de la littérature cubiste ou surréaliste, par exemple le titre donné par Maïakovski à son « Nuage en pantalon [8] », ou celui, éminemment mystérieux, d'une des premières pièces de Roland Dubillard : *Il ne faut pas boire son prochain* [9], avec ses personnages dé-paysans. Le non-sens, le saugrenu, l'absurde à la Ionesco, qui ont fleuri dans cette littérature poétique ou théâtrale, y naissent du rapprochement de significations faiblement congruentes. Le traitement cognitif initial de ce genre d'énoncés, dans sa phase automatique, conduit chez un compreneur non prévenu à un échec et à une désorientation : c'est qu'il repose sur une tentative pour assembler des significations en fonction de leurs contenus usuels. Mais, en général, ce traitement infructueux cède la place à une autre activité mentale, plus ou moins intense, qui comporte une exploration plus approfondie de la mémoire sémantique, accompagnée de nouvelles tentatives d'appariement. Le processus devient alors souvent conscient et volontaire, sous le questionnement : « Qu'est-ce que ça peut bien vouloir dire ? » Diverses techniques expérimentales, généralement fondées sur des mesures de temps, sont aujourd'hui mises en œuvre pour vérifier s'il en est bien ainsi. Comme dans le cas des mots ambigus, il apparaît que c'est la prise de connaissance d'un contexte – comme dans la « fantaisie monstrueuse » imaginée dans la pièce de Dubillard citée plus haut –, ou la découverte mentale d'un contexte possible, qui permet au lecteur perplexe de donner sens à l'expression ou l'énoncé.

Il existe heureusement dans la vie des phrases qui sont plus simples à comprendre. Elles sont le tissu de la littérature ordinaire, et même de la littérature sophistiquée. C'est une autre sorte d'élégance que pratique Robbe-Grillet lorsqu'il écrit cette phrase sur laquelle personne ne bute : « La fenêtre est fermée [10]. » Une proportion prodigieuse des phrases offertes à notre compréhension quotidienne est de ce type : chacun de nous, au cours de son existence, a assemblé avec facilité et sans le savoir des milliards de pièces sémantiques consécutives. Pour chaque mot ou indice grammatical nouveau qui surgit dans le flux de la parole ou de la lecture, ce processus simple fonctionne sans raté, de façon cyclique et, comme toujours, automatique, itérative et incrémentale. Le cycle interprétatif de base reconnaître/activer/assembler fournit à chaque fois, à sa sortie, la contribution sémantique additionnelle, qui s'ajoute à la fraction déjà existante du sens en train de se construire. Et néanmoins, nous le pressentons, beaucoup reste à découvrir sur ce qu'est au juste la prédication.

Nous avons focalisé la présentation qui précède sur les processus mis en œuvre dans la compréhension d'énoncés courts. Mais c'est sur la même base cyclique que sont aussi compris les discours ou les textes longs : des représentations partielles sont construites pour chaque syntagme, et elles doivent ensuite être agrégées, assemblées et organisées pour assurer la tenue de l'ensemble. Dans un roman, l'assemblage part souvent de rien, de l'incipit, qui peut sembler venir de loin, et n'avoir qu'une valeur introductive faible pour le texte. « Cela ne fit rire personne quand Guy appela M. Romanet papa [11] », ainsi Aragon commence-t-il une vaste fresque. Mais une fois le premier fil noué, l'esprit du lecteur procède ensuite de façon répétitive et inlassable, de mot en mot, de cycle en cycle, de syntagme en syntagme, de phrase en phrase, de chapitre en chapitre, construisant au fur et à mesure la représentation sémantique d'ensemble.

La linguistique et la psycholinguistique des textes ont amplement illustré l'idée que ceux-ci entrent dans des structures bien définies, qui dépassent de loin celles de la phrase : structures de récit ou de roman, de pièce de théâtre ou de dialogue, d'article de journal ou de revue scientifique, de manuel, de conférence ou de cours, de déclaration ou de conversation, etc. Au cours de ces trente dernières années, les recherches sur la compréhension de textes, notamment celle concernant les récits et les textes à contenu didactique [12], ont ainsi bien mis en évidence l'importance de ce qu'on appelle aussi les « macro-structures » des représentations. Nous n'examinerons pas ces questions ici, mais tenterons rapidement de les relier à ce qui précède.

L'obligation imposée au lecteur d'un texte littéraire est de se plier à sa structure textuelle, et éventuellement de s'adapter à sa nouveauté lorsque l'auteur a essayé de la bouleverser : ainsi l'introduction dans le roman de la technique du retour en arrière a-t-elle obligé les lecteurs à remanier leur façon de comprendre. La recherche psychologique [13] montre bien que ce sont des représentations dynamiques en mémoire qui sont derrière les structures linguistiques ou littéraires. Comprendre un texte, quelle qu'en soit la « forme » textuelle, exige toujours la mise en œuvre de structures mentales de vaste amplitude. Mais là aussi le compreneur procède pas à pas, en insérant par incréments successifs, comme le mosaïste ses petites pièces dans une vaste composition byzantine, les représentations sémantiques élémentaires : il les assemble par petits morceaux, et les installe dans sa mémoire conformément à ses grandes structures mentales, les « macro-structures » représentationnelles. Le texte n'en présente que l'échafaudage externe.

La façon dont le traitement cognitif de base – celui qui assure la compréhension d'une phrase, et dont nous nous occupons principalement ici – s'insère dans des traitements de plus large envergure – pour assurer, par exemple, la compréhension d'un texte – peut être utilement mise en perspective si on la compare à celle qui opère à partir d'autres canaux : c'est le cas, par exemple, de la perception visuelle directe dans le cinéma. Pour le spectateur d'un film, ce qui est donné perceptivement, ce sont d'abord des images et des séquences immédiates d'images. Chaque image ou plan fournit initialement au spectateur ce que chaque phrase, ou très petite séquence de phrases, fournit au lecteur ou à l'auditeur : une représentation d'une situation à un moment donné, typiquement d'un événement, avec l'action, les protagonistes, les circonstances qui en font partie. Mais ensuite, en fait simultanément, le spectateur doit, à un niveau plus élevé, assembler dans son esprit ces représentations successives produites en lui par les images visuelles, plans et séquences, pour se construire mentalement l'histoire racontée par le film. Cette partie de la construction se fait pour lui de façon similaire à celle du lecteur d'un roman, en fonction de ses représentations mentales à long terme : selon, par exemple, qu'il est cinéphile, ou hollywoodophile, et en général, en fonction de ses goûts sélectifs, qui dépendent eux-mêmes de sa façon cognitive d'accueillir les types de films. Mais, cinéma ou lecture, que les représentations initiales formées en mémoire de travail soient le produit de ce qui est entré directement par la rétine, ou par des mots dans des phrases. la construction mentale de l'histoire se fait de la même façon. Ce n'est pas nier que des différences existent entre les différents médias : au cinéma, on pourrait très bien ajouter la bande dessinée, ou l'opéra, et précédemment les fresques, les tableaux de genre, les polyptyques, les cantates, etc. Mais les processus psychologiques de base demeurent les mêmes : l'insertion par assemblage, à divers niveaux de traitement, des représentations à court ou moyen terme à l'intérieur de représentations plus vastes et à plus long terme.

Les systèmes de traitement automatique du langage naturel [14] sont construits sur des principes largement semblables. Le souci de leurs concepteurs est de leur donner un maximum de souplesse et de capacités d'adaptation dynamique : la clé en est l'utilisation, au moment pertinent, de toutes les informations et connaissances, de divers niveaux, utiles à l'interprétation de l'énoncé. Les architectures actuelles d'intelligence artificielle (celles dites de « tableau noir », ou de « multi-experts communicants ») ont été développées à cet effet : leur fonctionnement tend à se rapprocher autant qu'il est possible de ce qu'on sait des mécanismes humains de compréhension.

On peut, dès lors, revenir brièvement sur la réinterprétation que nous avons donnée de la thèse énoncée par Chomsky, selon laquelle on peut, par un mécanisme récursif, produire une infinité de phrases à partir des structures de base que la langue offre au locuteur. Le fonctionnement de l'assemblage tel que nous l'avons décrit est, lui aussi, essentiellement et peut-être plus profondément, récursif. Mais la récursivité est conçue causalement et non seulement de façon formelle-syntaxique.

Mais il est vrai que la réinterprétation en termes d'assemblages emboîtés de représentations sémantiques rejoint l'idée chomskyenne des possibilités infinies offertes par le discours. Elle met au premier plan une propriété fondamentale des unités sémantiques, telles qu'elles sont portées par les mots, avec leurs catégories grammaticales *et* leurs structures sémantiques : la « compositionnalité ».

Le « principe de compositionnalité » est depuis longtemps utilisé en sémantique formelle : il s'applique à tous les cas où *le sens d'une expression (syntaxiquement) complexe est fonction de la signification de ses parties* (et de cela seulement). En fait il faudrait d'ores et déjà ajouter à la phrase qui précède « et fonction de leur mode syntaxique de combinaison », de la façon dont ces parties sont mises ensemble : la phrase « les chats mangent des souris » n'est pas un composé de ses parties de la même façon que « les souris mangent des chats ». Quoi qu'il en soit, le principe de compositionnalité fonde en logique la possibilité de *calculer* un sens complexe à partir des sens ou des significations partiels qui y concourent. Un certain nombre d'auteurs, dont Fodor [15], qui a insisté sur l'importance de cette notion, étendent cette notion de compositionnalité, prise dans cette version strictement calculatoire, à l'explication psychologique de la construction du sens : ils en tirent, indûment selon nous, une conception computationnelle de la compréhension. Mais, comme dirait Fodor, « cela ne marche pas comme ça ». Il y a de bonnes raisons de penser que le principe logique de compositionnalité, et les théories computationnelles qui en dérivent ne sont applicables qu'aux propositions faites de concepts rationnels.

Nous voyons alors que la compositionnalité, comme beaucoup d'autres notions, doit être réinterprétée dans une sémantique du fonctionnement naturel : les significations de mots sont *faites pour* être composées, assemblées, mais c'est leur structure sémantique et leur contenu en mémoire qui en fixent les conditions. En associant ici à la notion de <compositionnalité> celles de <contenus mémoriels des significations> et de <congruence sémantique>, par quoi sont régis les détails de la composition, nous sommes vraisemblablement plus proches de sa vraie nature.

Les représentations de situation

Les recherches sur la composition, ou l'assemblage, de pièces ou fragments de sens au cours de la compréhension montrent quelque chose de plus. Chaque élément d'information nouveau apporté par l'énoncé, signification lexicale ou signification tirée de la syntaxe, ne doit pas seulement, pour être intégré, être congruent avec les éléments qui lui sont immédiatement adjacents dans l'énoncé, par exemple qui appartiennent à la même phrase. Cet élément nouveau ne doit pas seulement avoir une « cohérence locale » avec les autres éléments proches, ni avec la représentation déjà construite de la phrase en cours. Il doit aussi être congruent avec la représentation totale en cours de construction, avoir avec elle une « cohérence globale ». Un certain nombre de travaux actuels explorent aussi cette question [16]. Elle est directement liée à celle de l'étendue de la mémoire de travail, à laquelle essaient de répondre des notions comme celle de <mémoire de travail à long terme>. La question posée est la suivante : si un élément nouveau d'un discours ou d'un texte est en contradiction, ou simplement en décalage, avec ce qui a été dit précédemment, comment le compreneur traitera-t-il cette incohérence ?

Nous ne retiendrons de ces travaux que ce qui concerne une notion qui a conquis récemment une réelle importance, celle de

<représentation de situation>, appelée aussi « modèle de situation [17] ».

Ces expressions désignent des représentations sémantiques supposées exister dans la mémoire de travail des compreneurs, et qui sont en principe construites à partir de la compréhension d'une phrase ou d'une suite limitée de phrases de même thème : le résultat n'en est pas seulement une « petite » représentation d'un événement ou d'une action isolés, comme dans les exemples que nous avons présentés à partir de phrases courtes, mais d'une situation étendue entière, à l'intérieur de laquelle un événement ou une action a eu lieu. Le contenu de cette représentation totale inclut une multiplicité de sous-contenus et de caractéristiques, et plus spécialement, en plus des protagonistes qui en occupent le centre, la représentation des circonstances d'espace, de temps, de causalité, de contraste, etc., qui les entourent et leur donnent un cadre. Souvent ces circonstances changent au cours d'un récit, ce qui oblige le compreneur à mettre à jour sa représentation. Les caractéristiques d'espace et de temps, relativement court, sont des constituants nécessaires ou essentiels de toute situation, et donc de sa représentation. La causalité en est une autre caractéristique importante, liée au temps : elle concerne la façon dont la situation décrite par la phrase actuellement en cours de compréhension s'inscrit dans une séquence, et donc le rapport qu'elle entretient avec les situations antérieures. Cela vaut pour les récits et les histoires, mais aussi pour un grand nombre de textes à contenu didactique.

La double caractéristique des constituants spatiaux, temporels ou causaux de la situation est que : 1. ils sont presque toujours présents dans les représentations de situation, mais le plus souvent en arrière-plan, et avec un éclairage plus ou moins net ; 2. leur importance est gérée par un processus qui agit en continu, et qui relève d'une forme particulière d'attention, l'attention sélective interne, qu'on appelle aussi « focalisation ». L'expérimentation montre qu'elle fonctionne d'une façon largement similaire à l'attention sélective en œuvre au sein de la perception. Tout se passe comme si le compreneur « regardait plus attentivement dans sa tête », en quelque sorte, tel ou tel aspect de la représentation qu'il est en train de construire à partir d'un énoncé. Il le fait, de façon automatique, avec des résultats qui sont étonnamment semblables à ceux qu'il obtient quand il regarde attentivement, avec ses yeux – mais de façon ultime avec son esprit, là aussi – tel ou tel aspect de la situation qui se trouve en face de lui. Ou de façon similaire lorsque, placé au milieu du bruit d'une conversation à plusieurs lors d'un événement social, il réussit à sélectionner efficacement et à comprendre, au moyen de son système intégré oreilles + cerveau, les seules paroles de son interlocuteur du moment (un phénomène connu sous le nom d'« effet cocktail »).

Les résultats expérimentaux que nous avons précédemment cités (Denis et Le Ny, 1986 ; Glenberg, Meyer et Lindem, 1987) demeurent pertinents et instructifs sur cette question. Ils montrent bien que la représentation sémantique formée à la suite de la lecture d'une phrase décrivant une situation est similaire, à de nombreux égards, à une représentation qui aurait été formée à la suite d'une perception directe de la même situation. Elles ne se ressemblent pas seulement dans leur contenu général, mais aussi pour certains constituants sémantiques qui n'ont pas été nommés dans la phrase. On voit bien par ces résultats que ces représentations annexes, qui font partie du sens de la phrase, ont été construites par *inférence*. On voit en même temps que le processus de construction du sens comporte une focalisation, une mise en jeu de l'attention interne, sur certaines des parties de la représentation. Cette focalisation est, elle aussi, très similaire à celle qui serait fournie par la perception directe de la situation, c'est-à-dire par la fixation du regard qu'exprime le mot « regarder ». C'est ce qui justifie qu'on dise de celui qui comprend l'une des phrases que nous avons citées qu'il « regarde mentalement » la situation comme la regarderait un spectateur.

Une analyse purement introspective de ces faits pourrait conduire à ces mêmes conclusions générales. Mais une analyse plus fine peut en être donnée par l'expérimentation. Les expériences ont notamment porté sur la représentation de l'espace dans une situation, et sur la représentation des proximités spatiales à l'intérieur de la représentation totale. Nous allons en donner une idée brève à partir d'une des expériences, appartenant à un groupe de trois, réalisées par Rinck et Bower [18].

Ces auteurs ont d'abord demandé à leurs participants d'étudier et de mémoriser un plan, représentant un centre de recherche imaginaire. Il contenait 10 pièces, avec 4 objets dans chaque pièce (bureaux, étagères, sièges, tableau noir, lampes, horloge, lavabo, réfrigérateur, récepteur TV, etc.). Quand les participants avaient bien mis ce plan en mémoire – on le vérifiait à l'issue de cette phase – on leur donnait à lire successivement de petites histoires, 9 au total, chacune d'environ 20 phrases. Elles racontaient les actes d'un personnage, désigné par son nom propre, qui essayait de faire quelque chose dans le centre : par exemple préparer la venue d'importants visiteurs. Chaque histoire contenait trois phrases, parmi les 20, qui décrivaient les déplacements du personnage. On y indiquait qu'il allait d'une certaine pièce (« pièce de départ »), à travers une autre pièce (« pièce de passage »), jusqu'à une troisième pièce (« pièce d'arrivée »). Un exemple en était : « il alla de l'atelier de réparation à la salle d'expérience ». À des endroits bien choisis de l'histoire se trouvaient des « phrases cibles », celles destinées à fournir des données expérimentales. On mesurait avec précision le temps mis par les participants pour les lire. Elles mentionnaient un certain objet dans une certaine pièce, par exemple : « il se rappela qu'il ne fallait pas allumer la télévision du salon cette après-midi ». On ne disait jamais que le personnage de l'histoire manipulait l'objet, mais toujours qu'il y « pensait », d'une façon ou d'une autre. L'objet ainsi mentionné (ici « télévision ») pouvait se trouver soit dans la pièce de départ du déplacement, soit dans la pièce de passage, soit dans la pièce d'arrivée, soit, enfin, dans une pièce autre (toujours celle d'avant la pièce de départ). Dans les phrases cibles, la localisation de l'objet pouvait, ou non, être mentionnée (par exemple, ci-dessus, on pouvait dire « la télévision du salon », ou « la télévision » tout court). Le nombre de conditions expérimentales était donc de 2×2×2 = 8.

La variable mesurée était, comme on l'a dit, différente de certaines présentées précédemment. C'était un *temps de lecture*, considéré comme une mesure globale du temps mental de compréhension des phrases cibles ; il était divisé par le nombre de syllabes. Le résultat principal de l'expérience fut que le temps mis pour comprendre les phrases cibles était d'autant plus court que l'objet qui y était mentionné se trouvait, d'après l'histoire, plus proche de l'endroit où se trouvait le personnage au moment considéré. Ces temps étaient, en outre, plus longs si le lieu où se trouvait l'objet n'était pas mentionné, mais l'effet de la proximité représentée était présent dans les deux cas.

L'interprétation qu'on peut donner de ces données est que, lorsqu'ils lisent l'histoire, les participants traitent la mention de l'objet concerné (« la télévision » dans notre exemple) comme une sorte de réactivation de ce qui leur a été dit précédemment. En termes linguistiques, c'est une *anaphore*. Leur esprit/cerveau met la représentation suscitée par ce mot en relation avec le plan du centre qu'ils ont appris précédemment. Ce traitement est, bien entendu, non conscient. Il est plus facile et plus rapide si l'objet est mieux spécifié, et donc plus précisément réactivé (si on dit « la télévision *du salon* » plutôt que « la télévision »). Mais surtout ces résultats montrent que la représentation que les participants se construisent est *dynamique*, changeante, selon les circonstances de la situation, et la suite du récit. Les compreneurs doivent en permanence la « remettre à jour », à partir des dernières informations reçues à partir du texte. Cette représentation sémantique contient notamment une composante spatiale. Mais cette représentation mentale de l'espace partage un certain nombre de propriétés avec les représentations de l'espace réel directement produites par la perception : on retrouve, dans l'expérience de Rinck et Bower, comme dans celle de Glenberg, Meyer et Lindem (1987), une représentation du « proche » et du « loin », et même du « plus proche » et du « plus loin ». En outre, la représentation porte sur le « là maintenant », c'est-à-dire une composition de l'espace et du temps : la représentation de l'endroit où se trouve le personnage à un certain moment t de l'histoire, évolue au fur et à mesure de la lecture.

Ces données sont convergentes avec de multiples autres résultats expérimentaux. Tous ensemble ils illustrent bien ce qu'est une représentation de situation, construite à partir de la compréhension d'un texte. D'autres facteurs, notamment ceux qui concernent le rôle de la causalité dans le déroulement des actions des personnages, sont en cours d'étude dans le même cadre.

Les inférences durant la compréhension

Les exemples expérimentaux qui précèdent ont mis en évidence plusieurs aspects particuliers d'un processus cognitif qui revêt une grande importance dans la construction du sens, l'inférence : elle intervient à de nombreuses étapes de la compréhension. Les premiers travaux expérimentaux sur cette question [19] avaient porté sur des inférences « passerelles ». Un exemple en est fourni par une suite de deux phrases comme : « Laurence est allée hier au marché de F ; elle trouve que les fraises y sont très bonnes. » L'enchaînement de ces deux phrases est compris sans difficulté, bien qu'il y manque plusieurs informations banales : par exemple que c'est un marché où on peut acheter des fruits du pays, qu'il s'y trouve, en particulier, des fraises, et que Laurence en achète volontiers. Le compreneur les introduit facilement, par une série d'inférences, dans sa représentation de la situation. Ces inférences sont dépendantes de plusieurs exigences, qui peuvent être étudiées, et qui l'ont été en fait, séparément, et dans des contextes théoriques différents : 1. diverses connaissances pratiques (celles qui concernent le marché, son assortiment, les goûts de Laurence) doivent être présentes dans la mémoire du compreneur ; 2. elles le sont évidemment aussi chez le locuteur et constituent donc des connaissances *partagées* ; 3. chacun des deux interlocuteurs a dans son esprit, en plus de la connaissance sur les contenus (le marché et les fraises), une connaissance/croyance implicite de ce qui est dans l'esprit de son interlocuteur, c'est-à-dire de leur communauté de représentations ; cette capacité de se représenter le contenu de l'esprit de l'autre relève de la psychologie ordinaire ;

elle est souvent étudiée, notamment chez les enfants, ou chez des personnes qui ont des difficultés avec elle comme les autistes, dans un cadre dit de la « théorie de l'esprit » (chaque individu a une certaine théorie implicite de : comment fonctionne l'esprit d'autrui) ; cette représentation du contenu de l'esprit de l'autre est une « connaissance/croyance » parce que, si elle est très souvent exacte, elle peut aussi être erronée ; 4. ce mode de fonctionnement repose sur des conventions sociales : il est entendu implicitement que le locuteur ordinaire ne ment pas, et qu'il parle de façon raisonnable. Toutes ces questions sont susceptibles de multiples prolongements.

Nous avons employé, au point 1. du paragraphe qui précède, le mot « connaissances », qui est usuel en psychologie dans les travaux sur ces questions. Il faut redire qu'il s'agit de représentations dont la valeur de vérité n'est pas déterminante pour le fonctionnement psychologique des inférences, en tout cas au point où elle l'est dans des inférences logiques. Néanmoins la vérité a une valeur écologique : les études en cours tendent à montrer que l'esprit humain a, de façon innée ou acquise, une réelle « préférence pour le vrai », qui se manifeste dans l'efficacité ou la rapidité de son fonctionnement. Nous ne développerons pas ici ce point.

Ce qui est plus important c'est de bien souligner cette faible importance de la vérité dans le fonctionnement cognitif naturel. À côté de l'utilisation de connaissances, c'est-à-dire de représentations qui, générales ou particulières, se trouvent être vraies, les inférences peuvent tout aussi bien mettre en œuvre des croyances fausses. Si le compreneur a une conception magique, ou religieuse, de tels ou tels événements de l'univers, c'est à travers cette conception qu'il interprétera ce qu'on en dit. Il ne changera que s'il est directement démenti par les faits quotidiens : mais le plus souvent il réinterprétera ces démentis à l'intérieur de sa conception. Le fait psychologique général est que les idées fausses ont une capacité interprétative et inférentielle égale à celle des idées vraies.

Il faut ajouter ici pour mémoire un simple truisme : si la valeur de vérité des représentations est peu déterminante pour l'activité d'inférence, leur valence affective est, au contraire, d'une importance considérable. Cela s'exprime particulièrement dans ce qui touche aux actions humaines, et aux inférences qu'elles suscitent sur les « raisons » (plus exactement les mobiles, intentions, ou causes) qui les gouvernent. Ces interactions entre le fonctionnement cognitif et les facteurs motivationnels/affectifs demeurent, ici encore, hors de notre sujet.

Information ancienne et information nouvelle

Si donc on en revient maintenant au fonctionnement cognitif, on voit qu'une bonne façon générale d'analyser les inférences est d'y faire figurer une différence entre « information ancienne » et « information nouvelle ». Cette conceptualisation est, sous diverses appellations, commune à plusieurs sciences cognitives, de la linguistique et de la pragmatique à la psychologie cognitive. L'information « ancienne » doit être déterminée par rapport au moment actuel t d'une activité de compréhension en cours. C'est celle qui, en t, a déjà été apportée par les phrases précédentes du discours ou du texte ; dans notre exemple ci-dessus, c'est la première phrase qui informe sur la visite de Laurence au marché. L'information « nouvelle » par rapport à elle est celle qui est apportée par la seconde phrase : elle est nouvelle au moment où cette phrase est en train d'être perçue et comprise. L'instant d'après elle devient à son tour de l'information ancienne.

Dans une explication en termes de psychologie cognitive, l'information ancienne est vue comme celle qui se trouve déjà dans la mémoire de travail du compreneur au moment t où de l'information nouvelle vient s'y ajouter, et *doit* lui être intégrée : cette exigence est celle de tout discours ou texte « suivi », par opposition à une séquence « décousue ». L'information nouvelle est donc celle qui, au moment t, s'engage dans la triade de processus présentée plus haut, reconnaissance + activation + assemblage, et dont la cohérence avec l'information ancienne doit normalement être assurée.

Ce schéma de fonctionnement en termes de « présence dans la mémoire de travail et traitement d'une entrée additionnelle dans la mémoire de travail », appliqué aux relations entre information ancienne et information nouvelle, peut aisément être retrouvé au niveau macro-cognitif, par exemple dans la compréhension de récits. Un récit est une structure générale de discours, bien étudiée par les études textuelles de caractère structural dont nous avons parlé. Il comporte typiquement une suite de phrases, P1, P2, P3, Pn, qui rapportent une série d'événements, E1, E2, E3, En. Les phrases d'une part, les événements de l'autre, sont reliés entre eux par leur succession temporelle. Celle des événements peut être découpée en suites de deux événements : « (il s'est passé) d'abord E1 et puis E2 », entre lesquels existent souvent aussi des liaisons causales, « à cause de E1, il s'est passé E2 ». Le traitement cognitif de ces relations causales est essentiel dans la détermination de la *cohérence* : celle-ci est normalement garantie dans le discours ordinaire par les connaissances (et les croyances) générales partagées par les deux interlocuteurs : « je sais qu'en général les événements de type E1 sont souvent suivis par des événements de type E2 ; je trouve donc parfaitement cohérent que, cette fois-ci encore, un événement E1 particulier soit suivi par un événement E2 particulier ».

Dans le roman traditionnel cette cohérence est une condition de la compréhension ; le jeu permanent des auteurs contemporains de textes littéraires est de chercher à la déconstruire. Ceux qui ont su trouver un équilibre optimal entre la cohérence et l'inattendu maîtrisé ont connu le succès dû aux véritables novateurs : Joyce, pour nous en tenir à un unique exemple, est de cette sorte. À côté d'eux, journalistes, spécialistes des médias, ou concepteurs de publicité, jouent de façon plus ou moins habile ou rusée de la dynamique de l'ancien et du nouveau. Le concept de « scoop » en est un produit. Ces personnes savent par connaissance professionnelle pratique que tout discours qui a juste ce qu'il faut de nouveauté aura une large audience, et sera commercialement attractif : il apportera aux lecteurs, auditeurs ou spectateurs cette sensation de plaisir cognitif qu'apporte la nouveauté qui ne dérange pas : par exemple les derniers épisodes de la vie sentimentale des gens connus, ceux dont la représentation est suffisamment familière en mémoire pour que soit nouveau ce qui les concerne.

On peut analyser de façon plus fine, micro-cognitive, cette dualité, qui est une opposition/complémentarité, entre l'information ancienne et l'information nouvelle.

Les anaphores

Parmi les dispositifs linguistiques que les langues mettent à la disposition des locuteurs pour gérer cette dualité se trouve l'anaphore. Les mots anaphoriques comme « elle », « il », « celle-ci », « celui-ci », etc., ne comportent, on le sait, aucune signification par eux-mêmes : ils sont *faits pour* en prendre une en cours de traitement. Ils font référence à un individu, à un objet ou à une entité qui a été précédemment déjà mentionné, et qui comporte donc une représentation « ancienne » dans la mémoire récente du compreneur. Ils sont, en principe, accompagnés d'un prédicat, qui est le véhicule de l'information nouvelle. Ce que les énoncés anaphoriques proposent au compreneur, c'est d'assembler la représentation portée par le prédicat, qui est nouvelle, avec celle portée par l'anaphore, qui est ancienne, mais qui a besoin d'être réactivée. C'est ce qui se passe pour la seconde phrase du couple ci-dessus : « elle trouve que les fraises y sont très bonnes ». Le pronom « elle » y fait référence à la personne déjà nommée, Laurence : « faire référence » signifie ici que son rôle psychologique est d'être identifié, au moment de sa perception, comme devant (normalement) réactiver la représentation ancienne-mais-pas-trop de Laurence, c'est-à-dire supposée être encore présente dans la mémoire de travail du compreneur. Sera dès lors assemblée avec elle l'information qui suit : « ... trouve que (les fraises y sont très bonnes) ». Le « y » de la seconde proposition a le même rôle à l'égard de la représentation du lieu.

Il existe une série de travaux qui ont étudié en détail comment les anaphores sont traitées psychologiquement. Elles fonctionnent sans difficulté tant que leur antécédent est proche, ce qui revient à dire que le niveau d'activation de la représentation correspondante n'a pas eu le temps de trop décliner en mémoire de travail. Si la distance anaphore/antécédent est trop grande dans le discours, c'est-à-dire trop éloignée dans le temps, et que la représentation est affectée par un fort déclin mnésique, la réactivation ne pourra avoir lieu. De la même façon, s'il existe plusieurs antécédents possibles, difficiles à différencier – par exemple par l'intermédiaire des marques du genre et du nombre – la réactivation se fera mal. Ces diverses conditions sont des facteurs naturels d'incompréhension ou de malentendu.

Une explication de même sorte, qu'on ne développera pas ici, peut être donnée de l'interprétation d'autres mots indexicaux comme les pronoms personnels (notamment « je » et « tu »), les démonstratifs, certains adverbes de localisation spatiale ou temporelle, « ici », « ailleurs », « aujourd'hui », « demain », etc. Leur utilisation implique l'attribution à ces mots de représentations temporaires, engendrées au cours même de la compréhension : ils ne peuvent être interprétés, au moment de leur réception, qu'en fonction de leur contexte pragmatique. L'information nécessaire est apportée dans ce cas par la situation externe : ainsi, dans le cas de « celle-ci » ou « ceci » accompagnés d'un geste d'ostentation, elle sera apportée par la représentation perceptive de la personne ou de l'objet désigné, dans le cas d'« aujourd'hui », d'« hier » ou de « demain », d'« ici » ou de « là-bas », elle sera calculée à partir de l'information temporelle ou spatiale qui se trouve en mémoire d'arrière-plan. À chaque fois cette information non linguistique devra être incorporée à l'information linguistique entrante, pour qu'une référence correcte ait lieu, c'est-à-dire qu'une représentation ou qu'un élément de représentation soit construit, et que l'énoncé soit compris.

La nécessité de cette incorporation d'information non linguistique, perceptive ou mémorielle, à l'information linguistique nouvelle est un argument fort contre les théories de la modularité qui voudraient séparer les activités de perception et celles de traitement du langage. Elle plaide fortement, au contraire, en faveur d'une conception interactionniste, selon laquelle des informations de nature et d'origine très diverses peuvent être assemblées sémantiquement.

La dynamique information ancienne/information nouvelle dans l'interprétation des articles et le rôle des inférences

Nous allons encore nous appuyer sur notre exemple ci-dessus pour éclaircir une autre question, apparentée aux précédentes : celle du statut psychologique de l'article défini, en l'occurrence « les », petit mot en apparence inoffensif, que nous avons trouvé plus haut dans le groupe nominal « les fraises ». L'opposition linguistique entre articles indéfinis et définis est, en français, un dispositif fiable au service des relations entre information ancienne et information nouvelle. Une étude inter-langues ferait apparaître dans d'autres langues des différences notables, mais elles n'affectent pas le raisonnement qui suit.

Le schéma général du français est à cet égard : « (il existe) *un* N... ; *le* N... », où N est un nom, désignateur d'individu, d'objet ou d'entité.

> Ainsi trouve-t-on, parmi une infinité d'exemples, les phrases suivantes de Robbe-Grillet : « Sur la barre d'appui de la balustrade, un margouillat... » et, quatre pages plus loin, « [...] les yeux fixés sur le margouillat [20]... ». Le nom N, « margouillat », est d'abord introduit au moyen d'un article indéfini, qui marque la nouveauté. D'après la théorie de l'activation, ce nom active chez le compreneur une représentation nouvelle par rapport à celles précédemment créées par l'épisode en cours. Cette représentation est une occurrence mentale, qui exemplifie en mémoire de travail la représentation type « margouillat », présente en tant que forme + signification dans la mémoire à long terme du compreneur.

Plus tard dans le texte, c'est l'expression anaphorique riche en information, « le margouillat » qui a la charge de réactiver cette représentation. On voit bien que « lui » serait ici inefficace pour la raison indiquée plus haut : on est à trop grande distance de l'introduction première de la représentation. Mais le nom « margouillat » est accompagné cette fois par un article défini « le » : linguistiquement celui-ci peut être considéré comme un signe, envoyé par l'auteur au lecteur, qu'il s'agit d'une information ancienne, qui porte sur du « déjà rencontré ». Psychologiquement, c'est un indice, que l'esprit du lecteur doit interpréter : cela se fait par le moyen d'une incitation causale, donnée au système de traitement du compreneur, à retrouver et à reconnaître une représentation similaire, qui doit « normalement » être présente dans sa mémoire récente. « Normalement » signifie ici : en vertu du fait que l'auteur est censé respecter les règles du français.

Mais qu'en est-il maintenant du « les » de « les fraises », dont la qualité était, plus haut, si chère à Laurence ? La même explication vaut-elle aussi dans ce cas ? Il est visible que non. L'article défini ne fait ici référence à aucun ensemble de fraises précédemment *mentionné*, et donc à aucune information explicitement ancienne. Pour cette raison il est très difficile à une linguistique non cognitive, c'est-à-dire exagérément attachée aux seules relations présentes dans la lettre du discours, de lui trouver une justification. Mais si on admet l'existence d'inférences passerelles mentales, on voit que l'utilisation de l'article défini est ici en accord avec le mode général de fonctionnement de l'ancien/nouveau que nous avons décrit.

C'est dans le petit paquet de propositions générées par inférence dans la mémoire de travail du compreneur que se trouve l'information ancienne. Elles sont résumées par la proposition mentale : <Laurence est allée à un marché où il y a habituellement des fraises>, avec les représentations autobiographiques qui l'entourent. C'est dans celles-ci que se trouve l'antécédent, non linguistique, mais cognitif et sémantique, de « les fraises », et la justification spécifique de l'article défini « les ». Cette information inférée est traitée, dans le dialogue supposé, comme « ancienne », parce qu'elle est partagée entre le locuteur et le compreneur, et qu'elle est considérée par eux comme du déjà connu, bien qu'elle ne soit pas du déjà dit : c'est une information implicitement ancienne qui assure la compréhension de la seconde phrase. Les résultats expérimentaux existants sont bien compatibles avec cette façon de voir.

La nature profonde des inférences

Qu'est-ce alors qu'une inférence ? Dans les sciences cognitives il existe plusieurs façons de répondre à cette question. Plusieurs d'entre elles sont simultanément acceptables, bien que les descriptions qu'elles donnent ne soient pas, au premier abord, immédiatement équivalentes. Une des exigences posées aux sciences cognitives est d'unifier ces conceptions.

Une des façons de parler des inférences est de les faire apparaître comme des segments élémentaires de raisonnement, des « pas » d'une proposition à une autre, à l'intérieur d'un raisonnement complet, composé d'une suite ou d'une chaîne de pas de cette sorte. Nous pouvons toutefois déjà remarquer que les inférences dont nous avons parlé dans la compréhension ne sont pas nécessairement, ni même souvent, organisées en suites ou en chaînes. Mais l'idée d'inférence élémentaire y est néanmoins viable.

En logique, la préoccupation est, comme on le sait, de déterminer à quelles conditions on peut mener un raisonnement de façon valide, c'est-à-dire aboutir à une proposition finale (à une conclusion) qui soit vraie à partir de propositions initiales données pour vraies (les prémisses), et cela sans se tromper en cours de route, sans perdre la vérité (raisonnement « salva veritate »). La psychologie cognitive a, de son côté, étudié empiriquement, et un peu différemment, les démarches naturelles de raisonnement[21].

Arrêtons-nous un moment sur la question, cruciale mais non résolue, de savoir ce qu'est *au juste* une inférence élémentaire. Nous la prendrons à son niveau le plus général, dans les deux conceptualisations comparées, celle de la logique et celle de la psychologie.

Pour la première, l'inférence se présente fondamentalement dans le schéma du conditionnel (logique) : « si p, alors q », où p et q sont des propositions. On peut aussi bien l'écrire : $p \Rightarrow q$. Ce schéma est nécessairement spécifié par la prise en compte des valeurs de vérité : « si p est vrai, alors q est vrai ». La meilleure analyse qui en ait été donnée, à nos yeux, pour le réduire à encore plus de simplicité est due à Quine : ce schéma est un équivalent de : « non (p et non q) » (« non » et « et » étant définis par ailleurs). En d'autres termes : « il ne peut pas se faire (ou peut-être il ne peut pas se penser) que l'on ait à la fois p vrai et q non vrai ». Si donc on admet qu'une proposition p, vue dans la conceptualisation logique, est un certain type de relation, soumise à la contrainte du « vrai/faux », entre une pensée et son objet, une inférence logique, telle qu'elle est exprimée par l'écriture du conditionnel, et symbolisée par la flèche ⇒, est une relation entre deux relations.

Dans la seconde conceptualisation, celle de la psychologie cognitive d'aujourd'hui, il peut en aller différemment. Certaines conceptions psychologiques, il est vrai, prennent pour modèle la conception logique, et se calquent sur elle. Nous disons plutôt : il existe une façon d'inférer qui est préalable, antérieure, inférieure si l'on veut, ou sous-jacente, à l'inférence logique, en bref naturelle. Elle opère entre deux propositions *mentales*, propositions occurrences ou propositions types, c'est-à-dire entre deux *états de l'esprit/cerveau*. Ce sont des représentations, dotées d'un contenu qui peut être plus ou moins abstrait, mais aussi d'une réalité cognitive-neuronale. Pour elles, nous l'avons dit, la valeur de vérité n'est pas fondamentale et la proposition n'est pas vue dans cette optique comme « ce qui est par définition porteur de vérité/fausseté », mais comme un état naturel.

À partir de là, l'inférence est un phénomène qui est aussi de caractère parfaitement naturel, et qui peut être décrit de manière naturaliste, c'est-à-dire causale. La description que nous allons en donner est un peu lourde et inhabituelle, mais elle est, croyons-nous, compréhensible : une inférence est « le fait que (le fait qu'un individu H pense p) cause (le fait qu'il pense q) ». En bref, pour H, « p lui fait penser q ».

Les deux descriptions entre parenthèses dans cet énoncé font référence à deux propositions mentales/cérébrales, p et q, vues comme des états de fait. Ce qui les lie fait référence à une relation qu'on peut qualifier de « sub-causale ». La « cause » dont il est question dans cette description ne peut agir qu'en conjonction avec d'autres causes. Celles-ci sont celles qui régissent, dans leur généralité, le mode de fonctionnement de l'esprit/cerveau. Ce sont plus spécifiquement : 1. la façon dont, dans l'esprit/cerveau du sujet H (dans sa structure sémantique) le substrat neural de p et celui de q sont reliés, et 2. le processus de propagation de l'activation. En bref, si p et q sont liées de façon appropriée dans l'esprit/cerveau de H, activer p causera l'activation de q.

Nous avons écrit ci-dessus que l'individu H « pense » p, ou q, ou q parce que p, et non qu'il le « croit », comme le feraient sans doute les philosophes utilisant la théorie philosophique des attitudes propositionnelles. La raison doit en être cherchée dans une différence conceptuelle qu'on a pu voir courir comme un fil rouge tout au long de cet ouvrage. Elle touche notamment à une question difficile : une croyance, c'est une pensée + un « degré d'adhésion » (ou d'assentiment) du sujet H à ses propres pensées (ici aux propositions p et q). Tout ce que nous avons dit concerne des processus plus spontanés que cela, qui relève de la cognition élaborée. On trouvera plus bas une étude expérimentale qui a un rapport avec ce problème.

La différence cruciale entre une inférence vue sous l'angle logique et une inférence vue sous l'angle psychologique se trouve ainsi dans la réinterprétation de la relation qui est supposée lier p et q. Au lieu de $p \Rightarrow q$, qui est une écriture de l'inférence logique, on a, pour l'inférence psychologique, une relation qu'on peut écrire $p \rightsquigarrow q$, dans laquelle la flèche $\rightsquigarrow$ désigne un fait de causalité naturelle, qui se réalise dans l'esprit/cerveau.

Nous avons précédemment utilisé la théorie cognitive de l'activation des représentations, et de sa propagation, à propos de concepts, ou de signification de mots : par exemple, en face d'une association verbale expérimentale « docteur » $\rightarrow$ « hôpital » (au mot « docteur » il a répondu par le mot « hôpital »), émise par un individu H, on dira : « l'activation de 'docteur', s'est propagée à 'hôpital' », ce qui est un exact équivalent du mot : « la lecture de "docteur" l'a fait penser à <hôpital> ». Dans le cas présent, on utilise sans grand changement la même théorie pour réinterpréter une inférence entre des propositions mentales. Si on dit à H que <Jim est un canari> et qu'il en infère que <Jim est jaune>, la réinterprétation sera de dire que l'activation de la proposition mentale p, <Jim est un canari>, s'est propagée à la proposition mentale <Jim est jaune>. Cette réinterprétation repose sur les deux idées fondamentales : 1. la représentation <canari> est lié à la représentation <jaune> en mémoire à long terme par la relation sémantique <(canari) possède le trait (jaune)>, 2. l'activation d'une représentation se propage à une représentation qui lui est liée par un lien sémantique.

On voit que cette réinterprétation semble conceptuellement assez éloignée de celle qui nous fait passer, par un raisonnement de type « modus ponens », de « Jim est un canari » à « Jim est jaune ». Mais on ne voit pas pourquoi les deux conceptualisations devraient être jugées contradictoires. Nous dirions volontiers ici que l'explication par les représentations, les liens entre représentations, et la propagation de l'activation est « plus profonde », au sens de « plus primitive », et également « plus implicite » que l'autre, et que l'explication par la relation ⇒ et le « modus ponens » est plus élaborée et plus explicite.

Il existe une liaison naturelle entre ⇒ et ↝. Elle passe par l'apprentissage, qui est un des deux socles de la connaissance, celui qui fonde la connaissance empirique. Qu'est-ce qu'apprendre, et particulièrement apprendre à connaître ? C'est laisser jouer la grande loi naturelle qui fait qu'une liaison existant dans le monde réel produit une liaison dans la pensée. Pour reprendre notre schéma compliqué :

« que (le fait réel A *entraîne* le fait réel B) cause que (la représentation du fait A *entraîne* la représentation du fait B) ».

Si p est une description (logique) du fait A, et q une description (logique) du fait B, notre première parenthèse contient bien p ⇒ q (dans une interprétation appropriée). Et ainsi la relation p ⇒ q cause l'existence d'une liaison p' ↝ q' (où p' et q' sont des propositions mentales dans des esprits/cerveaux[22]). Le processus psychologique d'apprentissage est celui qui fait que ce qui est lié dans l'univers devient lié dans l'esprit, sous forme de représentation.

Peut-être pourra-t-on estimer que ces considérations ne sont, en somme, que du Berkeley enrobé de sauce cognitive. Ce n'est pas exact puisque nous avons envisagé que la représentation générale de la causalité, en tant que schème cognitif, puisse être, dans un cadre darwino-kantien, antérieure aux représentations des causes particulières. Mais l'idée que les inférences aient un support causal, celui de la propagation d'activation ↝ entre propositions mentales, jointe à celle d'apprentissage des voies de cette propagation, peut avoir un certain intérêt pour expliquer certains résultats expérimentaux. Au cours des années passées, la problématique des inférences en psychologie cognitive est passée peu à peu, d'une conceptualisation qui empruntait beaucoup à la logique, à une conceptualisation qui privilégie la naturalité, psychologique et neurobiologique, des phénomènes : elle s'exprime en termes d'activation. Cela vaut particulièrement, comme nous allons le voir dans un instant, pour les inférences au cours de la compréhension.

Il se trouve que, simultanément, beaucoup de travaux portant sur le raisonnement ou sur la résolution de problèmes, notamment chez les enfants, ont commencé à accorder de plus en plus d'importance à des formes de bas niveau de l'inférence, liées à la compréhension des énoncés. Si un enfant échoue dans la résolution de problèmes scolaires, disent en bref ces travaux, ce n'est pas tant qu'il « manque de logique », ou « n'est pas doué pour les mathématiques », mais c'est très souvent parce qu'il n'a pas bien compris les énoncés de ces problèmes, avec toutes les inférences explicites qu'ils requièrent. L'enfant leur substitue alors ses propres inférences spontanées, brutes, implicites, et malheureusement non valides. Si, par exemple, l'énoncé parle de trains, l'enfant ne cherchera pas à le comprendre en détail, il inférera qu'il va être question de vitesse, et il cherchera une solution dans cette direction, alors que la vitesse n'aura rien à faire dans le problème qui lui est soumis.

Nous ne pouvons en terminer sur le problème posé au début de cette section, en esquivant la question directe : la vraie nature de l'inférence se trouve-t-elle primitivement dans une relation logique élémentaire, entre une proposition non mentale et une autre proposition non mentale, dont le conditionnel logique et la relation ⇒ fournissent le paradigme, ou bien dans un processus cognitif et causal qui se déroule dans l'esprit/cerveau ? Nous avons suggéré plus haut des rudiments de réponse et nous trouverions présomptueux de répondre maintenant de façon tranchante à cette question. Mais l'étude psychologique des processus d'inférence et de raisonnement a montré que leur explication causale est essentielle. C'est pourquoi le fonctionnement de ces processus est souvent erratique, influencé par le contenu des propositions, et naturellement par l'affectivité.

Ce qu'on peut toutefois ajouter à cela, en restant dans une perspective cognitive, c'est que des siècles d'élaboration de la logique et d'essor de la rationalité ont enseigné socialement aux hommes comment opérer une sélection parmi toutes leurs activités mentales inférentielles : ils leur ont montré peu à peu quelles catégories d'entre elles méritent, par leur conformité ultime aux exigences de la cohérence, et aux régularités du monde réel, d'être qualifiées de « valides », donc reconnues et conservées, et quelles sortes d'inférences doivent au contraire être abandonnées, parce qu'elles sont trop rapides, incontrôlées, et conduisent finalement à des erreurs. Si l'enseignement des mathématiques ne peut que favoriser cette sélection, l'entraînement au bon usage du langage et notamment à la recherche de l'exactitude dans la compréhension y contribue de façon importante.

Les inférences causales prédictives

Nous pouvons maintenant revenir sur ces bases à des questions moins abstraites, et parler autrement de la causalité dans les inférences. Il s'agira cette fois de la *causalité représentée*, autrement dit du contenu de certaines représentations.

Les inférences passerelles, dont nous avons parlé plus haut, sont souvent de type causal : c'est cette causalité représentée qui relie alors sémantiquement les deux phrases successives. Si nous reprenons notre exemple précédent : « Laurence est allée hier au marché de F ; elle trouve que les fraises y sont très bonnes », nous voyons que le compreneur est incité à en inférer : « c'est parce qu'elle trouve que les fraises y sont très bonnes que Laurence est allée hier au marché de F ». Les phrases, P1 et P2, qui sont consécutives, véhiculent les descriptions de deux événements, E1 et E2, entre lesquels n'est indiquée explicitement aucune liaison de cette sorte. Mais l'activité de compréhension insère entre les deux une relation causale fondée sur une croyance usuelle, qui est ici une connaissance : la raison (ou la cause) pour laquelle les consommateurs sélectionnent leurs lieux d'achat. Dans tous les couples de cette sorte, une seconde phrase P2, qui décrit un événement E2, est compréhensible dans la mesure où son contenu est représenté comme une conséquence ou une cause « normale » de E1 – « normal » signifiant ici « conforme aux connaissances ou croyances du compreneur ».

Différente de ces inférences passerelles, qui s'exercent sur la causalité passée – <E2 parce que E1>, ou parfois <E1 parce que E2> – se trouve une autre intéressante sous-catégorie d'inférences causales, qui a été assez largement étudiée au cours de la période récente : c'est celle des inférences prédictives. Elles concernent des événements futurs, et font que l'inférence <E2 causera E3> est produite dès l'apparition de la phrase qui décrit E2 : ainsi E3 est-il activé avant qu'on en ait parlé.

Dans un récit, les événements successifs qui sont rapportés permettent généralement à l'auditeur ou au lecteur d'anticiper des événements à venir. Au cinéma, les enfants, tout excités, disent parfois : « Tu vas voir, tu vas voir ! » Le compreneur possède une capacité naturelle à produire de telles inférences prédictives. Mais le fait-il réellement ?

Il y a débat à ce sujet, et il est appuyé sur des données complexes. Selon deux familles d'hypothèses[23] (l'une dite

« constructiviste » et l'autre « minimaliste ») la réponse pourrait bien être négative : le compreneur consacre l'essentiel de son activité cognitive à construire, de façon automatique et rapide, les inférences causales *rétrospectives* qui lui permettront d'attribuer de la cohérence, de « donner sens » selon l'expression courante, à sa représentation de la chaîne des événements passés décrits par le récit. Il semble ne consacrer alors qu'une faible part de son activité d'interprétation, et encore s'il y est contraint, à construire des anticipations. Un certain nombre de données expérimentales ont confirmé ce déséquilibre. Mais d'autres ont montré qu'il existe en réalité un ensemble de conditions qui favorisent les inférences prédictives.

Ce qui est peut-être plus intéressant, et qui touche à la différence évoquée plus haut entre inférences logiques et inférences psychologiques, concerne la nature même des inférences prédictives. Dans une suite d'expériences récentes, Campion[24] a montré qu'il existe une large différence entre les inférences prédictives élaborées au cours de la compréhension d'un texte et les inférences déductives classiques : les premières conduisent le lecteur à se représenter des faits hypothétiques, par contraste avec les secondes, qui le conduisent à se représenter des faits qui peuvent être jugés certains. Il apparaît que les compreneurs ont une connaissance implicite de cette différence, et qu'elle influence le fonctionnement de leur activité de compréhension. Il serait inexact d'en parler en disant que les compreneurs « ont conscience » de cette différence, dans la mesure où, justement, elle n'est pas explicite, et ne peut être mise en évidence que par l'expérimentation.

Les expériences de Campion ont une certaine complexité, et nous les résumerons ici beaucoup. L'auteur a utilisé comme matériel expérimental de petites histoires, destinées à être lues et comprises par les participants, et qu'il a dotées de caractéristiques bien distinctes.

La trame de celles qui devaient susciter des inférences déductives était conforme au schéma classique du « modus ponens ». Dans une présentation qui est ici faiblement formalisée : 1. pour tout x, si x est P, il est également Q (comme dans « tout homme est mortel ») ; 2. or *a* est P (comme dans : « Socrate est homme ») ; 3. (produit de l'inférence) donc *a* est Q (« Socrate est mortel »). Ce schéma est mis en œuvre, par exemple, dans une histoire de grosse tempête pour laquelle le texte expérimental rapporte que tous les arbres de plus de 8 m ont été déracinés ; or il existe dans l'histoire un vieux chêne haut de 15 m ; à partir de là le lecteur ne peut qu'inférer déductivement que le vieux chêne a été déraciné. Les histoires de la seconde sorte étaient supposées susciter des inférences prédictives : on y trouve un récit quasi titanique, avec un navire, un iceberg, et un environnement suggérant un naufrage.

Le plan d'expérience comportait pour chaque histoire une multiplicité de versions, par lesquelles, en changeant certaines phrases du texte, on modifiait l'inférence suggérée au lecteur. Il y avait aussi d'autre part des phrases dont la compréhension ne nécessitait aucune inférence.

Dans son expérience 2, l'une de celles auxquelles nous nous limiterons, Campion utilisait une technique de vérification : il présentait après lecture de l'histoire des phrases de conclusion, et demandait à leur propos des jugements directs de vérité, par exemple : « le vieux chêne a été déraciné » (oui/non). Ces phrases de jugement conclusif étaient expérimentalement contrastées avec d'autres phrases qui comportaient un « peut-être » : « le vieux chêne a peut-être été déraciné ». On avait de même, pour l'autre histoire : « le bateau a coulé », ou « le bateau a peut-être coulé ». Les temps de réponse à ces questions étaient mesurés.

Le principal résultat de cette expérience est que, pour les histoires conduisant à une conclusion hypothétique, les questions comportant un « peut-être » recevaient une réponse plus courte que les questions sans ce « peut-être ». Cela (avec les autres données) témoigne que les lecteurs d'histoires conservent quelque part en mémoire une trace du caractère hypothétique ou non des faits qui leur ont été rapportés, et que cette trace, manifestement implicite, est mobilisable très vite lorsqu'ils doivent porter un jugement sur ces faits.

Nous allons décrire un peu plus longuement l'expérience 3, dont la technique était différente : nous allons d'abord en exposer le principe, qui est intéressant par lui-même.

Cette technique expérimentale est assez répandue, et elle permet d'une façon générale de saisir la dynamique de l'information ancienne et de l'information nouvelle telle que nous l'avons présentée plus haut. Elle consiste à mesurer les temps de lecture comparés d'une phrase bien choisie, dite « phrase cible », à l'intérieur d'une séquence. Dans le cas simple on peut, par exemple, comparer la compréhension de deux couples d'énoncés successifs, AB et A'B, et mesurer le temps de lecture de B dans les deux cas. L'hypothèse générale qui est sous-jacente à cela est que le temps de lecture de B, en tant que variable observable, reflète la durée du traitement cognitif interne, inobservable, correspondant à la compréhension de la phrase B. Les variations de ce temps expriment la variabilité de la *partie du traitement* qui assure l'intégration de l'information nouvelle, venue de B, à l'information ancienne venue de A ou de A', selon le cas, et qui est conservée dans la mémoire de travail du compreneur. Notons au passage que cette hypothèse méthodologique est liée à une théorie générale de la nouveauté cognitive, qu'on utilise aussi dans d'autres situations très différentes : par exemple pour déterminer par leurs temps de fixation des yeux à quoi font attention de très jeunes bébés.

Dans le cas de la compréhension, on a dit plus haut que la cohérence entre l'information ancienne déjà en mémoire et l'information nouvelle en cours de compréhension détermine la « nouveauté » de la seconde. Cette nouveauté n'est pas seulement une caractéristique ressentie par le lecteur, c'est une variable objective. On prédit, sur la base de cette théorie cognitive et des précédents résultats de recherche, que la compréhension d'une seconde phrase, dans un couple de phrases de même thème, devrait être d'autant plus rapide que la cohérence sémantique est plus élevée entre elle et la phrase qui la précède.

Ainsi, si on a des raisons de supposer qu'un certain couple de phrases, AB, est cognitivement plus cohérent qu'un autre couple, A'B (en raison du contenu de la première phrase, A ou A'), on prédira que le temps de compréhension de B sera plus court quand il est précédé de A que quand il est précédé de A'. Par voie de conséquence son temps de lecture le sera aussi. Des expériences passées ont montré que, dans ces situations, des différences temporelles fines, de l'ordre de quelques dizaines de millisecondes, sont en effet observées sur la lecture de la seconde phrase, ce qui valide la technique.

Dans l'expérience 3 de Campion, l'auteur utilisait un matériel d'histoires semblable au précédent. Il faisait lire, après le texte de chaque histoire, une phrase supplémentaire qui, ou bien validait l'inférence présumée ou bien l'invalidait : par exemple : « Il pensait au vieux chêne de 15 m qui était tombé à terre à cause de la tempête » ou bien : « Il pensait au vieux chêne de 15 m qui n'était pas tombé à terre en dépit de la tempête ». L'hypothèse était ici que, pour les inférences déductives, la phrase qui validait l'inférence serait plus facile et plus rapide à lire et à comprendre que la phrase qui l'invalidait, puisque la seconde était alors non cohérente avec le texte et l'inférence. Cette hypothèse était en accord avec la théorie et avec les résultats antérieurs. Mais l'auteur introduisait une hypothèse différente pour les inférences prédictives. La phrase qui pouvait invalider l'inférence était : « ce fut un miracle que le navire n'ait pas sombré » et celle qui la validait : « quelle grosse erreur, puisque le navire a sombré ». Si le produit de l'inférence était en mémoire, comme le supposait l'auteur, sous la forme d'une proposition hypothétique (par exemple : « le navire a peut-être sombré »), alors les lecteurs devaient être capables de *remettre à jour* leur représentation, et cela aussi facilement en lisant l'une que l'autre des adjonctions. Dans ce cas, ce qui était précédemment une inférence hypothétique était devenu, dans l'un et l'autre cas, un fait vrai (d'après le texte). Selon cette hypothèse de Campion les temps de lecture devaient être non différents pour les phrases cibles dans le cas des inférences prédictives (puisque ces phrases conduisaient l'une et l'autre à une remise à jour), alors qu'ils devaient être différents dans le cas des inférences déductives (puisque l'une des phrases conduisait à une validation, et l'autre à une invalidation). On pouvait opposer à cela une hypothèse concurrente, selon laquelle les temps de lecture seraient également différents dans le cas des inférences prédictives.

Les comparaisons entre les temps de lecture fournirent des résultats conformes aux hypothèses de l'auteur : différence dans un cas, pas de différence dans l'autre. En bref, ces résultats se trouvèrent en accord avec l'idée suivante : les inférences prédictives produisent des propositions mentales qui sont codées, de façon spécifique et durable, comme des représentations de faits hypothétiques, alors que celles produites par les inférences déductives le sont comme des représentations de faits certains.

Les expériences de Campion que nous venons de décrire partiellement paraîtront sans doute assez complexes, et elles le sont. Ce degré de complexité n'est nullement exceptionnel dans la recherche actuelle : il illustre la sophistication à laquelle est parvenue la psychologie cognitive, sophistication méthodologique, sophistication du raisonnement expérimental, sophistication de la théorie. Tout cela est-il bien utile ? On peut répondre affirmativement à cette question pour deux raisons.

En premier lieu les phénomènes cognitifs sont très complexes, et on ne voit pas comment on pourrait les étudier scientifiquement sans une sophistication empirique extrême, qui n'est d'ailleurs pas supérieure à celle que l'on trouve dans n'importe quelle autre science. En second lieu, cette sophistication conduit à des résultats importants, et qui ont entre eux une indéniable cohérence.

Dans le cas présent, les résultats de Campion traduisent expérimentalement une caractéristique qui est bien connue subjectivement, et dont nous avons parlé précédemment : le degré variable d'adhésion du sujet à ses propres propositions mentales. C'est la face objective de la notion exprimée par « croire que ». Elle se manifeste ici, sous forme de millisecondes, dans des représentations qui ont été engendrées par inférence dans la compréhension du langage.

Penser

Peut-être pouvons-nous livrer avant de conclure quelques remarques qui prolongent le thème des inférences. Que l'activation d'une représentation, plus précisément ici d'une proposition, puisse *causer* l'activation immédiatement consécutive d'une autre représentation, d'une autre proposition, n'est-ce pas ce qui constitue le tissu même de la pensée en mouvement ?

Ce que montre bien l'étude des inférences générées lors de la compréhension d'énoncés, c'est que l'activation de représentations peut avoir deux sources. La première est celle que nous avons largement décrite : une source d'information venue de l'extérieur. L'activation de représentations qui a lieu au cours de la compréhension est d'abord, et de la façon la plus simple à étudier, provoquée par de l'information *entrante*, par des stimulus, en l'occurrence, par exemple, par la perception du n^e mot d'une phrase. Mais il existe une seconde source d'activation. Celle-ci est purement interne : une représentation peut être activée par une autre représentation, déjà active. C'est ce que nous avons décrit plus haut, et qui peut s'exprimer ici de façon simplifiée par la phrase : « le fait qu'un individu H pense que p cause qu'il pense que q ». Nous avons essayé de montrer que, sous cet angle, l'inférence ne diffère pas tellement de l'association « des idées ».

Mais la phrase ci-dessus ne concerne pas seulement « penser que » (« penser que p » ou « penser que q »), mais toutes les sortes de façons de « penser », et notamment « penser à ». « Penser », c'est, pour chaque individu, passer d'un état mental à un autre état mental. Dans un certain nombre de cas ce sont des états représentatifs plutôt vagues, des images mentales, ou des états ayant une forte charge affective. C'est alors que le passage de l'un à l'autre relève de la relation associative. Les témoignages sur le flux ordinaire de ce qui est ressenti comme la conscience, mais aussi ceux sur la rêverie, et encore plus sur l'invention, la novation, et même la recherche en mathématiques, montrent à quel point ces façons de passer sans loi d'une pensée à l'autre sont répandues, et aussi combien elles peuvent être fécondes. Nous pouvons ici évoquer à nouveau Gaston Bachelard. Mais dans d'autres cas, ces états mentaux sont occupés par des concepts rationnels, et par des propositions mentales bien définies ; le passage de l'un à l'autre est supervisé par des règles de passage, notamment logiques.

Peut-être, sur la question de ce qu'on appelle « penser », n'est-on pas beaucoup plus avancé en disant de façon aussi générale que, dans la pensée spontanée comme dans la pensée réglée, penser c'est laisser en soi des représentations activer d'autres représentations. Mais cette façon de voir est, au niveau où on la prend, une conception unificatrice.

Conclusion

On peut décrire trois catégories de propriétés des représentations : les propriétés subjectives (ou intrinsèques), qui sont internes aux esprits, les propriétés objectives (ou extrinsèques), qui concernent le rapport entre les représentations et le réel qu'elles tentent de représenter, sous les espèces de la référence ou de la vérité, enfin les propriétés cognitives, qui sont des propriétés naturelles. La recherche cognitive tente d'établir comment ces dernières permettent d'établir ou conduisent à rompre les ponts entre les deux premières catégories. La psychologie cognitive fait dépendre ces propriétés naturelles des représentations du mode de fonctionnement de l'esprit/cerveau. Toutefois, l'invention par celui-ci de la « méthode » lui fournit un moyen de s'affranchir partiellement des sujétions que la nature lui impose. Il peut aussi se donner une « morale cognitive », comme contribution spécifique à la morale générale : elle a pour règle principale de chercher constamment à substituer de l'explicite à de l'implicite.

Les dernières données et analyses que nous avons rapportées apportent une confirmation supplémentaire à une idée que l'ensemble de cet ouvrage a tenté d'illustrer : les représentations ont des propriétés naturelles, et elles sont traitées en vertu de processus naturels. Vues dans leur généralité, les propriétés des représentations sont multiples, et elles peuvent être rangées en trois catégories. Les deux premières sont familières à tous, même si elles sont encore incomplètement élucidées, la troisième l'est beaucoup moins.

La première catégorie de propriétés des représentations concerne la façon dont elles apparaissent, qui d'abord concerne seulement leur possesseur. Les représentations sont, sous ce rapport, « représentatives » en un premier sens de ce mot : elles le sont de leur contenu, de leur intentionnalité, au sens philosophique de ce mot. Elles sont « représentatives de », avec un complément qui exprime leur contenu phénoménal visé, et rien d'autre. Une théorie basée sur la psychologie cognitive ajoutera à cela que ce contenu est différencié dans l'esprit, c'est-à-dire riche en information, et variable de façon interindividuelle. Cette représentativité cognitive individualise ainsi doublement une représentation : celle-ci est « la représentation *de* <Greta Garbo> *de* (ou *pour*) Bernard », cette autre la « représentation *de* <pomme> (ou *des* pommes) *pour* Marie » ; celle-là est « la représentation *pour* Jeanne du fait <que les ajoncs ont des fleurs jaunes> » – ce qui se trouve par ailleurs être vrai – ou <que *pour* Henri, le débarquement des troupes alliées a eu lieu le 18 juin 1944>, ce qui se trouve être faux ; mais ce n'en est pas moins une représentation comme toutes les autres. La psychologie cognitive ajoute en outre que ces représentations peuvent être manipulées mentalement, et elle se sert de cette propriété pour accéder à leur connaissance – à la connaissance de : comment sont telles ou telles représentations ? et non de : comment sont les réalités représentées dans ces représentations ? C'est ce qui est fait dans les épreuves de jugement au cours desquelles un participant doit, par exemple, dire au psychologue qui l'interroge si « sa représentation de A ressemble plus à sa représentation de B qu'à sa représentations de C ». À cela s'ajoute encore la possibilité, pour toutes ces représentations, d'être accompagnée, de façon interindividuellement variable, d'une charge affective et émotionnelle : cette dernière propriété est celle à laquelle s'intéresse au plus haut point la psychologie dite « clinique ».

Ce qui regroupe toutes ces propriétés, c'est qu'elles concernent, comme nous l'avons dit, l'apparence subjective des représentations pour le sujet qui les porte : cette apparence peut être plus ou moins vive (« saillante » dans le vocabulaire cognitif), et plus ou moins consciente, en fonction de leur passé et des circonstances qui entourent leur activation. Mais certaines de ces propriétés peuvent exister sans être apparentes pour le sujet. Elles sont sous la dépendance de processus mentaux qui, eux, ne sont pas subjectifs.

Une deuxième catégorie de propriétés des représentations, dont on sait depuis longtemps qu'elles peuvent entrer en conflit avec les précédentes, fait l'objet de débats millénaires. Ce sont les propriétés « objectives » des représentations, celles qui les rendent représentatives en un second sens de ce mot, par ce qu'on peut appeler leur « représentativité extrinsèque ». Ce sont des propriétés *relationnelles* : elles concernent la *relation* entre une représentation et ce qu'elle « prétend » (parfois par sa force subjective) représenter : l'évidence [1], prise comme critère de vérité, a parfois sanctifié cette force subjective de la relation.

Mais il faut distinguer entre les évidences : on sait depuis longtemps que l'évidence perceptive n'est en aucune manière une preuve de vérité. Quant à l'évidence des idées, elle n'est qu'un sentiment, qui peut être trompeur : combien de fois chacun de nous n'a-t-il pas entendu dire : « c'est évident », « à l'évidence », alors qu'il se trouvait en désaccord. Ce qui suffit à ruiner la force de l'évidence, puisque, si elle était valide, elle s'imposerait à tous. La psychologie cognitive considère que l'évidence (et plus généralement le degré de confiance) naît de l'appariement entre deux représentations, et de la qualité subjective de l'information interne causée par cet appariement. Cette qualité ressentie peut être correctement informative, comme le montre un certain nombre de données expérimentales recueillies sur cette base. Mais elle peut aussi être inexacte : cette interprétation cognitive met sérieusement en péril le statut épistémologique parfois accordé (de la foi religieuse à Descartes et à Chomsky) à la force de l'évidence.

Le statut de la relation « objective » (ou « objectivante ») entre une représentation et son objet demeure une question ouverte, mais sur laquelle la recherche cognitive apporte des éléments de connaissance. Cette relation s'exprime, par exemple, dans le fait que la représentation *de* Greta Garbo – comme contenu subjectif particulier chez un individu particulier – est ou non, ou encore est bien ou mal, la représentation DE Greta Garbo, la vraie, comme personne réelle. L'opposition entre ces propriétés objectives et les propriétés subjectives précédemment évoquées recouvre une autre propriété encore des représentations, une capacité de ruse dont elles sont dotées : celle d'apparaître pour ce qu'elles ne sont pas. Entre la représentation *de* Greta Garbo et la représentation adéquate *de* Greta Garbo, la signification de la préposition « de » a changé. Ce DE-là n'est qu'une visée, et cette visée n'atteint pas toujours son objectif : c'est l'inscrutabilité de la référence décrite par Quine.

Plus simplement, les représentations sont susceptibles d'être porteuses d'erreur ou d'inadéquation. C'est bien à cause de cela que les sciences de la cognition ne sont pas les sciences *de la connaissance*, mais des sciences *de la connaissance et de l'erreur* (ou de l'inadéquation). Certes, dans les cas simples, des représentations *de* pommes sont bien, en général, des représentations *de* pommes, la représentation *que* les ajoncs ont des fleurs jaunes, ou *que* le débarquement allié a eu lieu le 6 juin 1944, sont bien des représentations DES réalités correspondantes. Mais les représentations *de* Gargantua *de* l'éther, *de* Zeus, et peut-être *de* Dieu, celle *que* les fleurs d'ajonc sont rouges, celle, forgée en 1944, que les troupes alliées allaient débarquer dans le Pas-de-Calais, sont ou ont été, sous ce rapport, des représentations DE rien. Cette relation entre les représentations et le réel est extérieure aux représentations elles-mêmes, elle constitue leur représentativité extrinsèque. Elle est la façon dont la cognition *peut* être porteuse de connaissance, mais aussi d'apparence et d'erreur. La cognition se déploie sous ce rapport entre les deux valeurs concurrentes du vrai ou du faux (pour les propositions), de l'adéquat ou de l'inadéquat (pour les concepts). Mais les individus humains, qui sont apparemment tous dotés de la même cognition, portent leur intérêt avec une force extrêmement inégale sur le contenu subjectif de leurs représentations ou sur leur contenu objectif.

C'est qu'il existe une *troisième* catégorie de propriétés des représentations, et qu'il est aujourd'hui nécessaire de les prendre aussi en considération. Nous avons défendu dans tout cet ouvrage l'idée que les propriétés d'objectivité, de vérité, de représentativité extrinsèque sont bien des propriétés de représentations mentales, résidant dans des esprits/cerveaux d'individus humains, et non de « la » connaissance en général, en tant que représentation abstraite externe aux esprits. C'est le partage (c'est-à-dire la similarité inter-individuelle) des représentations qui fait que l'on peut, avec précaution, parler de « la » connaissance trans-individuelle. Les avantages qu'apportent le caractère collectif de la science, et dans un autre registre les formalismes et la modélisation logique, ne doivent pas masquer ce fait. Le débat sur ces questions est trop intense pour que nous souhaitions y revenir à nouveau : l'important est de répéter que la conceptualisation cognitive offre un cadre d'ensemble pour en traiter.

Ces troisièmes propriétés sont celles que découvrent, ou cherchent à découvrir, les sciences cognitives. Elles ont encore besoin d'être mieux caractérisées, mais elles sont depuis quelques décennies, et certainement pour quelques décennies encore, sous le regard scrutateur de ces sciences. Ce sont elles qui permettent de rendre le mieux compte de l'opposition entre les propriétés subjectives (intrinsèques) et les propriétés objectives (extrinsèques) des représentations, et aussi de faire la liaison entre elles. C'est par la connaissance de ces troisièmes propriétés que les sciences cognitives cherchent à décrire ce que *sont, fondamentalement*, les représentations ; ce sont elles qui nous ont essentiellement occupé tout au long de cet ouvrage. La plus générale est la naturalité, le fait, ressassé par nous, que les représentations mentales sont des réalités naturelles *comme* le sont les choses du monde, et qu'elles obéissent *comme* elles à des régularités (ou lois) causales. On voit sans doute mieux maintenant le sens de ces deux « comme », qu'il faut naturellement recevoir avec quelques précautions : il existe des traits communs, et des traits différents.

La naturalité se décline dans toutes ces propriétés particulières dont nous avons longuement parlé : la distinction entre représentations à long terme et représentations en mémoire de travail, le caractère le plus souvent appris des premières, mais peut-être à l'intérieur de cadres innés, leur organisation en hiérarchies conceptuelles ou en réseaux sémantiques ou associatifs, leur similarité cognitive, leur activabilité (ou saillance à long terme) et leur niveau d'activation momentané, leur décomposabilité en traits sémantiques, leur « assemblabilité », ce néologisme désignant leur capacité à être assemblées à l'infini en fonction de leurs structures de contenus pour former de nouvelles représentations, etc. Toutes ces propriétés naturelles, il est certes sage de les considérer comme encore partiellement hypothétiques, dans leur réalité et dans leurs modalités de fonctionnement. Mais on peut faire confiance à la recherche cognitive, dont c'est justement l'un des objectifs majeurs, pour mieux en assurer la description de façon scientifiquement fondée.

Répartir les propriétés des représentations dans les trois catégories distinctes que nous avons dites implique de considérer aussi leurs interactions : elles sont certainement très complexes. Ce qui tourmente les philosophes depuis des millénaires est l'absence de corrélation directe et naturelle entre les deux premières catégories : entre l'apparence subjective que revêtent les représentations pour leur possesseur et la vérité qu'elles portent. Cette corrélation, quand elle se rencontre sans effort, est souvent aléatoire. En termes cognitifs, la relation qu'une représentation entretient naturellement avec la réalité, celle qui fait qu'elle est vraie ou adéquate, ou bien fausse ou inadéquate, dépend faiblement de son apparence et de son fonctionnement subjectifs. Cela vaut pour les croyances : les humains croient aux idées fausses (jugées telles selon des critères rationnels) avec une force égale, ou parfois supérieure, à celle des idées vraies. Cela vaut aussi pour les passages d'une représentation à une autre : les individus infèrent, ou raisonnent, ou associent spontanément à partir des idées fausses, pourvu qu'elles leur plaisent, avec la même facilité et la même liberté qu'à partir des idées vraies. Cela vaut, enfin, pour les comportements : les hommes et les femmes sont gouvernés par les représentations fausses avec la même vigueur que par les représentations vraies.

Il existe toutefois un correctif possible à cette non-corrélation de l'objectivité et de la subjectivité, et il est inscrit lui-même dans les potentialités des esprits/cerveaux. Les hommes ont inventé la méthode, et en particulier les règles de la logique et celles de la vérification, pour corriger le caractère faillible de leurs représentations. La cognition naturelle offre aux hommes la possibilité de se donner des exigences et des prescriptions cognitives, soit par découverte, soit, le plus souvent, par apprentissage. Ce sont ces exigences que recouvrent les notions de rigueur logique ou analytique, et de rationalité : elles se transmettent par la parole dans le flux de la vie sociale, de la culture et de l'instruction. Elles sont, pour l'Occident, un héritage historique dont la source première se trouve dans la pensée élaborée d'abord au cœur des cités grecques.

Pour terminer, nous nous interrogerons brièvement sur la morale de cette histoire, celle que nous venons de raconter, à propos du sens et de ses origines. Il existe une morale cognitive, et elle est une partie de la morale générale. Elle n'est pas vraiment nouvelle, puisqu'on doit en attribuer l'ancienne paternité à ce courant qui a notamment produit la grande philosophie grecque, puis Descartes et ses successeurs, sur le thème de la raison et des passions : elle parle de lucidité, de doute méthodique, de recherche des idées claires et distinctes, et on peut y intégrer l'apport de Freud sur une certaine sorte de transformation du non-conscient en conscient, et aujourd'hui de l'implicite en explicite. La perspective cognitive moderne se réinscrit très bien dans cette tradition.

L'idée de base en est encore et toujours celle, longuement développée ici, que notre esprit n'a jamais directement affaire qu'à ses représentations ; mais qu'il a pourtant, par leur intermédiaire, accès au monde. Cette double idée découle de notre connaissance générale et scientifique de la cognition : c'était l'objet de ce livre.

Mais il faut aussi lui faire face dans la vie privée, quotidienne, concrète, en dépit du caractère à première vue un peu déconcertant d'un représentationnisme généralisé. Un premier stade de cette rencontre peut être, en effet, une sorte de solipsisme, auquel Fodor[2] a eu le bon goût d'accoler le qualificatif de « méthodologique » : il existe heureusement de bonnes raisons de ne pas y séjourner, et de ne pas se laisser réduire, par la considération trop aiguë de ses propres représentations, à l'immatérialisme. S'il y a beaucoup à emprunter à Berkeley, à commencer par son empirisme, c'est dans une vision générale matérialiste, plutôt qu'immatérialiste.

Toutefois plusieurs aspects d'un représentationnisme raisonné touchent à la morale. Ils concernent d'abord le contenu et l'objet des émotions et des sentiments, des passions, au sens cartésien et spinoziste du terme. Combien on aimerait pouvoir convaincre les grands haïsseurs de cette planète que l'objet de leur haine n'est que ce qu'ils s'en représentent. Mais l'incapacité à prendre un peu de recul par rapport à ses représentations est justement ce qui constitue l'essence même du fanatisme. C'est une idée devenue banale qu'un meilleur apprentissage des réalités, des échanges plus étendus avec d'autres personnes, d'autres idées, d'autres histoires, aide à relativiser les représentations, et à dissoudre le caractère passionnel des antagonismes. Mais seule une théorie de la relation entre soi et ses représentations, c'est-à-dire en définitive du doute méthodique, peut en assurer l'efficacité.

Peut-être faut-il ajouter que cela ne vaut pas seulement pour autrui, et pour les méchants patentés : les objets de nos petites détestations méritent souvent, eux aussi, d'être reconsidérés.

Ces caractéristiques des représentations s'appliquent aussi à l'autre extrémité du spectre des sentiments : dans l'amour, et tout spécialement aux moments où il est le plus flamboyant, l'aimé ou l'aimée n'est autre que sa propre représentation de lui ou d'elle. De cet aveuglement personne n'a eu une intuition plus aiguë, ni une théorie plus pessimiste, que Marcel Proust dans *La Recherche*. Deux phrases, parmi bien d'autres, en témoignent : « Les liens entre un être et nous n'existent que dans notre pensée[3]. » Et encore, en plus désespéré : « L'homme est l'être qui ne peut sortir de soi, qui ne connaît les autres qu'en soi, et, en disant le contraire, ment. » Mais d'autres disent aussi que l'amour n'est pas toujours une illusion, et que celle-ci peut trouver son antidote dans la cohabitation et la longue vie-avec, lorsqu'elle est couronnée de succès. Comme la perception, comme l'émotion esthétique, l'amour est susceptible de lent et invisible apprentissage. S'il est vrai qu'il est soumis, à sa façon, à cette inscrutabilité cognitive dont parle Quine à propos de la référence, il a aussi un trait commun avec la science : la connaissance qu'il porte en lui est capable de s'accroître et de se rapprocher du vrai avec le passage du temps. Pour le meilleur ou pour le pire, quand je t'ai aimé(e) je ne savais pas qui tu es, mais j'ai fini par lentement le découvrir.

Une morale rationnelle des passions peut ainsi tirer avantage de s'appuyer sur une conception cognitive des représentations. Celle-ci aide à prendre de la distance avec les émotions et les sentiments, et avec leurs contenus représentationnels, non pour les éteindre, mais pour les approfondir, et les redoubler lorsqu'ils sont justifiés. En tout cas, sans cette distance il n'existe pas de morale possible.

Ces observations s'appliquent aussi, plus spécifiquement, à la compréhension du langage : il est moral de fuir le malentendu. Ce n'est pas par hasard que la langue a formé et maintenu des expressions, « se comprendre », « bonne compréhension », « s'entendre avec », « s'entendre » (mutuellement), qui relient une relation interpersonnelle apaisée, en principe réciproque, à une activité cognitive bien conduite. C'est donc une façon, apparemment petite mais non négligeable, de concourir à la « bonne marche du monde » que de faire le petit effort cognitif supplémentaire qui permet de se construire une représentation sémantique plus exacte de ce qu'a vraiment voulu dire l'interlocuteur. Passer rapidement en revue dans son esprit les « autres sens possibles », dont certains sont parfois mieux acceptables, de ce qu'on a entendu ou lu, est une tâche qui mérite de devenir une préoccupation et une habitude, même si elle n'est pas toujours mentalement facile. Mieux connaître le fonctionnement de l'esprit, et particulièrement celui de la construction du sens, n'est donc pas seulement cette aventure naturaliste, scientifique et intellectuelle, que nous avons tenté de mener, c'est aussi pour chacun une façon de mieux être soi.

Notes

Remerciements

1. Précédemment Centre Interdisciplinaire d'Étude de l'Évolution des Idées, des Sciences et des Techniques (CIEEIST) de l'université de Paris-Sud-XI.

Introduction

1. Par exemple, pour nous en tenir à la mention explicite de cette expression : Dretske, F. (1995). *Naturalizing the mind*, Cambridge, Ma., et Londres, MIT Press ; Pacherie, E. (1993). *Naturaliser l'intentionnalité*, Paris, PUF.

2. Le Ny, J.-F. (dir.) (1993). *Intelligence naturelle et intelligence artificielle*, Paris, PUF.

3. Le Ny, J.-F. (1989). *Science cognitive et compréhension du langage*, Paris, PUF. Titre si utopique qu'il se trouve parfois cité avec un pluriel : « sciences cognitives ».

4. Houdé, O., Kayser, D., Koenig, O., Proust, J., et Rastier, F. (1998). *Vocabulaire de Sciences cognitives*, Paris, PUF ; Tiberghien, G. (dir.) (2002). *Dictionnaire des Sciences cognitives*, Paris, Armand Colin ; Fuchs, C. (dir.) (2004). *La linguistique cognitive*, Paris, Ophrys-Éditions de la Maison des Sciences de l'Homme ; et la revue *Intellectica*.

5. Le débat vient de : Lagache, D. (2002). *L'unité de la psychologie*, Paris, PUF, 6e édition. Voir aussi sur ce thème : Le Ny, J.-F. (1999). « La psychologie est durablement duale », *Bulletin de Psychologie, 52*, 440 (numéro spécial sur « L'unité de la Psychologie »), 273-280 ; Le Ny, J.-F. (2001). « La psychologie cognitive, ses sœurs et ses cousines », conférence au Congrès du Centenaire de la Société Française de Psychologie, Boulogne. Actes du Congrès.

6. Plagnol, A. (2004). *Espaces de représentation : théorie élémentaire et psychopathologie*, Paris, CNRS Éditions.

1 – La psychologie cognitive dans le contexte des sciences cognitives

1. Kayser, D. (1997). *La Représentation des connaissances*, Paris, Hermès. Au cœur du débat se trouvaient notamment les arguments et expériences de pensée de : Dreyfus, H. (1972). *What Computers Can't Do*, New York, Harper and Row ; Dreyfus, H. (1992). *What Computers Still Can't Do*, Cambridge, Mass., MIT Press.

2. Turing (1936). On computable numbers, *Proceedings of the London Mathematical Society*.

3. Putnam, H. (1960). Minds and Machines, *in* S. Hook (ed), *Dimensions of Mind*, New York, New York University Press (1981) ; *Reason, Truth and History*, Cambridge, Mass, Cambridge University Press, trad. fr. *Raison, vérité et histoire*, Paris, Minuit, 1984.

4. Fodor, J. (1975). *The Language of Thought*, New York, Thomas Crowell ; (1980). « Methodological Solipsism Considered as a Research Strategy in Cognitive Science », *Behavioral and Brain Sciences* 3 :63-73 ; (1980) The Modularity of Mind, Cambridge, Mass., MIT Press. Trad. fr. *La modularité de l'esprit*, Paris, Minuit, 1983 ; (1981). *Representations*. Cambridge, Mass., Bradford Books/MIT Press ; (1987). *Psychosemantics*, Cambridge, Mass., Bradford Books ; (1990). *A Theory of Content and Other Essays*, Cambridge, Mass., Bradford Books ; (1993). *The Elm and the Expert*, Cambridge, Mass., Bradford Books ; (2000). *The Mind Doesn't Work That Way*, MIT Press ; Fodor, J. A., Bever, T. G., et Garrett, M. F. (1974). *The Psychology of Language*, New York, McGrawy-Hill.

5. Pylyshyn, Z. (1984). *Computation and Cognition : Toward a Foundation for Cognitive Science*, Cambridge, Mass, Bradford Books/MIT Press.

6. Rumelhart, D. E. (1980). Schemata : *The building blocks of cognition, in* R. J. Spiro, B. C. Bruce, & W. F. Brewer (eds.), *Theoretical issues in reading comprehension* (p. 33-58), Hillsdale, NJ, Erlbaum ; Rumelhart, D. E., et Levin, J. A. (1975). *A language comprehension system, in* D. A. Norman and D. E. Rumelhart (eds.), *Explorations in cognition* (p. 179-208), San Francisco, W. H. Freeman. Rumelhart, D. E. et Ortony, A. (1977). *The representation of knowledge in memory, in* R. C. Anderson, R. J. Spiro, & W. E. Montague (eds.), *Schooling and the acquisition of knowledge* (p. 99-135), Hillsdale, NJ, Erlbaum ; Rumelhart, D. E. et McClelland, J. L., McClelland, J. L. et Rumelhart, D. E. (1986). *Parallel distributed processing : Explorations in the microstructure of cognition*, vol. 1 et 2, Cambridge, Ma, MIT Press.

7. C'est ce qui est exprimé dans le sigle PDP (« Parallel and Distributed Processing »), la désignation de l'orientation de Rumelhart et McClelland. Nous traduisons « distributed » par « réparti » et non par le franglais « distribué ».

8. L'anglais « to survene » exprime cette idée, et on le traduit parfois en français par « survenir » : « tel phénomène psychologique survient sur telle activité neurale ». Mais cette utilisation est ambiguë. Nous utiliserons plutôt la relation symétrique, qu'on peut exprimer par « sous-jacent » : « telle activité neurale est sous-jacente à tel phénomène psychologique ».

9. Une analyse différente de la relation entre les généralisations (en l'occurrence intensionnelles) et les lois causales se trouve dans Jacob, P. (1997). *Pourquoi les choses ont-elles un sens ?*, Paris, Odile Jacob, 1997.

10. Miller, G. A. (1956). « The magical number seven plus or minus two, or, some limits on our capacity for processing information », *Psychological Review*, *63*, 81-96.

11. Rappelons la définition d'« *interaction* » en méthodologie statistique et psychologique : c'est « *le fait que la façon dont une variable dépend d'une autre variable dépend d'une 3ᵉ variable* ». Tout simplement ce que le discours ordinaire exprime par : « Ça dépend ».

12. Le présent auteur appartient à un laboratoire d'« informatique et sciences pour l'ingénieur » (le LIMSI).

13. Rossi, J.-P. (dir.) (1999). *Les méthodes de recherche en Psychologie*, Paris, Dunod.

14. Rouanet, H., Bernard, J-M, et Le Roux, B. (1990). *Statistique en sciences humaines : analyse inductive des donnée*, Paris, Dunod ; Rouanet, H., Lecoutre, M.-P., Bert, M.-C., Lecoutre, B., et Bernard, J.-M. (1991). *L'inférence statistique dans la démarche du chercheur*, Berne, Suisse, Peter Lang.

15. Quine, W. V. O. (1950). *Methods of Logic*, New York, Holt, Rinehart et Winston. Trad. fr. *Méthodes de logique*, Paris, Armand Colin, 1972 ; (1953). *From a logical point of view*, Cambridge, Mass, Cambridge University Press ; (1960). *Word and Object*, Cambridge, Mass, Cambridge University Press. Trad. fr. *Le mot et la chose*, Flammarion, 1977 ; (1970). *Philosophy of Logic*, Englewood Cliffs, NJ, Prentice Hall. Trad. fr. *Philosophie de la logique*, Paris, Aubier, 1975 ; (1987) *Quiddities. An Intermittently Philosophical Dictionary*, Cambrige, Mass. Harvard University Press. Trad. fr. *Quiddités. Dictionnaire philosophique par intermittence*, Paris, Seuil, 1992.

16. Peirce, C. S. (1839-1914). *Collected Papers of Charles Sanders Peirce*, edited by C. Hartshorne, P. Weiss & A. Burks, Cambridge, Ma., Harvard University Press. Voir aussi, pour une analyse fondée sur la psychologie cognitive : George, C. (1997). *Polymorphisme du raisonnement humain*, Paris, PUF.

17. Nous empruntons cet exemple au regretté Pierre Gréco.

18. Bradmetz, J. et Schneider, R. (1999). *La théorie de l'esprit dans la psychologie de l'enfant de 2 à 7 ans*, Besançon, Presses universitaires franc-comtoises ; LaFrenière, P. J. (1999). « Modèles évolutionnistes et recherches développementales sur la théorie de l'esprit », *Enfance*, 51, 327-335 ; Melot, A-M. (1999). « Développement cognitif et méta-cognitif : panorama d'un nouveau courant », *Enfance*, *51*, 205-214.

19. Il y a test et test. En bref, des tests bien validés, selon les techniques classiques de la psychologie différentielle, et des tests imaginatifs, peu validés ou à validation bricolée. Beaucoup de tests qualifiés de « cliniques », notamment ceux dits « de personnalité », lorsqu'ils sont maniés par des psychologues peu rigoureux, peuvent conduire à des interprétations qui sont bien pires que celles du sens commun.

20. Techniquement, nous renvoyons ici à nouveau à la démarche de l'inférence statistique, notamment dans sa version bayesienne (Rouanet, *et al.*, 1991, *op. cit.*).

21. Brentano, F. *Psychologie vom empirischen Standpunkt*. Trad. fr. *La psychologie du point de vue empirique*. (1944), Paris, Aubier.

22. Pour plus de détails : Le Ny, J.-F. (2004). *Éléments de psycholinguistique cognitive : des représentations à la compréhension*, in Catherine Fuchs, 2004, *op. cit.*

23. Cordier, F. et Le Ny, J.-F. (2005). « Evidence of several components of word familiarity, *Behavior Research Methods, Instruments and Computer* » ; Le Ny, J.-F. et Cordier, F. (2004). « Contribution of word meaning and components of familiarity to lexical decision : A study with pseudowords constructed from words with known or unknown meaning », *Current Psychology Letters*, 12, vol. 1, 2004, http ://cpl.revues.org/document416.html.

24. Cohen, L., et Mehler, J. (1996). « Click monitoring revisited : An on-line study of sentence comprehension », *Memory & Cognition*, *24*, 94-102.

25. Ladefoged, P., & Broadbent, D. E. (1960). « Perception of sequence in auditory events », *Quarterly Journal of Experimental Psychology*, *13*, 162-170.

26. La première mise en évidence du phénomène se trouve dans : Meyer, D. E. et Schvaneveldt, R. W. (1971), « Facilitation in recognizing pairs of words : Evidence of a dependence between retrieval operations », *Journal of Experimental Psychology*, 2, 227-234. Une revue générale en a été présentée par Neely, J. H. (1991). « Semantic priming effects in visual word recognition : A selective view of current findings and theories » *in* Besner, D. and Humphreys, G. (eds), 1991. *Basic processes in reading : Visual word recognition*, Hillsdale, NJ, Erlbaum, p. 264-336.

27. On trouvera une trame de ce raccordement dans : Engel, P. (1994). *Introduction à la philosophie de l'esprit*, Paris, La Découverte ; et plus spécialement dans

(1996). *Philosophie et psychologie*, Paris, Gallimard, « Folio » ; voir aussi (1994). *Davidson et la philosophie du langage*, Paris, PUF.

28. Nicolas, S. (2003). *Mémoire et conscience*, Paris, Armand Colin.

29. Il existe un cas plus intéressant encore, que nous nous contenterons ici d'évoquer : celui où un sujet s'est rappelé un mot, et ne parvient plus à le reconnaître correctement.

30. Le Ny, J.-F. (1989). « La psychologie cognitive et l'inconscient », *Neuro-Psy, 4*, 435-442 ; (1991). « La théorie cognitive, l'affectivité et les représentations inconscientes », *L'Évolution psychiatrique*, 56, 99-120 ; (1991). « Les modèles de la psychologie cognitive et la psychopathologie », *in* G. Loas, P. Boyer et B. Samuel-Lajeunesse. *Psychopathologie cognitive*, Paris, Masson, p. 19-26 ; (1992). « Les modèles cognitifs et la notion d'inconscient », *in* J. P. Barthélemy, A. Grumbach, A. Maruani, J. M. Thurin, M. Thurin (eds.), *Modèles pour le psychisme*, Paris, Eshel. p. 257-274 ; Le Ny, J.-F. (1997). « L'idée d'une psychopathologie cognitive », *L'Encéphale*, numéro spécial, *La psychopathologie peut-elle être cognitive ? recherches actuelles*, p. 5-9.

31. Houdé, O. (1995). *Rationalité, développement et inhibition*, Paris, PUF.

32. Par exemple Le Ny et Cordier, 2004, *op. cit.* Le phénomène de compétition se retrouve dans la désambiguïsation de mots ambigus, dont nous donnerons plus bas des exemples.

33. Anderson, M. C. (2003). « Rethinking interference theory : Executive control and the mechanisms of forgetting », *Journal of Memory and Language, 49*, 415-445 ; Anderson, M. C. & Green, C. (2001). « Suppressing unwanted memories by executive control », *Nature, 410*, 131-134 ; Anderson, M. C., & Spellman, B. A. (1995). « On the status of inhibitory mechanisms in cognition : Memory retrieval as a model case », *Psychological Review, 102*, 68-100. Les systèmes neuronaux sous-jacents à ces phénomènes ont aussi été étudiés par les mêmes auteurs : Anderson, M. C., Ochsner, K. N., Kuhl, B., Cooper, J., Robertson, E., Gabrieli, S. W., Glover, G. H., Gabrieli, J. D. E. (2004). « Neural systems underlying the suppression of unwanted memories », *Science, 303*, 232-235.

34. Anderson, M. C., Ochsner, K. N., Kuhl, B., Cooper, J., Robertson, E., Gabrieli, S. W., Glover, G. H., et Gabrieli, J. D. E. (2004, *op. cit.*).

35. « Graduable », dans une théorie des échelles, est plus faible que « quantifiable ».

36. Nous avons d'abord défendu l'existence de ces deux versants dans : Le Ny, J.-F. (1982), « Psychologie cognitive et psychologie de l'affectivité », *in* P. Fraisse (ed.), *Psychologie de demain*, Paris, PUF, p. 97-118. « Demain » étant devenu « aujourd'hui », nous considérons ne pas avoir été trop gravement démenti.

37. On n'en retiendra ici que quatre titres : Pylyshyn, Z. W. (1973). « What the mind's eye tells the mind's brain : A critique of mental imagery », *Psychological Bulletin, 80*, 1-24 ; Fodor, J. A. (1975, *op. cit.*) ; Denis, M. (1979). *Les images mentales*, Paris, PUF ; Kosslyn, S. M. (1994). *Image and brain : The resolution of the imagery debate*, Cambridge, MIT Press. Des études plus récentes, avec une forte composante neurobiologique, sont présentées dans : Galaburda, A. M., Kosslyn, S. M., et Christen, Y. (2002). *The languages of the brain*, Cambridge, Ma, Harvard University Press.

38. Goldvarg, E., et Johnson-Laird, P. N. (2001). « Naive causality : a mental model theory of causal meaning and reasoning », *Cognitive Science, 25*, 565-610.

39. Warrington, E. K., et McCarthy, R. (1983). « Category specific access dysphasia », *Brain*, 106, 859-878 ; Warrington, E. K., et Shallice, T. (1984). « Category specific semantic impairments », *Brain, 107*, 829-854 ; Warrington, E. K. (2002). « Semantic memory (Mémoire sémantique) », *Psychologie française, 47*, 57-65. Voir aussi : Caramazza, A. (2002). « How is conceptual knowledge organized in the brain ? Clues from. category-specific deficits » ; Galaburda, A. M. (2002). « The neuroanatomy of categories ». Les deux derniers dans : A. M. Galaburda, S. M. Kosslyn, et Y. Christen, *The Languages of the Brain*, Cambridge, Ma, Harvard University Press ; et aussi McRae, K., & Cree, G. S. (2002). « Factors

underlying category-specific semantic deficits », *in* E. M. E. Forde & G. Humphreys (eds). *Category-specificity in mind and brain*, East Sussex, UK, Psychology Press.

40. Quine, 1960, *op. cit.*

41. Omnès, R. (1994). *Philosophie de la science contemporaine*, Paris, Gallimard ; (2002). *Alors l'un devint deux*, Paris, Flammarion.

42. Cordier, F. et Le Ny, J.-F. (2005), *op. cit.*

43. Quine, 1960, *op. cit.*

2 – La compréhension du langage parmi les activités cognitives

1. Atkinson, R. C. et Shiffrin, R. M. (1971). « Human memory : a proposed system and its control processes », *in* Spence, K. W. et Spence, J. T. « The psychology of learning and motivation : advances in research and theory », vol. 2, New York, Academic Press, 89-195 ; Broadbent, D. E. (1958). *Perception and Communication.* Oxford : Pergamon ; Norman, D. A. (ed.) (1970), *Models of human memory*, New York : Academic Press ; Waugh, N. C. et Norman, D. A. (1965). « Primary memory », *Psychological Review*, 72, 89-104.

2. Baddeley A. & Hitch (1974), « Working memory », in G. A. Bower (ed.), *Recent advances in learning and motivation*, vol. 8, New York, Academic Press. Baddeley, A. (1992), *La mémoire humaine, théorie et pratique*, Presses Universitaires de Grenoble, Grenoble.

3. Anderson, J. R. (1983). *The architecture of cognition*, Cambridge, Ma, Harvard University Press ; Cowan, N. (2001). « The magical number 4 in short-term memory : A reconsideration of mental storage capacity, *Behavioral and Brain Sciences*, *24*, 87-185 ; Haarmann, H. J., Cameron, K., et Ruchkin, D. S. (2002). The effect of semantic relatedness on the active maintenance of sentence meaning in working memory ; Ruchkin, D. S., Grafman, J., Cameron, K., et Berndt, R. S. (2002), « Working memory retention systems », A state of activated long-term memory, *Behavioral and Brain Sciences*.

4. G. Miller, 1956, *op. cit.*

5. Cowan, 2001, *op. cit.*

6. Carpenter, P. A. et Just, M. A. (1988). « The role of working memory in language comprehension », *in* D. Klahr & K. Kotovksy (eds.), *Complex information processing : The impact of Herbert A. Simon*, Hillsdale, N. J., Erlbaum ; Just, M. A., et Carpenter, P. A. (1992). « A capacity theory of comprehension : Individual differences in working memory », *Psychological Review, 99*, 122-149 ; Just, M. A., Carpenter, P. A., et Keller, T. (1996). « Working Memory : New Frontiers of Evidence », *Psychological Review, 103*, 773-775. Pour une revue générale, voir : Daneman, M., & Merikle, P. M. (1996). « Working Memory and Language Comprehension : A Meta-Analysis », *Psychological Bulletin and Review, 3*, 422-433.

7. Broadbent, 1968, *op. cit.*

8. Caplan, D. et Waters, G. S. (1999). « Verbal working memory and sentence comprehension », *Behavioral and Brain Sciences, 22*, 77-94.

9. Kintsch, W. (1974). *The representation of meaning in memory.* Hillsdale, NJ, Lawrence Erlbaum Associates ; (1998). *Comprehension : A paradigm for cognition*, Cambridge, Cambridge University Press.

10. Ericsson, K. A. et Kintsch, W. (1995). « Memory in comprehension and problem solving : A long-term working memory », *Psychological Review, 102*, 211-245.

11. Ruchkin, Grafman, Cameron, et Berndt, 2002, *op. cit.*

12. Houdé, O., Mazoyer, B. et Tzourio-Mazoyer, N. (2002). *Cerveau et psychologie*, Paris, PUF.

13. Haarmann, H. J., Cameron, K., et Ruchkin, D. S. (2002). « The effect of semantic relatedness on the active maintenance of sentence meaning in working memory, submitted ».

14. On en trouvera des mises au point récentes dans Ferrand, L. (dir.)

(2001). *La production du langage* (Numéro spécial de *Psychologie française*), Grenoble, Presses Universitaires de Grenoble ; Fayol, M. (dir.) (2002). *Production du langage. Traité des Sciences cognitives*, Paris, Hermès.

15. Fodor, 2000, *op. cit.*, trad. fr., *L'esprit, ça ne marche pas comme ça*, Paris, Odile Jacob, 2003.

16. Carnap, R. (1947). *Meaning and necessity : A study in semantics and modal logic*, Chicago, Chicago University Press.

17. Carruthers, P., et Smith, P. K. (eds) (1996). *Theories of theories of mind*, Cambridge, Cambridge University Press.

18. Jacob, 1997, *op. cit.*

19. Blanc, N., et Brouillet, D. (2003). *Mémoire et compréhension*, Paris, Éditions In Press.

20. Fuchs, C. (ed.) (1987). *L'ambiguïté et la paraphrase : opérations linguistiques, processus cognitifs et traitements automatisés*, Caen, Centre de publications de l'université de Caen ; (1996). *Les ambiguïtés du français*, Paris, Ophrys.

21. Schneider, W., et Shiffrin, R. M. (1977). « Controlled and automatic human information processing I : Detection, search, and attention », *Psychological Review, 84*, 1-66 ; Shiffrin, R. M., et Schneider, W. (1977). « Controlled and automatic human information processing II : Perceptual learning, automatic attending, and a general theory », *Psychological Review, 84*, 127-190.

22. Stroop, J. R. (1935), « Studies of interference in serial verbal reaction », *Journal of Experimental Psychology, 18*, 643-662.

23. Voir aussi Gineste et Le Ny, 2002, *op. cit.*, pour des exemples.

24. Par exemple chez Alain Souchon.

3 – Le lexique mental

1. Houdé, Mazoyer, et Tzourio-Mazoyer, 2002, *op. cit.* ; Manning L. (dir.) (2002). « Neuropsychologie cognitive et clinique », *Psychologie française, 47*.

2. Tulving, E. (1972). « Episodic and semantic memory », *in* E. Tulving and W. Donaldson (eds.), *Organisation of memory*. Londres : Academic Press. Un exposé récent de la question vue par le même auteur se trouve dans : Tulving, E. (2000). « Concepts of memory », *in* E. Tulving et F. I. M. Craik (eds). *The Oxford handbook of memory*, Oxford, Oxford University Press. En français : Nicolas, S. (2002). *La mémoire*, Paris, Dunod ; Tiberghien, G. (1997). *La mémoire oubliée*, Bruxelles, Mardaga.

3. McKoon, G., Ratcliff, R. et Dell, G. S. (1986). « A critical evaluation of the semantic-episodic distinction », *Journal of Experimental Psychology : Learning, Memory and Cognition, 12*, 295-306.

4. En français : « La mémoire sémantique » (1976), numéro spécial du *Bulletin de Psychologie* ; Le Ny, J.-F. (1979). *La Sémantique psychologique*, Paris, PUF ; 1989, *op. cit.* ; Lindsay, P. H. et Norman, D. A. (1977). *Human information processing : An introduction to Psychology*. Trad. fr. 1979, Montréal, Études vivantes.

5. Rossi, J. P. (2004). *La mémoire sémantique*, Paris, Dunod.

6. Lambert, E. & Chesnet, D. (2001). « Novlex : une base de données lexicales pour les élèves de primaire », *L'Année psychologique, 101*, 277-288.

7. Ferrand, L., Grainger, J., & New, B. (2003). « Normes d'âge d'acquisition pour 400 mots monosyllabiques », *L'Année psychologique, 104*, 445-468. Et aussi, sur leur importance : Brown, G. D. A. et Watson, F. L. (1987). « First in, first out : word learning age and spoken word frequency as predictors of word familiarity and word naming latency », *Memory and Cognition, 15(3)*, 208-216 ; Brysbaert, M., van Wijnendaele, I. et de Deyne, S. (2000). Age of acquisition effects in semantic processing tasks, *Acta Psychologica, 104*, 215-226 ; Gilhooly, K. J. et Gilhooly, M. L. M. (1980). « The validity of age-of-acquisition ratings », *British Journal of Psychology, 71*, 105-110 ; Ellis, A. W. et Morrison, C. M. (1998). « Real age-of-acquisition effects in lexical retrieval », *Journal of Experimental Psychology : Learning, Memory and Cognition, 24(2)*, 515-523 ; Morrison, C. M., et Ellis, A. W.

(2000). « Real age of acquisition effects in word naming and lexical decision », *British Journal of Psychology*, *91*, 167-180.

8. Cela peut même s'appliquer à l'écriture : « [...] écrire est ma méthode de pensée » nous assure Aragon ; « le reste du temps, n'écrivant pas, je n'ai qu'un reflet de pensée, une sorte de grimace de moi-même, comme un souvenir de ce que c'est », Aragon, L. (1986). *La défense de l'infini*, Paris, Gallimard. (*In Œuvres romanesques complètes*, La Pléiade, vol. 1, p. 446.)

9. Des modèles de diverses sortes ont été et sont développés pour essayer de rendre compte des processus en jeu : Segui, J. et Ferrand, L. (2000). *Leçons de parole*, Odile Jacob.

10. Bernet C., et Pierrel, J.-M. (2004). « Histoire de Frantext : constitution d'une base textuelle (1964-2002) et perspectives », *in L'édition électronique en littérature et dictionnairique : évaluation et bilan*, Presse Universitaire de Rouen, Éditions Champion.

11. Fraisse, P., Noizet, G. et Flament, C. (1962). « Fréquence et familiarité du vocabulaire », *in* J. de Ajuriaguerra, F. Bresson, P. Fraisse, B. Inhelder, P. Oléron, J. Piaget (eds.) *Problèmes de Psycholinguistique* (p. 157-167). Paris, PUF.

12. Le Ny et Cordier, 2004, *op. cit.* ; Cordier et Le Ny, 2005, *op. cit.*

13. Freud, S. (1905). « Der Witz und seine Beziehung zum Unbewussten » (Le mot d'esprit et ses rapports avec l'inconscient).

14. Grainger, J. (1990). « Word frequency and neighborhood frequency effects in lexical decision and naming ». *Journal of Memory and Language*, *29*, 228-244 ; Grainger, J., O'Regan, J. K., Jacobs, A. M., & Segui, J. (1989). « On the role of competing word units in visual word recognition ». *Perception and Psychophysics*, *45*, 189-195 ; Grainger, J., O'Regan, J. K., Jacobs, A. M., & Segui, J. (1992). « Neighborhood frequency effects and letter visibility in visual word recognition ». *Perception and Psychophysics*, *51*, 49-56 ; Grainger, J., & Segui, J. (1990). « Neighborhood frequency effects in visual word recognition : A comparison of lexical decision and masked-identification latencies ». *Perception and Psychophysics*, *47*, 191-198 ; Segui, J. & Grainger, J. (1990). « Priming word recognition with orthographic neighbors : the effects of relative prime-target frequency », *Journal of Experimental Psychology : Human, Perception and Performance*, *16*, 65-76.

15. On peut trouver une revue générale sur cette question dans : Andrews, S. (1997). « The effect of orthographic similarity on lexical retrieval : Resolving neighborhood conflicts », *Psychonomic Bulletin & Review*, *4*, 439-461.

16. Ce mot ne doit pas être pris comme impliquant un voisinage anatomique dans le cerveau.

4 – Significations de mots, concepts et catégories

1. Martins, D. (1993). *Les facteurs affectifs dans la compréhension et la mémorisation de textes*, Paris, PUF.

2. Arnauld, A., et Nicole, P., *Logique de Port-Royal ou Art de penser* (1662), Paris, Guillaume Desprez ; 5ᵉ éd. Flammarion, 1970.

3. Cordier, F. et François, J. (2002). « Catégorisation et langage », *in Traité des Sciences cognitives*, Paris, Hermès.

4. Klee, P. (1920). « Schöpferische Konfession », *Tribune der Kunst und Zeit*, *XIII*.

5. Hull, C. (1943). *Principles of behavior*, New York, Appleton Century Crofts ; (1953), *A behavior system*, New Haven, Yale University Press.

6. La description donnée ici est fondée sur une expérience de Kupalov. Celle-ci est tardive (dans les années 1930) par rapport aux premières expériences de Pavlov sur ce point, qui datent du début du siècle. Mais Pavlov utilisait des stimulus objets (des sonnettes ou des crécelles), pluridimensionnels. Cet intervalle d'un tiers de siècle montre tout le temps qu'il a fallu pour extraire de son contexte l'idée même d'unidimensionnalité.

7. Les médias utilisent volontiers le mot « pavlovien » pour signifier

« stupide ». On peut voir combien, au contraire, les processus que nous décrivons ici sont pré-intelligents.

8. Une autre façon d'exprimer la même idée est la suivante : « les valeurs des attributs sont liées formellement les unes aux autres : il existe un lien structural entre *rouge* et *bleu*, qui n'existe pas entre *rouge* et *carré* ». Poitrenaud, S., Richard, J. F. et Tijus, C. (2004). « Properties, categories and categorisation », *Thinking and Reasoning*. L'idée de « lien structural » est ici fondamentale.

9. Nous devons notamment garder « dimension » pour pouvoir dire « pluri-dimensionnel » ou « multidimensionnel », faute de pouvoir dire « multi-attributif ».

10. Bruner, J. S., Goodnow J. J. et Austin G. A. (1956). *A study of thinking*, New York, Wiley.

11. « Mot » est ici un résumé pour « représentation de forme ».

12. Allen, S. W. et Brooks, L. R. (1991). « Specializing the operation of an explicit rule », *Journal of Experimental Psychology : General, 120*, 3-19.

13. Smith, E. E., Patalano, A. L. et Jonides, J. (1998). « Alternative strategies of categorization », *Cognition, 65*, 167-196.

14. Denis, M. (1989). *Image et cognition*, Paris, PUF.

15. Kripke, S. (1972). *Naming and Necessity*. Trad. fr. *La logique des noms propres*, Paris, Minuit, 1982.

5 – Mémoire sémantique et réseaux sémantiques

1. Victorri, B., et Fuchs, C. (1996). *La polysémie, construction dynamique du sens*, Paris, Hermès.

2. Tijus, C. et Cordier, F. (2003). « Psychologie de la connaissance des objets. Catégories et propriétés, tâches et domaines d'investigation », *L'Année psychologique, 103*, 223-256 ; Poitrenaud, Richard, et Tijus, 2004, *op. cit.*

3. Collins, A. M., et Quillian, M. R. (1969). « Retrieval time from semantic memory », *Journal of Verbal Learning and Verbal Behavior, 8*, 240-248. Collins, A. M., et Quillian, M. R. (1970). « Facilitating retrieval from semantic memory : the effect of repeating part of an inference », *Acta Psychologica, 33*, 304-314. Collins, A. M., et Loftus, E. (1975). « A spreading activation theory of semantic processing », *Psychological Review, 82*, 407-428.

4. Elle comporte une répétition du mot principal, qui doit aussi produire une facilitation.

5. Arnaud, A. et Nicole, P. (1683). *La logique ou l'art de penser*, Paris, G. Desprez ; Paris, Flammarion, 1970.

6. Poitrenaud, S. (1995). « The PROCOPE semantic network : An alternative to action grammars », *International Journal of Human-Computer Studies, 42*, 31-69.

7. Rossi, 2004, *op. cit.*

8. Rossi, 2004, *op. cit.*

9. On parle, à ce propos, avec des différences notables dans les théories, mais une même réalité visée, de « rôles thématiques » (Jackendoff, R., 1987. « The status of thematic relations in linguistic theory », *Linguistic Inquiry, 18*, 369-411), d'« actants » (Tesnière, L., 1959. « Éléments de syntaxe structurale », Paris, Klincksieck), de « rôles casuels » (Fillmore, C. J., 1968. « The case for case », *in* E. Bach, R. T. Harms (eds.), *Universals in linguistic theory*, New York : Holt & Winston), de rôles-Θ (Chomsky, N., 1965. *Aspects of the Theory of Syntax*, Cambridge MA, MIT Press. Trad. fr. de J.-Cl. Milner, *Aspects de la théorie syntaxique*, Paris, Le Seuil, 1971, 1965), de « rôles participatifs » (François, J., (2004). *La prédication verbale et les cadres prédicatifs*, Louvain, Peeters). Nous adoptons ici ce dernier usage.

10. McClelland et Rumelhart, 1986, *op. cit.* ; Rumelhart et McClelland, 1986, *op. cit.*

11. Fodor, J. et Pylyshyn, Z (1988). « Connectionnism and cognitive architecture : a critical analysis », *Cognition, 28*, 3681.

12. Fodor, J., 2000, *op. cit.* Nos numéros de page font référence à la traduction française.

13. Cree, G. S., McRae, K. et McNorgan, C. (1999). « An attractor model of lexical conceptual processing : simulating semantic priming », *Cognitive Science*, *23*, 371-414.

14. Cree, G. S., McRae, K. et McNorgan, C., 1999, *op. cit.*

15. McRae, K., de Sa, V. et Seidenberg, M. S., (1997). « On the nature and scope of featural representations of word meaning », *Journal of Experimental Psychology : General*, *126*, 99-130 ; McRae, K. and Boisvert, S. (1998). « Automatic semantic similarity priming », *Journal of Experimental Psychology : Learning, Memory and Cognition*, *24*, 558-572.

6 – Des représentations d'objets, d'individus et d'entités aux représentations d'événements et d'actions

1. Debray, R. (2001). *Dieu : un itinéraire*, Paris, Odile Jacob.

2. Feuerbach, L. (1841). *L'essence du christianisme*, trad. fr. Paris, Maspero, 1968.

3. On trouve encore, dans la Bible hébraïque et dans un des manuscrits de Qumrân, la mention de la « femme de Dieu » (Shanks, H., (1998). *The mystery and meaning of the Dead Sea scrolls*, New York, Random House. Trad. fr. *L'énigme des manuscrits de la mer Morte*, Paris, Desclée de Brouwer, 1999.)

4. La façon dont fonctionne la cognition propre de Dieu n'est pas sans problème. En témoigne le désaccord qui sépara Leibnitz de Descartes sur une question centrale pour le statut cognitif des mathématiques et de la logique : Dieu tout-puissant aurait-il pu faire que 2 + 2 ne fassent pas 4 ? Descartes répondait « oui », mais Leibnitz « non ».

5. À l'exception notable, sans doute, de Spinoza.

6. Omnès, 1994, *op. cit.* ; (2000) *Comprendre la mécanique quantique*, Paris, EDP Sciences ; 2002, *op. cit.*

7. Warrington, E. K. (1981). « Neuropsychological studies on verbal semantic systems », *Philosophical transactions of the Royal Society of London*, Series B, *295*, 411-423 ; Warrington, E. K., et McCarthy, R. (1983) ; Warrington, E. K., et Shallice, T. (1984), *op. cit.*

8. Pour un résumé des données, et une discussion, voir : Caramazza, A. (2002), *op. cit.*

9. Les références essentielles en la matière ont été données dans la note 6 du chapitre 1.

10. Initialement : Piaget, J. (1937). *La construction du réel chez l'enfant*, Neuchâtel, Delachaux et Niestlé.

11. Baillargeon, R. et DeVos, J. (1991). « Object permanence in young infants : Further evidence », *Child Development*, *62*, 1227-1246. Baillargeon R. (1998). « Infant's understanding of the physical world » dans M. Sabourin, F. Craik et M. Robert (dir.), *Advances in psychological science*, vol. 2, Montréal, Psychology Press, p. 503-529 ; Lécuyer, R. (dir.) (2004). *Le développement du nourrisson*, Paris, Dunod ; Lécuyer, R., Pêcheux, M. G., et Streri, A. (1994, 1996). *Le développement cognitif du nourrisson*, Paris, Nathan ; Spelke, E. S., Breilinger, K., Macomber, J., et Jacobson, K. (1992). « Origins of knowledge », *Psychological Review*, *99*, 605-632 ; Spelke, E. S., Vishton, P et von Hofsten, C. (1995). « Object-perception, object-directed action, and physical knowledge in infancy », dans M. Gazzaniga (dir.), *The cognitive neurosciences*, Cambridge, Ma, MIT Press.

12. Chomsky N. (1957). *Syntactic structures*, La Haye, Mouton, trad. fr. *Structures syntaxiques*, Paris, Le Seuil, 1979 ; (1965), *op. cit.* ; (1995). *The Minimalist Program*, Cambridge MA, MIT Press.

13. Le Ny, 2000, *op. cit.*

14. À Plouhinec, Finistère.

15. De Lumley, H., et coll. (2004). *Le Sol d'occupation acheuléen de l'unité archéostratigraphique UA 25 de la Grotte du Lazaret, Nice, Alpes-Maritimes*, Edisud.

16. Parmi les contributions anciennes intéressantes on peut citer : Miller, G. A. (1972). « A psychological method to investigate verbal concepts », *Journal of Mathematical Psychology*, 6, 169-171 ; (1972). « English verbs of motion : A case study in semantic and lexical memory », *in* A. W. Melton and E. Martin (eds). *Coding Processes in Human memory*, Washington, DC, Winston ; Miller, G. A. et Johnson-Laird, P. N. (1976). *Language and Perception*, Cambridge, Cambridge University Press ; Schank, R. (1972). « Conceptual dependency : a theory of natural language understanding », *Cognitive Psychology*, 3, 552-651 ; Vendler, Z. (1967). « Verbs and Times », *in Linguistics in Philosophy*, New York, Cornell University Press, p. 97-121.

17. Nous emprunterons principalement à Davidson, D. (1980). *Essays on Actions and Events*. Trad. fr. *Actions et événements*, 1993, Paris, PUF.

18. En français, Desclés, J.-P. (1990). *Langages applicatifs, langues naturelles et cognition*, Paris, Hermès ; Desclés, J. P., Flageul, V., Kekenbosch, C., Meunier, J. M., et Richard, J. F. (1998). « Sémantique cognitive de l'action : 1. Contexte théorique », *Langages*, 28-47 ; François, J., 2004, *op. cit.*

19. Ferretti, T. R., McRae, K., Hatherell, A. (2001). « Integrating verbs, situation schemas, and thematic role concepts », *Journal of Memory and Language*, 44, 516-547 ; Ghiglione, R., Desclés, J.-P., Richard, J.-F. (dir). (1998). « Cognition, catégorisation, langage », *Langages*, n° 132 ; Le Ny, J.-F. (2.000). « La sémantique des verbes et la représentation des situations », *Syntaxe et sémantique, 2. Sémantique du lexique verbal*. Caen, Presses Universitaires de Caen. p. 17-54 ; Le Ny, J.-F. et Franquart-Declercq, C. (2001). « Flexibilité des significations, traits sémantiques et compréhension des métaphores verbales », *Verbum*, 23(4), 385-400 ; Le Ny, J.-F., et Franquart-Declercq, C. (2002). « Signification des verbes, relations verbe/patient et congruence sémantique », *Le Langage et l'Homme*, 37, 9-26 ; McRae, K., Ferretti, T.R., Amyote, L. (1997). « Thematic roles as verb-specific concepts », *Language and Cognitive Processes*, 12(2/3), 137-176.

20. Ils en ont tous un, direct, en allemand et dans d'autres langues, et indirect dans diverses langues comme l'anglais.

21. François, 2004, *op. cit.*

22. Bromberg, M., Kékenbosch, C., et Friemel, E. (1998). « La catégorisation des prédications : traits sémantiques et perspectives socio-cognitives », *Langages*, 9-27 ; Kékenbosch, C. et Bromberg, M. (2003). « Metacategories and sentence classification », *Journal of Pragmatics*, 35, 1-22.

23. François, 2004, *op. cit.*

24. La conception présentée ici coïncide avec celle de McRae et de ses collègues, bien qu'elle soit exprimée en d'autres termes.

25. Dans les théories du concept « fondées sur l'exemplaire », il faudrait accepter de dire que *toutes* ces représentations existent dans l'esprit du locuteur. Ce serait peu économique, et c'est peu plausible.

26. Pariollaud, F. et Cordier, F. Communication personnelle. Résultats actuellement non publiés.

27. Ceci est une formulation « à l'allemande », qui conserve le verbe à l'infinitif. Dans le cas présent, on pourrait traduire par un nom : « l'ensemble des chutes ».

28. Nous laissons de côté les exceptions, comme « pleuvoir ».

29. Le Ny et Franquart-Declercq, 2002, *op. cit.*

30. L'opération logique : « substituer une constante à une variable », par exemple, est alors à nouveau conçue comme une idéalisation du fonctionnement psychologique.

31. Voir plus bas. Certains verbes incorporent aussi un rôle supplémentaire, assez souvent un instrument, comme c'est le cas pour « balayer » ou pour « verrouiller ». C'est seulement par métaphore qu'on peut accomplir ces actions sans balai ou sans verrou.

32. Leroi-Gourhan, A. (1964). *Le geste et la parole*, Paris, Albin Michel ; (1983). *Le fil du temps*, Paris, Fayard ; Clottes, J. et Courtin, J. (1994). *La grotte Cosquer*, Paris, Seuil ; Ladron de Guevara, S. (1993). « Le symbole de la main en méso-Amérique précolombienne », *Dossiers d' Archéologie, 178*.

33. On trouvera une autre explication de la proto-sémantique des phrases Agent-Action-Patient, rapportée à *homo erectus*, dans Wildgen, W. (2004). *The Evolution of Human Language. Scenarios, Principles and Cultural Dynamics*. Reihe Advances in Consciousness Research, Amsterdam : Benjamins. Notre analyse n'est toutefois nullement incompatible avec celle de Wildgen.

34. Cela vaut particulièrement pour les verbes dits « causatifs ».

35. François, J. et Cordier, F. (1996). « Actions prototypiques et différentiel de participation entre l'argument 1 et l'argument 2 », *Scolia*, « La sémantique des relations actancielles à travers les langues », 7, 9-33.

36. Rosch, E. et Lloyd, B.B. (eds.) (1978), *Cognition and categorisation*, Hillsdale, NJ, Erlbaum ; Cordier. F. (1993). *Les représentations cognitives privilégiées*, Lille, Presses Universitaires du Septentrion.

37. La notion de typicité (« typicalité ») est souvent confondue avec une de ses interprétations, dite « théorie du prototype ». Les deux ne sont nullement identiques, et il est douteux que la seconde soit la meilleure explication possible de la première. Voir Le Ny, 1989, *op. cit.*

38. Franquart-Declercq, C., Le Ny, J.-F. et Monnier, S. (2003). « Co-occurrences action/patient en mémoire et dans les textes », Congrès de la Société française de Psychologie, Poitiers, Atelier « La sémantique des verbes » ; « Verb-patient co-occurrences in texts as a factor of acquisition of verb-patient representations in semantic memory » (en préparation).

39. Bernet, C., et Pierrel, J.-M. (2003). « Histoire de Frantext : Constitution d'une base textuelle (1964-2002) et perspectives », *in* C. Blum & J.-C. Arnould (dir.), *L'édition électronique en littérature et dictionnairique : Évaluation et bilan*, Paris, Champion.

40. Rumelhart, D. E., & Levin, J. A., 1975, *op. cit.*

41. « Baignable », qui se dit, familièrement, d'une eau à une certaine température plutôt que d'un individu (par exemple d'un bébé), illustre bien la complexité de ce dispositif de langue, qui comporte nombre d'irrégularités sémantiques.

42. Cordier, F., et Tijus, C. (2001). « Object properties : A typology », *Current Psychology of Cognition*, *20*, 445-472.

43. Le Ny et Franquart-Declercq, 2001, 2002, *op. cit.*

44. Le Ny et Franquart-Declercq, 2001, 2002, *op. cit.*

45. Le Ny et Franquart-Declercq, 2000, 2001, *op. cit.*

46. Ces processus ont été décrits en détail dans les articles cités. Nous n'avons pas tenu compte dans ce qui précède des effets de contexte.

7 – La notion de trait sémantique

1. Davidson, D. (1984). *Inquiries into Truth and Interpretation*, New York, Oxford University Press. Trad. fr., *Enquête sur la vérité et l'interprétation*, Nîmes, J. Chambon, 1993.

2. L'existence des ambiguïtés dans le langage ordinaire, et leur bannissement du langage logique, est une indication de la profonde différence entre les deux.

3. Le mot « sème » a été utilisé, avec la même signification, dans Le Ny, 1979, *op. cit.* Le mot « mème » (Le Ny, (1976), « Sèmes ou mèmes », *Bulletin de Psychologie*, numéro spécial « La mémoire sémantique », 46-54), a aussi été employé par nous, pour mettre en relief le fait que les unités considérées se trouvent dans la mémoire.

4. Katz, J. J. et Fodor, J. A. (1963). « The structure of a semantic theory », *Language*, *39*, 170-210.

5. Fodor J. A., Garrett M. F., Walker E. et Parkes C. M. (1980). « Against definitions », *Cognition*, *8*, 263-367.

6. Victorri et Fuchs, 1996, *op. cit.*

7. Par exemple dans Le Ny, 1979, *op. cit.*.

8. Cordier et Le Ny, 2005 ; Le Ny et Cordier, 2004, *op. cit.*.

9. L'usage semble évoluer vers une suppression de la différence sémantique

entre ces deux prépositions. Pour exprimer « inférieur à », on dit aujourd'hui « sous » : « la valeur de telle action est sous les N euros », là où on aurait précédemment utilisé « au-dessous de ». Ce fait est un exemple d'effacement linguistique (sans doute sous l'influence de l'anglo-américain) de l'expression d'un trait sémantique.

10. Pottier, B. (1964). « Vers une sémantique moderne », *Travaux de linguistique et de littérature, 2*, 107-137 ; (1974). *Linguistique générale*, Paris, Klinksieck.

11. Un développement un peu plus détaillé se trouve dans Le Ny et Franquart-Declercq, 2002, *op. cit.*

12. Focalisé différemment, cet événement est une action de Marie. Focalisé autrement encore, c'est, quelque chose qui est advenu à Paul.

13. Notamment Desclés, 1990, *op. cit.* ; François, 1997 a, 1997 b, 2002, *op. cit.*

14. On trouvera une illustration de cette démarche dans le numéro déjà cité de la revue *Langages*, 1996. Certaines des hypothèses qui y sont présentées peuvent, bien entendu, être réexaminées.

15. Nous avons relevé (Le Ny et Franquart-Declercq, 2002, *op. cit.*) l'usage que certains francophones bretons font de « envoyer avec soi » (par exemple : « est-ce que tu as envoyé ton casse-croûte avec toi ? »), comme équivalent de « apporter » (« est-ce que tu as apporté ton casse-croûte ? »). Ici, c'est le trait <accompagné>, relatif au patient, et qui est absent d'<envoyer> en breton, « kas » qui s'exprime par « avec toi ».

16. Avec la signification française du mot. La signification, empruntée à l'anglais, dans laquelle « évidence » est utilisé pour : « donnée empirique en faveur de (preuve empirique) » tend à se répandre. C'est un bon exemple de contamination sémantique. Nous reviendrons plus bas sur la notion d'<évidence>.

17. Quine, 1960, *op. cit.*

18. Au sens de : il existe une réalité, extérieure aux esprits, et indépendante d'eux, mais de laquelle les esprits peuvent élaborer une connaissance adéquate.

19. Jacob, 1997, *op. cit.* p. 237-243, pour une discussion des relations entre « fonctionnel » et « causal ».

20. Ce rôle des circonstances a été bien mis en évidence à propos de la typicité des concepts par Barsalou, L. W. (1982). « Context-independent and context-dependent information in concepts », *Memory and Cognition, 10*, 82-93 ; (1983). « Ad hoc categories », *Memory and Cognition, 11*, 211-227 ; (1987). « The instability of graded structure in concepts », *in* U. Neisser (ed.). *Concepts and conceptual development : Ecological and intellectual factors in categorization*, Cambridge : Cambridge University Press.

21. McRae, Ferretti et Amyote, 1997, *op. cit.* ; Ferretti, McRae et Hatherell, 2001, *op. cit.*

22. Nous présentons ci-après, à titre indicatif, quelques exemples supplémentaires. Ils illustrent les autres facteurs étudiés dans cette recherche, ceux qui concernent les congruences sémantiques entre le verbe et son patient : « she arrested the/crook », « she was arrested by the/crook », « she was kissed by the/cop », « she kissed the/cop », « she kissed the/crook », « she was kissed by the /crook ».

23. On peut appliquer la même sorte de raisonnement à la production de parole ou de discours.

24. Denis, M. et Le Ny, J.-F. (1986). « Centering on figurative features during the comprehension of sentences describing scenes », *Psychological Research, 48*, 145-152.

25. Glenberg, A. M., Meyer, M., et Lindem, K. (1987). « Mental models contribute to foregrounding during text comprehension », *Journal of Memory and Language, 26*, 69-83.

26. On trouvera une description d'autres expériences relevant de ce même registre des localisations dans Gineste et Le Ny, 2001, *op. cit.* Nous parlerons plus bas, à propos des inférences, de celles de Rinck et d'autres chercheurs.

27. Cree, McRae, et McNorgan, 1999, *op. cit.*

28. Voir aussi Le Ny, 1979, *op. cit.*

29. Dans le film *L'Esquive* de A. Kechiche (2004).

30. Gineste, M. D. (1997). *Analogie et cognition. Étude expérimentale et simulation informatique*, Paris, PUF.

31. Gineste, 1997, *op. cit.*, pour le versant psychologique.

32. Le Ny et Franquart-Declercq, 2001, *op. cit.*

33. Cela s'applique aussi à l'agent, mais nous réservons cette question, en raison d'une détermination probablement moins contraignante.

34. Franquart-Declercq, C., Gineste, M.-D. (2001). « L'enfant et la métaphore », *L'Année psychologique, 101*, 723-752 ; Gineste, M.-D., Scart-Lhomme, V. (1999). « Comment comprenons-nous les métaphores ? », *L'Année psychologique, 99*, 447-492 ; Indurkhya, B. (1992). *Metaphor and cognition*, Amsterdam, Kluwer.

8 – Le fonctionnement de la compréhension

1. Kintsch et van Dijk, 1978 ; Kintsch, 1998 ; van Dijk et Kintsch, 1983, *op. cit.*

2. O'Regan, J. K. (1992). « Facteurs sensoriels et moteurs dans la lecture : la position optimale du regard », *in* P. Lecocq (éd.), *La Lecture. Processus, apprentissage, troubles*, Presses Universitaires de Lille.

3. Nous pouvons maintenant, après le chapitre 7, préciser ce que « disjoints » signifie, dans une théorie avec traits : que les acceptions ne partagent aucun trait sémantique. On doit peut-être affaiblir cela en : « ne partagent *presque* aucun trait sémantique ».

4. Voir par exemple Gernsbacher, M. A., & Faust, M. E. (1995). « Skilled suppression », *in* F. N. Dempster, & C. N. Brainerd (eds.), *Interference and inhibition in cognition* (p. 295-327), San Diego, CA, Academic Press.

5. Voir Gernsbacher et Faust, 1995, *op. cit.*, Le Ny et Cordier, 2004, *op. cit.*, pour d'autres exemples d'inhibition fine.

6. Perec, G. (1978). *La vie mode d'emploi*, Paris, Hachette.

7. Le Ny, J.-F. (2003). « Le traitement de la congruence sémantique », Congrès de la Société française de Psychologie, Atelier « La sémantique des verbes », Poitiers.

8. Maïakovski, V. (1914). *Tragédie. Poèmes*. Trad. A. Lassaigne, Paris, 1952.

9. La 1ʳᵉ représentation est de 1946. La pièce a été publiée en 1998, Paris, Gallimard.

10. Robbe-Grillet, A. (1957). *La Jalousie*, Paris, Minuit, p. 126.

11. Aragon, L. (1934). *Les cloches de Bâle*, Paris, Denoël.

12. Blanc et Brouillet, 2003, *op. cit.* ; Caron, J. (1989). *Précis de psycholinguistique*, Paris, PUF ; Denhière et Baudet (1992). *Lecture, compréhension de texte et science cognitive*, Paris, PUF ; Fayol, M. (1985). *Le récit et sa construction : une approche de psychologie cognitive*, Neuchâtel, Delachaux et Niestlé ; François, J. et Denhière, G. (1997) *Sémantique linguistique et psychologie cognitive : aspects théoriques et expérimentaux*, Grenoble, PUF ; Gaonac'h, D., et Larigauderie, P. (2000). *Mémoire et fonctionnement cognitif*, Paris, Armand Colin ; Gernsbacher, M. A. (1990). *Language comprehension as structure building*, Hillsdale, NJ, Erlbaum ; (1997) « Two decades of structure building », *Discourse processes, 23*, 265-304 ; Graesser, A. C, Millis, K. K. et Zwaan, R. (1997). *Discourse comprehension. Annual Review of Psychology, 48*, 163-189 ; Kintsch, W. (1998). *Comprehension : a paradigm for cognition*. Cambridge, Cambridge University Press ; Le Ny, J.-F., 1979, 1989, 1997, *op. cit.* ; Richard, J. F. (1990). *Les activités mentales*. Paris, Armand Colin ; Richard, J. F., Bonnet, C. et Ghiglione, R. (1990), *op. cit.*

13. Plus spécialement Blanc et Brouillet, 2003, *op. cit.*

14. Sabah G. (1988). *L'intelligence artificielle et le langage, I, Représentation des connaissances*, Paris, Hermès. Pour une comparaison entre l'approche de l'intelligence artificielle et celle de la psychologie cognitive, voir Le Ny, 1989, *op. cit.*

15. Fodor, J. (1998). *Concepts : where cognitive science went wrong*, Oxford, Oxford University Press.

16. Lorch, R. F. et O'Brien, E. J. (eds.) (1995). « Sources of coherence in reading », Hillsdale, N. J. : Erlbaum ; Goldman, S. R., Graesser, A. C. et van den Broek, P. (eds). *Narrative comprehension, causality and coherence : Essays in honor of Tom Trabasso*, Hillsdale, NJ, Erlbaum.

17. Zwaan, R. A. et Radvansky. (1998). « Situation models in language comprehension and memory », *Psychological Bulletin, 123*, 162-185 ; Zwaan, R. A., & Radvansky, G. A. (1998). « Situation models in language comprehension and memory », *Annual Review of Psychology*, 162-185 ; Le Ny, 2000, *op. cit.*

18. Rinck, M., et Bower, G. H. (1995). « Anaphora resolution and the focus of attention in situation models », *Journal of Memory and Language, 34*, 110-131. Voir aussi : Rinck, M., Hähnel, A., Bower, G. H., & Glowalla, U. (1997). « The metrics of spatial situation models », *Journal of Experimental Psychology : Learning, Memory and Cognition, 23*, 622-637 ; Rinck, M., Williams, P., Bower, G. H., & Becker, E. S. (1996). « Spatial situation models and narrative understanding : Some generalizations and extensions », *Discourse Processes, 21*, 23-55.

19. Clark, H., et Clark, E. V. (1977). *Psychology and Language*, New York, Harcourt, Brace et Jovanovich.

20. Robbe-Grillet (1957), *op. cit.*

21. Georges, 1997, *op. cit.* ; Richard, 1990, *op. cit.*

22. Après, naturellement, que deux autres apprentissages ont créé les représentations A ⤳ p et B ⤳ q.

23. Graesser, A. C., Singer, M., & Trabasso, T. (1994). « Constructing inferences during narrative text comprehension », *Psychological Review, 101*, 371-395 ; Singer, M., Graesser, A. C., & Trabasso, T. (1994). « Minimal or global inference during reading », *Journal of Memory and Language, 33*, 421-44 ; McKoon, G., & Ratcliff, R. (1986). « Inferences about predictable events », *Journal of Experimental Psychology : Learning, Memory and Cognition, 12*, 82-91 ; McKoon, G., & Ratcliff, R. (1992). Inference during reading. *Psychological Review, 99*, 440-466.

24. Campion, N. (2003), *op. cit.*

Conclusion

1. Toujours avec la signification française du terme.

2. Fodor, (1980), *op. cit.*

3. Proust, M., *À la recherche du temps perdu*, Paris, Gallimard, coll. « La Pléiade », t. III, p. 450.

Table des matières

REMERCIEMENTS 7

INTRODUCTION 9

Chapitre premier. – LA PSYCHOLOGIE COGNITIVE DANS
LE CONTEXTE DES SCIENCES COGNITIVES 21
La cognition 23
*Quelques généralités épistémologiques sur la psychologie
cognitive* 27
*La démarche scientifique en psychologie : cherche lois
universelles, désespérément* 30
Ces sciences-ci, et les autres 38
*L'abduction comme démarche génératrice d'inférences
plausibles* 42
*Deux grandes classes de réalités mentales : processus et
représentations* 49
Quatre sortes de techniques en psychologie cognitive 52
La conscience : un concept malmené 56
*Le non-conscient et l'inconscient freudien : une confusion
conceptuelle dommageable* 61
Une réinterprétation cognitive du refoulement 64
*Comment l'esprit est-il structuré ? Cognition et motivation/
affectivité* 68
Cognition et langage : propositions et concepts 71
Distinguer les concepts naturels et les concepts élaborés 75
Le substrat cérébral des concepts 77

La nature des relations entre concepts naturels et concepts élaborés 80

Chapitre 2. – LA COMPRÉHENSION DU LANGAGE PARMI LES ACTIVITÉS COGNITIVES 85
La perception et les représentations 86
La mémoire de travail : une conception générale et deux types de théories 88
La mémoire de travail comme partie active de la mémoire à long terme 92
La mémoire de travail comme état d'activation neurobiologiquement attesté 96
La mémoire de travail et la mémoire à long terme dans la psychologie du langage 99
Production et compréhension d'énoncés 99
La compréhension 103
Quelques généralités sur la construction du sens 104
Deux sources générales d'information pour le processus de compréhension 107
Compréhension et communication 109
La subjectivité et l'ambiguïté comme risques de la construction du sens 112
La compréhension comme activité cognitive automatique 115
Une illustration de la course au sens par l'effet Stroop 117
Conscient, non conscient, explicite, implicite 118
Les mots 121
Le lexique et la mémoire sémantique 122

Chapitre 3. – LE LEXIQUE MENTAL 123
Le lexique mental dans la mémoire 126
Mots et représentations de mots 127
Les occurrences, les types et les deux mémoires 128
Le lexique mental comme répertoire et comme réseau 130
La décision lexicale 131
L'étendue des lexiques 133
Signes et symboles 135
Signifiants, signifiés, représentations de la forme des mots, significations 138
Le rôle de la représentation de la forme des mots et de leur signification dans l'activité de traitement du langage 140
Les études de laboratoire 142
L'importance psychologique de la fréquence d'usage des mots . 143

La fréquence des mots et leur familiarité 144
Les effets de similarité entre les représentations de la forme des mots 147

Chapitre 4. – SIGNIFICATIONS DE MOTS, CONCEPTS ET CATÉGORIES 151
Signification et connaissance : une première approche 153
La charge affective des représentations 156
L'extension des concepts et des significations 158
Les catégories, en psychologie cognitive, et la signification de « même » 160
La catégorisation 162
Le caractère général de la catégorisation et son rôle dans la perception 164
Catégorisation, reconnaissance et décision 165
L'analyse des processus de catégorisation : la similarité unidimensionnelle 168
L'indistinction comportementale et la « généralisation du stimulus » 170
La discrimination/différenciation simple 171
La discrimination/différenciation et la catégorisation 172
Les plages de stimulus 174
La pluridimensionnalité et la notion cognitive d'attribut 176
Même et différent 179
La pluridimensionnalité : les catégories artificielles à attributs multiples comme modèle réduit des catégories naturelles .. 181
Les apprentissages par l'exemple et la formation de catégories . 184
La notion de règle et la catégorisation par règles 185
Le oui et le non 186
Catégorisation par règles et catégorisation par similarité 188
La mémoire sémantique 190
Les relations entre les contenus sémantiques obéissent à des régularités 192

Chapitre 5. – MÉMOIRE SÉMANTIQUE ET RÉSEAUX SÉMANTIQUES . 195
Relations entre significations et relations entre concepts 199
Les réseaux sémantiques 201
La technique chronométrique 204
Les propriétés des objets 205
L'économie cognitive dans l'organisation des concepts 208
Général/spécifique et abstrait/concret 209

Réseaux sémantiques mentaux et réseaux sémantiques sur machine 211

Les réseaux sémantiques et la notion de « proximité sémantique » 213

L'activation et sa propagation 215

À quoi correspondent les arcs d'un réseau sémantique ? 217

Les relations sémantiques associatives et « l'association des idées » – La situation d'association libre 218

Les principales données sur les associations verbales 222

Quelques ombres au tableau 224

Les types d'associations et les associations idiosyncratiques . 225

La charge affective des associations 227

Associations et relations cognitives 229

Réseaux étiquetés et réseaux augmentés 231

Les systèmes connexionnistes 234

L'orientation vers la description fondamentale en matière de systèmes connexionnistes 239

La simulation connexionniste du phénomène d'amorçage sémantique 242

Chapitre 6. – DES REPRÉSENTATIONS D'OBJETS, D'INDIVIDUS ET D'ENTITÉS AUX REPRÉSENTATIONS D'ÉVÉNEMENTS ET D'ACTIONS . 247

La correspondance entre classes grammaticales et hypercatégories sémantiques : les effets de la typicité 248

Quelques autres noms et concepts 250

Une base neuro-cognitive pour les hyper-catégories d'objets et d'individus 254

Le statut cognitif des hypercatégories d'objet et d'individu : hypercatégories et schémas 255

Innéité des schémas et apprentissage des concepts 258

Une vision darwino-kantienne 260

L'étape contemporaine du développement cognitif humain et la vision apportée par les sciences 265

La signification des verbes 267

Comment aborder l'examen des significations de verbes ? 268

Une conceptualisation hyper-abstraite des événements 270

Quelles sont les représentations notées ici par x ? 271

Un retour sur l'extension du verbe : la notation de Davidson . 274

Les verbes comme expression dans la langue des représentations d'événements et d'actions 278

Fréquence et typicité dans les significations de verbes 281

Une mise corrélation de données expérimentales avec des
données statistiques tirées de textes 286
Les relations entre les verbes et leurs agents ou patients :
l'utilisation de la technique d'amorçage 289
Un modèle des relations verbe-patients dans une structure de
réseau sémantique 290
La congruence sémantique 294
La congruence sémantique comme support de la métaphore . 297
Un retour aux réseaux sémantiques et un au revoir amical
à cette modélisation 298

Chapitre 7. – LA NOTION DE TRAIT SÉMANTIQUE 301
Les traits sémantiques comme « composants » : qu'est-ce
que « décomposer » ? 304
Quelques exemples de traits sémantiques 307
La recherche des traits sémantiques et de leur rôle 312
Traits et connaissances 315
Ce que ne sont pas les traits sémantiques 318
Les traits sémantiques et la dualité objet/propriété 322
Traits et propriétés : une distinction épistémologique 325
Traits sémantiques mentaux et traits sémantiques
linguistiques 327
Représentation des individus et des actions dans la mémoire
à long terme : quelques données expérimentales 328
Le fonctionnement des traits : types et occurrences
sémantiques 330
Des résultats expérimentaux sur la variabilité des traits
sémantiques 334
La réinterprétation en termes de traits sémantiques des
hiérarchies conceptuelles et de la similarité sémantique 336
Une nouvelle analyse de l'amorçage sémantique : la similarité
sémantique conçue comme intersection d'ensembles de
traits 339
La plasticité des concepts : les traits et la latitude à l'égard des
significations 341
La métaphore 344

Chapitre 8. – LE FONCTIONNEMENT DE LA COMPRÉHENSION 347
L'activation de la signification des mots 349
La désambiguïsation 351
La prédication et le processus d'assemblage 355

D'autres modes d'assemblage : une récursivité sémantique
   plutôt que syntaxique 360
Les représentations de situation 366
Les inférences durant la compréhension 370
Information ancienne et information nouvelle 372
Les anaphores 373
La dynamique information ancienne/information nouvelle
   dans l'interprétation des articles et le rôle des inférences ... 375
La nature profonde des inférences 377
Les inférences causales prédictives 382
Penser 386

CONCLUSION 389

NOTES 397

Imprimé par Lightning Source France
1 avenue Gutenberg
78310 Maurepas

N° d'édition : 7381-1592-Y